现代铝加工生产技术丛书

主编 李凤轶 周 江

铝合金锻造技术

刘静安 张宏伟 谢水生 编著

北 京

冶 金 工 业 出 版 社

2022

内 容 简 介

本书是《现代铝加工生产技术丛书》之一，详细介绍和论述了铝合金锻压方法及工作原理，锻压生产工艺，工模具设计与制造，锻件质量控制以及常用的锻压设备等，全书共分6章，包括：概论，铝合金自由锻造技术，铝合金模锻技术，铝合金锻件热处理，常用铝合金锻压设备，铝合金锻压新技术及信息化技术等。在内容组织和结构安排上，力求理论联系实际，切合生产需要，突出实用性、先进性和行业特色，为读者提供一本实用的技术著作。

本书是铝加工生产企业工程技术人员必备的技术读物，也可供从事有色金属材料与加工的科研、设计、教学、生产和应用等方面的技术人员与管理人员使用，同时可作为大专院校有关专业师生的参考书。

图书在版编目(CIP)数据

铝合金锻造技术/刘静安，张宏伟，谢水生编著. —北京：冶金工业出版社，2012.6（2022.1重印）
(现代铝加工生产技术丛书)
ISBN 978-7-5024-5847-8

Ⅰ.①铝…　Ⅱ.①刘…　②张…　③谢…　Ⅲ.①铝合金—锻造　Ⅳ.①TG319

中国版本图书馆CIP数据核字(2012)第066919号

铝合金锻造技术

出版发行	冶金工业出版社	**电　　话**	(010)64027926
地　　址	北京市东城区嵩祝院北巷39号	**邮　　编**	100009
网　　址	www.mip1953.com	**电子信箱**	service@mip1953.com

责任编辑　张登科　美术编辑　彭子赫　版式设计　孙跃红
责任校对　卿文春　责任印制　李玉山
北京虎彩文化传播有限公司印刷
2012年6月第1版，2022年1月第3次印刷
880mm×1230mm　1/32；15.375印张；457千字；475页
定价58.00元

投稿电话　(010)64027932　投稿信箱　tougao@cnmip.com.cn
营销中心电话　(010)64044283
冶金工业出版社天猫旗舰店　yjgycbs.tmall.com
(本书如有印装质量问题，本社营销中心负责退换)

《现代铝加工生产技术丛书》

编辑委员会

《现代铝加工生产技术丛书》

主要参编单位

西南铝业（集团）有限责任公司

东北轻合金有限责任公司

中国铝业股份有限公司西北铝加工分公司

北京有色金属研究总院

广东凤铝铝业有限公司

广东中山市金胜铝业有限公司

上海瑞尔实业有限公司

《丛书》前言

节约资源、节省能源、改善环境越来越成为人类生活与社会持续发展的必要条件，人们正竭力开辟新途径，寻求新的发展方向和有效的发展模式。轻量化显然是有效的发展途径之一，其中铝合金是轻量化首选的金属材料。因此，进入21世纪以来，世界铝及铝加工业获得了迅猛的发展，铝及铝加工技术也进入了一个崭新的发展时期，同时我国的铝及铝加工产业也掀起了第三次发展高潮。2007年，世界原铝产量达3880万吨（其中：废铝产量1700万吨），铝消费总量达4275万吨，创历史新高；铝加工材年产达3200万吨，仍以5%～6%的年增长率递增；我国原铝年产量已达1260万吨（其中：废铝产量250万吨），连续五年位居世界首位；铝加工材年产量达1176万吨，一举超过美国成为世界铝加工材产量最大的国家。与此同时，我国铝加工材的出口量也大幅增加，我国已真正成为世界铝业大国、铝加工业大国。但是，我们应清楚地看到，我国铝加工材在品种、质量以及综合经济技术指标等方面还相对落后，生产装备也不甚先进，与国际先进水平仍有一定差距。

为了促进我国铝及铝加工技术的发展，努力赶超世界先进水平，向铝业强国和铝加工强国迈进，还有很多工作要做：其中一项最重要的工作就是总结我国长期以来在铝加工方面的生产经验和科研成果；普及和推广先进铝加工技术；提出我国进一步发展铝加工的规划与方向。

几年前，中国有色金属学会合金加工学术委员会与冶金工业出版社合作，组织国内20多家主要的铝加工企业、科研院所、大专院校的百余名专家、学者和工程技术人员编写出版了大型工具书——《铝加工技术实用手册》，该书出版后受到广大读者，特别是铝加工企业工程技术人员的好评，对我国铝加工业的发展起到一定的促进作用。但由于铝加工工业及技术涉及面广，内容十分丰富，《铝加工技术实用手册》因篇幅所限，有些具体工艺还不尽深入。因此，有读者反映，能有一套针对性和实用性更强的生产技术类《丛书》与之配套，相辅相成，互相补充，将能更好地满足读者的需要。为此，中国有色金属学会合金加工学术委员会与冶金工业出版社计划在“十一五”期间，组织国内铝加工行业的专家、学者和工程技术人员编写出版《现代铝加工生产技术丛书》(简称《丛书》)，以满足读者更广泛的需求。《丛书》要求突出实用性、先进性、新颖性和可读性。

《丛书》第一次编写工作会议于2006年8月20日在北戴河召开。会议由中国有色金属学会合金加工学术委员会主任谢水生主持，参加会议的单位有：西南铝业（集团）有限责任公司、东北轻合金有限责任公司、中国铝业股份有限公司西北铝加工分公司、北京有色金属研究总院、广东凤铝铝业有限公司、华北铝业有限公司的代表。会议成立了《丛书》编写筹备委员会，并讨论了《丛书》编写和出版工作。2006年年底确定了《丛书》的编写分工。

第一次《丛书》编写工作会议以后，各有关单位领导十分重视《丛书》的编写工作，分别召开了本单位的编写工作会议，将编写工作落实到具体的作者，并都拟定了编写大纲和目录。中国有色金属学会的领导也十分重视《丛书》的编写工作，将《丛书》的编写出版工作列入学会的2007~2008年工作计划。

为了进一步促进《丛书》的编写和协调编写工作，编委会于2007年4月12日在北京召开了第二次《丛书》编写工作会议。参加会议的有来自西南铝业（集团）有限责任公司、东北轻合金有限责任公司、中国铝业股份有限公司西北铝加工分公司、北京有色金属研究总院、广东凤铝铝业有限公司、上海瑞尔实业有限公司、广东中山市金胜铝业有限公司、华北铝业有限公司和冶金工业出版社的代表21位同志。会议进一步修订了《丛书》各册的编写大纲和目录，落实和协调了各册的编写工作和进度，交流了编写经验。

为了做好《丛书》的出版工作，2008年5月5日在北京召开了第三次《丛书》编写工作会议。参加会议的单位有：西南铝业（集团）有限责任公司、东北轻合金有限责任公司、中国铝业股份有限公司西北铝加工分公司、北京有色金属研究总院、广东凤铝铝业有限公司、广东中山市金胜铝业有限公司、上海瑞尔实业有限公司和冶金工业出版社，会议代表共18位同志。会议通报了编写情况，协调了编写进度，落实了各分册交稿和出版计划。

《丛书》因各分册由不同单位承担，有的分册是合作编写，编写进度有快有慢。因此，《丛书》的编写和出版工作是统一规划，分步实施，陆续尽快出版。

由于《丛书》组织和编写工作量大，作者多和时间紧，在编写和出版过程中，可能会有不妥之处，恳请广大读者批评指正，并提出宝贵意见。

另外，《丛书》编写和出版持续时间较长，在编写和出版过程中，参编人员有所变化，敬请读者见谅。

《现代铝加工生产技术丛书》编委会

2008年6月

前　言

经过几十年的研发与技术改造，铝合金锻压生产与技术有了突飞猛进的发展，已成为一个门类齐全、结构完整的铝合金锻压生产体系和科研体系。产品品种和质量基本上能满足我国国民经济和国防建设的需求。但是，铝合金锻压生产及产品较之轧制材（板带条箔材）和挤压材（管棒型线材）来说，仍然规模很小，在铝材中所占比例很低（2%~3%）。铝合金锻件是航空航天、交通运输、动力能源、机械制造等部门制作关键受力部件不可或缺的材料，在国民经济和国防军工中占有重要的特殊地位。随着航空航天、现代交通运输（特别是现代汽车和高速轨道等）、新型能源等工业的发展，特别是近年来节能、环保、安全等对轻量化要求的剧增，以铝代钢、以铝代铜、以锻代铸已成为很多工业部门的发展趋势，铝合金锻件具有密度低、比强度和比刚度高、耐腐蚀、抗疲劳、加工性能和使用性能良好的特性，已得到越来越广泛的应用。

经过 60 多年，特别是近 20 年的发展，我国铝合金锻压生产与技术有了长足的进步，但与世界先进水平相比仍有很大的差距，为了缩小与国际先进水平的差距，提升我国铝合金锻压生产的水平，扩大铝合金锻件的品种和优化其质量，以满足我国国民经济持续高速的发展与国防军工现代化的需求，作者在总结、提炼本人多年来在铝合金锻压生产和科研中积累的丰富经验与科研成果的基础上，参阅、翻译、整理了大量国内外最新文献和技术资料，编写了本书，以期对我国铝合金锻压生产与技术的发展有所裨益。

本书全面介绍和论述了铝合金锻压生产的发展历史、现状与趋势，锻压方法及工作原理，锻压生产工艺，工模具设计与制造，锻件质量控制以及常用的锻压设备等，全书共分 6 章，包括：概论，铝合金自由锻造技术，铝合金模锻技术，铝合金锻件热处理，常用铝合金锻压设备，铝合金锻压新技术、新工艺及锻压过程的信息化技术研发等。在内容组织和结构安排上，力求理论联系实际，切合生产需要，突出实用性、先进性和行业特色，并从生产和应用中精选了大量的典型实例，深入浅出地讨论了解决关键技术难题的途径和方法等，对解决生产中遇到的技术质量问题会有所帮助。

本书是铝加工生产企业工程技术人员必备的技术读物，也可供从事有色金属材料与加工的科研、设计、教学、生产和应用等方面的技术人员与管理人员使用，同时可作为大专院校有关专业师生的参考书。

本书第 1、3 章由刘静安编写，第 2、4 章由张宏伟编写，第 5、6 章由刘静安、谢水生共同编写，张宏伟还提供了第 3 章前面两节的部分资料。全书由刘静安教授和谢水生教授审定。

本书在编写过程中，参阅了国内外有关专家、学者的一些文献资料和图表数据；得到了中国有色金属学会合金加工学术委员会和冶金工业出版社的大力支持；邵莲芬、刘煜、刘鲁等同志为本书的编写做了大量具体工作，在此一并表示衷心的感谢。

由于作者水平有限，书中不妥之处，敬请广大读者批评指正。

作　者

2012 年 4 月

目　录

1 概　　论

1.1 锻压生产在国民经济中的重要地位及铝合金锻件的特点与应用

1.1.1 锻压生产在国民经济与国防建设中的重要地位

锻压生产是向各个工业行业提供机械零件毛坯的主要途径之一。锻压生产的优越性在于：它不但能获得机械零件的形状，而且能改善材料的内部组织，提高其力学性能。对于受力大、力学性能要求高的重要机械零件，多数采用锻压方法来制造。

锻压件占飞机质量的 80%，占坦克质量的 70%，占汽车质量的 60%，电力工业中水轮机主轴、透平叶轮、转子、护环等均是锻压而成。由此可见，锻压生产在工业行业中占有极其重要的地位。

铝合金具有密度小，比强度、比刚度高等一系列优点，已在各个工业部门大量使用，铝合金锻压件已成为各个工业部门机械零件必不可少的材料。凡是用低碳钢可以锻出的各种锻件，都可以用铝合金锻造生产。铝合金可以在锻锤、机械压力机、液压机、顶锻机、扩孔机等各种锻造设备上锻造，可以自由锻、模锻、轧锻、顶锻、辊锻和扩孔。一般来说，尺寸小、形状简单、偏差要求不严的铝锻件，可以很容易在锻锤上锻造出来，但是对于规格大、要求剧烈变形的铝锻件，则宜选用水（液）压机来锻造。对于大型复杂的整体结构的铝锻件则非采用大型模锻液压机来生产不可。对于大型精密环形件则宜用精密轧环机轧锻。特别是近十年来，随着科学技术的进步和国民经济的发展，对材料提出越来越高的要求，迫使铝合金锻件朝大型整体化、高强高韧化、复杂精密化的方向发展，大大促进了大中型液压机和锻环机的发展。

随着我国交通运输业朝现代化、高速化方向发展，交通运输工具的轻量化要求日趋强烈，以铝代钢的呼声越来越高，特别是轻量化程度要求高的飞机、航天器、铁道车辆、地下铁道、高速列车、货运车、汽车、舰艇、船舶、火炮、坦克以及机械设备等重要受力部件和结构件，近几年来大量使用铝及铝合金锻件和模锻件以替代原来的钢结构件，如飞机结构件几乎全部采用铝合金模锻件。汽车（特别是重型汽车和大中型客车）轮毂、保险杠、底座大梁，坦克的负重轮，炮台机架，直升机的动环和不动环，火车的汽缸和活塞裙，木工机械机身，纺织机械的机座、轨道和绞线盘等都已应用铝合金模锻件来制造。而且，正在呈大幅度增长趋势，甚至某些铝合金铸件也开始采用铝合金模锻件来代替。

目前，世界上大型锻压液压机为数不多，中国更是寥寥无几，随着国防工业的现代化和民用工业特别是交通运输业的发展，铝合金模锻件的品种和产量不仅不能满足国内市场的需要，国际市场也有很大缺口。因此，我国抓紧建设几条大、中型铝合金锻压生产线是十分必要的，这对国民经济的高速发展和国防军工现代化具有重要的意义。

1.1.2 铝合金锻压件的特性及应用领域

1.1.2.1 铝合金锻压件的特性

（1）密度小，铝合金的密度只有钢锻件的 34%，铜锻件的 30%，是轻量化的理想材料；

（2）比强度大、比刚度大、比弹性模量大、疲劳强度高，宜用于轻量化要求高的关键受力部件，其综合性能远远高于其他材料；

（3）内部组织细密、均匀、无缺陷，其可靠性远远高于铝合金铸件和压铸件，也高于其他材料铸件；

（4）铝合金的塑性好，可加工成各种形状复杂的高精度锻件，机械加工余量小，仅为铝合金拉伸厚板加工余量的 20%左右，大大节省工时和成本；

（5）铝锻件具有良好的耐蚀性、导热性和非磁性，这是钢锻件无法比拟的；

（6）表面光洁、美观，表面处理性能良好，美观耐用。

可见，铝锻件具有一系列优良特征，为铝锻件代替钢、铜、镁、木材和塑料提供了良好条件。

1.1.2.2 铝合金锻压件的应用领域

近几年来，由于铝材成本下降、性能提高、品种规格扩大，其应用领域越来越大。主要用于航空航天、交通运输、汽车、船舶、能源动力、电子通讯、石油化工、冶金矿山、机械电器等领域。主要锻造铝合金的特性及用途见表 1-1。

表 1-1 锻造铝合金的特性及用途

类别	合金及状态	强度	耐蚀性	切削性	焊接性	特点	主要用途
高强度铝合金	2024-T6	B	C	A	D	锻造性、塑性好，耐蚀性差，是典型的硬铝合金	飞机部件，铁道车辆，汽车部件，机器结构件
	2124-T6						
	2424-T6						
	7075-T6	A	C	A	D	超硬锻造铝合金，抗应力腐蚀裂纹性能差	飞机部件、宇航材料、结构部件
	7175-T6						
	7475-T6						
	7075-T73	B	B	A	D	通过适当的时效处理可改善抗应力腐蚀裂纹性能，强度低于 T6	飞机、船舶、汽车部件、结构件
	7475-T73						
	7175-T736	A	B	A	D	其强度、韧性、抗应力腐蚀裂纹性能均优于 7075-T6 的新型合金	飞机、船舶、汽车部件、结构件
	7050-T73	A	B	A	D	高强、高韧、高抗应力腐蚀裂纹的系列新合金，综合性能优于 7075、7475-T73	用于高受力部件，特别是大型飞机关键部件及宇航材料和重要结构材料
	7150-T73						
	7055-T73						
	7155-T79	A	B	A	B		
	7068-T77						
耐热铝合金	2219-T6	B	B	A	A	高温下保持优秀的强度及耐蠕变性，焊接性能良好	飞机、火箭部件及车辆材料
	2618-T6	B	C	A	C	高温强度高	活塞、增压机风扇、橡胶模具、一般耐热部件

续表 1-1

类别	合金及状态	强度	耐蚀性	切削性	焊接性	特 点	主要用途
耐热铝合金	4032-T6	C	C	C	B	中温下的强度高，线膨胀系数小，耐磨性能好	活塞和耐磨部件
耐蚀铝合金	1100-0 1200-0	D	A	C	A	强度低、耐腐蚀，热、冷加工性能好，切削性不良	电子通讯零件，电子计算机用记忆磁鼓
	5083-0 5056-0	C	A	C	A	耐腐蚀性强、焊接性及低温力学性能好，典型的舰船合金	液化天然气法兰盘和石化机械，舰船部件和海水淡化结构件
	6061-T6 6082-T6 6070-T6 6013-T6	C	A	B	A	强度中等、耐腐蚀、抗疲劳，综合性能好	航空航天、大型汽车车辆和铁道车辆材料及转动体部件
	6351-T6 6005A-T6	C	A	B	A	耐腐蚀性良好，强度略高于 6061 铝合金	增压机风扇，高速列车车厢材料及运输机械部件等

注：A—优；B—良；C—一般；D—差。

1.2 锻压生产发展概况及铝合金锻压技术发展水平

1.2.1 锻压生产的发展历史

人类在新石器时代末期，已开始以锤击天然红铜来制造装饰品和小的用品。中国在公元前 2000 多年已应用冷锻工艺制造工具。商代中期用陨铁制造武器，采用了加热锻造工艺。春秋后期出现的块炼熟铁，就是经过反复加热锻造以挤出氧化物夹杂并成形的。

最初，人们靠抡锤进行锻造，后来出现通过人拉绳索和滑车来提起重锤再自由落下的方法锻打坯料，14 世纪以后出现了畜力和水力落锤锻造。

1842 年，英国的史密斯制成第一台蒸汽锤，使锻造进入应用动力的时代。以后陆续出现锻造水压机、电机驱动的夹板锤、空气锻锤和机械压力机。夹板锤最早应用于美国内战（1861～1865 年）期间，用以模锻武器的零件，随后在欧洲出现了蒸汽模锻锤，模锻工艺逐渐推广。到 19 世纪末已形成近代锻压机械的基本体系。

进入 20 世纪初期，随着汽车工业和其他制造业的飞速发展，热模锻也获得迅速发展，成为锻造的主要工艺。20 世纪中期，热模锻压力机、平锻机和无砧锻锤逐渐取代了普通锻锤，提高了生产率，减小了振动和噪声。随着锻坯无氧化加热技术、高精度和高寿命模具、热挤压、成形轧制等新锻造工艺和锻造操作机、机械手以及自动锻造生产线的发展，锻造生产的效率和经济效果不断提高。由于铝工业和航空航天工业的兴起与发展，20 世纪中期铝及铝合金自由锻造和模锻获得了迅速的发展。

冷锻的出现先于热锻。早期的红铜、金、银薄片和硬币都是冷锻的。冷锻在机械制造中的应用到 20 世纪方得到推广，冷镦、冷挤压、径向锻造、摆动辗压等相继发展，逐渐形成能生产不需切削加工的精密制件的高效锻造工艺。

中国的锻造也有着悠久的历史，中国古代锻造分为冷锻和热锻两种。早在公元前 2000 多年的齐家文化时期，冷锻工艺已应用于制造工具。1978 年以前在甘肃武威皇娘娘台齐家文化遗址出土的红铜器如刀、凿、锥和一些饰物均经过冷锻，锤击痕迹非常明显。在秦魏家出土的青铜锥也是经过冷锻的。1953 年和 20 世纪 70 年代在河南安阳殷墟出土的殷代冷锤打的金箔碎片厚仅 0.01mm，厚度差不超过±0.001mm。到北宋时期，文献中已有冷锻铁铠甲的记载。明代宋应星著《天工开物》有冷锻锯条的记载，用“熟铁锻成薄片，不钢，亦不淬。出火退烧后，频加冷锤坚性，用锉开齿”。热锻工艺最早发现在商代中期（公元前 14 世纪），用陨铁制造武器，采用了加热锻造工艺。春秋后期出现了“块炼”熟铁的技术，将熟铁经过反复加热锻造以挤出氧化物夹杂并成形。1954~1957 年在西安半坡战国墓中出土一件铁锄，其锻制方法是将熟铁坯料先加热锻成薄片，折合后再锻造成形。当时的铁制兵器大都采用热锻工艺。战国后期的块炼渗碳钢也经过反复热锻，以求碳分布均匀。1965 年河北易县出土的战国后期钢剑（全长 1004mm，钢部长 985mm）采用海绵铁先锻成薄片，渗碳后叠在一起经加热锤锻成剑，并经淬火。同时出土的铁兜鍪（铁盔）用 89 片铁甲缀成。为了减轻质量，铁甲多为薄片，大都经过加热锻造。1960 年呼和浩特二十家子古城出土的西汉铁铠甲，其铁片厚度仅 1~2mm，为热锻铁件。1973 年在郑州发现的窖藏东汉末年的铁器遗物中，锻件占很大比重。其中有荥水县王湾村出土的两条铁锁链，一条长 2400mm，每环长 75mm，是熟铁经热锻焊连成链索的。《天工开物》中总结了古代大小器物的锻造方法并附有图画，谈到战舰和海船用的千钧锚，“锤法先成四爪，以次逐节接身”，即采用分段锻造，然后锻焊成整体。

1840 年鸦片战争以后，为了适应航运业发展的需要，外商首先在中国建立了船舶修造厂。1845 年英国人 J.C.柯拜在广州黄埔设立的柯拜船舶厂，是中国领土内最早的一家外资机械厂。清政府为了自救开展了洋务运动，开始了中国近代机械制造工业。从最早的江汉制造局、江南制造局、金陵制造局到福州船政局等都已经开始了现代制造业。1871 年福州船政局所属铁厂首先采用新的冶炼技术，安装吊车，铸造大型汽缸，购置 3t 汽锤锻造大轴，建成中国机械工业最早的铸锻车间。

我国的锻造业历史悠久，到 19 世纪中国也有了一些现代制造业的铸锻车间，但是，这主要是用于锻造钢铁材料的，有色金属锻造，特别是铝及铝合金的锻造业几乎还是空白。

1.2.2 铝合金锻压生产与技术的发展现状及水平分析

1.2.2.1 国外发展状况与水平分析

锻件生产是一个很古老的行业，但铝合金锻件的大量生产应用是从 20 世纪 50 年代开始的。经过几十年的现代化改造，无论在工艺装备、模具设计和制造、生产工艺和技术上，还是在产品品种规格、生产规模和质量等方面都得到了飞速发展，尤其是美国、俄罗斯、德国、日本、法国、意大利、捷克、奥地利、瑞士等国的锻压生产的发展达到了相当高的水平。目前，全世界有锻压厂上千家、锻压机数千台，年产锻件近 500 万吨。其中，铝合金模锻件 30 万吨左右（年消耗量近 50 万吨）。全球有大小水（液）压机 500 余台，其中 100MN 以上的大型水（液）压机 10 余台。300MN 以上的重型液压锻压机的分布情况是：俄罗斯 4 台，其中 2 台是 750MN，为世界之最；美国 5 台（其中包括 2 台 450MN）；法国 1 台，为 650MN；德国 2 台；中国 1 台（并正在建设和制造 450MN 和 800MN 巨型模锻液压机）；罗马尼亚 1 台；英国 1 台。这些大型水（液）压机的主要特点是结构紧凑、功能多、自动化程度高、配备有操作机和快速换模装置，平面配置合理，有利于连续作业，生产效率高。此外随着铝合金模锻件大型化、精密化程度的提高，大型精密多向模锻液压机日益受到重视，各国已拥有多台大型多向模锻液压机，其中美国 3 台，最大为 300MN；法国 1 台，为 650MN；英国 1 台，为 300MN；中国 1 台，为 100MN；俄罗斯 2 台，为 200MN 和 500MN；德国 1 台，为 350MN。多向模锻机属于精密锻压设备，配备了 PLC 系统和计算机控制系统，可对能量、行程、压力、速度进行自动调节，对关键部件最佳工作点进行控制，对各项工作状态进行监控和显示，对系统故障、设备过载、过温和失控等进行预报和保护，对制品质量进行控制。有的还包括有偏移检测、同步系统、工作台和机架变形补偿、磁存储器、集成电路、光纤通讯、彩色屏等，可实现全机或全机列，甚至整个车间的自动控制与科学管理。此外，为了生产各种规格和品种的大、中型精密锻件，各国还装配了各种型号的精锻机，50t 以上的大型锻锤、平锻机及ϕ5~12m 的大型精密轧环机，如美国的ϕ12m、俄罗斯的ϕ10m 精密轧环机，中国也装备了多台ϕ5m 的精密轧环机。

在铝及铝合金锻件技术方面，研制开发出了大量的锻压新工艺、新技术，如液体模锻、半固态模锻、等温锻造、粉末锻造、多向锻造、无斜度精密模锻、分部模锻、包套模锻等，对于简化工艺、减少工序、节省能耗、增加规格、提高质量和生产效率、保护环境、降低劳动强度、提高经济效益等发挥了重大作用。专用的计算机软件为控制锻造温度、锻压力、变形程度（欠压力）和工艺润滑等主要工艺参数，控制制品尺寸和内部组织、力学性能等提供了可靠的保证。

模锻的设计与制造是铝合金锻压技术的关键，锻件 CAD/CAM/CAE 系统已十分成熟和普及。在美国，CAD/CAM/CAE 系统正被 CIM（计算机一体化）所代替。CIM 包括成套技术、计算机模拟技术、CAD/CAM/CAE 技术、机器人、专家系统、加工计划、控制系统以及自动材料处理等，为模锻件的优化设计和工艺改进提供了条件。如在汽车工业，对前梁、羊角、轮毂、曲轴等零件进行设计和工艺过程优化，可使优化设计后的羊角减重 15%，轮毂减重 30%，曲轴减重 20%，而且可大大提高生产效率，降低能耗。

在产品品种和质量上获得了突破性进展，目前世界上研制开发的锻造铝合金有上百种、十几个状态，可大批量生产不同合金、不同状态、不同性能、不同功能、各种形状、各种规格、各种用途的铝合金锻件，年产能在 3 万吨以上的大型企业已近十家。目前世界上可生产的铝合金模锻件的最大投影面积达 5m^2(750MN)，最长的铝锻件达 15m，最重的铝锻件达 2.5t，最大的锻环直径达 11.5m，基本上可满足最大的飞机、飞船、火箭、导弹、卫星、舰艇、航母以及发电设备、起重设备等的需要。产品的内部组织、力学性能和尺寸精度也能满足各种用户要求，在产品开发上达到了相当高的水平。

近年来，除中国正在建设 450MN 和 800MN 巨型模锻机外，世界各国在大、中型锻压机的新建和改造方面的力度不大。因此，世界铝合金锻件的生产尚不能满足交通运输轻量化对铝锻件的需求，有必要新建若干条现代化的大、中型铝锻压生产线。

1.2.2.2 国内铝合金锻压生产发展现状和水平分析

在我国锻压生产有悠久的历史，3300 多年以前的殷墟文化早期，锻压已用于兵器生产。1949 年新中国成立前锻压生产十分落后。1949 年新中国成立后，锻压生产迅速发展，125MN 以下的自由锻水压机、300MN 模锻水压机、160kN 以下的模锻锤、16000kN 以下的摩擦压力机、8000kN 以下的热模锻压机已成系列，装备了各锻压厂。但到目前为止，我国铝加工企业仅有 300MN、100MN、80MN、60MN、50MN、30MN 等 10 余台大、中型铝锻压水（液）压机和 1 台 100MN 多向模锻液压机及ϕ5m 轧环机 2 台，铝锻件年生产能力仅为 1.5 万吨左右，最大模锻件投影面积为 2.5m^2（铝合金）及 1.5m^2（钛合金），最大长度为 7m，最大宽度为 3.5m，锻环最大直径 5m，以及盘径为ϕ534~730mm 的铝合金绞线盘和ϕ300~600mm 左右的汽车轮箍。产品品种相对较少，例如工业发达国家的模锻件已占全部锻件的 80%左右，我国只占 30%左右。国外模锻件的设计、模具制造已引入计算机技术，模锻 CAD/CAM/CAE 和模锻过程仿真已进入实用化阶段，而我国很多锻压厂在这方面才刚刚起步。工艺装备的自动化水平和工艺技术水平也相对落后。

目前我国铝合金锻压工业，在技术装备、模具设计与制造、产品产量与规模、生产效率与批量化生产、产品质量与效益等方面与国外先进水平相比，还存在一定差距。不仅不能满足国内外市场对铝合金锻件日益增长的需求，更跟不上交通运输（如飞机、汽车、高速火车、轮船等）轻量化要求以铝锻件代替钢锻件的步伐。为此，我国应集中人力、物力和财力，尽快提高我国铝合金锻压生产的工艺装备水平和生产工艺水平，并尽快新建若干条大中型现代化铝合金锻压液压机生产线，以尽快缩小与国外先进水平的差距，最大限度满足国内外市场的需求。可喜的是，随着我国大飞机项目及其他大型重点项目的实施，正在建造 200MN 重型卧式挤压机和 450MN、800MN 巨型立式模锻液压机，向世界铝合金锻压大国和强国迈进。

1.2.2.3 我国铝模锻技术与国际先进水平的对比与差距分析

目前，我国规模最大、装备最先进、品种最齐全的铝合金锻压企业为中铝公司下属的西南铝加工厂，拥有世界级的 300MN 模锻水压机，100MN 多向模锻水压机和 60MN 锻造水压机及配套齐全的辅助设备以及切边、矫直、锯切、机加工、制模和检测设备等，是一个专为航空航天等部门提供高质量铝合金锻件和模锻件的工厂。美国是目前世界上铝合金锻压生产和技术最发达的国家之一，美铝公司下属的克利弗兰锻造厂是其最具代表性的铝合金锻压企业，拥有 30MN、40MN、80MN、150MN、350MN、500MN 等多台锻压水压机；7~10MN、13MN、16MN、20MN、25~30MN、40~60MN 等机械压力机及 6MN、8MN、18MN、36MN、110MN、150MN 锻锤以及配套齐全的辅助设备和公共设施。下面以这两个工厂为代表，对我国铝锻压技术与国际先进水平进行对比分析。

A 规模、产能、品种和质量方面

从总体来看，国外锻造厂的规模比我国要大得多，品种更多，规格范围更大，用途更广泛，生产效率和产品质量更高。因此，经济效益也更好。

B 技术方面

a 锻造制坯

大家知道，模锻所需的坯料是通过锻造制得的。影响锻造制坯技术的主要因素有锻造水压机的装机水平和锻造工的操作技术。

Alcoa公司锻造制坯主要在30MN锻造水压机上完成。这台设备小巧灵活，工作台上有一个主模座和多个辅助模座，适用于坯料锻打、旋转和翻滚；有锻造操作机。由于锻造坯料的形状往往比较复杂，需要反复镦粗、压扁、拔长，坯料在工作台上频繁移动和翻滚，因此这种锻造设备非常适合，且具有操作方便、安全、省力、劳动效率高、坯料质量好等优点。西南铝加工厂锻造制坯是在60MN锻造水压机上完成的。设备能力大（实际上每道次的锻压力很小），不灵活。虽配有有轨锻造车，但由于水压机工作台上只有一个主模座，坯料的移动与翻滚仍然很不方便，需要多名锻造工人配合完成。这既费力费时，又不安全，劳动效率低下，坯件质量粗糙。

b 模锻成形

与 Alcoa 公司相比，模锻工序的主要差距是装卸料的机械化和润滑技术。

坯料的出炉、装模与出模，Alcoa公司均采用无轨操作车（即装卸料机械手），只有模具的装卸才采用天车。而西南铝加工厂仍然采用天车装卸料，水压机每模压一个料，需要开动水压机移动工作台一次，台班生产效率低下。例如，用300MN级模锻水压机生产投影面积为$0.5m^2$的铝模锻件，Alcoa公司平均每小时可模锻12件，西南铝平均6件，效率差50%。另一个致命弱点是，由于频繁开动工作台，加速工作台和控制阀的磨损，使设备故障频繁，大大降低了设备的有效作业时间，使成本大幅上升。

为了改善金属在锻模模膛中的流动性能和防止金属粘模，铝模锻时必须使用润滑剂。由于润滑技术直接影响到模锻件的内在质量、外表质量及生产效率，因此世界各国非常重视润滑技术（包括润滑剂和润滑方式）的研究。与 Alcoa 公司相比，除润滑剂的种类比较单调（铝模锻采用石墨加矿物油的混合物）外，润滑方式也十分落后。西南铝加工厂目前仍然采用传统的涂刷方式，国外早已采用喷涂方式。涂刷方式的最大缺点是模膛润滑不均匀，特别是窄而深的模膛，不是没有润滑剂，就是润滑剂存积太多，导致粘模严重和成形差。Alcoa公司锻造厂建立了集中润滑站，向几台模锻水压机机台分供高压润滑剂。

润滑工只要将喷枪与机台上的润滑剂管相连接即可使用。这样既保证了润滑剂的质量，又便于操作和管理，使工作现场免受油污污染。如果润滑效果不好，造成粘模，就大大制约了采用机械手从模具中直接取出模压件的可能性。

c 模具设计与制造

模具的设计、制造与使用水平直接影响新产品开发速度、产品质量、节能降耗以及劳动生产效率。因此引起发达工业国家的高度重视。我国铝模锻品种开发缓慢的重要原因之一便是模具的设计与制造技术落后，生产周期长。

Alcoa 公司非常重视锻模的设计与制造。公司的技术中心（位于 Pittsbugh）专门有一个部门和专业人员从事计算机辅助设计（CAD）和制造（CAM）。开发的软件系统应用在锻造厂的锻模设计与制造中。而国内锻模设计 CAD 尚未普及，仅用于轴对称回转体锻模上。至于 CAM 的用户则更少，尚在起步阶段。因此，目前我国大部分锻造厂家的模具设计仍然以手工为主，西南铝加工厂也一样。模具的设计需要不断积累生产实践经验，所以即使是大学毕业生，也需要经过多年的努力，才能具有独立设计比较复杂模具的能力。而 CAD 的专家系统，积累了许多设计专家丰富的实践经验，模具设计者可以利用它们进行高质量、高效率的设计工作。设计的模具准确度高，时间短，这就大大加快了产品开发步伐。

从模具加工设备看，目前我国仍然以普通加工设备为主，缺乏高精度的自动化程度较高的锻模加工设备。Alcoa 公司配有现代化的数控跟踪铣床、机械研磨与化学抛光等先进的制模设备。而西南铝加工厂目前仍然利用普通的仿形铣床和手工研磨来制造锻模，其质量与效率无法与 Alcoa 公司相比。

另外，锻模材料国内主要采用 5CrNiMo 和 5CrMnMo，这些材料的耐热性差，寿命低。而美国多采用 H13（4Cr5MoSiV1），这种钢在 500℃时红硬性好，冲击韧性高，水冷时不裂，寿命长。

d 地面运输

Alcoa 公司除锻造与模锻工序使用锻造操作机和装卸料机械手外，地面运输主要靠叉车，机械化程度非常高。西南铝加工厂工序之间坯料的转移仍然靠天车，工作灵活性差，效率低。

e 超声波检测

航空模锻件多是受力结构件，内部质量要求高，往往要经过水浸超声波检测。Alcoa 公司装备有大型水浸超声波检测设备，自动化程度很高。大型水槽上安装有自动升降式载物台和自动扫描仪。检测工将被测工件装卡在载物台上，调整好扫描仪，将载物台降至水面以下，即可进行自动检测了。而西南铝加工厂虽有水浸探伤装置，但均是手工操作，工作效率低。

f 荧光渗透检测

铝合金模锻件在加工过程中，其表面易形成折叠和裂纹等缺陷。模锻件成品检验时，要仔细地进行检验性清理。具有非加工表面的精密模锻件，更是要特别小心。在铝模锻件成品上用小型风动工具打磨表面缺陷后，打磨部位对光线形成漫反射，检验工用肉眼或放大镜已无法判断缺陷是否清除掉。这就需要进行荧光渗透检测，Alcoa 公司装备有这样的设备。而西南铝加工厂目前还没有这样的设备。成品检验时，该厂采用的是反复蚀洗的办法，就是将清理过的锻件又装框吊入碱槽、酸槽和水槽中蚀洗，以消除缺陷部位的漫反射效果，再检查。如果没有彻底清除掉缺陷，要反复打磨、蚀洗、检查，直到缺陷彻底清除为止。这样做工人劳动强度大，效率低，且易碰伤锻件表面。

从以上分析来看，无论在总体上，还是在技术上，我国的铝合金锻压生产与技术水平仍落后于国际先进水平，而且差距还不小。我国虽已成为铝合金锻压大国，但还不是强国，为早日赶超世界先进水平，成为真正的铝合金锻压大国和强国，还有许多工作要做。

1.2.3 铝合金锻压生产与技术的发展趋向

经过几十年的努力，世界铝合金锻压生产与技术有了突飞猛进的发展，已形成完整的铝合金锻压生产体系，基本上能满足国民经济和国防建设的需要。但是，铝合金锻压生产及铝合金锻压件较之铝轧制和铝挤压来说，仍然规模很小，占铝材比例很低（2%~3%）。随着社会经济发展和技术的进步，特别是节能、环保等对轻量化需求的剧增，铝合金锻压生产及优质锻件已远远不能满足社会发展的需求。为了适应这种发展趋势，大力发展铝合金锻压生产及其技术是当务之急。

今后铝合金锻压生产的发展方向，一方面是扩大规模，增大产能，增加品种和扩展应用领域，另一方面是在研发和应用新技术、新材料、新设备、新工艺上下大工夫。其要点归纳如下：

（1）扩大规模，增大产能，设计和制造大型的、高速的、多功能的各种锻压设备，组建若干条大型、先进、多用途的铝合金锻压生产线，满足市场需求。

（2）增加品种，扩大规格范围，提高锻压件质量，满足国民经济各部门、人民生活各方面以及国防军工的需求。

（3）研发和应用新技术、新工艺、新材料和新设备，不断提高铝合金锻压生产的技术含量，以达到高产（生产效率高）、优质、多品种、多用途、低成本、高效益以及节能、环保、安全的目的。具体包括：

1）提高锻压件的内在质量，提高性价比，提高铝合金锻压件的竞争力。主要是提高它们的力学性能（强度、塑性、韧性、疲劳强度）和可靠度。这需要更好地应用金属塑性变形的理论；应用内在质量更好的材料，如研发新合金、熔铸优质坯料；精确进行锻前加热和锻造及热处理；更严格和更广泛地对锻压件进行无损探伤等。

2）省力锻造工艺的研发，节能降耗，改善环保条件。锻件的优点是组织致密而且比较均匀，性能优于焊接件和铸造件，但缺点是需要较大的变形力，因此发展省力的锻造工艺一直是研究人员热衷的一个研究领域。目前省力的途径主要有：① 减少拘束系数，实际生产中常用分流的办法来减少变形抗力；② 减少流变应力的方法，实际生产中的超塑性成形、半固态模锻和液态模锻均属于这种方法；③ 减少接触面积；④ 研发新的锻压方法；⑤ 减少摩擦阻力，采用新型润滑剂。

3）精密锻造成形工艺的研发与应用。锻件不需要再进行机械加工就能满足公差要求，目前已经能将锻件精度控制在 0.01~0.05mm 以内。净成形和近终形锻造均属于这类方法。少无切削加工是机械工业提高材料利用率、提高劳动生产率和降低能源消耗的最重要的措施和方向。

4）采用复合工艺，综合利用各种技术的优势，达到减少工序、简化工艺、提高生产效率和质量的目的。这是锻造用坯料使用喷射沉积或半固态方法制备而成，然后将这些坯料经过锻造工艺制备零件的工艺过程。实际生产中坯料可以用多种其他成形工艺方法制备，最后经锻压而成形均可成为复合工艺。

5）锻造过程的信息化、自动化和管理现代化。通过模拟化、虚拟化设计与生产，提高生产和技术及管理的现代化水平。锻造过程CAD、CAE、CAM 和 CAD/CAE/CAM 一体化，实现锻造全过程的虚拟生产、工模具设计与制造的自动化，锻造后锻件组织性能预测与缺陷预测，人工智能、神经元网络和专家系统实现锻造过程在线质量检测与在线控制，锻造工艺过程、生产过程的信息管理，提升了生产过程的效率，信息化融入锻造全过程是时代的需求和现代化发展的趋势。

6）微成形技术的研发与应用。微成形通常指零件变形小于 0.5mm 的变形。这类变形所用材料晶格尺寸没发生多大变化。目前随着微电子工业的快速发展，对微成形技术的需求也越来越大。但微成形技术的一个难点就在于其尺寸效应。

7）多点柔性成形技术的开发与应用。应用成组技术、快速换模等，使多品种、小批量的锻压生产能利用高效率和高自动化的锻压设备或生产线，使其生产率和经济性接近于大批量生产的水平。

8）环境友好成形技术的广泛应用。实现锻造过程的绿色化、无害化，减少环境危害，同时节约能源，促进节能减排，环境友好的成形工艺过程。

为了大幅度降低成本，提高生产效率和产品质量，提高铝合金锻压生产的整体竞争力，以下几方面也是今后发展铝合金锻压生产和技术中值得关注的。

（1）大型整体化。可以将以前的几个部件结合起来构成一个整体，谋求达到单一、轻量化，同时降低生产成本。但是，这需要有大型锻造设备。

（2）连贯生产。粗锻件生产以前到热处理为止，现在延伸到精加工，在机械加工之时进行调整加工补救锻件次级品。及时处理在制造过程中产生的各种问题，采取改善措施，以降低次品率，同时避免加工上的浪费和运输上的损失。形成连贯生产的完整产业链。

（3）计算机控制与利用机械手。用计算机控制来代替以前的人工操作，并且采用机械手，以节省人力，实现整个锻压过程的自动化。

（4）改良模具与简化程序。在铝热锻中，模具寿命较短，因此要在取得用户同意的情况下，选择不容易产生角部裂纹的形状。使用高强高韧性的模具材料，研制不干燥蒸发的脱模剂。由于经常是小批量生产，所以缩短装模时间对于降低成本更为重要。

（5）提高锻造精度。精密锻件是通过无缝锻造、无拔模斜度锻造来提高粗锻件精度，这样可以大幅度减少机械加工费用，降低总成本。

另外，作为新技术的开发，考虑加速发展粉末锻造法、液体锻造法和半固态锻压法、复合锻压工艺、热冷复合锻造、旋转加工法、铸锻法等等。

1.3 铝合金锻压件的技术开发及应用前景分析

1.3.1 铝合金锻压件的生产、消费情况分析

由于铝及铝合金锻件具有以上一系列的优越性，在航空航天、汽车、船舶、交通运输、兵器、电讯等工业部门备受青睐，应用范围越来越广泛。据初步统计，目前，世界每年消耗锻件 380 万吨左右，其中铝锻件占 70 万吨左右；钛锻件和高温合金锻件约占 1.5%（即 1.8 万吨左右）；钢锻件依然占绝大多数。从铝加工工业的角度来看，目前全世界年铝产量（包括再生铝）约为 5000 万吨，其中 85%要变成加工材，即目前世界上加工材年产量约为 4000 万吨以上，其中板、带、箔材约占 56%，挤压材约占 38%。铝合金锻造材由于成本较高，生产技术难度较大，仅在特别重要的受力部位才应用，所占比重不大。但是，铝锻造材是增长速度最快的铝材，近十多年来，由于军工和民用工业，特别是交通运输业现代化和轻量化的需要，以铝代钢的要求十分迫切，因而，铝锻件的品种和应用都得到了迅猛的增长。其在铝材中的比例已由 1985 年的 0.5%增加到了 2011 年的

3.2%，即 80 万吨/年左右。

为了满足军工和民用各部门对铝和铝合金锻件日益增长的需求，世界各国都集中人力、物力和财力发展铝锻压生产，设计和制造各种锻压设备，特别是大中型水（液）压锻压机。但是由于锻压设备比较贵，制造周期长，锻件生产技术也比较复杂，因而很难满足市场需要。目前世界上铝锻件的生产能力约为 70 万吨/年，不能满足消费量 80 万吨/年的需求。中国由于大、重型水（液）压锻造设备少，生产能力低，远远不能满足工业部门对铝锻压件的需求，年缺口量在 3.0 万吨以上。到 2015 年，由于我国的汽车、飞机、船舶及交通运输和机械制造业需求的大量增加，铝锻件的年消耗量可能达到 8 万吨以上。

1.3.2 市场需求及应用前景分析

铝及铝合金锻件主要用于要求轻量化程度大的工业部门，根据当前各国的应用情况，主要的市场分布如下：

（1）航空（飞机）锻件。飞机上的锻件占飞机材料质量的 80%左右，如起落架、框架、肋条、发动机部件、动环和不动环等。一架飞机上所用的锻件上千种，其中除了少数高温部件使用高温合金、高强钢和钛合金锻件外，绝大部分已铝化，如美国波音公司，年产飞机上千架，年需消耗铝合金锻件数万吨。我国歼击机等军用飞机和民用飞机也在飞速发展，特别是大飞机项目等大型重点项目的实施，需要消耗的铝锻件也会逐年增加。

（2）航天锻件。航天器上的锻件主要是锻环、轮圈、翼梁和机座等，绝大部分为铝锻件，只有少数钛锻件。宇宙飞船、火箭、导弹、卫星等的发展对铝锻件的需求日益增加。如近年来，我国研制的超远程导弹用 Al-Li 合金壳体锻件，每件重达 300kg，价值几十万元。ϕ1.5~6m 的各类铝合金锻环的用量也越来越多。

（3）兵器工业。如坦克、装甲车、运兵车、战车、火箭弹、炮架、军舰等常规武器使用铝合金锻件作为承力件的数量大大增加，基本代替了钢锻件。特别是铝合金坦克负重轮等重要锻件已成了兵器器械轻量化、现代化的重要材料。

（4）汽车是使用铝合金锻件最有前途的行业，也是铝锻件的最大用户。主要作为轮毂（特别重型汽车和大中型客车）、保险杠、底座大梁和其他一些小型铝锻件，其中铝轮毂是使用量最大的铝锻件，主要用于大客车、卡车和重型汽车。近年来，中小型汽车、摩托车和高级轿车也开始使用。据统计，世界上几年来铝轮毂的用量年增长速度达20%以上，目前的使用量达数十亿个。我国刚刚起步，但一汽、二汽等大型汽车企业正在开始研发，随着汽车产量的增加，铝轮毂和其他铝锻件的用量将会得到惊人的发展。目前工业上常用的汽车铝合金车轮的制造方法主要有铸造法和锻造法两种。铸造法又分为重力铸造法和压力铸造法。铸造法生产的车轮产品的组织致密度和均匀性较差，力学性能亦较低。制造的精度（厚度）也较差，后续加工量大，不能满足高可靠性的轻量化乘用车性能要求，而且无法满足商用车车轮的耐冲击和疲劳寿命及承载能力的要求。而用锻造法生产的铝合金汽车车轮具有力学性能良好、结构强度高、质量轻（壁厚薄）、抗冲击能力高、防腐蚀性能和抗疲劳强度优良等优点，可以满足商用车车轮的要求，因此，逐渐成为汽车，特别是高级轿车和大型、重型、豪华型客车与货车用车轮的首选配件，有逐渐替代铸造铝合金车轮的趋势。如美国铝业公司用 80MN 锻压水压机生产的 6061-T6 铝合金汽车轮毂，其晶粒变形流向与受力方向一致，强度与韧性及疲劳强度均大大高于铸造合金车轮，而质量则减少 20%，伸长率可达 12%~16%。而且具有相当高的吸振与承压能力，承受冲击能力强。此外，锻铝车轮的致密度高，无疏松、针孔，表面无气孔，具有良好的表面处理性能。涂层均匀一致，结合力高，色彩调和美观。锻铝车轮有很好的机械加工性能。由此可见，锻造铝车轮具有质量轻、比强度高、韧性和抗疲劳性与抗腐蚀性优良、导热性好、易于机械加工、圆形度好、抗冲击、使用安全、便于维修、使用成本低、节能、环保、美观耐用等特点，是汽车车轮等交通运输转动部件的理想材料，有广阔的应用前景。

（5）能源动力工业，铝锻件会逐渐代替某些钢锻件制作机架、护环、动环和不动环以及煤炭运输车车轮、液化天然气法兰盘、核电站燃料架等，一般都用大中型锻件；此外，在清洁能源，如水电、风电、太阳能发电方面也将得到广泛的应用。

（6）船舶和舰艇使用铝锻件作为机架、动环和不动环、炮台架等。

（7）机械制造业，目前主要用铝锻件制作木工机械、纺织机械等的机架、滑块、连杆及绞线盘等，仅纺织机用绞线盘铝锻件，我国每年就需要数万件，重1000多吨。

（8）模具工业用铝合金锻件制作橡胶模具、鞋模具及其他轻工模具。

（9）运输机械、火车机车工业，铝合金锻件大量用作汽缸、活塞裙等。仅国内每年消耗的4032铝合金的汽缸和活塞裙等锻件就达数万件。

（10）其他方面，如电子通讯、家用电器、文体器材等也开始使用铝锻件以替代钢、铜等材料的锻件。

1.4 锻压生产用铝合金及其锻造工艺性能与可锻压性

1.4.1 常用的锻造铝合金

铝及铝合金具有密度低、比强度高、耐蚀性和可焊性优良等一系列特性，因此应用十分广泛。铝合金一般可分为铸造铝合金和变形铝合金。变形铝合金可用压力加工方法加工成各种精密半成品材料或零部件。变形铝合金有上千种，分布在1×××~9×××系列铝合金中。锻造铝合金是一种典型的变形铝合金，锻压生产中最常用的国内外锻造铝合金比较见表1-2。表1-3为常用汽车零件锻造铝合金的最低力学性能与典型零件。

表1-2 国内外常用锻造铝合金的牌号、主要特性及适用范围比较

中国牌号	国外相近牌号	特性与适用范围	主要相关标准号
2A02	俄罗斯 ВД17	固溶热处理加人工时效强化。用于制造300℃以下的航空发动机压气机叶片	GJB 2351—1995 GJB2054—1994 HB 5204—1982
2A11	俄罗斯 Д1 美国 2017 日本 A2017	固溶热处理加自然时效强化，具有较高的强度和中等塑性。用于制造中等强度的受力构件	GJB 2351—1995 GJB 2054—1994 HB 5204—1982

续表 1-2

中国牌号	国外相近牌号	特性与适用范围	主要相关标准号
2A12	俄罗斯 Д16 美国 2024 日本 A2024	经固溶热处理和自然时效或人工时效强化后有较高的强度。该合金的 T3 状态用于制造飞机蒙皮、桁条、隔框、壁板、翼肋、翼梁和尾翼等零部件，是航空和航天工业中使用最广的铝合金之一。其性能因热处理状态的不同而有显著差异	GJB 351—1995 GJB 2054—1994 HB 5204—1982 HB 5202—1982
2A14	俄罗斯 AK8 美国 2014 日本 A2014	固溶热处理加人工时效强化。用于制造截面面积较大的高载荷零件	GJB 2351—1995 HB 5204—1982
2A16	俄罗斯 Д20 美国 2219	固溶热处理加人工时效强化。可在 250~350℃下长期工作。该合金无挤压效应，挤压件的纵横向性能很接近	GJB 2351—1995 HB 5204—1982
2A50	俄罗斯 AK6	固溶热处理加人工时效强化。适于制造形状复杂及承受中等载荷的锻件	GJB 2351—1995 HB 5204—1982
2B50	俄罗斯 AK6-1	合金的成分在 2A50 基础上加入少量的铬和钛，其特征、用途与 2A50 基本相同	GJB 2351—1995 HB 5204—1982
2A70	俄罗斯 AK4-1 美国 2618 日本 2N01	固溶热处理加人工时效强化，锻件主要为 T6 状态	GJB 2351—1995 HB 5204—1982
2014 （2A14）	美国 2214 俄罗斯 AK8 日本 A2014	同 2A14	Q/S 818—1992 Q/EL 336—1992
2024 （2A12）	俄罗斯 Д16 法国 A-U4G1 英国 DTD5090	同 2A12	GJB 2920—1997
2124	俄罗斯 Д16 ч	在 2024 合金基础上，降低铁和硅等杂质的含量，采用特殊工艺生产	Q/6S 789—1990
2214 （2A14）	俄罗斯 AK8 美国 2014 日本 A2214	在 2024 合金基础上，减少杂质铁的含量，韧性得到改善。特征与用途同 2A14，与 2024 基本相同	IGC.04.32.230
3A21	俄罗斯 AMД 美国 3003 日本 A3003	不可热处理强化变形铝合金。合金的耐蚀性很好，接近纯铝。模锻件和自由锻件的供应状态为自由加工状态（H112）	GJB 2351—1995 HB 5204—1982
5A02	俄罗斯 AMΓ2 美国 5052 日本 A5052	不可热处理强化变形铝合金。合金的耐蚀性好、强度低	GJB 2351—1995 HB 5204—1982
5A03	俄罗斯 AMΓ3 美国 5054、5154 日本 A5154	不可热处理强化变形铝合金。强度低，塑性高，耐蚀性很好，退火状态切削性能差，建议在冷作硬化状态切削加工	GJB 2351—1995 HB 5204—1982

续表 1-2

中国牌号	国外相近牌号	特性与适用范围	主要相关标准号
5A05	俄罗斯 AMΓ5 美国 5056、5456 日本 A5456	不可热处理强化变形铝合金。采用冷作硬化提高合金的强度	GJB 2351—1995 HB 5202—1982
5A06	俄罗斯 AMΓ6	不可热处理强化变形铝合金。中等强度，退火状态腐蚀性能良好	GJB 2351—1995 HB 5204—1982
6A02	俄罗斯 AB 美国 6151、6061 日本 A6151	经固溶热处理和自然时效或人工时效强化后，具有中等强度和较高的塑性，是耐腐蚀较好的结构材料	GJB 2351—1995 HB 5204—1982
7A04	俄罗斯 B95	可热处理强化变形铝合金。合金的强度高于硬铝，屈服强度接近断裂强度，塑性低，对应力集中敏感	GJB 2351—1995 HB 5204—1982
7A09	美国 7075 日本 A7075	可热处理强化的高强度变形铝合金。该合金综合性能较好，T6 状态的强度最高，T73 状态耐应力腐蚀优异，T76 状态抗剥落腐蚀性能好，是我国目前使用的高强度铝合金之一，也是飞机主要受力件的优选材料	GJB 2351—1995 GJB 1057—1990 HB 5202—1982
7A33 （LB733）		可热处理强化的耐腐蚀、高强度结构铝合金。适于制造水上飞机、舰载飞机、沿海使用飞机和直升机的蒙皮和结构件材料	Q/6S 146—1984
7050	美国 7050 日本 A7050	可热处理强化的高强度变形铝合金。强度、韧性、疲劳和抗应力腐蚀性能等综合性能优良，淬透性好，适于制造大型锻件，综合性能优于 7075	Q/6S 851—1990 Q/S 825—1990
7075	美国 7075 俄罗斯 B95 日本 A7075	可热处理强化的高强度变形铝合金，可以制造各种品种和尺寸的产品，是目前应用最广的高强铝合金。它有几种热处理状态，如 T6、T73 和 T76，其中 T6 状态强度最高，但断裂韧性偏低	Q/6S 841—1990 Q/S 309—1990
7475	美国 7475 俄罗斯 B95ЧИ 日本 A7475	在 7075 合金基础上研制的新型可热处理强化的高强度变形铝合金，提高了合金的纯度。其综合性能更好。用于制造飞机隔框和蒙皮等，进一步提高了飞机的安全可靠性和使用寿命	Q/6S 830—1990 Q/6S 831—1990 Q/6S 791—1990
8090	Al-Li 合金	可热处理强化的变形铝-锂合金，强度水平与 2A14 相当，但密度降低 10%，弹性模量提高 10%。用于制造结构件	Q/6SZ 1244—1994

表 1-3 常用汽车零件锻造铝合金的最低力学性能与典型零件

合金	状态	最低力学性能				典型零件
		抗拉强度 R_m/MPa	屈服强度 $R_{p0.2}$/MPa	伸长率 A_5/%	布氏硬度 $HBW_{2.5/62.5}$	
2014	T6	440	380	6	135	货车与载重车零件
2017A	T4	380	230	10	107	货车等高负载零件
2024	T4	460	380	10	120	货车等高负载与要求疲劳强度的零件
5754	H112	180	80	15	50	各种工序
6401	T5、T6	235	185	14	70	装饰件
6060、6063	T5、T6	245	195	10	75	各种工序
6061	T5、T6	290	250	9	85	各种工序
6082①	T5、T6	310	260	6	90	结构件、液压及气动零件
6082②	T5、T6	340	300	10	100	安全及悬架系统零件
6082③	T5、T6	340	300	10	100	安全及悬架系统零件
6110	T5、T6	400	380	8	100	安全及悬架系统零件
6066	T5、T6	440	400	8	115	安全及悬架系统零件
7020	T5、T6	350	280	10	100	各种零件
7018	T5、T6	410	360	10	115	各种零件
7022	T5、T6	480	410	6	140	液压、系统零件
7075	T5/T73	530/455	470/385	8/6	145/130	各种零件及液压系统元件

①Anticorodal（高强度耐蚀铝合金）-114；②Anticorodal-116；③Anticorodal-117。

常用锻造铝合金包括以下几种：

（1）2014 合金。2014 合金是一种铝-铜-镁-硅-锰系合金，其成分（质量分数，%）为：0.5~1.2Si，0.7Fe，3.9~5.0Cu，0.4~1.2Mn，0.2~0.8Mg，0.10Cr，0.25Zn，0.15Ti，其他杂质每个 0.15，总计 0.15，其余为 Al。它在 T6 状态下的抗拉强度及屈服强度均比 2017、2024、6082 等合金高，在高温下也有高的强度性能，但熔焊性能较差，抗腐蚀性能力，特别是抗应力腐蚀开裂能力不尽如人意，在使用中必须进行表面保护处理。它在航空、汽车与机器制造中获得了广泛的应用，用于锻造承受高的静负载与动载荷的零件。如德国辛根铝业公司生产的汽车底盘与悬架锻件，它们既有最高的韧性强度，又能满足耐久性要求。

（2）2017A 合金。2017A 合金是一种 1972 年注册的欧洲航空航天协会（EAA）的铝-铜-硅-锰-镁系合金，其成分（质量分数，%）为：

0.2~0.8Si，0.7Fe，3.5~4.5Cu，0.4~1.0Mn，0.4~1.0Mg，0.10Cr，0.25Zn，0.25(Zr+Ti)，其他杂质每个 0.05，总计 0.15，其余为 Al。它有高的承受动态负载的能力，可在各种时效状态下应用。其屈服强度与 6082 合金相当，但有更高的抗拉强度与伸长率，熔焊性能不佳。如果应用环境有发生腐蚀的可能性，则应进行表面防腐处理，用于制造高负载汽车锻件，特别是要求高疲劳强度的零件。2017A、6082、Alutex 三合金的力学性能相比，Alutex 合金有最高的综合性能。

（3）2024 合金。2024 合金是一种已有 78 年历史的古老合金，1933 年定型，由美国铝业公司发明，至今已繁衍 7 个合金族（2024、2024A、2224、2224A、2324、2424），仍是航空器用量最大的合金。2024 合金的成分（质量分数，%）为：0.50Si，0.50Fe，3.8~4.9Cu，0.3~0.9Mn，1.2~1.8Mg，0.10Cr，0.25Zn，0.15Ti，其他杂质每个 0.05，总计 0.15，其余为 Al，是一种 Al-Cu-Mg-Mn 系合金。它的 $R_{p0.2}$ 比 6082 合金的高一些，但具有大得多的抗拉强度 R_m 与伸长率 A_5。常用它制造要求抗拉强度与疲劳强度都高的零件，如卡车的高负载锻件。

（4）5754 合金。5754 合金是美国 1970 年注册的一种铝-镁系合金，是用精铝与精镁配制的纯度较高的合金。为了保持其良好的表面处理性能，对其杂质含量作了严格的控制，现在 5×54 型合金已发展成为有 11 个成员的最大的变形铝合金族（5154、5154A、5154B、5254、5354、5454、5554、5654、5654A、5754、5854、5954），每个合金都有其特定的应用领域。5754 合金的化学成分（质量分数，%）为：0.40Si，0.40Fe，0.10Cu，0.50Mn，2.6~3.6Mg，0.30Cr，0.20Zn，0.15Ti，0.1~0.6(Mn+Cr)，其他杂质每个 0.05，总计 0.15，其余为 Al。此合金有良好的阳极氧化与可焊性能。在汽车工业中除用于轧制板材外，主要用于锻造内外装饰件。

（5）6401 合金。6401 合金为 1990 年欧洲航空航天协会在美国铝业协会注册的一种合金，是用精铝配制的高纯度合金，杂质含量甚低，其成分（质量分数，%）为：0.35~0.7Si，0.04Fe，0.05~0.20Cu，0.03Mn，0.35~0.7Mg，0.04Zn，0.01Ti，其他杂质为 0.01，其余为

Al。合金的特点是抗蚀性强，电化学光亮处理与阳极氧化处理性能优秀，用于制造需要有高度装饰效果的熠熠生辉的锻件与其他零件。它的成形性能也很好，在T5或T6状态下应用。

（6）6060/6063合金。6060/6063合金在T5或T6状态下应用。6060合金的成分（质量分数，%）为：0.3~0.6Si，0.1~0.3Fe，0.10Cu，0.10Mn，0.35~0.6Mg，0.05Cr，0.15Zn，0.01Ti，其他杂质每个0.05，总计0.15，其余为Al。它是欧洲航空航天协会研发的，1972年在美国铝业协会注册。6063合金的成分（质量分数，%）为：0.2~0.6Si，0.35Fe，0.10Cu，0.10Mn，0.45~0.9Mg，0.10Cr，0.10Zn，0.10Ti，其他杂质每个0.05，总计0.15，其余为Al。1945年定型，由美国铝业公司研发，是当前产量最大的单一变形铝合金，主要用于挤压建筑铝材，建筑铝材的92%以上是用该合金生产的，2011年全世界的产量约1480万吨。

这两种合金的特点是有优秀的成形性、可焊性、抗蚀性，适合于电化学光亮处理与阳极氧化处理，用于制造高装饰性锻件。

（7）6061合金。6061合金属于铝-镁-硅-铜系，1934年定型，由美国铝业公司研发。它的化学成分（质量分数，%）为：0.4~0.6Si，0.7Fe，0.15~0.4Cu，0.15Mn，0.8~1.2Mg，0.04~0.35Cr，0.25Zn，0.15Ti，其他杂质每个0.05，总计0.15，其余为Al。该合金有良好的综合性能，对海水有强的抗蚀性（它的抗蚀性比其他常用的可热处理强化铝合金的都高），可焊性好。但在冷加工状态的变形性能方面不甚满意。在T5及T6状态下应用，有高的承受静态及动态载荷能力，它的强度性能比6063合金高得多，一般用于制造强度高、形状较为复杂的锻件。

（8）6082合金。6082合金在欧洲获得了广泛的应用，在T5或T6状态下使用。1972年由欧洲航空航天协会在美国铝业协会注册，其化学成分（质量分数，%）为：0.7~1.3Si，0.50Fe，0.10Cu，0.4~1.0Mn，0.6~1.2Mg，0.25Cr，0.20Zn，0.10Ti，其他杂质每个0.05，总计0.15，其余为Al。这3种合金的成分都在以上范围内，但又略有差别，应用状态为T5或T6，在汽车工业中广为应用。Anticorodal-114合金有高的承受静态及动态负载能力，抗蚀性高，可切削性能好，多用于锻造液压及气动系统零件。

Anticorodal 合金的抗静载荷及动载荷的能力比 Anticorodal-114 合金更高，抗蚀性及抗应力腐蚀的能力相当强，适于切削加工，切削后的表面光洁。Anticorodal-117 合金铸锭的晶粒细小均匀，在加工过程中晶粒不易长大，不会形成粗大晶粒，抗普通腐蚀及抗应力腐蚀开裂的能力强，适于切削加工，承受静载荷及动载荷能力强。

6082 合金及上述 3 种合金广泛用于制造汽车承受大应力的锻件，如球形接头与法兰罩。Anticorodal-116、Anticorodal-117 合金是锻造安全系统及悬架零件的良好材料。

（9）6110 合金。6110 合金属于 Al-Si-Mg-Cu 系合金。它的成分（质量分数，%）为：0.7~1.5Si，0.8Fe，0.2~0.7Cu，0.2~0.7Mn，0.5~1.1Mg，0.04~0.25Cr，0.20Ni，0.30Zn，0.15Ti，其他杂质每个 0.05，总计 0.15，其余为 Al。此合金的特点是硅含量比 6060、6061、6063 合金都高，杂质 Fe、Zn 等的允许含量也相当大。因此，不但硅含量除形成 Mg_2Si 外还有大量硅过剩，还含有 Cu 与 Mn，所以它有更高的强度性能，承受静载荷及动载荷的能力也大一些，可切削加工性能也好一些。在汽车工业中用于锻造安全装置及悬架系统零件。该合金是 1979 年美国铝业公司注册的。锻件在 T5 或 T6 状态应用。

（10）6066 合金。6066 合金是于 20 世纪 40 年代后期定型的美国合金，属于 Al-Mg-Si-Cu-Mn 系合金。它的成分（质量分数，%）为：0.9~1.8Si，0.50Fe，0.7~1.2Cu，0.6~1.1Mn，0.8~1.4Mg，0.40Cr，0.25Zn，0.20Ti，其他杂质每个 0.05，总计 0.15，其余为 Al。它的 Si 含量高，除形成 Mg_2Si 强化相外，还可形成复杂的四元相 AlSiCuMn 相与有相当多的游离 Si 存在，因此有相当高的综合力学性能。模锻件的最低力学性能：抗拉强度 R_m 为 440MPa、屈服强度 $R_{p0.2}$ 为 400MPa、伸长率 A_5 为 8%、布氏硬度 $HBW_{2.5/62.5}$ 为 115。在 T5 或 T6 状态应用。它有好的可切削性能，承受静载荷及动载荷的能力比其他 6×××系锻造铝合金都高。汽车工业用 6066 合金锻造安全系统及悬架零件。

（11）7018 合金。7018 合金是一种 Al-Zn-Mg-Mn 系合金。它的成

分（质量分数，%）为：0.35Si，0.45Fe，0.20Cu，0.15~0.50Mn，0.7~1.5Mg，0.20Cr，0.10Ni，4.5~5.5Zn，0.15Ti，0.10~0.25Zr,其他杂质每个 0.05，总计 0.15，其余为 Al。它是一种英国合金，1978 年在美国铝业协会注册，在 T5 或 T6 状态应用，有相当高的强度性能与良好的可焊性。模锻件的最低力学性能：抗拉强度 R_{m} 为 410MPa，屈服强度 $R_{p0.2}$ 为 360MPa，伸长率 A_{5} 为 10%，布氏硬度 $HBW_{2.5/62.5}$ 为 115。汽车工业上用于锻造既要求有高的强度又希望有良好可焊性的锻件。

（12）7020 合金。7020 合金是一种 Al-Zn-Mg 系合金，还含有少量的 Mn 及 Cr，是由欧洲航空航天协会 1972 年在美国铝业协会注册的。它的化学成分（质量分数，%）为：0.35Si，0.40Fe，0.20Cu，0.05~0.50Mn，1.0~1.4Mg，0.10~0.35Cr，4.0~5.0Zn，0.08~0.20Zr，0.08~0.25(Zr+Ti)，其他杂质每个 0.05，总计 0.15，其余为 Al。在 T5 或 T6 状态应用，强度性能中等，可焊接性好。模锻件的最低力学性能：抗拉强度 R_{m} 为 350MPa，屈服强度 $R_{p0.2}$ 为 280MPa，布氏硬度 $HBW_{2.5/62.5}$ 为 115。在汽车工业与轨道车辆制造中均有应用，用于锻造形状复杂的模锻件。7020 合金的抗腐蚀性能中等，焊件的力学性能几乎和原材料的相等，焊后宜进行人工时效处理，汽车工业用此合金锻造中等负载的零件，是需要焊接的。

（13）7075 合金。7075 合金是一个 Al-Zn-Mg-Cu 系合金。由美国铝业公司研发，1944 年定型。第二次世界大战后期的飞机已用上此合金。锻件在 T6 或 T73 状态应用。它的成分（质量分数，%）为：0.40Si，0.50Fe，1.2~2.0Cu，0.30Mn，2.1~2.9Mg，0.18~0.28Cr，5.1~6.1Zn，0.20Ti，锻件 Zr+Ti 的最大含量 0.25，其他杂质每个 0.50，总计 0.15，其余为 Al。7075 合金是目前汽车工业锻件合金中强度性能最高的，在 T6 或 T73 状态应用。它的抗腐蚀性能虽比 2024 合金好，也比 2014 合金高，但不如 6082 合金。该合金锻件的最低力学性能（T6/T73）：抗拉强度 R_{m} 为 530/455MPa，屈服强度 $R_{p0.2}$ 为 410/385MPa，伸长率 A_{5} 为 8%/6%，布氏硬度 $HBW_{2.5/62.5}$ 为 145/130。该合金在航空工业上获得了广泛的应用，汽车工业用它锻造承受极高负载的模锻件，用量少。

（14）非标定 Alutex 合金。非标定锻件合金是指未在美国铝业协会注册的一些铝业公司自行研发的合金，如德国埃米根市的莱贝铝业有限公司的 Alutex（阿卢特克斯）合金等。

Alutex 合金成分尚未见诸报道，是一种 Al-Mg-Si 系合金，并含有少量的 Mn。也就是说它是以 6082 合金为基础发展起来的用于锻造汽车模锻件的合金。它的力学性能几乎全面超过 6082 合金与 2017A 合金，仅伸长率 A_5 比 2017A 合金低一个百分点，它保证（模锻件）力学性能：抗拉强度 R_m 为 400MPa、屈服强度 $R_{p0.2}$ 为 320MPa、伸长率 A_5 为 9%。有良好的可锻成形性、抗蚀性与可焊性、可切削加工性等，多用于模锻悬架横向控制臂、纵梁构件以及转向系零件。

莱贝铝业有限公司对 Alutex 合金的铜含量作了严格控制，因而它有强的抗腐蚀性能。由于对合金的成分作了精心设计与控制，因而模锻件具有高的综合性能。大批生产的各种汽车模锻件在实际使用中受到汽车制造企业的好评。Alutex 合金含铅量小于 0.01%。微量铅对模锻件有两个好处：一是对高温蠕变性能有益，类似于晶粒细化剂作用，使锻件保持着细晶粒组织；二是对锻件的切削加工有益，例如便于钻深孔。

除了上述的常用的锻件铝合金外，1050A、2618A、5019、5083、7022 等合金也用于锻造某些用途的模锻件。

1.4.2 铝合金的锻造工艺性能

1.4.2.1 概述

锻造用铝合金主要是复合（固溶加沉淀）强化的合金，这些合金的合金化程度高、塑性低，许多属于难变形合金，生产这类合金的锻件要在充分了解合金的锻造工艺性能后才能制定出合理的锻造工艺，高合金化铝合金的工艺塑性介于结构钢与高温合金之间。纯铝和合金化较低的铝合金在锻造温度范围内一般都有足够的塑性，有些还高于普通钢的塑性，可以在锻压、液压机、机械压力机和旋压机等常用锻压设备上进行锻造，而合金化较高的铝合金在锻压温度范围内的塑性较低，一般不可以进行锻造，通常选择在液压机上锻造，也可以在机械压力机和旋压机上进行锻造。为便于分析，下面介绍锻件常用的 2×××系、3×××系、5×××系和 7×××系等铝合金的锻造工艺性能典型实例、锻造工艺参数和热性能。

1.4.2.2 2×××系铝合金的锻造工艺性能

A 2A02 合金的锻造工艺性能

2A02 合金的再结晶图和工艺塑性图分别见图 1-1 和图 1-2。

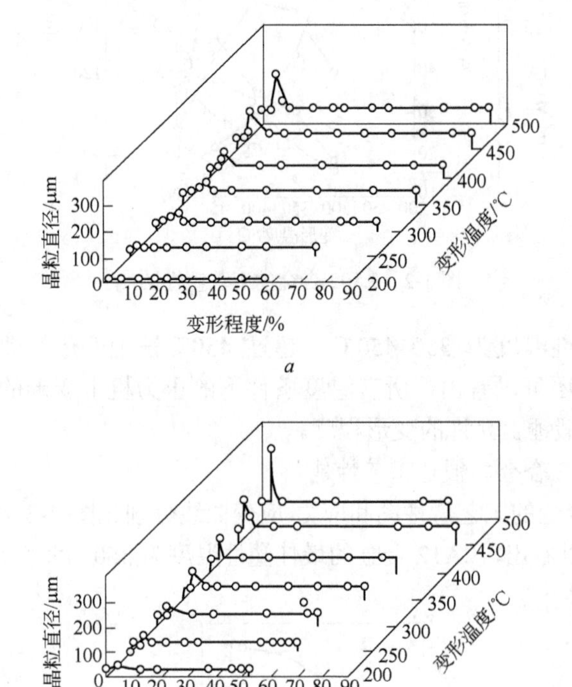

图 1-1 2A02 合金的再结晶图

a—压力机上变形；*b*—锻锤上变形

由图 1-1 可以看出，在相同的变形温度和变形程度条件下，锤上变形试样的晶粒尺寸稍大于压力机上变形的试样，其临界变形都在10%以下，但锤上临界变形的晶粒尺寸较大，这可能是锤头速度高、变形剧烈、变形热引起的温升较高造成的。由图 1-2 可以看出，该合

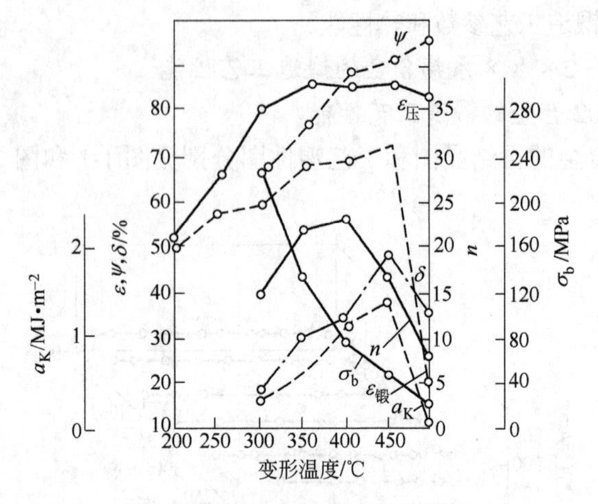

图 1-2 2A02 合金的工艺塑性图

金的最佳塑性温度为 350~450℃，超过 450℃锤上变形的塑性明显下降；从该图还可以看出，所有温度条件下的压力机上变形的允许变形程度都大于锻锤上允许的变形程度。

B 2A12 合金的锻造工艺性能

2A12 合金的工艺塑性图和应力-应变曲线分别见图 1-3 和图 1-4。由图 1-3 可以看出，2A12 合金的最佳塑性温度为 350~450℃。由图 1-4

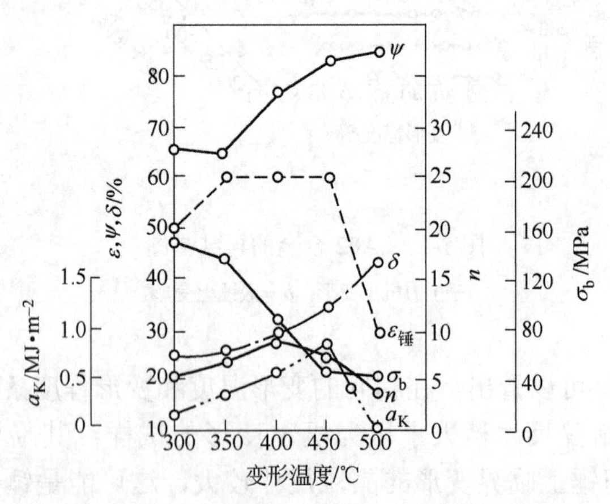

图 1-3 2A12 合金的工艺塑性图

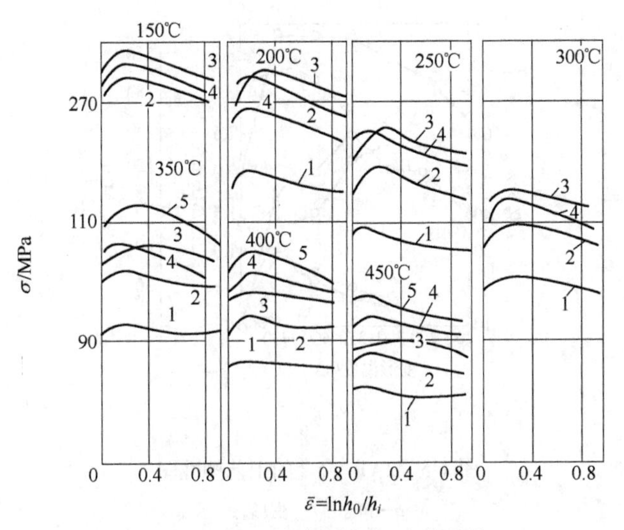

图 1-4　2A12 合金的应力-应变曲线

应变速率：1—$10^{-2}s^{-1}$；2—$1s^{-1}$；3—$10s^{-1}$；4—$100s^{-1}$；5—$200s^{-1}$

可以看出，该合金的变形抗力随变形温度的降低和应变速率的提高而提高。

C　2A14 合金的工艺性能

2A14 合金的工艺塑性图、应力-应变曲线和再结晶图分别见图 1-5~图 1-7。由图 1-5 可以看出，该合金在 300~450℃范围内的锻造工艺

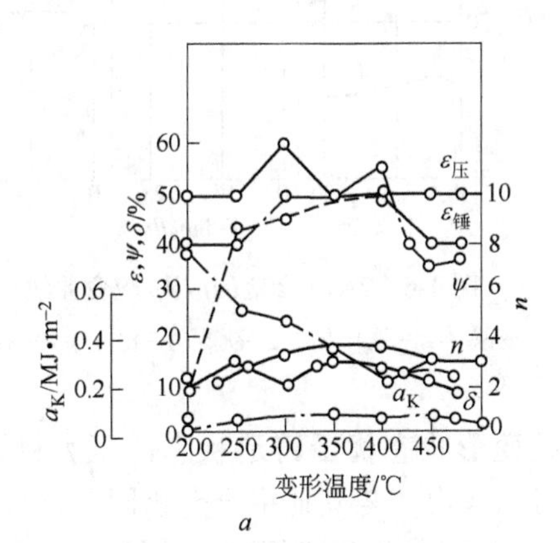

a

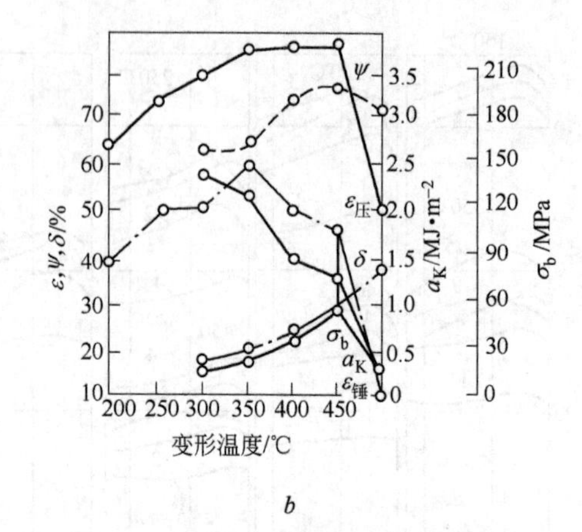

图 1-5 2A14 合金的工艺塑性图

a—铸态；*b*—变形态

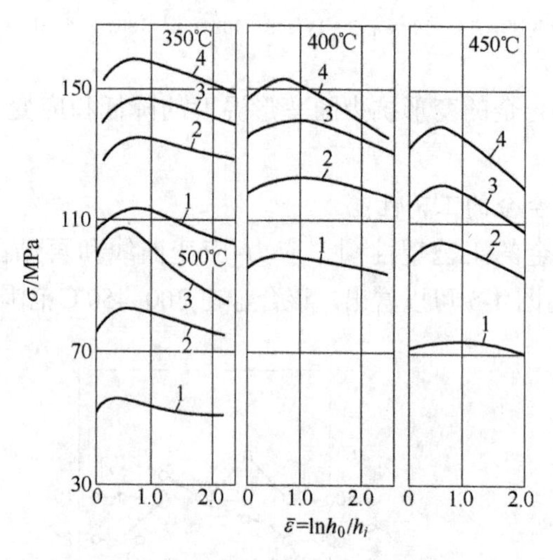

图 1-6 2A14 合金的应力-应变曲线

应变速率：1—$0.45^{-2}s^{-1}$；2—$9s^{-1}$；3—$101s^{-1}$；4—$311s^{-1}$

性能较好，而且变形状态优于铸造状态，压力机锻造的塑性高于锤锻。由图 1-6 可以看出，与其他铝合金相同，合金的变形抗力随变形温度的降低和应变速率的提高而提高。比较图 1-7 中压力机镦粗和锻锤镦粗试样的再结晶图，可知两者差别不大，临界变形程度都在 15%以下。

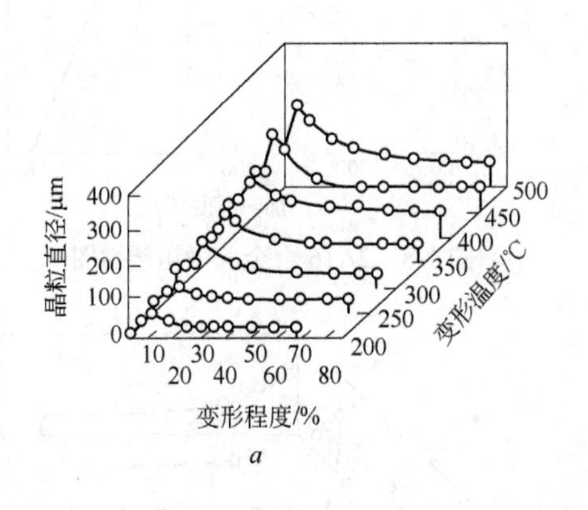

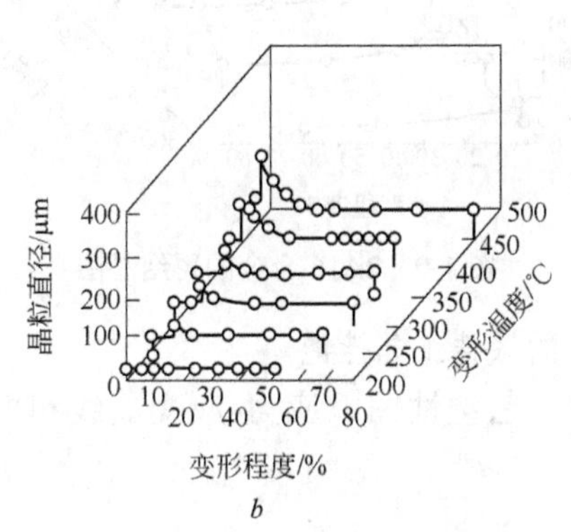

图 1-7 2A14 合金的再结晶图

a—压力机镦粗；*b*—锻锤镦粗

D 2A16 合金的锻造工艺性能

2A16 合金的镦粗塑性图和再结晶图分别见图 1-8 和图 1-9。由图 1-8 可以看出，该合金的最佳塑性温度在 380~480℃范围内。由图 1-9 可以看出，该合金在 350℃以下，临界变形程度范围小（6%~9%）、最大晶粒直径只有 100~150μm，而在 400~500℃范围内，临界变形程度范围增大（2%~9%）、最大晶粒直径也增大至 200μm 以上。

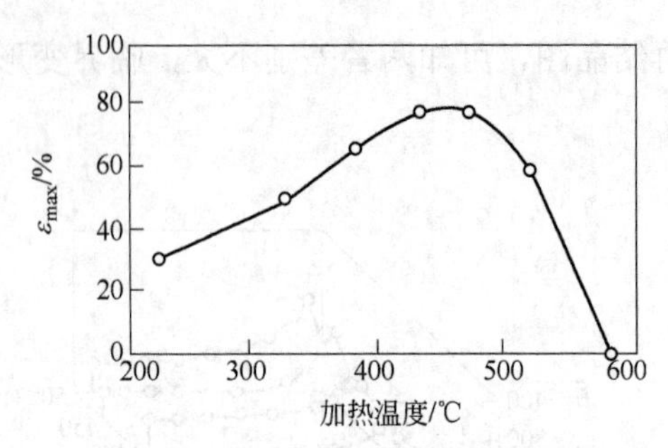

图 1-8 2A16 合金的镦粗塑性图

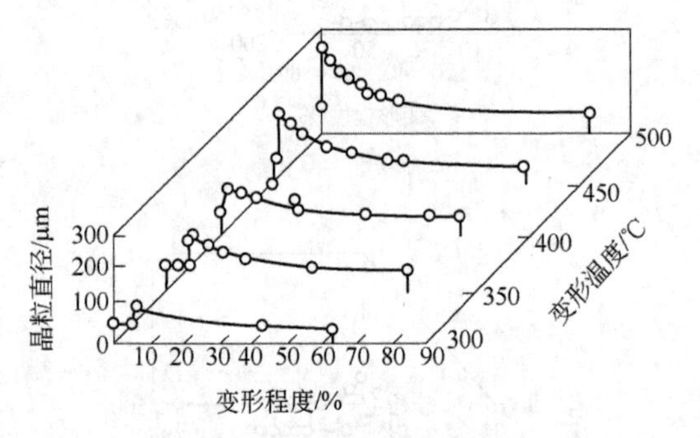

图 1-9 2A16 合金的再结晶图

E 2A50 合金的锻造工艺性能

2A50 合金的工艺塑性图、应力-应变曲线和再结晶图分别见图 1-10~图 1-12。

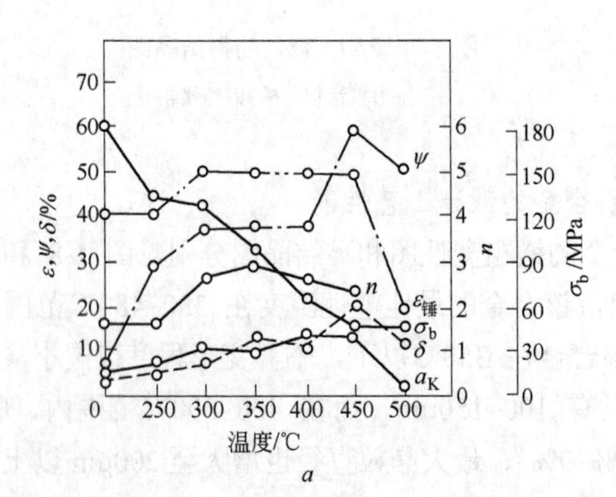

a

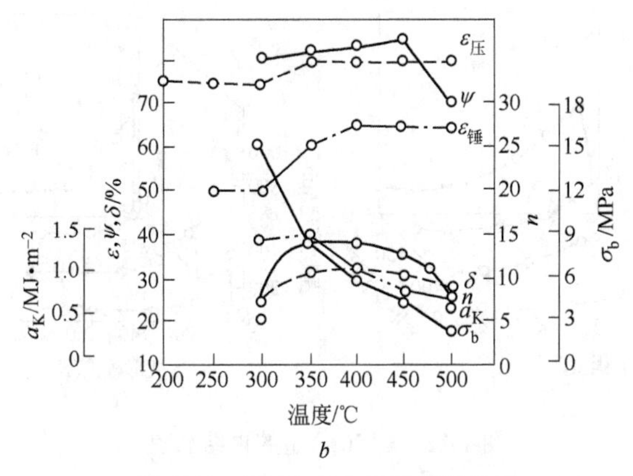

图 1-10 2A50 合金的工艺塑性图

a—铸态；b—变形态

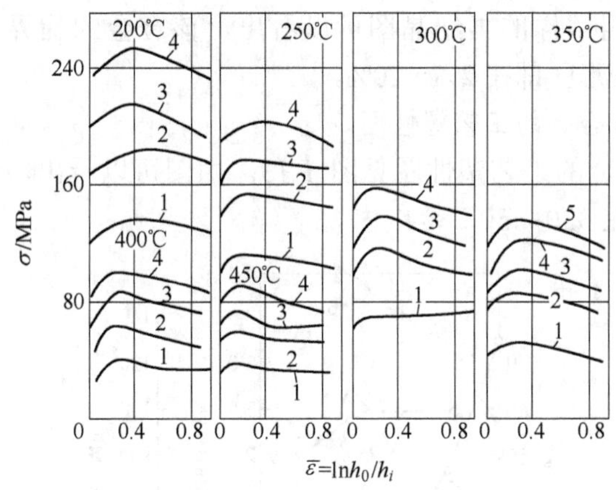

图 1-11 2A50 合金的应力-应变曲线

应变速率：1—$10^{-2}s^{-1}$；2—$1s^{-1}$；3—$10s^{-1}$；4—$100s^{-1}$；5—$200s^{-1}$

综合分析图 1-10 所示的该合金的铸态和变形状态的工艺塑性图可知，该合金的最佳塑性温度在 300～450℃范围内，超过 450℃锤上变形的塑性下降；从该图还可以看出，在相同温度条件下，变形状态下的允许变形程度大于铸态；压力机上镦粗的允许变形程度大于锻锤上的。由图 1-11 所示的应力-应变曲线可以看出：与其他铝合金相同，合金的变形抗力随变形温度的降低和应变速率的提高而提高。而且该

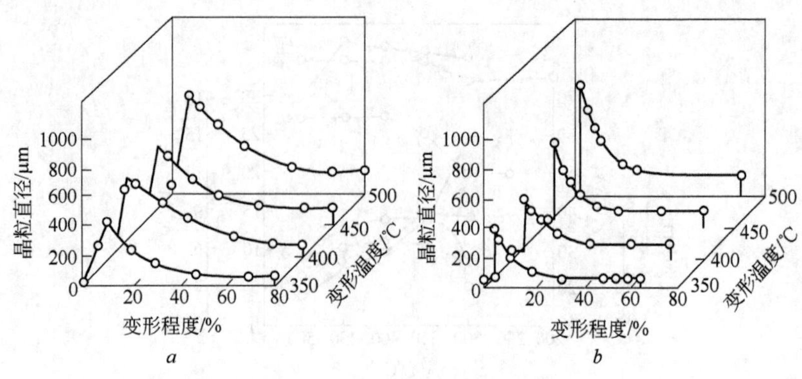

图 1-12 2A50 合金的再结晶图

a—压力机上镦粗；*b*—锻锤上镦粗

合金在 300℃以上，变形抗力降低得比较缓慢。由图 1-12 所示的压力机和锻锤镦粗试样的再结晶图可以看出，该合金的临界变形比较明显，其临界变形区都在 2%～20%。

F 2A70 合金的工艺塑性图

2A70 合金的工艺塑性图见图 1-13。由图可以看出，该合金的最佳塑性温度在 330~450℃范围内。

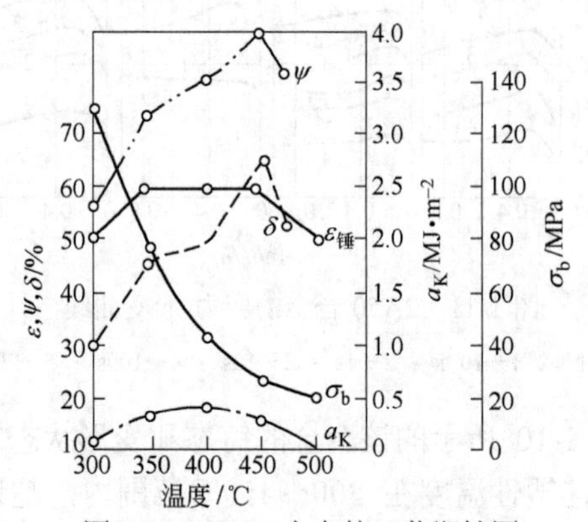

图 1-13 2A70 合金的工艺塑性图

1.4.2.3 3×××系铝合金的锻造工艺性能

铝锰系 3A21 合金的工艺塑性和应力-应变曲线分别见图 1-14 和图 1-15。由图 1-14 可以看出，该合金在 300℃以上直至 500℃都有较高的塑性。由图 1-15 可以看出，它与其他铝合金有相同的现象，同时各个变形温度和应变速率下的变形抗力绝对值都较低。值得注意的是：铝锰系合金比其他系铝合金具有更明显的挤压效应，都有棒材表层常见的粗晶环。

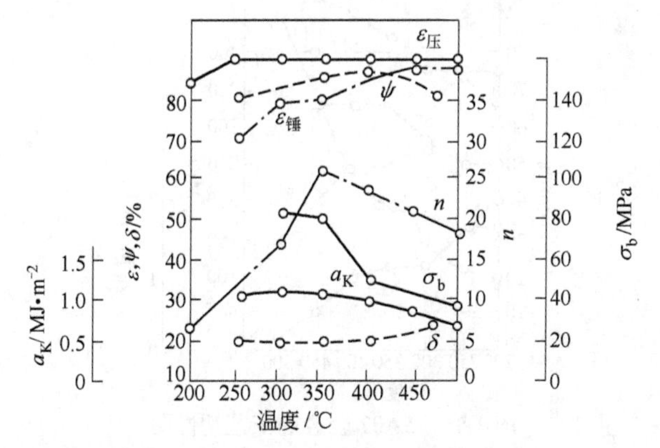

图 1-14 3A21 合金的工艺塑性图

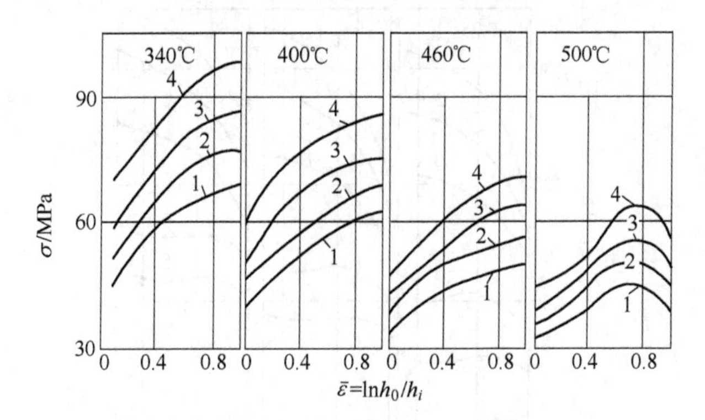

图 1-15 3A21 合金的应力-应变曲线

应变温度：1—$0.5s^{-1}$；2—$5s^{-1}$；3—$20s^{-1}$；4—$60s^{-1}$

1.4.2.4 5××× 系铝合金的锻造工艺性能

A 5A02 合金的锻造性能

5A02 合金的工艺塑性和应力-应变曲线分别见图 1-16 和图 1-17。

由图 1-16 可以看出，该合金的最佳塑性温度在 350~500℃范围内。压力机上锻造的变形程度不大于 70%，锻锤锻造的变形程度不大于 60%。由图 1-17 可以看出，当温度超过 360℃时，该合金的变形抗力明显降低，这一结果与图 1-16 所示的强度曲线相吻合，也说明其终锻温度不应低于 350℃。

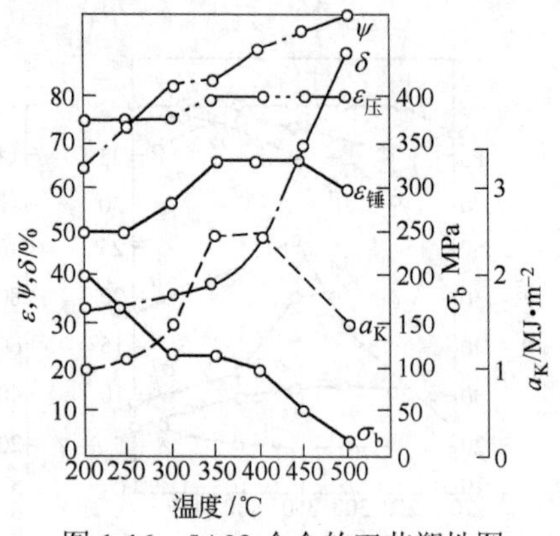

图 1-16 5A02 合金的工艺塑性图

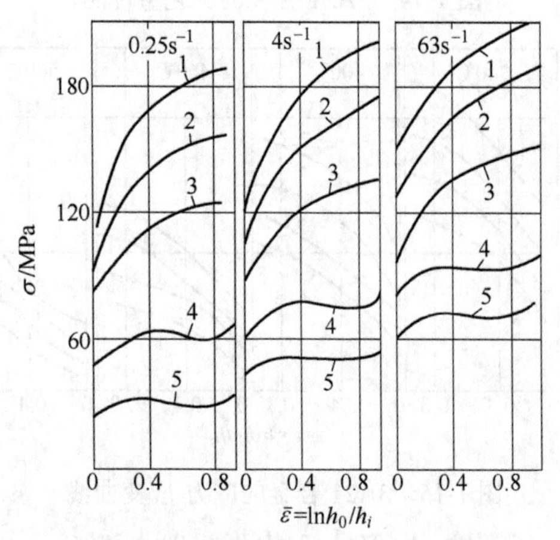

图 1-17 5A02 合金的应力-应变曲线

应变温度：1—20℃；2—120℃；3—210℃；4—360℃；5—480℃

B 5A03、5A05 和 5A06 合金的应力-应变曲线

图 1-18、图 1-19 和图 1-20 所示分别为 5A03、5A05 和 5A06 合金的应力-应变曲线。比较图 1-18、图 1-19 和图 1-20 可以看出，三种合金的应力-应变随变形温度和应变速率变化的规律基本相同；但是在相

同的变形温度和应变速率条件下，这三种合金的变形抗力按照 5A03、5A05 和 5A06 的次序依次提高。产生这一变化规律的原因在于合金化程度的不同，这三种合金虽都是铝-镁系合金，但含镁量不同，其中 5A03 合金含镁量为 3.20%~3.80%，5A05 合金含镁量为 4.80%~5.50%，5A06 合金含镁量为 5.80%~6.80%。此外，锰也有所不同，其中 5A03 和 5A05 合金含锰量为 0.3%~0.6%，而 5A06 合金含锰量略高，为 0.50%~0.80%。

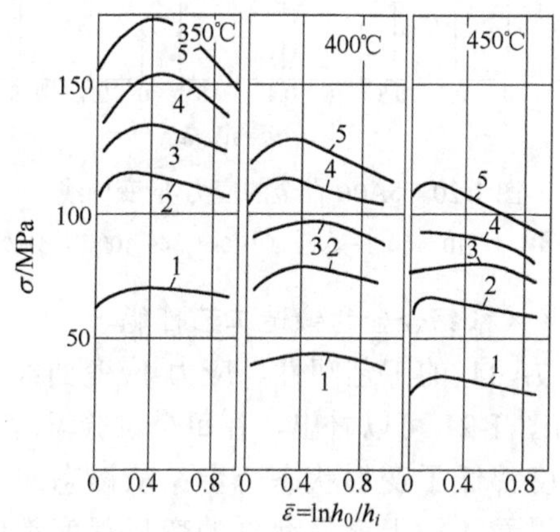

图 1-18 5A03 合金的应力-应变曲线

应变速率：1—$10^{-2}s^{-1}$；2—$1s^{-1}$；3—$10s^{-1}$；4—$100s^{-1}$；5—$200s^{-1}$

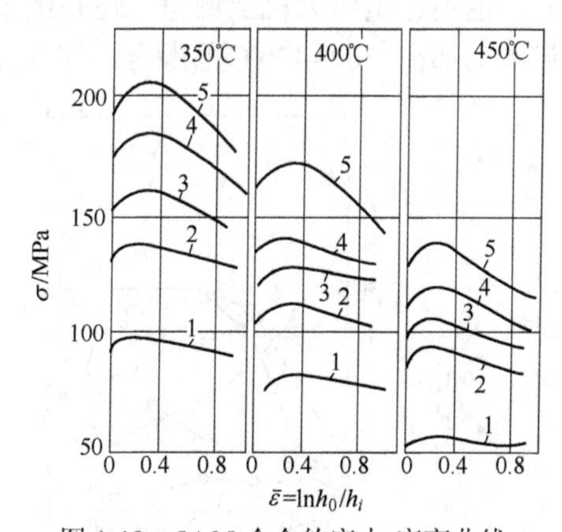

图 1-19 5A05 合金的应力-应变曲线

应变速率：1—$10^{-2}s^{-1}$；2—$1s^{-1}$；3—$10s^{-1}$；4—$100s^{-1}$；5—$200s^{-1}$

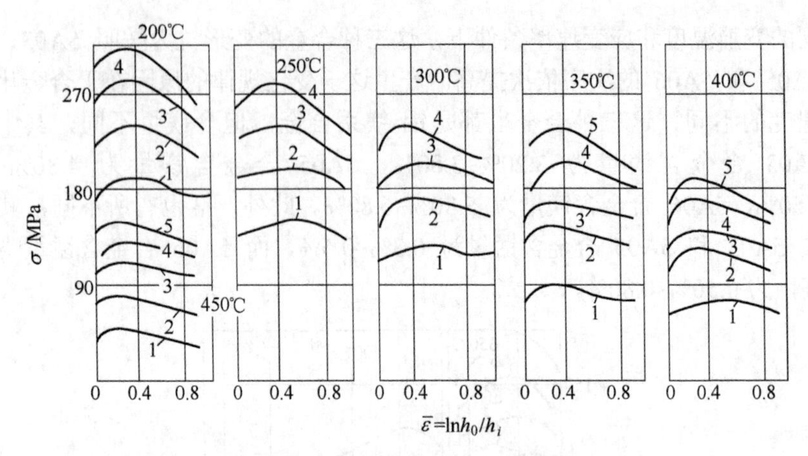

图 1-20 5A06 合金的应力-应变曲线

应变速率：1—$10^{-2}s^{-1}$；2—$1s^{-1}$；3—$10s^{-1}$；4—$100s^{-1}$；5—$200s^{-1}$

1.4.2.5 7×××系铝合金的锻造工艺性能

铝锌系合金 7A04 的工艺塑性、应力-应变曲线和再结晶图见图 1-21~图 1-23。由图 1-21 可以看出，在每个试验温度范围内，铸态合金的允许变形程度都低于变形状态合金；从铸态或变形状态不同种类试样的试验结果看，锤上镦粗允许的变形程度都低于压力机上镦粗。仅就镦粗试样允许的最大塑性变形程度而言，不论是铸态合金还是变形状态合金，也不论是压力机上镦粗，还是锤上镦粗，该合金的最佳塑性温度基本上都在 300~450℃范围内。综合分析该合金在不

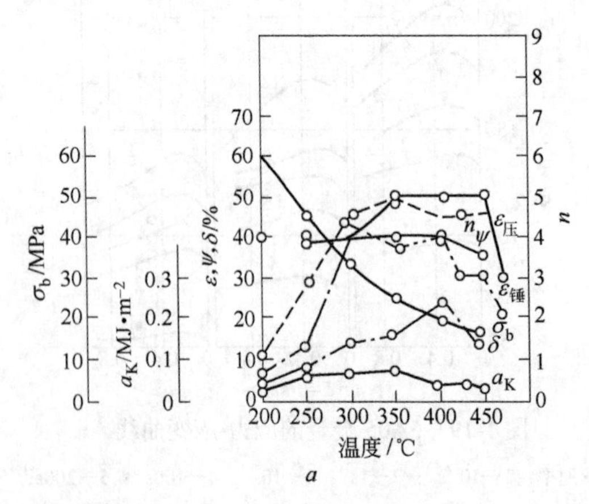

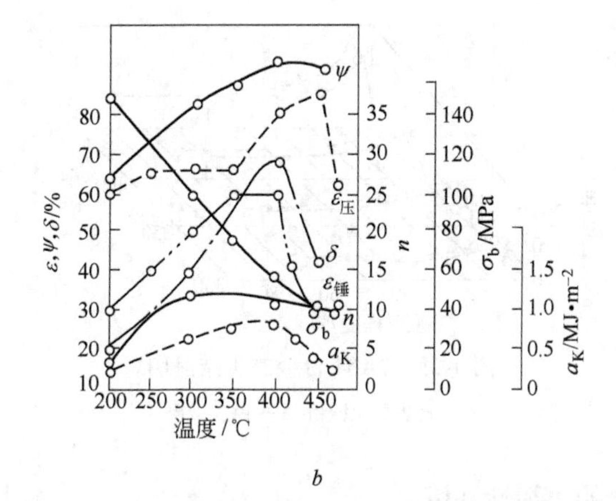

图 1-21 7A04 合金的工艺塑性图

a—铸态；*b*—变形态

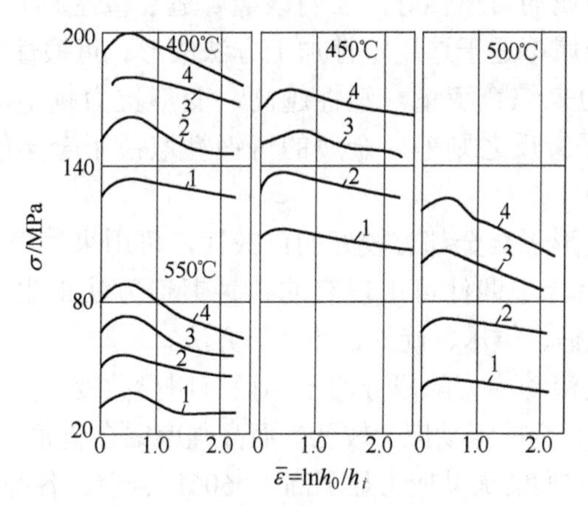

图 1-22 7A04 合金的应力-应变曲线

应变速率：1—0.4^{-2}s^{-1}；2—9s^{-1}；3—101s^{-1}；4—311s^{-1}

同温度下镦粗的允许变形程度、拉伸强度（图 1-21）和压缩的变形抗力（图 1-22），可知该合金的锻造温度应该在 430~380℃范围内选择。由图 1-23 可以看出，试样在锤上镦粗和压力机上镦粗的再结晶无较大差异，只是压力机上镦粗后，试样的晶粒尺寸稍大，其临界变形区在 20%以下。

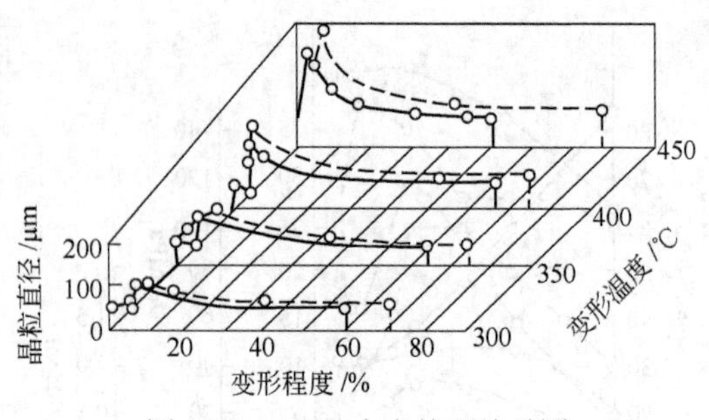

图 1-23　7A04 合金的再结晶图

---压力机上镦粗；—锤上镦粗

1.4.3　铝合金的可锻性分析

可锻性是衡量金属材料通过塑性加工获得优质零件的难易程度的工艺性能。金属的可锻性好，表明该金属适于塑性加工成形；可锻性差，说明该金属不适于选用塑性加工方法成形。可锻性常用金属的塑性和变形抗力来综合衡量。塑性越高，变形抗力越小，则可认为金属的可锻性好。反之则差。金属的可锻性取决于金属的本质和加工条件。

大多数变形铝合金都有较好的可锻性，可用来生产各种形状和类别的锻件。铝合金锻件可用现有的各种锻造方法来生产，包括自由锻、模锻、辊锻、辗压、旋压、环轧等方法。

铝合金的流动应力随成分的不同而有明显改变。一些低强度铝合金，如 6061 合金的流动应力较低。而高强度铝合金尤其是 Al-Zn-Mg-Cu 系合金，它们的流动应力显著高于 6061 合金。各种铝合金的流动应力最高值约为最低值的 2 倍（即所需锻造载荷相差约一半）。各种铝合金的可锻性相差很大的根本原因在于：各种合金中合金元素的种类和含量不同，强化相的性质、数量及分布特点也大不相同，从而严重影响合金的塑性及对变形的抵抗能力。作为一类合金，铝合金一般比碳钢和很多合金钢较难锻造，但与高温合金及钛合金相比，铝合金又较易于锻造。

图 1-24 比较了几种铝合金在其锻造温度范围内的可锻性。这些合金中属于我国常用的牌号有：7075（7A09）、7050（英国 7010）、2014（2A14）和 2618（2A70）等。

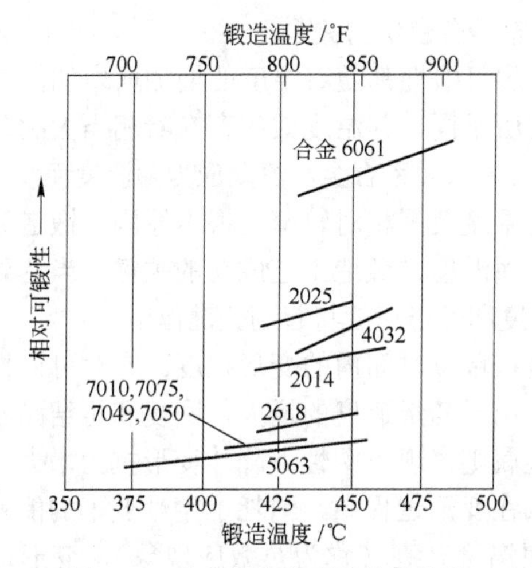

图 1-24 几种铝合金可锻性的比较

由图 1-24 可以看出，铝合金的可锻性与合金系及其合金化程度密切相关。7×××铝锌合金系和部分 5×××铝镁合金系的可锻性最差；6×××铝镁硅合金系的可锻性较好；而 2×××铝铜合金系和 4×××铝硅合金系的可锻性介于两者之间；图 1-24 未示出 1×××纯铝和不可热处理铝合金（如 3×××系和 5×××系的部分合金），它们的可锻性都是较高的。

由图 1-24 还可以看出，高强度和高合金化的硬铝合金和超硬铝合金的可锻性最差；纯铝和低合金化的防锈铝合金的可锻性最好，而锻铝合金的可锻性属于中等，其合金化程度也属于中等。可见，铝合金的可锻性还与合金化程度密切相关。

由此可见，尽管多数铝合金的塑性较高、变形抗力也低，但其变形温度范围窄（允许锻造操作的时间短），对变形温度和速度敏感（需要选择工作速度低的锻造设备），需要严格控制加热温度和锻造过程中的温升，摩擦系数大和流动性差使金属充满模槽困难，不均匀变形易引起局部粗晶，以及锻件易粘结在模具上等，这些都给锻造带来极大困难。此外，铝合金对裂纹敏感，裂纹若不及时清理，会迅速扩大。

铝合金的可锻性除与其自身化学成分有关外，还与变形温度、变形速度和应力状态等有密切的关系。

各种铝合金的可锻性都随着温度的增加而增加，但温度对各种合金的影响程度有所不同，其温度效应存在着相当大的差异。对于一些难锻合金。例如7×××系合金，流动应力随温度而发生的变化要更大些，这就是锻造温度范围相对较窄的根本原因。锻造铝合金时，获得和保持适当的金属温度是锻造工艺成功的关键。当达到了适用的锻造温度时，模具温度和变形速度将起到关键作用。

变形速度是指单位时间内的变形程度。它对可锻性有两个方面的影响：一方面，由于变形速度的增大，回复和再结晶不能及时克服加工硬化现象，金属则表现出塑性下降、变形抗力增大，可锻性变坏；另一方面，金属在变形过程中，消耗于塑性变形的能量有一部分转化为热能，使金属温度升高（称为热效应现象），变形速度越大，热效应现象越明显，则金属的塑性提高、变形抗力下降，可锻性变好。铝合金锻件是由种类繁多的锻造设备生产出来的，赋予变形金属的变形或应变速率的变化相当大，从非常快的（例如在一些锻锤、机械压力机，以及高能速率机器上的不小于 $10s^{-1}$ 的应变速率）到相当慢的（例如在一些液压机上的不大于 $0.1s^{-1}$ 的应变速率）。因此，变形或应变速率也是指定合金能否成功锻造的关键因素。较高的应变速率增加了铝合金的流动应力，而且这种随应变速率而增大的流动应力对于难锻合金更为明显。

金属在经受不同方法进行变形时，所产生的应力大小和性质（压应力或拉应力）是不同的。实践证明，三个方向中压应力的数目越多，则金属的塑性越好。拉应力的数目越多，则金属的塑性越差。而同号应力状态下引起的变形抗力大于异号应力状态下的变形抗力。

1.5 铝合金锻压成形的基本原理、特点与分类

1.5.1 铝合金锻压成形的基本原理

锻造是塑性加工的重要分支，即利用材料的可塑性，借助外力（锻压机械的锤头、砧块、冲头或通过模具对坯料施加压力）的作用使其产生塑性变形，获得所需形状尺寸和一定组织性能锻件的材料加工方法。目前国际上习惯将塑性加工分为两类：一类是生产板材、型

材、棒材、管材等为主的加工，称为一次塑性加工；另一类是生产零件及其毛坯为主（包括锻件和冲压件）的加工，称为二次塑性加工。大多数情况下，二次加工都是用经过一次塑性加工所提供的原材料进行再次塑性加工。但是，大型锻件多以铸锭为原材料，直接锻造成锻件。对于粉末锻造则是以粉末为原料。

锻造成形主要是指二次塑性加工，即以一次塑性加工的棒材、板材、管材或铸件为毛坯生产零件及其毛坯。锻造成形又称为体积成形，受力状态属三向压应力状态。铝合金锻压成形的基本原理见图1-25。

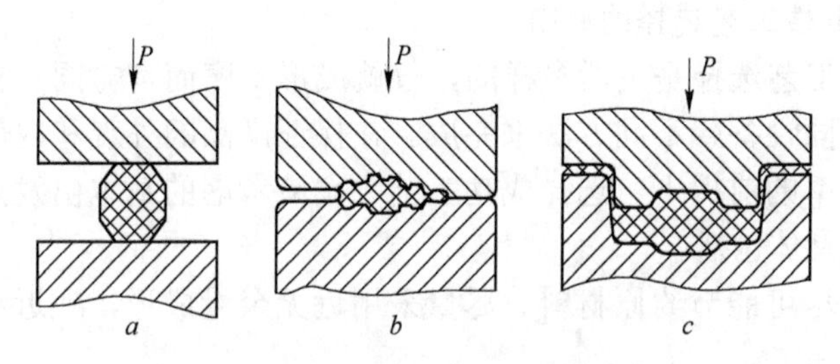

图 1-25 铝合金锻压成形的基本原理图

a—自由锻；*b*—开式模锻；*c*—闭式模锻

1.5.2 铝合金锻压成形的特点

1.5.2.1 金属锻压成形的基本特点

金属在锻压成形过程中，坯料会发生明显的塑性变形，有较大量的塑性流动。通过锻造变形能消除金属坯料的铸态组织（如疏松、柱状晶和粗大晶粒等），焊合孔洞，大大提高塑性和力学性能。因此，在机械零部件中，需要承受高载荷、工作条件苛刻的重要结构材料，除了形状较简单的可用轧制的板材、型材、棒材、管材或焊接件外，大多采用自由锻件或模锻件。图1-26为金属锻压成形的基本工序图。

锻造加工的目的是获得符合图样要求的外形、尺寸及内部组织性能合格的锻件。锻造成形应满足两个基本条件：一是在变形过程中材料能承受所需的变形量而不破坏；二是施力条件，也就是设备通过模具向工件施加足够大的变形力，即特定的分布力。

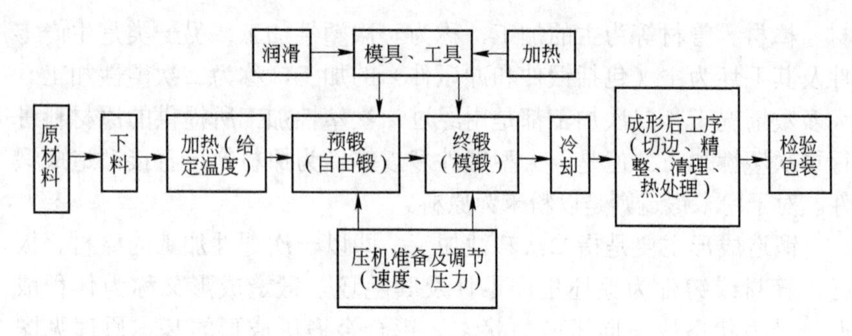

图 1-26　锻压成形的基本工序

A　锻造工艺选择的原则

锻造工艺选择是灵活多样的，仅就成形工序而言，同一种模锻件可以用不同设备或不同方法来完成。在保证产品的外观和内部质量及劳动生产率的前提下，选择成功工艺方案应考虑的基本出发点就是经济效益，具体包括：

（1）尽可能节约原材料。尽量采用近无余量成形，或近终成形，减少切削加工。

（2）减少能耗。不仅要看某一工序的能耗，而且要看总能耗。比如，冷锻省去加热工序，虽然能耗下降，但还应该考虑冷锻前的软化处理及工序间的退火所消耗的能量。

（3）降低变形力。尽量采用省力的成形方法，这不仅可以减少设备吨位，减少初投资，还可以提高模具寿命。回转成形在近年来获得广泛应用的原因也在于此。

（4）工艺稳定性好。一个好的工艺应表现在能实现长期连续生产，如果只求某些单项指标高（如道次少，每道次变形量大），反而会导致成品率低或折损模具。

B　金属塑性加工的特点

金属锻压加工与金属铸造、切削、焊接等加工方法相比，具有以下特点：

（1）金属锻压加工是在金属整体性保持的前提下，依靠塑性变形发生物质转移来实现工件形状和尺寸变化的，不会产生切屑，因而材料的利用率高。

（2）锻压加工过程中，除尺寸和形状发生改变外，金属的组织、性能也能得到改善和提高，尤其是采用铸造坯，经过塑性加工将使其结构致密、粗晶破碎细化和均匀，从而使性能提高。此外，塑性流动所产生的流线也能使其性能得到改善。

（3）锻压加工过程便于实现生产过程的连续化、自动化，适于大批量生产，因而劳动生产率高。

（4）锻压加工产品的尺寸精度和表面质量高。

（5）设备较庞大，能耗较高。

金属锻压加工由于具有上述特点，不仅原材料消耗少、生产效率高、产品质量稳定，而且还能有效地改善金属的组织性能，使它成为金属加工中极其重要的手段之一，因而在国民经济中占有十分重要的地位。

1.5.2.2 铝合金锻压成形的特性与工艺特点

A 铝合金锻压成形常用工艺装备

与钢铁及其他金属一样，铝合金也可以在锻锤、机械压力机、液压机、顶锻机、扩孔机等各种锻造设备上锻造，可以自由锻、模锻、顶锻、滚锻和扩孔。一般来说，尺寸小、形状简单、偏差要求不严格的铝锻件，可以很容易地在锻锤上锻造出来，但是，对于变形量大、要求剧烈变形的铝锻件，则宜选用液压机来锻造。特别是对于大型复杂的整体结构的铝锻件，则必须采用大型模锻液压机来生产。

由于计算机技术在液压机上的应用获得成功，现在世界上已有配备有厚度自动程序控制装置的液压机，用它可以自动完成开坯和锻出圆形、方形或矩形截面的预制坯。

液压机一般可分为水压机和油压机两种，中、小型的宜用油压机，而大型和重型的可选用水压机。要求慢速成形的铝合金锻件，选用液压机成形是最佳方案。

B 用液压机锻造铝合金锻件的特点

（1）在液压机的整个工作行程中都可以获得最大载荷，因此，可以从它获得较大能量来完成变形，特别是难变形模锻的薄壁高筋整体壁板。

（2）因为溢流阀可限制作用在柱塞上的液体压力，在液压机的能力范围内，最大载荷可受到限制，而使模具得到保护。

（3）与锻锤、机械压力机和螺旋压力机相比，液压机的工作速度较慢，通常为 30~150mm/s，因为金属在慢速的静压力作用下流动比较均匀，特别适合铝合金的变形要求，锻件组织也比较均匀。

（4）在液压机上容易安装模具保温器，使模具维持较高的温度，加上液压机的工作速度较慢，活动横梁的速度可以调节，可以持续提供载荷，实现保压。因此，可以在液压机上进行等温模锻和等温超塑模锻。

必须指出：液压机的主要缺点是它的横梁运行速度慢，模具温降大，从而限制了它所能锻成的最小截面厚度。

1.5.3 铝合金锻压的主要方式及分类

通常，锻造主要按成形方式和变形温度进行分类。锻造按成形方式可分为自由锻、模锻、冷镦、径向锻造、辊锻、旋锻、辗扩等，参见表 1-4 和图 1-27。坯料在压力下产生的变形基本不受外部限制的，称为自由锻，也称开式锻造；其他锻造方法的坯料变形都受到模具的限制，称为闭模式锻造。辊锻、旋锻、辗扩等的成形工具与坯料之间有相对的旋转运动，对坯料进行逐点、渐线的加压和成形，故又称为旋转锻造。

表 1-4 锻造按照成形方式的分类

分类与名称	自由锻造		模锻	辊锻	楔横轧	辗压
	镦粗	拔长				
图例						

根据坯料的移动方式，锻造可分为自由锻、镦粗、挤压、模锻、闭式模锻、闭式镦锻。闭式模锻和闭式镦锻由于没有飞边，材料的利用率就高。用一道工序或几道工序就可能完成复杂锻件的精加工。由于没有飞边，锻件的受力面积就减少，所需要的荷载也减少。但是，

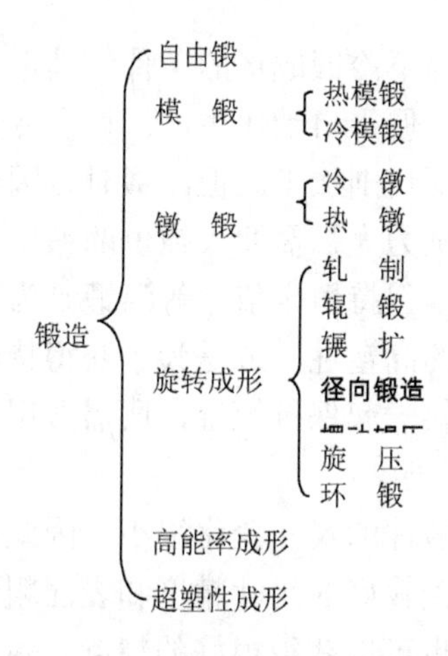

图 1-27 锻造成形的主要方式

应注意不能使坯料完全受到限制，为此要严格控制坯料的体积，控制锻模的相对位置和对锻件进行测量，努力减少锻模的磨损。根据锻模的运动方式，锻造又可分为摆辗、摆旋锻、辊锻、楔横轧、辗环和斜轧等方式。摆辗、摆旋锻和辗环也可用精锻加工。为了提高材料的利用率，辊锻和楔横轧可用作细长材料的前道工序加工。与自由锻一样的旋转锻造也是局部成形的，它的优点是与锻件尺寸相比，在锻造力较小情况下也可实现成形。包括自由锻在内的这种锻造方式，加工时材料从模具面附近向自由表面扩展，很难保证精度，所以，将锻模的运动方向和旋锻工序用计算机控制，就可用较低的锻造力获得形状复杂、精度高的产品。例如生产品种多、尺寸大的汽轮机叶片等锻件。

锻造按变形温度可分为热锻、冷锻、温锻和等温锻等。热锻是在金属再结晶温度以上进行的锻造。提高温度能改善金属的塑性，有利于提高工件的内在质量，使之不易开裂。温度高还能减小金属的变形抗力，降低所需锻压机械的吨位。但热锻工序多，工件精度差，表面不光洁，锻件容易产生氧化。冷锻是在低于金属再结晶温度下进行的锻造，通常所说的冷锻多指在常温下的锻造，而将在高于常温但又不超过再结晶温度下的锻造称为温锻。温锻的精度较高，表面较光洁，变形抗力不大。在常温下冷锻成形的工件，其形状和尺寸精度高，表面光洁，加工工序少，便于自动化生产。许多冷锻件可以直接用作零件或制品，而不再需要切削加工。但冷锻时，因金属的塑性低，变形时易产生开裂，变形抗力大，需要大吨位的锻压机械。等温锻是在整个成形过程中坯料温度保持恒定值。等温锻是为了充分利用某些金属在某一温度下所具有的高塑性，或是为了获得特定的组织和性能。等温锻需要将模具和坯料一起保持恒温，所需费用较高，仅用于特殊的锻压工艺，如超塑性成形。

在低温锻造时，锻件的尺寸变化很小。因此，只要变形在成形能范围内，冷锻容易得到较好的尺寸精度和表面粗糙度。只要控制好温度和润滑冷却，温锻也可以获得很好的精度。热锻时，由于变形能和变形阻力都很小，可以锻造形状复杂的大锻件。要得到高尺寸精度的锻件，可用热锻加工。另外，要注意改善热锻的工作环境。锻模寿命（热锻 5000~8000 个，温锻 2 万~3 万个，冷锻 3 万~5 万个）与其他温度域的锻造相比是较短的，但它的自由度大，成本低。

坯料在冷锻时要产生变形和加工硬化，使锻模承受高的荷载，因此，需要使用高强度的锻模和采用防止磨损和黏结的润滑膜处理方法。另外，为防止坯料裂纹，需要时进行中间退火以保证需要的变形能力。

下面简述几种主要铝合金锻压方法的工艺特点。

（1）自由锻。自由锻和模锻的区别主要在于模具几何形状的复杂程度。自由锻一般是在没有模腔的两个平模或型模之间进行。它使用的工具形状简单，灵活性大，制造周期短，成本低。但是，劳动强度大，操作困难，生产效率低，锻件的质量不高，加工余量大，因此，它仅适于对制件性能没有特殊要求且件数不多时采用。对于相当多的大型铝锻件，自由锻主要作为制坯工序。自由锻制坯工序可把坯料锻成阶梯形棒料，或者用镦粗或压扁的方法把坯料制成圆饼形、矩形等简单形状。如铝合金支架件，在铸锭开坯之后进行自由锻制坯，使之成为如图 1-28*b* 所示的形状，再进行预锻，最后在模锻液压机上经两次模锻，成形为图 1-28*a* 所示的支架件。

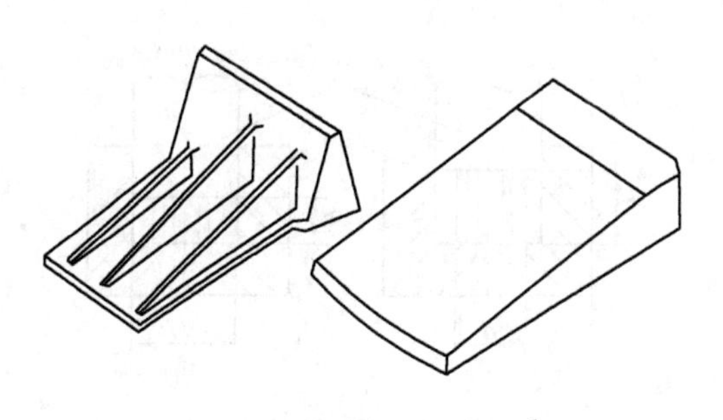

图 1-28　铝合金支架件及其预制坯形状

a—锻件；*b*—毛坯

（2）开式模锻（有毛边模锻）。与自由锻不同，坯料是在两块刻有模腔的模块间变形，锻件被限制在模腔内部，多余的金属从两块模具之间的窄缝中流出（图 1-29），在锻件四周形成毛边。在模具和四周毛边阻力作用下，金属被迫压成模腔的形状。开式模锻是液压机生产铝锻件常用的一种方法。

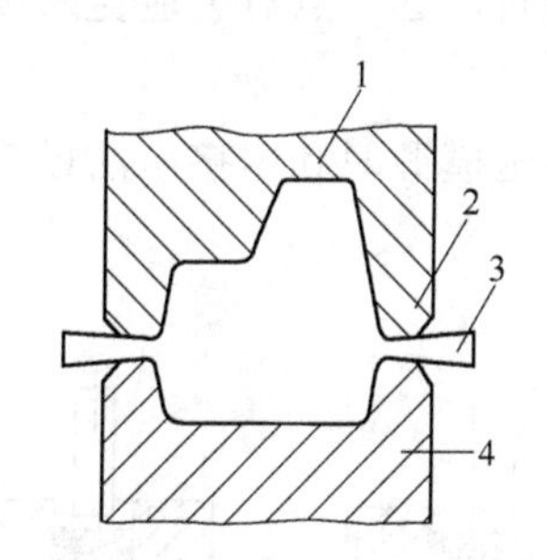

图 1-29　有毛边的模锻

1—上模；2—毛边桥部；3—毛边；4—下模

（3）闭式模锻（无毛边模锻）。与开式模锻不同，模锻过程中，没有与模具运动方向垂直的横向毛边形成。闭式锻模的模腔有两个作用：它的一部分用来给毛坯成形，另一部分则用来导向（图 1-30）。

在闭式模锻时，有两个问题需要注意：

1）锻件出模问题，这需要在凹模内设置顶杆或者将凹模做成两半组合式的。

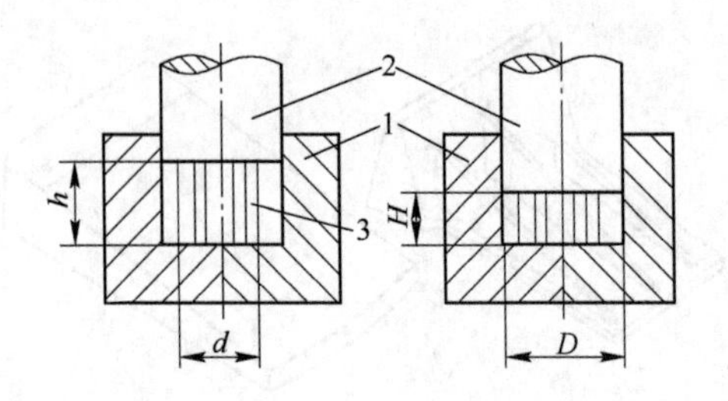

图 1-30 无毛边的模锻

1—下模；2—上模；3—毛坯

2）形成纵向毛刺问题，如果坯料体积计算过多或者模腔设计不合理，则在行程终了时少量金属将挤入凸凹模的缝隙之中，而形成与模具运动平行的纵向毛刺。这种毛刺不能用以后的切边工序去除，只能用手工铲除或用切削机床车掉或铣掉。因此，对坯料尺寸精度要求较高。但是，由于不形成横向毛边，不仅可节约金属，而且能保证锻件内的纤维完整而不被切断，这一点对于避免超硬铝制件的应力腐蚀开裂是十分重要的。

（4）挤压模锻。挤压模锻即利用挤压法模锻，有正挤模锻和反挤模锻两种（图 1-31）。

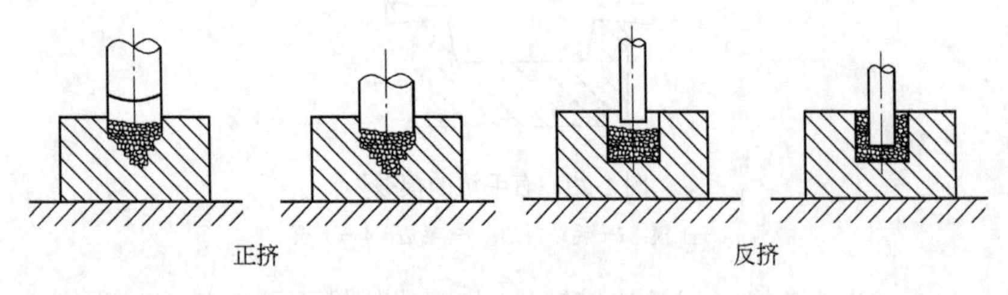

图 1-31 挤压模锻

挤压模锻可以制造各种空心和实心制件，锻件几何尺寸精度高，内部组织更致密。

（5）多向模锻。多向模锻是在多向模锻液压机上进行的。多向模锻液压机除了有垂直冲孔柱塞 1 之外，还有普通水压机所没有的两个水平柱塞 3，它的顶出器也可以用来冲孔（图 1-32），该顶出器的压力比普通液压机的顶出器的压力要大得多。

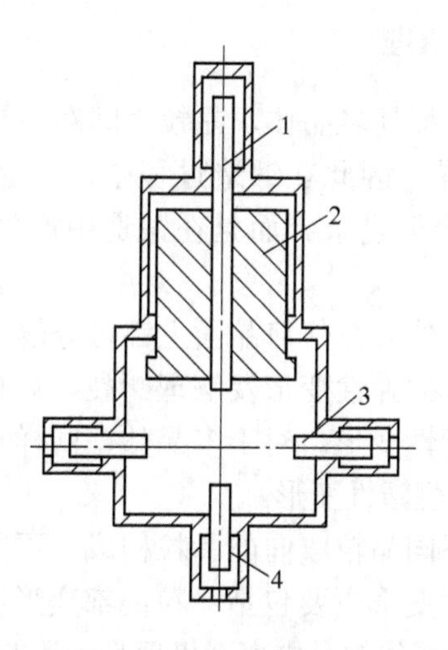

图 1-32 多向模锻液压机示意图

1—垂直冲孔柱塞；2—主横梁；3—水平柱塞；4—顶出器下冲孔柱塞

多向模锻时，滑块从垂直和水平两个方向交替联合地作用到工件上，并且用一个或多个穿孔冲头使金属从模腔中心向外流动，以达到充满模腔的目的。在筒形件的分模线上没有普通锻件的毛边，这对应力腐蚀比较敏感的硬铝和超硬铝合金具有重要的意义。

（6）分部模锻。为了能在现有的液压机上锻出大型整体模锻件，可采用分段模锻、垫板模锻等分部模锻法。分部模锻法的特点是对锻件逐段加工，每次加工一个部位，所需设备吨位可以小得多。一般来说，采用这种方法可以在中型液压机上加工出特大的锻件。

（7）等温模锻。等温模锻的特点是把模具也加热到毛坯的锻造温度，并且在整个模锻过程中模具和毛坯温度保持一致，这样便可以在很小变形力的作用下获得巨大的变形量。等温模锻和等温超塑模锻极其相似，所不同的是，后者在模锻前，毛坯需经过超塑处理，使之具有细小等轴晶粒。

1.6 铝合金锻压生产的技术基础及主要工艺条件

1.6.1 金属塑性变形机理

大多数金属材料都是多晶体，晶粒之间存在晶界，而晶粒内部还存在着亚晶粒和相界。因此在锻造过程中，多晶体材料的塑性变形机理较单晶体塑性变形复杂。而且在锻造中产生的现象也较单晶体复杂。

单晶体受力后，外力在任何晶面上都可分解为正应力和切应力。正应力只能引起晶体的弹性变形及解理断裂，只有在切应力的作用下金属晶体才能产生塑性变形。对于多晶体，同样是只有在切应力的作用下金属晶体才能产生塑性变形。

由于多晶体由不同晶粒取向的晶粒构成，不同晶粒之间存在着晶界，因此多晶体塑性变形主要包括晶粒内部变形和晶界变形。其中多晶体的晶内变形与单晶体的晶内变形机理是一致的。

晶体晶内变形的主要方式是滑移和孪生。滑移是指晶体的一部分沿一定的晶面和晶向相对于另一部分发生滑动位移的现象，如图 1-33 所示。

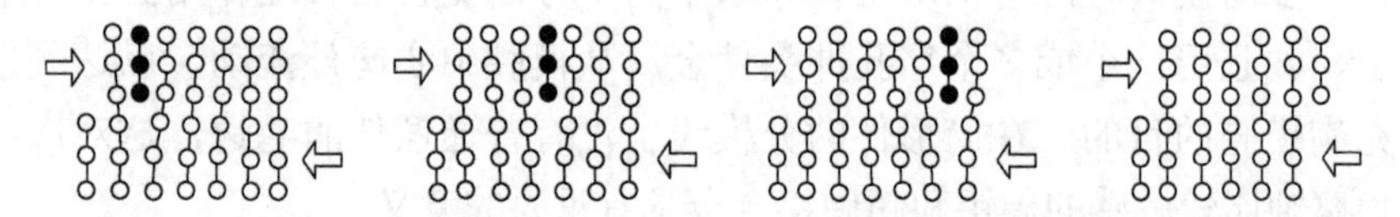

图 1-33　刃型位错运动造成晶体滑移变形示意图

孪生使晶格位向发生改变，其变形所需切应力比滑移大得多，变形速度极快，接近声速。孪生时相邻原子面的相对位移量小于一个原子间距。面心立方晶格结构孪生变形如图 1-34 所示。

晶间变形主要是晶粒之间相互滑动和转动，如图 1-35 所示。当晶粒受外力 P 作用下变形时，沿晶粒边界可能产生切应力，当切应力足以克服晶粒之间相对滑动的阻力时，便发生了滑动。此外，当相邻两个晶粒之间产生力偶时，就会造成晶粒之间的相互转动。

多晶体中首先发生滑移的是滑移系与外力夹角等于或接近于 45°

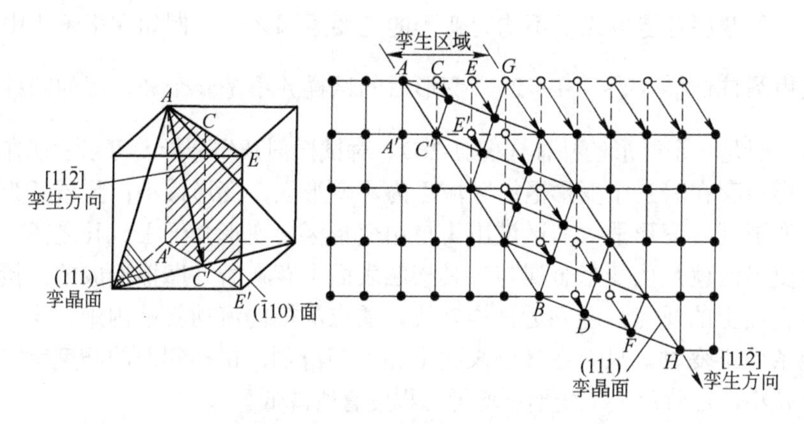

图 1-34 面心立方晶格结构的孪生变形

的晶粒。当塞积位错前端的应力达到一定程度时，加上相邻晶粒的转动，使相邻晶粒中原来处于不利位向滑移系上的位错移动，从而使滑移由一批晶粒传递到另一批晶粒；当有大量晶粒发生滑移时，金属便显示出明显的塑性变形。

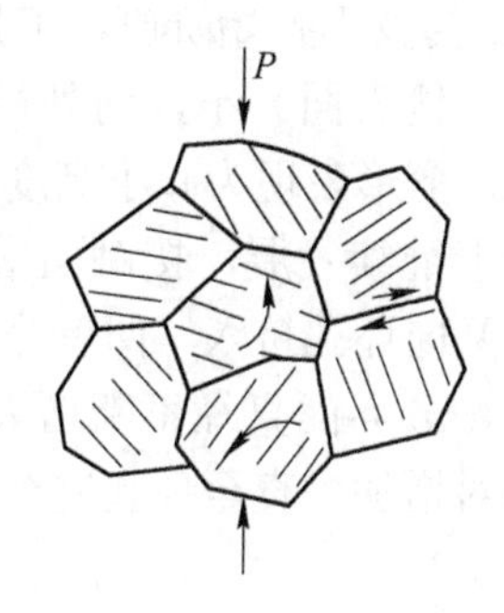

图 1-35 晶粒之间的滑动和转动

在冷变形中，多晶体的塑性变形主要是晶内变形，晶间变形只起次要作用，而且还需要其他协调机制。当晶界发生变形时，容易引起晶界结构的破坏和显微裂纹的产生。

1.6.2 铝合金锻压成形过程中的金属流动特征

1.6.2.1 铝合金锻压成形过程中金属流动规律及影响因素

塑性变形时，变形体内质点间或局部区域间的（金属质点）相对位移，以及变形工具与变形金属间的相对位移都称为金属流动。变形体内任一质点或微小区域的金属流动总是沿着阻力最小方向进行的。影响金属流动的因素有变形金属与工具接触面上的摩擦，工具与变形金属间的相互作用，坯料的化学成分、组织和温度及其不均匀性，坯料和锻件的形状、尺寸和质量等。

外摩擦是造成宏观不均匀变形的主要原因之一。例如在平锤头中镦粗圆柱试样（$1<\frac{H}{D}<2$），变形后的试样并不是一个矮、粗的圆柱体，而是一个鼓形的柱体（图 1-36）。对试样剖开作分析，可以发现在试样中存在着三个变形区：区域Ⅰ为难变形区，变形最小；区域Ⅱ为易变形区，变形最大；区域Ⅲ为自由变形区，变形介于Ⅰ、Ⅱ之间。难变形区就是由变形金属与工具接触表面上存在着外摩擦造成的；接触表面上的质点，越靠近试样轴线，质点的横向流动就越困难。当其他条件不变时，只要在接触表面上加上润滑剂，试样侧面的凸度就可以减小，这就反映了变形不均匀的程度有所降低。

现以垫环上镦粗为例，说明摩擦对金属流动的影响（图 1-37）。图 1-37*a* 为变形初始阶段，工具与坯料接触面（上、下端面）比坯料自由表面（侧表面）小，向外径方向流动摩擦阻力小，流入垫环环孔阻力较大，变形表现为减小高度，增大外径，流入环孔金属甚少。图 1-37*b* 为变形继续发展，接触面增加，自由表面减小，这时金属既沿径向外流，又向环孔挤入，两者分界面直径以 D_c 表示。当变形至图 1-37*c* 阶段时，分界面直径不断增大，沿径向外流金属相对减少，流入环孔金属相对增加，直至环孔完全充满（图 1-37*d* 阶段）。变形程度愈大，环

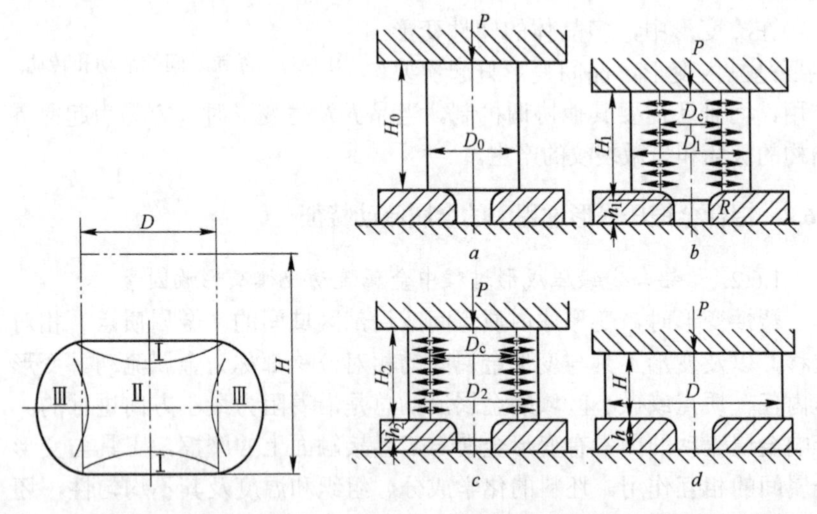

图 1-36 镦粗时的不均匀变形　　图 1-37 垫环镦粗时外摩擦对金属流动的影响

孔直径愈大，坯料直径愈大和高度愈小，金属变形抗力愈小和加工硬化率愈小，则金属流向环孔倾向愈强。

因此，只要掌握和运用金属流动规律，采取相应措施，就可使金属按预定方向流动，使锻件获得所需形状和尺寸。这些措施，归纳起来大致有以下几个方面：

（1）改变工具形状。改变工具与坯料接触面的形状和尺寸，可以减少在某一方向上的流动，增大在另一方向上的流动。例如采用凸形砧来增加锻坯横向（宽度方向）的变形和流动（图 1-38*a*）；采用V形砧来增加锻坯纵向（长度方向）的变形和流动（图 1-38*b*），因为V形砧侧表面限制了宽向变形，因此凹形砧常用来拔长锻坯。

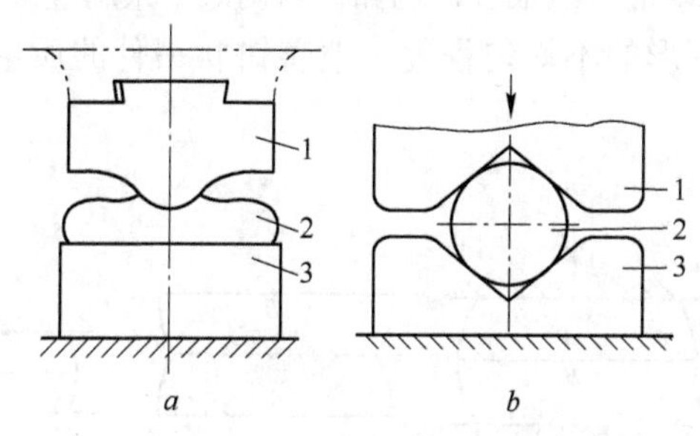

图 1-38 工具形状对金属流动的影响

1—上砧；2—锻坯；3—下砧

（2）增加或减小摩擦。在模锻时部分变形金属流到毛边槽中冷却硬化，起了封住模具的作用；当过量地润滑毛边区时，金属就激烈地流到毛边仓中，致使模膛内的变形金属流不进摩擦阻力较大的模膛深处，此时必须减少润滑，即增加摩擦。同样道理，在开式模锻中加大毛边槽的宽度，增大金属流出模膛的阻力（即增加摩擦），可强迫金属充满模膛凹处，特别是又窄又深的凹腔。

（3）采用合理的锻压方法。如镦粗圆柱体时，为了获得直角端（清棱、清角），可采用铆镦法（图 1-39）。坯料先略微倾斜地放在砧面上旋转轻锻，使两端略微涨大，呈铆钉状，然后放直重击。

（4）利用坯料各部分的温差。如中心压实法利用铸锭中心温度高、锭外层温度低，以强化中心部分的变形，锻合内部缺陷。

（5）合理选用设备。例如，锤上锻压时，锻锤吨位必须要大，否则

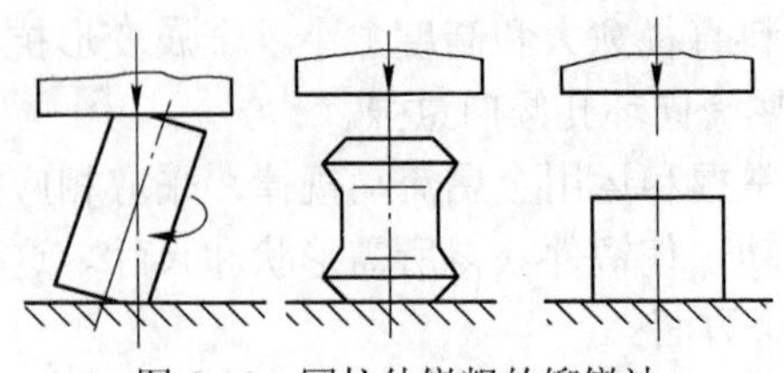

图 1-39 圆柱体镦粗的铆镦法

变形局限于表层，中心部分不能锻透；高速锤变形速度快，有利于模锻薄壁高筋锻件。

1.6.2.2 控制金属流动，改善锻件质量

控制金属流动的方法很多，例如在自由锻中采用叠镦法（图 1-40），可降低锻件内变形的不均匀程度，改善饼状锻件的质量，并能提高它的加工塑性。

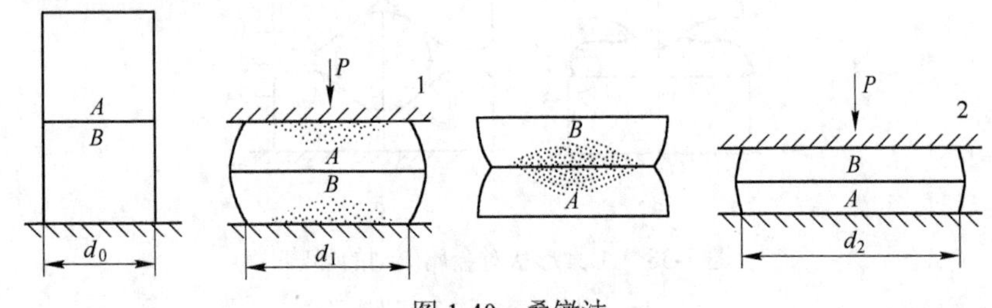

图 1-40 叠镦法

A，*B*—锻件；1，2—工序

模膛充不满，常使模锻件报废。当在深型模膛中使用易燃润滑剂（如油或锯末）时，由于润滑剂燃烧爆炸产生气体，实际上阻止了变形金属的流动，使金属不能进入到模膛深处。若使用喷涂水基石墨润滑剂的方法，则在模膛中不产生妨碍金属流动的气体，因为润滑剂喷到模膛表面，水分立刻蒸发，留下的是很光滑的石墨涂层，这样就可使变形金属容易流入模膛深处。

锻件的使用性能一般比切削加工制品的要好，这是由于在锻件内部的金属流线（即金属纤维线）保持完整，未被切断的缘故（图 1-41）。对从图中标明位置处取出的冲击试样所做的试验表明，它们的冲击值，由切削加工获得的还不到由锻压加工获得的 50%。同样的模锻件，若内部的金属流线结构不一样，也会引起锻件使用性能的变化。

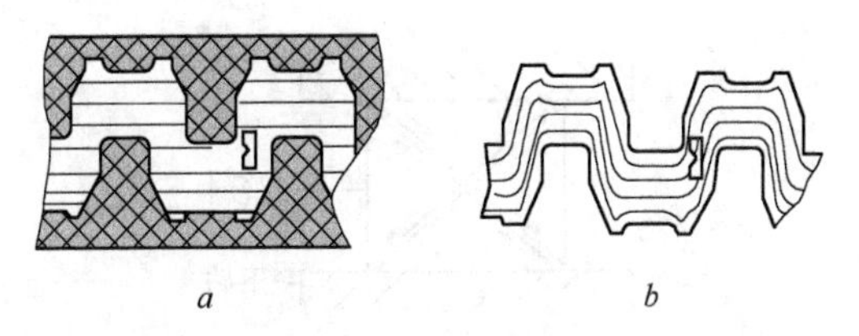

图 1-41 不同加工方法获得的金属流线

a—切削加工获得的流线；*b*—锻压加工获得的流线

因此，锻模的设计要点就在于控制金属流动，以便获得一定形状和尺寸的锻件，并使之具有完整的良好的内部金属流线。

1.6.2.3 不同变形工艺条件下的金属流动特性举例

圆柱形铝坯料加热后，在锻锤锤砧的动力作用下，先镦粗成为一个圆饼，再放入锻模的模膛内，使坯料在模膛的型腔约束下，沿预期的状态发生塑性变形和流动，锻压成为一个齿轮锻件的情形，如图 1-42 所示。

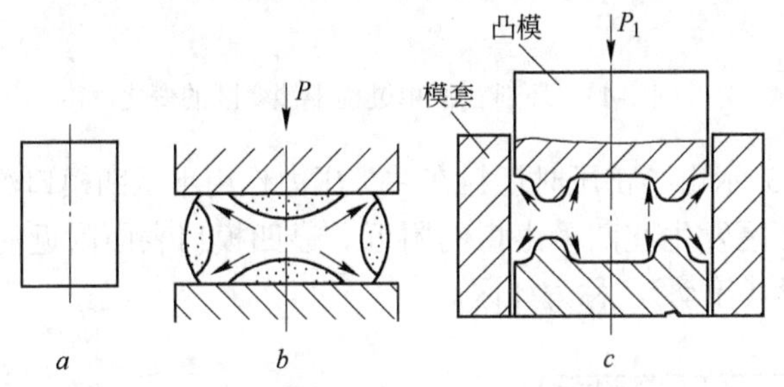

图 1-42 锻压过程坯料内部金属的流动

a—坯料；*b*—镦粗；*c*—模锻

锻压加工过程中，由于工具（模具）形状不同或坯料形状不同，加工条件发生变化，因此，坯料内的应力状态以及塑性变形区的形状和分布也就不同，金属流动景象也发生变化。如图 1-43 所示，圆柱体坯料在镦粗过程中，直径和高度的比值在不断变化，塑性区的形状和分布也随着变化，金属在发生不均匀的流动。当直径和高度的比值增加时，中心塑变区也不断扩大，金属向直径方向流变。

图 1-44 示出长的方形坯料压缩后，垂直于长轴截面上坐标网格的变化，压缩前在截面上画出的正方形网格，压缩后截面上网格的歪斜表明了金属塑性变形的流动情况。

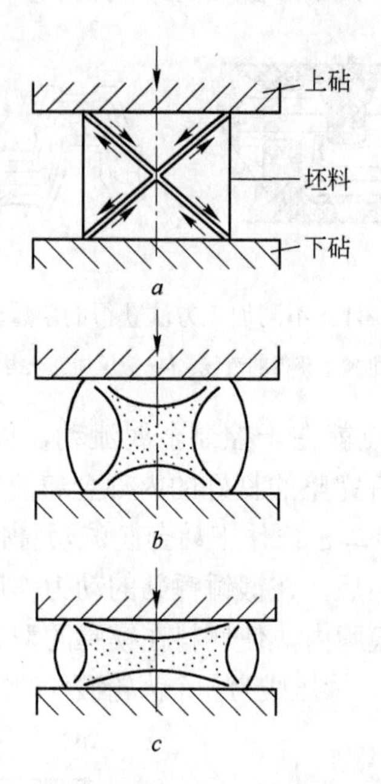

图 1-43　坯料在镦粗过程中塑变区的变化

图 1-45 示出了挤压时坯料在冲头压力作用下从凹模口流出的流动情况。塑变区发生在凹模出口的附近。靠凹模口表面附近的金属不发生塑性变形（流动），称为死区。

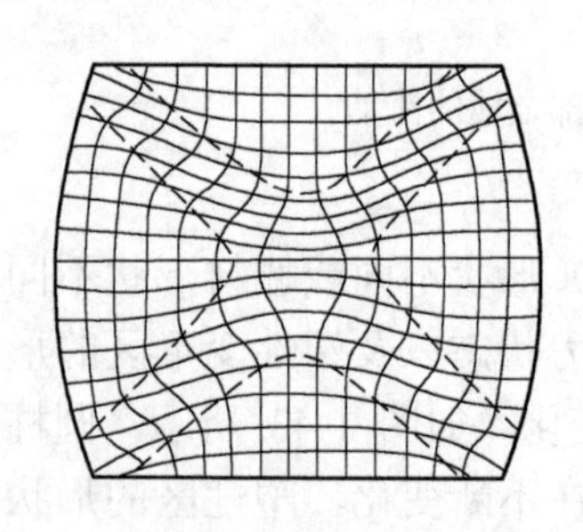

图 1-44　方坯压缩后截面上的塑变区分布

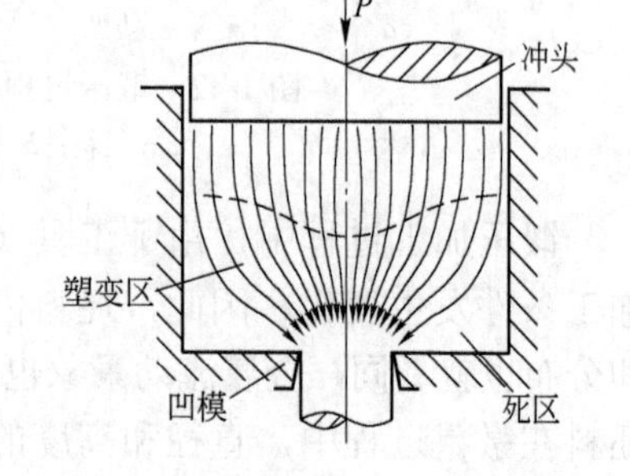

图 1-45　挤压时坯料内金属的流动

在平面变形状态下，按照金属塑性变形理论，金属的塑性变形是沿最大剪应力的方向流动，而剪切应力有正交成对关系，所以坯料内一个剖面上塑性变形区的金属流动常呈两族相互正交的流线，称滑移线场。在塑变区内可以从理论上解出。图 1-46 示出几种主要变形方式中坯料内塑变区的滑移线场。

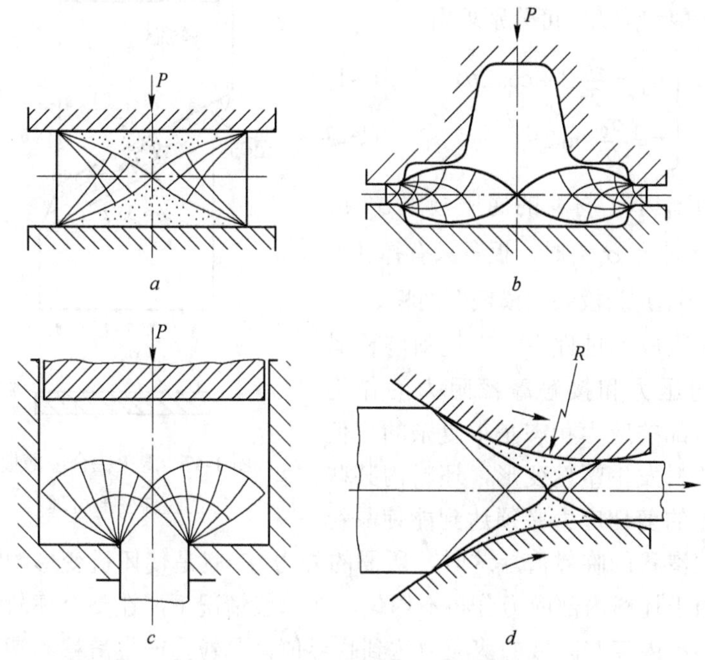

图 1-46 不同变形方式塑变区的滑移线场

a—自由锻压缩；*b*—模锻终锻；*c*—正挤压；*d*—纵轧

以上说明不同形状的坯料在不同的工具或模具下加力，由于加力方式不同，坯料内的塑变区分布和金属流动方式就不同。这表现为不同的锻压工步。这样，就能制造出各种不同形状的锻压件。

1.6.3 铝合金锻压成形过程中变形区的受力状态及力能计算

1.6.3.1 坯料在锻压过程中的塑性变形区受力状态

锻压加工要使坯料发生塑性变形，坯料内某个截面上的晶粒都要沿一定的方向滑动。而晶粒内的滑移要有一定的剪切应力，因此，某一截面的滑移必须沿整个截面的剪切应力都达到一定的数值。外力的作用就是产生这种剪切应力。图 1-47 示出了铝合金薄板条在外力 P 作用下，拉应力 σ_0 达到坯料的屈服极限时，板条发生塑性变形出现滑移带的情况。

根据应力分析，塑变区内的正应力σ和剪切应力τ可分别求出：

$$\begin{cases} \sigma_b = \dfrac{\sigma_0}{2}(1+\cos 2\theta) & (1\text{-}1) \\ \tau = \dfrac{\sigma_0}{2}\sin 2\theta & (1\text{-}2) \end{cases}$$

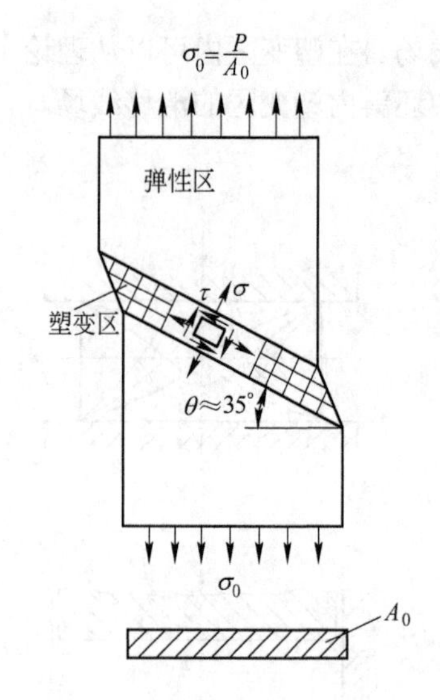

图 1-47　退火铝合金薄板条的拉伸变形机理

当σ_0小于材料的屈服极限σ_s'或拉力 P 小于$\sigma_s A_0$时，板条只有弹性变形。其中A_0为板条的横截面面积。

锻压成形过程中，在坯料与模具表面的压力和接触摩擦阻力的作用下，内部的应力状态是很复杂的。但要使坯料发生塑性变形，坯料内某些截面上的剪切应力必须达到能使晶粒内产生滑移的临界值。这时，所需的外力 P 就是使坯料变形的锻压力。由于坯料内部应力分布不均匀，在一般情况下，在整个坯料内，只有坯料内某些区域的剪应力达到临界值，晶粒内产生滑移和塑性变形，坯料的其余部分只发生弹性变形。发生塑性变形的区域称为塑变区，其余部分称为弹性区或刚性区。塑变区和刚性区的分界面通常是比较复杂的。图 1-48 示出圆柱形坯料镦粗时，坯料剖面内塑变区的分布情况。变形分为三个不同区域。第Ⅰ区为坯料两端和上下锤砧相接触的圆锥形部分，金属不发生塑性变形，是弹性区或刚性区；第Ⅱ区为坯料中心的剧烈变形区，坯料内部的金属在应力作用下由四角向上端面和下端面流动。第Ⅲ区为圆柱体侧表面所

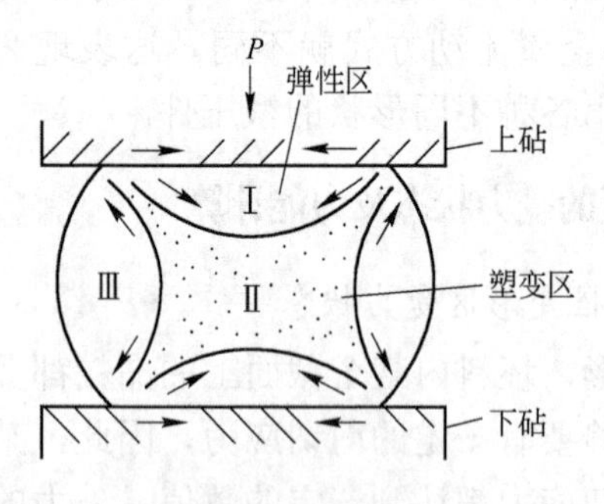

图 1-48　圆柱体镦粗时坯料内的塑变区分布及金属流变

围成厚度不同的圆环区。随着坯料被逐渐镦粗，这个圆环的直径也逐渐扩大，表面呈鼓形。鼓肚的形状和上下端面的接触摩擦条件相关。一般情况下，表面摩擦阻力愈大，鼓肚愈大。如接触端面能保持良好的润滑，镦粗后仍是圆柱形，不出现鼓肚。主要塑变区Ⅱ和弹性区Ⅰ相交的分界面上作用有正应力和剪应力，这些应力沿分界面积分总和的垂直分量等于所需的锻压力 P。

1.6.3.2 锻压生产时的力能计算

锻压力可以在生产现场或实验室应用各种仪表直接测定，其中以电测法应用最广。它通常比计算法直观可靠。它的可靠性主要取决于实验方案的选择、实验条件与生产条件的相近程度、仪表测定的精确程度等。实测法大多用于实验研究。

用计算法来确定锻压力，比较灵活省事，一般采用经验公式或理论分析公式。它们的可靠程度，取决于获得经验公式的条件与实际生产条件的相近程度，或理论分析中简化假设的合理性和求解精度。此外，还与公式中某些参数取值是否准确有关，其中特别是屈服强度 $\sigma_{0.2}$ 数值，因为各种资料介绍的 $\sigma_{0.2}$ 常有很大出入。因此计算法常需要由实测法来校核和修正。

锻压力的计算方法很多，有理论公式法、工程计算法、经验公式法和有限单元法等。下面推荐几种简单实用的方法。

A 通用的锻压力 P 的工程计算公式

该公式适于在各种锻压设备上锻压各种金属材料，其基本形式为

$$P = F n_{\mathrm{v}} \sigma_{0.2} n_{\mathrm{d}} \tag{1-3}$$

式中 F——变形后工具与金属的接触面积（在模锻时还包括毛边槽桥部接触面积），mm^2；

n_{v}——速度系数，其值可参考表 1-5 选取；

$\sigma_{0.2}$——金属在变形温度下塑性变形量为 0.2%时的屈服强度，MPa，可取相应温度下的 σ_{b} 值作为 $\sigma_{0.2}$ 的近似值，轻合金 $\sigma_{0.2}$ 的近似值可参考表 1-6 选取；

n_{d}——单位压力系数，分别用式(1-4)、式(1-5)、式(1-6)计算。

表 1-5　速度系数 n_v 的值

设备类型	液压机	曲柄压力机	摩擦螺旋压力机	蒸汽-空气锤
n_v	1.0~1.1	1.0~1.3	1.3~1.5	2~3

表 1-6　轻合金屈服强度 $\sigma_{0.2}$ 近似值　（MPa）

合　金	200℃	250℃	300℃	350℃	400℃	450℃	500℃
5A02、5052			80	60	30	25	20
6A02、6061	72	52	39	33	29	20	15
2A50、2B50				57	40	32	25
2A70、2B70、2618			135	75	45	28	20
2A80			90	60	40	30	20
2A14、2014			140	130	90	75	30
2A11、2A12、2024			110	75	55	40	25
7A04、7A09、7075			90	70	55	40	35
3A21、3003、3004			40	30	25	20	15
2A02			210	120	80	50	20
MB1			40	34	30	25	
MB2	120	90	70	40	35	30	
MB5	100	80	60	50	40	30	
MB7			48	40	35	30	
MB15	110	70	50	35	25	20	

当镦粗圆形锻件时

$$n_d = 1 + \frac{fd}{3h} \tag{1-4}$$

当镦粗矩形锻件时

$$n_d = 1 + \frac{(3b-a)fa}{6bh} \tag{1-5}$$

当模锻轴对称件时

$$n_{\mathrm{d}}=\frac{\left(1+f\frac{c}{h}\right)F_{\mathrm{mb}}+\left(1+2f\frac{c}{h}\right)F_{\mathrm{dj}}}{F_{\mathrm{mb}}+F_{\mathrm{dj}}} \tag{1-6}$$

式中 d——圆锻件直径；

h——锻件高度或毛边槽高度；

a，b——矩形锻件的两边长，且 $a\leqslant b$；

c——毛边槽桥部的宽度；

F_{mb}，F_{dj}——分别为毛边槽桥部和模锻件水平投影面积，此时式(1-3)中的 $F=F_{\mathrm{mb}}+F_{\mathrm{dj}}$；

f——摩擦系数（可参考表 1-7 选取）。

表 1-7 各种变形材料的摩擦系数 *f*（工具运动速度为 1m/s）

材 料	变形的绝对温度与熔化的绝对温度的比值		
	0.8～0.95	0.5～0.8	0.3～0.5
碳 钢	0.40~0.35	0.45~0.40	0.35~0.30
铝合金	0.50~0.48	0.48~0.45	0.35~0.30
镁合金	0.40~0.35	0.38~0.32	0.32~0.24
重有色合金	0.32~0.30	0.34~0.32	0.26~0.24
有色耐热合金	0.28~0.25	0.26~0.22	0.24~0.20

注：表中数据系无润滑的，当使用润滑剂时，其数值可降低 25%~15%。

B 不同工艺条件下的力能计算公式

a 自由锻液压机力能参数计算

（1）热镦粗的压力按下式计算：

$$P=m\sigma_{0.2}F \tag{1-7}$$

式中 $\sigma_{0.2}$——合金在镦粗温度下的屈服强度，MPa，见表 1-6；

F——镦粗坯料的横截面面积，mm^2；

m——系数，由下式确定：

$$m=1+\frac{\mu}{3}\times\frac{d}{h} \tag{1-8}$$

式中 μ——摩擦系数，μ=0.5；

d，h——镦粗坯料的直径和高度，mm。

几种变形铝合金的高温屈服强度见表1-6。

（2）拔长压力按下式计算：

$$P = \gamma m \sigma_{\mathrm{b}} a l \tag{1-9}$$

式中 P——拔长时的压下力，N；

γ——变形条件系数，在平砧上拔长时，γ =1；在型砧上拔长时，γ=1.25；

a——坯料宽度或直径，mm；

l——送进量，mm；

σ_{b}——拔长温度时的屈服强度，MPa，见表1-6；

m——系数，由下式确定：

$$m = 1 + \frac{3c - e}{6c} \mu \frac{l}{h} \tag{1-10}$$

式中 μ——摩擦系数，μ=0.5；

h——变形毛坯的高度，mm；

c 和 e 按下述方法确定（a 和 h 可用毛坯的原始数值）：

若 $a>l$，$c=a$；若 $a<l$，$c=l$。

若 $a>l$，$e=l$；若 $a<l$，$e=a$。

（3）冲孔压力

冲孔压力按下式计算：

$$P = m \sigma_{0.2} f \tag{1-11}$$

式中 f——冲头截面面积，mm^2；

$\sigma_{0.2}$——冲孔时的屈服强度，MPa，见表1-6；

m——系数，由下式确定：

$$m = \left(1 + \frac{\mu}{3} \times \frac{d}{h}\right)\left(1 + 1.15 \ln \frac{D}{d}\right) \tag{1-12}$$

式中 D——冲孔坯料直径，mm；

d——冲孔孔径，mm；

h——芯料厚度，mm；

μ——摩擦系数，μ=0.5。

b 模锻液压机力能参数计算

（1）模锻液压机压力的经验公式为：

$$P = zmFK \tag{1-13}$$

式中 P——液压机压力，N；

F——模锻件（不包括毛边）在平面图上的投影面积，cm^2；

K——单位压力，对于具有薄而宽腹板的硬铝合金模锻件，K=490MPa；

m——考虑到变形体积影响的系数，其值见表1-8；

z——考虑到变形条件影响的系数，其值如下：模锻外形简单的锻件为 1.5；模锻外形复杂的锻件为 1.8；模锻截面过渡急剧的，外形很复杂的锻件为 2.0；模锻有大量余料流入毛边槽的锻件为2.0；模锻带压入成形的锻件为2.0。

表1-8 考虑到变形体积影响的系数 *m* 取值

模锻件体积/cm^3	<25	25~100	100~1000	1000～5000
m	1.0	0.9~1.0	0.8~0.9	0.7~0.8
模段件体积/cm^3	5000~10000	10000~15000	15000~25000	>25000
m	0.6~0.7	0.5~0.6	0.4~0.5	0.4

（2）根据生产中的经验数据，可以基本确定锻件所需要的压机吨位，见表1-9和表1-10。

表1-9 不同能力液压机所能锻造的铝锻件的投影面积 （m^2）

类 型	18~36MN	36~90MN	90~180MN	＞180MN
粗锻件①	0.1290~0.2258	0.2258~0.5160	0.5160~1.2903	1.2903~3.2250
普通锻件②	0.0516~0.1032	0.1032~0.2580	0.2580~0.5160	0.5160~1.4190

① 粗锻件的制造方法是先经过某些自由锻操作（如镦粗或拔长），然后进行模锻；

② 普通模锻件往往先后用两副模具锻造，先用预锻模，后用终锻模，因此，普通模锻件比较接近成品尺寸，外形较精确。

表 1-10　大型液压机锻造铝合金的使用数据

类型	投影面积/m^2	单位压力/MPa	模锻斜度/(°)	腹板厚度/mm		肋的最大高宽比
				最小	最大厚宽比	
160MN 液压机①						
粗锻件	0.5677~1.1613	310~140	5~7	8	1:15	4:1
普通锻件	0.1290~0.5677	1260~310	3~7	4	1:25	8:1
精锻件	上限为 0.1290	最小为 1260				
315MN 液压机②						
粗锻件	1.1290~2.2581	280~140	5~7	10	1:15	4:1
普通锻件	0.2903~1.1291	1110~280	3~7③	5③	1:25	8:1
精锻件	上限为 0.2903	最小为 1100				
450MN 液压机②						
粗锻件	1.6129~3.2258	280~140	7	10	1:15	4:1
普通锻件	0.5161~1.6129	870~280	3~5④	6④	1:25	8:1
精锻件	上限为 0.5161	最小为 870				

① 最大的锻件长度和宽度分别为 3200mm 和 915mm；

② 最大的锻件长度和宽度分别为 6100mm 和 3050mm。长度可用悬臂模的方法达到，在某些应用中，宽度可扩大到 3556mm；

③ 3° 的模锻斜度和最小的腹板厚度限制了投影面积的上限只能达到 0.9030m^2；

④ 3° 的模锻斜度和最小的腹板厚度限制了投影面积只能达到 1.290m^2。

c　自由锻锤落下部分质量计算

自由锻锤落下部分质量按下式计算：

$$G=\frac{\alpha V}{\beta H} \tag{1-14}$$

式中　G——锻锤落下部分质量，kg；

α——单位变形功，J/cm^3，见表 1-11；

V——一次锤击时金属的变形体积，cm^3；

H——锤头落下高度，cm；

β——锤头的结构系数，单动蒸汽-空气锤为β=3；双动蒸汽-空气锤为β=2；空气锤为β=3。

表 1-11 锻造时的单位变形功α

变形金属	锤上锻造时的单位变形功/J·cm^{-3}	
	双动锤	单动锤
2A90	11	9
2A80	11	9
2A50	7.5	6

d 其他锻压机械力能参数计算

（1）双动模锻锤落下部分质量按下式计算：

对于圆形件：

$$G = K(1+0.005D)\left(1.1+\frac{2}{D}\right)^2 \times (0.75+0.11D^2)D\sigma_{0.2} \tag{1-15}$$

对于非圆形件：

$$G = K(1+0.005D_1)\left(1.1+\frac{2}{D_1}\right)^2 \times (0.75+0.11D_1^2)\left(1+\sqrt{\frac{L}{B_1}}\right)D_1\sigma_{0.2} \tag{1-16}$$

式中 G——双动模锻锤落下部分名义质量，kg；

D——平面图上圆形锻件的直径，cm；

D_1——非圆形锻件的换算直径，$D_1 = 1.13\sqrt{F}$，cm；

F——非圆形锻件在平面图上的投影面积，cm^2；

B_1——非圆形锻件的平均宽度，$B_1 = \frac{F}{L}$，cm；

L——非圆形锻件的长度，cm；

$\sigma_{0.2}$——终锻温度下模锻材料的屈服强度极限，MPa，见表 1-6；

K——模锻材料性能系数，对于铝合金，K=10~15。

（2）单动模锻锤落下部分质量按下式计算：

$$G' = (1.5\sim1.8)G \tag{1-17}$$

G 可按双动模锻锤落下部分质量公式计算。

（3）热模锻曲柄压力机的压力按下式计算：

对于圆形件：

$$P = 8(1-0.001D)\left(1.1+\frac{20}{D}\right)^2 F\sigma_{0.2} \tag{1-18}$$

对于非圆形件：

$$P = 8(1-0.001D_1)\left(1.1+\frac{20}{D_1}\right)\times\left(1+0.1\sqrt{\frac{L}{B}}\right)F\sigma_{0.2} \tag{1-19}$$

式中，各项参数的确定与确定模锻锤落下部分质量的公式相同。

（4）摩擦压力机的压力按下式计算：

$$P = 2K\sigma_{0.2}F \tag{1-20}$$

式中 P——压力机压力，N；

K——变形条件系数，K=5；

$\sigma_{0.2}$——终锻温度下的屈服强度，MPa，见表 1-6；

F——模锻件在平面图上的投影面积，mm^2。

1.6.4 铝合金锻压成形过程中的温度、速度与变形程度的变化

1.6.4.1 铝合金锻压过程的温度条件

铝合金的可锻性主要与合金锻造时的相组成有关。为了使合金在锻造时尽可能具有单相状态，以便提高工艺塑性和减小变形抗力，首先必须根据合金相图适当选择锻造温度范围。

对于合金化程度低的变形铝合金，如 5A02、3A21 等，当锻造加热温度为 470~500℃时，强化相或过剩相一般均溶入固溶体，合金基本上呈单相α固溶体状态，在 300~350℃以下温度，会从α固溶体中沉淀出少量强化相，但合金塑性无显著变化。所以，这类合金在 300~500℃温度范围内锻造，其工艺塑性并无显著变化。

但是，对于合金化程度高的变形铝合金，例如 7A04 等，由于其绝大多数是过饱和的固溶体，随着锻造温度下降，便要从固溶体中析出强化相，使合金的显微组织呈明显的多相状态，合金的工艺塑性明显降低。从合金相组成随温度的变化来看，7A04 合金最高塑性的温度范围应为 400~500℃。而在 300℃左右时，合金中则有较多的 S

相、T 相和其他相，导致合金的塑性降低；在高于 450℃温度时，由于合金中原子振动振幅增大，晶界以及原子之间的结合削弱，合金的塑性又明显降低，所以，7A04 合金的最合适的锻造温度范围应为 400~450℃。

根据合金相组成随温度的变化规律确定的锻造温度范围，必须通过各种合金的塑性图、变形抗力图和加工再结晶图加以准确化。

图 1-49 是三种不同铝合金的塑性图。由图可见，防锈铝 3A21 合金在 300~500℃范围内具有很高的塑性，而且在应变速率增大，由静变形改为动变形时，这种合金的塑性变化不大。因此，这种合金无论是在液压机上还是锤上锻造，其变形量均可达到 80%以上。锻铝 2A50 在 350~500℃范围内具有较高的塑性，锤上锻造变形量可达 50%~65%，液压机上锻造则可达 80%以上，而超硬铝 7A04 在锤上锻造时，高塑性的温度范围应为 350~400℃，允许的变形量不得超过 58%，而在液压机上锻造时，锻造温度范围应为 350~450℃，允许的变形量为 65%~85%。

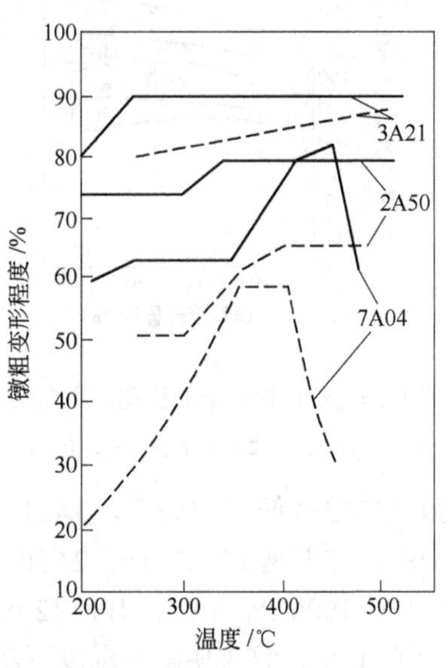

图 1-49 三种铝合金的塑性图

——静变形；- - -动变形

上述三种铝合金及其他一系列铝合金工艺塑性研究表明，大多数铝合金在300~500℃的温度范围内都具有足够高的工艺塑性。

图 1-50 所示为 3A21、2A50 和 7A04 三种合金在不同温度下的流动应力曲线。由图可看出，流动应力的数值主要与合金的种类及锻造温度有关，受变形程度的影响较小。

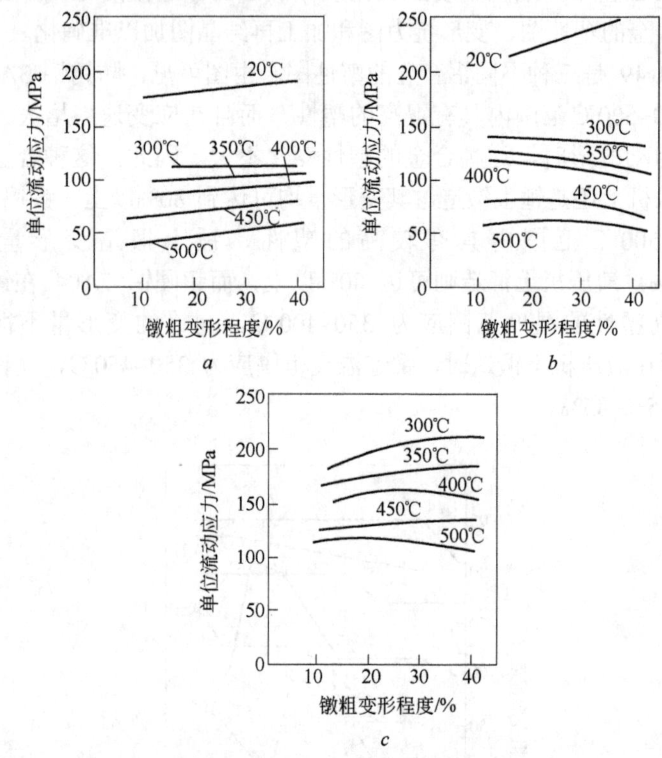

图 1-50 三种铝合金的流动应力曲线

a—3A21 合金；*b*—2A50 合金；*c*—7A04 合金

随着温度从 500~450℃降低到 350℃，3A21 合金的变形抗力从 40MPa 增大到 100MPa，亦即增大 1.5 倍；2A50 和 7A04 则相应从 60~90MPa 增加到 120~160MPa 和从 100~120MPa 增加到 160~180MPa，也几乎增加了 1 倍。这说明随着温度下降，铝合金的变形抗力剧烈增大。所以，铝合金，特别是合金化程度高的铝合金不应在过低的温度下终锻。这也是超硬铝的终锻温度比防锈铝的高，锻造温度范围窄的原因之一。

另外，从图 1-50 还可看出，3A21 在 300℃、2A50 在 350℃终锻时，随变形程度增大，合金的流动应力曲线基本保持水平，这说明再结晶软化速度已达到或超过了加工硬化速度，因而，这两种合金按塑性图所选定的终锻温度，可以保证合金处于完全热变形状态。合金化程度高的 7A04 合金则有所不同，在 350℃下流动应力曲线随变形程度增大而略有升高，这说明此种合金在 350℃终锻时有加工硬化现象，即不能保证完全热变形，但这种加工硬化并不严重，因此，按塑性图确定的终锻温度仍可适用。

铝合金合适的锻造温度范围，除了应保证合金具有较高的塑性、较低的变形抗力、足够宽的锻造温度范围，以便于操作之外，还应保证锻件具有较高的力学性能和较细的晶粒组织，对于合金化程度低的防锈铝，在确定其锻造温度范围时，应考虑到加工硬化和再结晶软化这两个因素对锻件力学性能和晶粒长大所产生的综合影响。由于防锈铝的加工硬化不严重，所以加热温度应控制在下限，以免晶粒长大，强度降低。例如，防锈铝的高塑性温度上限可超过 500℃，但在实践中，为了防止晶粒粗大，这类铝合金的始锻温度为 480℃就足够了。如果是多火次锻造，在最后一火锻造变形率不大时，坯料的加热温度尤应偏低，这样，终锻温度也将偏低，从而获得晶粒细小的锻件。

对于合金化程度高的硬铝、超硬铝，终锻温度偏低会使锻件中的某些部分留下加工硬化，在随后淬火加热时再结晶会充分进行，使晶粒长大，性能降低。所以，这类合金的终锻温度宜取高些。在多火次锻造时，对各火次锻造温度的规定，不需要像防锈铝那样严格，因为这类合金锻后还要进行固溶时效处理，锻件的最终力学性能主要受最终热处理参数支配。

7A04 等高强度硬铝合金的锻造温度范围虽然比较窄，但对模锻来说，是足够的；对锻造时间较长的自由锻，可用增加火次的办法来弥补锻造温度范围窄的不足，只要每一火加热后锻造不落入临界变形，便不会使晶粒明显长大及降低高强度铝合金的力学性能。表 1-12 列出了国内常用的变形铝合金的锻造温度范围。

表 1-12 变形铝合金锻造温度范围

合 金	锻造温度/℃	合 金	锻造温度/℃
1070A、1060、1050A	470~380	2A50（铸态）	450~350
5A02	480~380	2A50（变形）	480~350
5A03	475~380	2A80	480~380
3A21	480~380	2A14（铸态）	450~350
2A02	450~350	2A14（变形）	470~380
2A11	480~380	7A04（铸态）	430~350
2A12	460~380	7A04（变形）	450~380
6A02	500~380	7A09（铸态）	430~350
2A70	475~380	7A09（变形）	450~380

1.6.4.2 变形速率条件

变形速率（$\dot{\varepsilon}$）不等于设备的工作速度。变形速率不仅与滑块的运动速度有关，而且还取决于坯料的尺寸，其关系如下：

$$\dot{\varepsilon} = \frac{V}{H_0} \tag{1-21}$$

式中 V——滑块或工具的运动速度，m/s；

H_0——毛坯的原始高度，m。

由上式可知，在工具运动速度一定时，毛坯高度愈小，变形速率愈小；毛坯尺寸相同，工具运动速度愈大，变形速率就愈大。各种锻压设备上的工具运动速度和合金变形速率的大致范围如表 1-13 所示。

表 1-13 各种设备上的合金变形速率

设备名称	材料试验机	液压机	曲柄压力机	锻锤	高速锤
工具运动速度/m·s^{-1}	≤0.01	0.1~0.3	0.3~0.8	5~10	10~30
变形速率/s^{-1}	0.001~0.03	0.03~0.06	1~5	10~250	200~1000

研究表明，变形速率对铝合金的塑性和变形抗力有一定影响，大多数铝合金随变形速率的增大，在锻造温度范围内的工艺塑性并不发生显著的降低。这是因为变形速率增大所引起的加工硬化速度的增加，没有使它超过铝合金的再结晶速度。但是，一部分合金化程度高的铝合金，随着从静载变形改为动载变形，工艺塑性便要下降，允许

的变形程度甚至可以从 80%降低到 40%。这是由于合金化程度高的铝合金，再结晶速度小，在动载变形时，加工硬化显著增大所致。此外，当从静载变形改为动载变形时，铝合金的变形抗力增大 0.5~2 倍。

1.6.4.3 变形程度的变化与确定

A 设备每一工作行程的变形程度

铝合金锻造时，在锻造设备每一工作行程内毛坯的变形程度应取多大，一方面取决于锻件的形状；另一方面则取决于合金的工艺塑性。为了保证合金在锻造过程中不开裂，每一行程的变形程度，应根据该合金塑性图与所选择的变形温度、应变速率相当的塑性曲线确定。这样确定下来的变形程度，即为每一行程允许的最大变形程度。

另外，为了保证锻件具有细小的均匀的晶粒组织，在设备每一工作行程内的变形程度，还应大于或小于加工再结晶图上相应温度下的临界变形程度。尤其重要的是要控制终锻温度下的变形程度不落入临界变形。

研究表明，铝合金的临界变形程度大都在 12%~15%以内，所以，终锻温度下的变形程度均应大于 12%~15%。

根据铝合金塑性图确定的每一工作行程的允许变形程度如表 1-14 所示。

表 1-14 铝合金每次行程允许变形程度 (%)

合 金	液压机（镦粗）	锻锤、曲柄压力机（镦粗）	高速锤（挤压）	挤压模锻
3A21、5A02、5A03、6A02、2A50	80~85	80~85	85~90	90
5A05、5A06、2A02、2A70、2A80、2A11	70	50~60	85~90，但 5A05、5A06 为 40~50	
7A04、7A09、2A12、2A14	70	50	85~90	85

B 总变形程度

铝合金铸锭在锻造过程中的总变形程度，不仅决定了锻件的力学性能，而且决定了锻件的纵向和横向力学性能差异大小，即各向异性大小。

对 2A11 铝合金铸锭进行的试验表明：在小变形和中等变形情况下，纵向和横向的强度指标相差不多，但伸长率相差较大（图 1-51）。当铸锭的总变形程度为 60%~70%时，合金力学性能最高，性能的各向异性最小。在变形程度超过 60%以后，随变形程度的增加，横向力学性能由于纤维组织的形成而剧烈下降。所以，在锻造过程的各个阶段，必须避免单方向的大压缩变形（超过 60%~70%）。但是，对挤压棒材进行压扁时，结果则同铸锭的相反（图 1-52）。

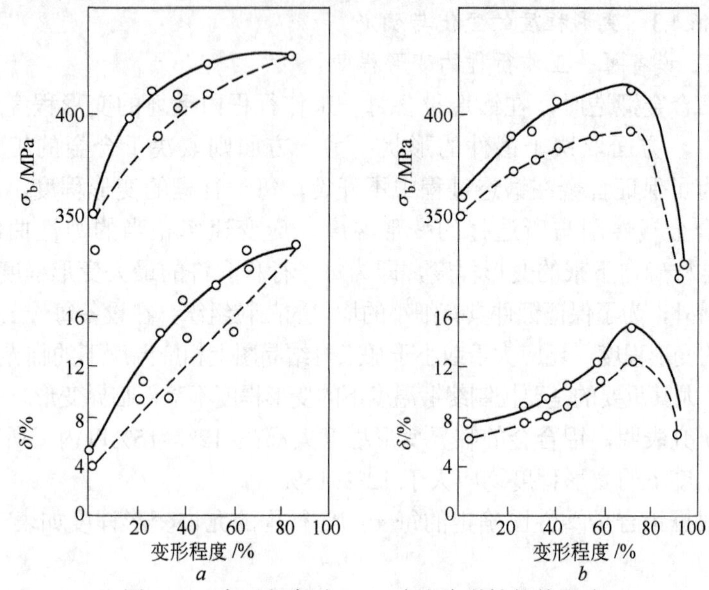

图 1-51　变形程度对 2A11 合金力学性能的影响

（实线为从铸锭中心切取的试样；虚线为从铸锭外层切取的试样）

a—纵向；*b*—横向

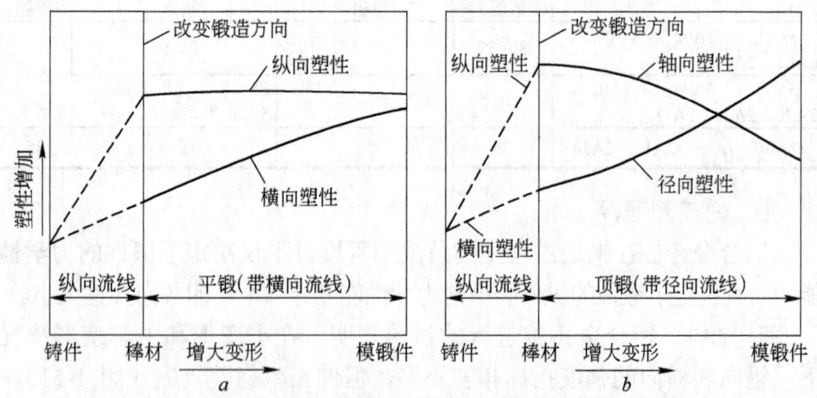

图 1-52　锻造变形程度对挤压棒材横向塑性的影响

a—棒料平放在模具中（相当于压扁）；*b*—坯料立放在模具中（相当于镦粗）

棒材压扁在小变形量时，仍保持较大的纵向和横向性能的差异。随着压扁程度的增加，纵横向性能的差异减小，因为压扁时在棒材长度方向没有多大变形，而随着压扁程度的增加，棒材的宽展愈来愈大。在模具中镦粗挤压棒材时，锻造变形量的增加将导致轴向塑性逐渐降低而径向塑性逐渐提高。

1.6.5 铝合金锻压成形过程中的摩擦与润滑

锻造过程中减少摩擦，不仅可以降低锻造力，节约能源消耗，还可以提高模具寿命，使变形体的变形分布更加均匀，有助于提高产品的组织性能。减少摩擦的重要方法之一就是采用润滑。

1.6.5.1 金属热成形时的摩擦

金属热成形时的摩擦是指热态塑性变形的金属与工具、型槽表面之间的摩擦。它表现为两种不同金属之间的摩擦，如软硬金属之间的摩擦、两种金属表面氧化膜的接触摩擦，以及热变形时内层金属被挤出形成新生表面之间的摩擦。新生表面因时间短而未被氧化，吸附力大和实际接触面积增大而加剧摩擦。

热成形时，由于坯料的不均匀变形，在摩擦较大的部位会有润滑不良或缺乏润滑的状况。热成形一般希望减少摩擦，但有时为了使难成形部位能充满型槽，反而要增大其他部位的摩擦，以利于坯料的均匀变形。

金属塑性变形过程中，坯料和工具、模具接触表面之间的摩擦作用将导致如下结果：

（1）变形力增大 10%~100%；

（2）锻件内部和表面质量下降；

（3）锻件尺寸精度降低；

（4）模具磨损加剧，寿命缩短。

塑性成形中的摩擦可分为内摩擦和外摩擦。内摩擦是指整个变形体内各个质点间的相互作用。这种作用发生在晶粒界面或晶内的滑移面上，并阻碍变形金属的滑移变形。外摩擦表现为在两个物体的接触面上产生的阻碍其相对运动作用。金属塑性成形中的内摩擦出现在晶内变形和晶间变形过程中，它直接和多晶体的塑性变形过程相联系，外摩擦则只出现在变形金属与工具相接触的部分。

外摩擦一般可分为：

（1）干摩擦。无润滑又无湿气的摩擦称干摩擦，实际上是指无润滑的摩擦。

（2）边界摩擦。两接触面之间存在一层极薄的润滑膜，其摩擦不取决于润滑剂的黏度，而取决于两表面的特征和润滑剂的特性。

（3）流体摩擦。具有连续的流体层隔开的两物体表面的摩擦。

（4）混合摩擦。是指干摩擦和流体摩擦或边界摩擦与流体摩擦的混合形式。

塑性变形中的摩擦特点：

（1）压力高。塑性变形中的摩擦不同于机械传动过程中的摩擦，它是一种高压下的摩擦。锻造成形时，与工具接触的工件表面所承受的压力高达 300~1000MPa。

（2）温度高。锻造塑性变形过程一般在高温下进行。在高温下金属材料的组织和性能均发生变化。表面生成的氧化皮对塑性变形中的摩擦和润滑带来很大影响。如在热变形中表面生成的氧化皮一般比变形金属软，在摩擦表面上它能起到一定的润滑作用；当氧化皮插入变形金属时，就会造成金属表面质量的恶化。冷变形和温变形时，在摩擦表面生成的氧化皮往往比变形金属硬。此时，如果氧化皮脱落在工具和金属坯料表面上就会使摩擦加剧，工具磨损加快，金属表面质量恶化。

1.6.5.2 润滑与保护

为了防止表面氧化、合金元素贫化、渗氢、渗氧等现象，铝合金在锻造加热时，可采用涂覆润滑剂等方法进行表面保护。

在金属热成形过程中，润滑剂是存在于金属与模具接触表面之间的一种介质，润滑剂可以是固体、黏滞性塑性物质、液体、气体或其混合物。它们在一定条件下可以部分或全部起到润滑作用。

由于金属塑性变形时不断产生新的金属表面，而且在高温下还要承受很大的变形压力，所以防护润滑剂应具备如下条件：

（1）在金属表面能形成致密而连续的薄膜，能随变形金属一起流动并承受高温和高压。

（2）金属塑性变形时，接触压力、金属流动速度和静压力都在很宽的范围内变化（接触压力为 0.1~1GPa，金属流动速度为（0.01~9.0）×100m/s，静压力为（0~50）×0.1GPa）。

（3）高温下不与变形金属和工具发生化学反应，不对金属和模具产生腐蚀作用。

（4）有一定绝热作用，以利于金属均匀变形，避免工作过热和锻件迅速冷却。

（5）满足不同变形工艺需要的特征（如防护润滑剂的可去除性，薄膜在多次变形中的不破坏性等）。

（6）能起脱模作用。

（7）涂覆工艺简单或能适应涂覆工艺机械化、自动化的要求。

（8）应无毒或低毒，不产生烟雾或有害气体。

（9）供应方便，价格便宜。

防护润滑剂可按其室温状态和用途进行分类：

（1）按室温状态分类。模锻润滑剂按室温状态分类如图 1-53 所示。

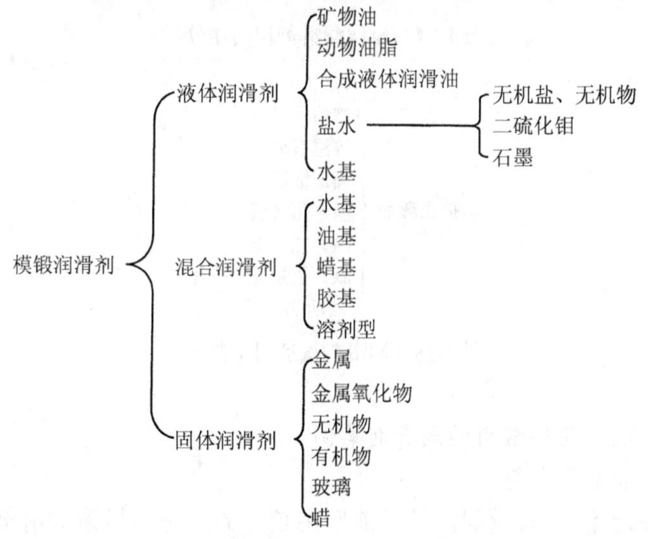

图 1-53 模锻润滑剂按室温状态分类

（2）按用途分类。模锻润滑剂按用途分类如图 1-54 所示。

（3）按适用的工艺方法分类。润滑剂按适用工艺分类如图 1-55 所示。

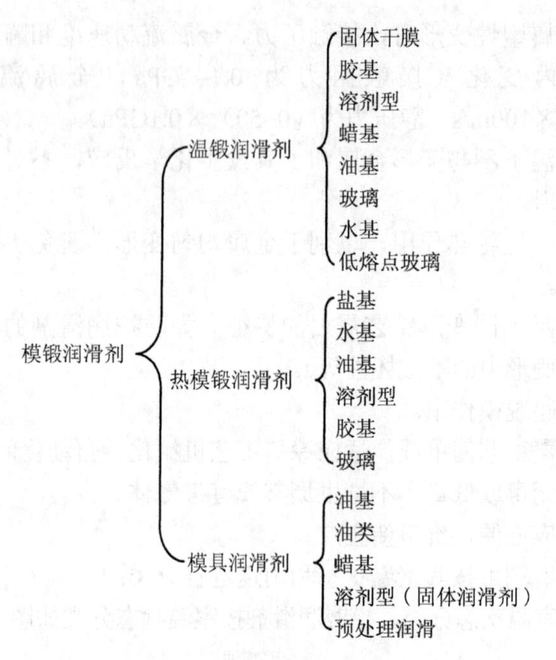

图 1-54 模锻润滑剂按用途分类

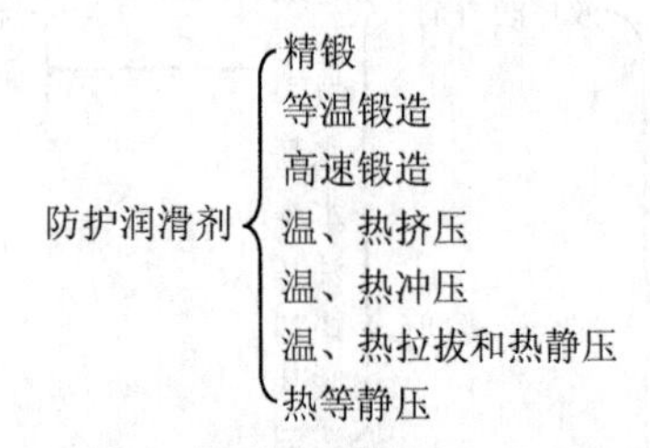

图 1-55 润滑剂按适用工艺分类

1.6.5.3 几种常用的润滑剂举例

A 油基润滑剂

它属于液体润滑剂，是目前应用较多的一种热模锻润滑剂，包括矿物润滑油，机油或汽缸油中加入添加剂而制成的矿物润滑脂，动物油（猪油、牛油等），植物油（棕榈油、蓖麻子油、花生油、菜子油等）和植物脂（蓖麻脂等），以及按热模锻的要求在矿物润滑油、脂中加入添加剂（油性添加剂、极压添加剂、黏度指数添加剂、降凝添加剂、抗氧化添加剂等）自行调配而成的热模锻润滑油。

油基润滑剂的特征如下：

（1）润滑特性好，高温（500℃以上）下才失去润滑效果。着火点低，受热汽化燃烧温度低。集中矿物油应用的末端预热温度范围见表1-15，超过预热温度，矿物油脂便会立刻稀释、流走或燃烧掉。

表 1-15 使用矿物油脂的模锻预热温度范围

润滑油脂		闪点/℃	滴点(不小于)/℃	模具预热温度范围/℃
名 称	代号			
5号高速机械油（锭子油）	HJ-5	110		
10号机油	HJ-10	165		150~185
20号机油	HJ-20	170		150~185
30号机油	HJ-30	180		200~360
40号机油	HJ-40	190		200~360
90号机油	HJ-90	220		200~400
24号汽缸油	HG-24	240		290~400
52号汽缸油	HG-52	300		290~450
72号合成汽缸油	HG-72	340		290~450
1号复合钙基润滑脂	HZFG-1		180	200~400
4号复合钙基润滑脂	HZFG-4		240	290~450

（2）流动性、黏附性（涂覆性）好，易形成均匀致密的薄膜。

（3）推出力较大，较易脱模。

（4）有一定的冷却模具作用。

（5）矿物油脂形成的气体压力较大，易导致型槽裂纹扩大，而且气体易阻塞在型槽较深部位，造成锻件充不满。

（6）污染工作场地、设备和操作环境。产生的烟雾影响视线，影响生产，而且污染空气。

B 油基石墨润滑剂

油基石墨润滑剂又称油基胶体石墨，是将粉状石墨按比例搅拌与矿物油（低号机油、锭子油等黏度低的油料）中呈胶状或半胶状的润滑剂。粉状石墨最好搅拌于经预热稀释的汽缸油或润滑脂中。

这种润滑剂的特点是，除具有油料润滑剂的特性外，由于石墨粉的加入，可大大提高在 350~540℃温度下的润滑性能，所以是铝镁合金模锻时应用效果较好的热模锻润滑剂。但灰黑色的石墨对有色金属模锻件的表面、操作和生产环境都有污染，因而影响其推广使用。

石墨粉的摩擦系数为 0.11~0.19，温度高于 371℃时，摩擦系数开始增大，而且在 540℃以下时，其化学性能保持稳定。这种润滑剂的导热性较好，所以它对型槽的隔热作用不大。只有配合其他物质后，才能改善其脱模和冷却模具的性能。油基石墨润滑剂配置的比例可根据工艺需要而定。使用效果较好的是(10%~20%)石墨粉+(80%~90%)10号机油。

C 水基石墨润滑剂

水基石墨润滑剂是近年发展起来的一种模具润滑剂。

水基石墨润滑剂是以水为基体或以石墨粉为固体基料外加黏结剂、脱模剂的一种悬浮液。固体基料为石墨粉。当其粒度为 2~4μm 时，润滑性能最好。另外，还添加少量的三氧化二硼、磷酸盐、水玻璃及某些无机聚合物（如聚氯化磷氮）等，这些材料在高温下呈熔融状态，并且有一定的润滑和黏结作用。

在水基石墨润滑剂中可以添加某些铵盐、碳氢化合物或能在高温下分解产生气体的无机盐类物质作为脱模剂。添加悬浮剂是为了改善润滑剂的悬浮性能。

喷涂水基石墨润滑剂的厚度要恰当控制。当润滑剂的厚度小于 10μm 时，摩擦系数将增大到 0.2 以上，而润滑剂层厚度为 20~40μm 时，摩擦系数则可减小到 0.1 以下。

铝合金模锻时，石墨和水的混合液中还应加入皂类。模具形状复杂时，多余的石墨润滑剂必须用压缩空气吹净。镁合金锻压，在模具温度较低时，可喷涂石墨的水悬浮剂；当模具温度较高时，则需要喷涂煤油混合悬浮液。

在模锻生产中采用水基石墨润滑剂，不但可以延长模具寿命、改善填充性和提高锻件精度，而且不产生烟尘和气味，可使生产现场的劳动条件得到改善。

D 硫化钼油料混合润滑剂

二硫化钼油料混合润滑剂是二硫化钼按比例搅拌于油基润滑剂而成的。有时可加入石墨粉和氧化铝粉，并调配成胶状或半胶状的混合润滑剂。其典型配比如下：

（1）5%MoS_2+20%石墨粉+10~40 号机油。这种润滑剂可用于铝合金模锻件。

（2）10%MoS_2+20%石墨粉+5%PbO+废机油或重油。这种润滑剂可用于碳钢、合金钢模锻，调配温度为100℃左右。

当温度升高时，二硫化钼的润滑性能下降。二硫化钼与空气接触，在400℃就开始氧化。它的颗粒越细，氧化越快。当温度高于540℃时，氧化速度会急剧增大，氧和 MoS_2 作用生成的 MoO_3 会使摩擦系数增大。在二硫化钼还没有完全变成三氧化钼之前（525℃以下），它仍具有润滑性能。

二硫化钼的抗压能力强，模锻时不易被挤出。而且二硫化钼薄膜导热性差，可减轻模具的受热和相应增加模具的续冷时间，从而可防止模具过热并延长其使用寿命。

二硫化钼与有机润滑剂混合使用后，有一定的脱模作用，但脱模力较小。二硫化钼沉淀和残余物沉积在型槽底部边沿时，易造成锻件局部充不满。

二硫化钼氧化释放出的硫离子和 SO_2，其中一部分与摩擦面上的金属发生化学作用（从型槽表面就可看出），其余部分则被氧化而散布在空气中并与空气中的水分子作用生成亚硫酸。亚硫酸污染空气，刺激人的黏膜，影响食欲，所以二硫化钼产品不宜高配置使用。

二硫化钼及石墨粉均不溶于油，应按比例混合并用手工或机械搅拌均匀后方可使用。二硫化钼在油中会缓慢沉淀，因此使用前需搅拌均匀才能保证润滑质量。常用的二硫化钼润滑剂主要性能指标见表1-16。

表 1-16 二硫化钼润滑剂主要性能指标

名 称	代 号	滴点/℃	针入度（1/10mm）
二硫化钼复合钙基润滑脂	1 号	230	260~300
	2 号	240	180~220
	3 号	220	240~280
	4 号	210	290~330
	5 号	180	290~330
	ZFG-1E	180	310~350
	ZFG-2E	200	260~300
	ZFG-3E	220	210~250
	ZFG-4E	240	160~200
二硫化钼复合铝基润滑脂	ZFU-1E	180	310~350
	ZFU-2E	200	260~300
	ZFU-3E	220	210~250
	ZFU-4E	240	160~200

E 玻璃防护润滑剂

玻璃是一种良好的高温防护润滑剂的固体基料，其特点如下：

（1）能形成可靠的液态动能状态，因为玻璃防护润滑剂在高温下能在模具与金属材料的接触表面上呈现理想的零摩擦状态。

（2）防护性好，能防止变形金属表面的氧化、合金元素的贫化、渗氢、脱碳等。

（3）高温下，玻璃与金属表面具有良好的浸润性能。

（4）对所涂覆的金属材料，玻璃具有很好的中性性能。玻璃的成分选择适宜时，可以对金属材料及模具不产生腐蚀作用。

（5）玻璃层的去除比较困难。

1.6.6 铝合金锻压过程中组织与性能的变化

1.6.6.1 锻压变形时组织和性能的变化

塑性变形不仅可以改变金属的外观尺寸和形状，而且可以改变金属内部的组织和性能。

A 塑性变形对组织的影响

a 显微组织的变化

金属材料经过塑性变形后，其显微组织发生了明显的改变。除了每个晶粒内部出现了大量滑移带和孪晶带之外，原始的晶粒将沿着其形变方向伸长，随着变形量的增加，逐渐形成纤维组织。

b 亚结构的变化

晶体的塑性变形是借助位错在应力作用下运动和不断增殖，随着变形量的增加，晶体内部的位错密度迅速升高至 10^{15}~10^{16}/m^2。晶粒内部的亚结构直径将细化至 10^{-6}~10^{-8}m。

c 变形织构

金属受外力作用时，多晶体会在外力作用下发生转动，当变形量很大时，任意取向的各个晶粒会逐渐调整其取向而逐渐彼此趋向一致，形成变形织构。按加工方式的不同，织构可分为丝织构和板织构。拉拔工艺会产生与拉拔方向平行的丝织构，而在轧制过程中会产生平行于轧制平面的板织构。

B 塑性变形对性能的影响

a 加工硬化

随着塑性加工变形量的增加，变形材料的变形抗力也随之上升，即成为加工硬化。影响加工硬化的主要因素有变形程度、变形温度、变形速度、初始晶粒度和合金元素。加工硬化的有益之处在于：可以通过冷加工控制产品的最终性能，如冷拉钢丝绳不仅可获得高强度，而且表面光洁；有些零件通过工作中的不断硬化达到表面耐磨、耐冲击的要求，如铁路用道岔由于经常受到车轮的冲击和摩擦，采用应变硬化速率高的高锰钢后，就可以达到冲击韧性和表面硬度要求。

b 残余应力

金属塑性变形时，外力所做的功大部分转化为热，其余极小一部分保留在金属内部，形成残余应力和点阵畸变。残余应力主要是由宏观内应力、微观内应力和点阵畸变三部分组成。宏观应力是由金属各部分不均匀变形引起的。微观内应力是由晶粒和亚晶粒不均匀变形引起的。塑性变形使金属产生大量的位错和空位，晶格点阵中的一部分原子偏离其平衡位置，造成点阵畸变。通常残余应力对金属材料的性能是有害的，它会导致材料及工件的变形、开裂和产生应力腐蚀。

1.6.6.2 回复和再结晶

金属经冷塑性变形后，组织处于不稳定状态，有自发恢复到变形前组织状态的倾向。但在常温下，原子扩散能力小，不稳定状态可以维持相当长时间，而加热则使原子扩散能力增大。冷变形金属退火过程，大体上可分为回复、再结晶和晶粒长大三个阶段。

回复是指在加热温度较低时，由金属中的点缺陷及位错的近距离迁移而引起的晶内某些变化。如空位与其他缺陷合并、同一滑移面上的异号位错相遇合并而使缺陷数量减少等。位错运动使其由冷塑性变形时的无序状态变为垂直分布，形成亚晶界，这一过程称多边形化。在回复阶段，金属组织变化不明显，其强度、硬度略有下降，塑性略有提高，但内应力、电阻率等显著下降。工业上常利用回复现象将冷变形金属低温加热，既稳定组织又保留加工硬化，这种热处理方法称去应力退火。去应力退火可以使冷加工金属在基本上保持加工硬化的状态下降低其内应力，以稳定和改善性能，减少变形和开裂，提高耐蚀性。

当变形金属被加热到较高温度时，由于原子活动能力增大，晶粒的形状开始发生变化，由破碎拉长的晶粒变为完整的等轴晶粒。这种冷变形组织在加热时重新彻底改组的过程称再结晶。再结晶也是一个晶核形成和长大的过程，但不是相变过程，再结晶前后新旧晶粒的晶格类型和成分完全相同。由于再结晶后组织的复原，因而金属的强度、硬度下降，塑性、韧性提高，加工硬化消失。图 1-56 示出冷变形后的金属在退火时的晶粒大小和变化。

影响变形金属再结晶的因素有：退火温度、变形程度、微量溶质原子或杂质、第二相、原始晶粒、加热速度和加热时间。退火温度影响形核和长大；变形程度增高，再结晶速度加快，再结晶温度降低，并逐步趋于一稳定值；微量溶质原子或杂质提高金属的再结晶温度，降低再结晶速度；第二相可能促进，也可能阻碍再结晶，主要取决于

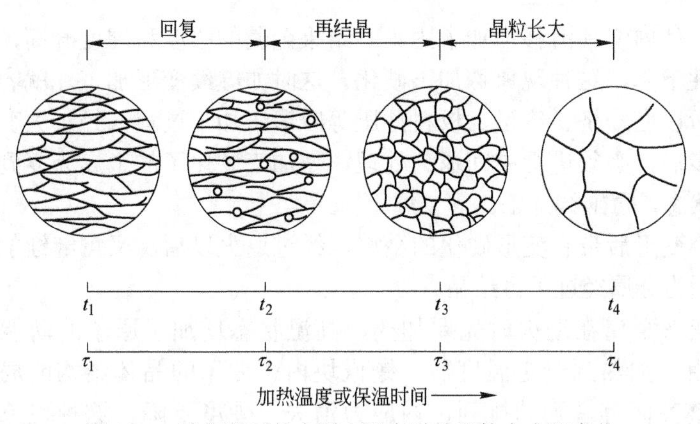

图 1-56 冷变形后的金属在退火时的晶粒大小和变化

基体上第二相粒子的大小及其分布；原始晶粒细小使再结晶速度增大，再结晶温度降低；极快的加热或加热速度过于缓慢时，再结晶速度降低，再结晶温度上升；在一定范围内延长加热时间会降低再结晶温度。

1.6.6.3 热锻、温锻和冷锻过程的不同变化

坯料在室温下进行锻压和塑性变形后，会产生加工硬化。金属在退火状态下，内部的晶粒一般是球状的等轴形。在室温下变形后，晶粒随变形流动方向伸长，成为椭球或纺锤形，如图 1-57 所示。如晶粒的变形量相当大，晶体结构会出现空穴和晶格歪曲等缺陷。原子的排列就不太整齐了。这时原子间相互作用的结合力不平衡，晶体内存在内应力。金属基体和非金属夹杂物的联结面之间也会出现空隙和微

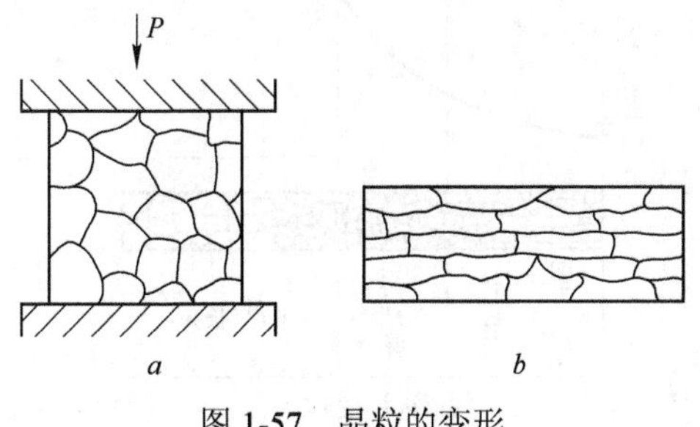

图 1-57 晶粒的变形

a—变形前；*b*—变形后

裂。晶体内继续滑移增加了困难。结果金属的强度和硬度升高，塑性和韧性下降，这种现象称加工硬化。这时如继续变形加工，就容易破裂。所以在冷挤、冷镦、板料冲压等冷锻压加工过程，经过大变形量的工步后，必须进行中间退火处理，使加工硬化了的金属恢复到未变形前状态，再继续加工。

冷变形后带有变形硬化的金属，经过退火以后，又可继续加工，这是因为金属经过了再结晶。

变形金属在退火时先要加热，高温状态增加了原子的动能和扩散作用。加热到一定温度后，镶嵌块内歪曲了的晶体结构能局部恢复到整齐而有规则的排列，内应力消失，硬度下降，这种现象称回复。此时，内应力削减，强度和硬度开始下降。如温度继续升高，晶粒内变形剧烈的区域或晶界的附近会出现新的晶核。晶核逐渐长大成新的晶粒，改变了旧的晶体结构。新的晶粒内原子排列整齐而有规则，完全和未经变形的金属一样，这个过程称再结晶。再结晶发生的最低温度称再结晶温度，它和合金成分以及变形量有关。中间退火处理就是将冷变形后的金属加热到再结晶温度以上，使变形后伸长了的晶粒发生再结晶，消除硬化现象，成为新的等轴形晶粒，然后再冷却下来的过程。图 1-58 示出金属加工退火后力学性能的变化情况。

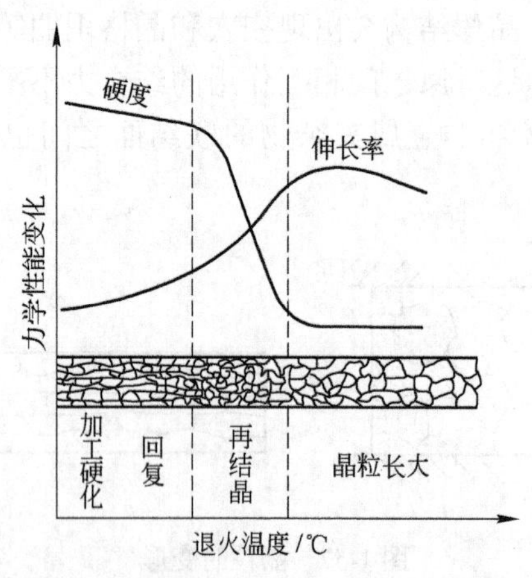

图 1-58　金属加工退火后力学性能的变化

根据金属变形过程的硬化和软化作用不同，锻压加工可分为热锻、温锻和冷锻。

铝合金的热锻压是在再结晶温度以上，在过烧温度以下进行锻压加工。热锻压过程中坯料也有加工硬化现象，但很快就再结晶而软化了。硬铝合金的再结晶和软化比较困难。图 1-59 示出热锻压过程坯料内晶粒硬化和软化的变化情况。

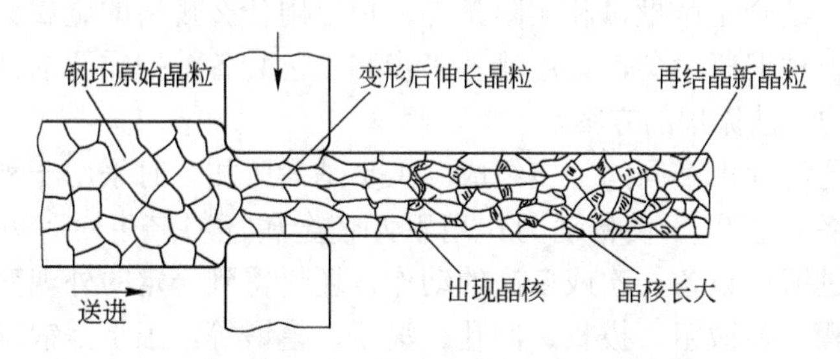

图 1-59 热锻压过程坯料内的晶粒硬化和软化

热锻压加工的目的有三个方面：一是减少金属的变形抗力，因而减少坯料变形所需的锻压力，使加工所需的锻压设备吨位大为减小；二是改变铸锭的铸态结构，在热锻压过程经过再结晶，粗大的铸态组织变成晶粒细小的新组织，并减少铸态结构的缺陷，提高钢的力学性能；三是提高坯料的塑性，这对一些低温时较脆难以锻压的硬铝合金尤为重要。

温锻也称半热锻，是坯料在 200℃以上，400℃以下进行锻压加工。难锻合金在冷锻压时变形抗力大，有时工具的强度和设备吨位无法承受，加热后温锻，可减小锻压力，得到精度较高的锻压件。

冷锻压是坯料在室温下进行锻压加工。冷锻压时锻压件没有温度波动和氧化作用，可以得到精度高而表面光洁的锻压件，容易达到少、无切削加工要求。冷锻压过程的加工硬化现象还可用来提高锻件的强度和硬度。冷镦、冷挤等工艺在汽车、拖拉机制造和一些大批量生产中已应用很广。但冷锻压时金属的变形抗力大，目前还只限于比较小的机器零件。

1.7 铝合金锻压生产的工艺方案、基本工序、生产工艺流程及主要工艺参数的确定原则

1.7.1 铝合金锻压生产的工艺方案、基本工序及其特点

1.7.1.1 工艺方案和工步及制造锻件的工艺流程

锻压件的工艺方案就是根据所要制造机器零件的形状、尺寸和性能要求，结合生产批量和实际条件，拟出用什么规格的金属原材料，选用哪一种锻压设备，采用哪些工步和工艺装备，把需要的锻压件制造出来的工艺流程的方案。

工艺流程由不同的工步组成。工步是锻压加工时采用一种模具或工艺装备，在锻压设备动力作用下，使金属坯料产生一种方式的变形，经过锻压设备一次或多次的动作，坯料得到一定的外观变形量的一个步骤，如镦粗、拔长、冲孔、滚压、模锻等。工步是锻压件整个加工过程的一个阶段。一个坯料如采用不同型腔的模具或工具施加外作用力，就产生不同方式的外观变形。合理地安排不同的工步，就可使原来圆柱体或棱柱体等形状简单的金属坯料，经过不同方式的变形后，逐步改变坯料内部金属的分布，转变为形状复杂而尺寸和性能合乎要求的锻压件。拟订工艺方案，就是选择合适的工步，绘出工步图，确定出制造一个锻压件的工艺流程。

生产一种锻压件，常常可以有几个不同的工艺方案。对不同的工艺方案进行分析比较，选择最佳的方案，进行设计计算，最后投入生产，成为工艺规程。图 1-60 所示为一个工厂用模锻锤锻造汽车发动机连杆的工步和工艺规程。金属棒料首先在剪床上剪切成锻压件的坯料，坯料加热后在模锻锤的锻模上依次进行拔长、滚压、预锻、终锻等工步，最后切去毛边并矫直，制成连杆锻件。拔长是坯料放在锻模的拔长模膛上逐步送进和翻转后把坯料中间部分截面缩小。滚压是将拔长后的坯料在滚压模膛中一面锻压，一面绕中心轴转动，使经过拔长后的坯料按照滚压模膛的形状进一步变形，得到一个横截面沿轴向的变化和最后锻件截面变化相似的中间坯料。预锻是将滚压所得的中间坯料放在预锻模膛内锻压成形状和锻压件很接近的坯料。终锻是将经过预锻的坯料最后放在终锻模膛内锻压，成为形状和尺寸满足要求的

序 号	工 步 简 图	工 步 名 称
1	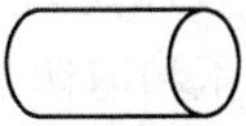	下料加热
2	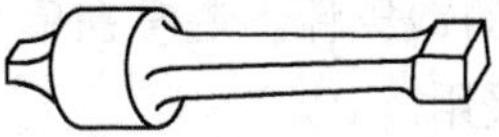	拔长（杆部、小头和夹钳料头）
3		滚 压
4	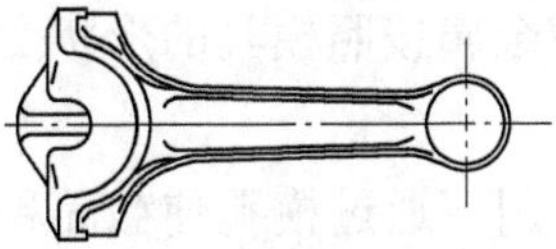	预 锻
5	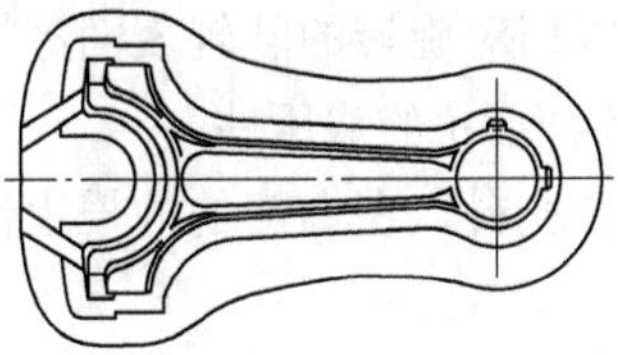	终 锻
6	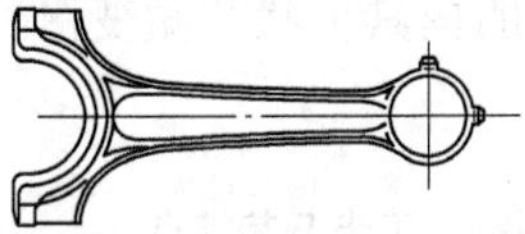	切边后锻件

图 1-60 汽车发动机连杆模锻的工步图

锻压件，但周围还带有毛边，毛边最后在切边模上切去。每一工步都使坯料发生一定量的变形。在生产中，拔长和滚压称制坯工步，预锻和终锻称成形工步。制坯和成形都是主要变形工步，切边和矫直是辅助工步。

为了拟订好工艺方案，必须熟悉各种工步的变形特点和相应的工艺装备以及各种锻压设备的性能。

1.7.1.2 常用锻压工步及其特点

锻压工步按照坯料和工具以及变形方式的不同，可以分为自由锻、模锻、挤压、拉拔、轧锻、板料冲压和剪切7类。

自由锻是在锻锤或压力机上采用平砧、冲头、剁刀等通用的工具，将金属坯料锻压成各种形状的锻压件，通常在单个或小批量生产时采用，或在模锻生产中制坯时采用。

模锻是用专门的锻模固定在模锻锤或压力机上将坯料锻压成各种锻压件，通常是在大批量生产中应用。用较简单的可动锻模在自由锻锤上锻造称胎模锻。

挤压是将加热或不加热的金属坯料放入专门的挤压模内，在锻压设备和冲头的动力作用下，迫使金属按照模具的形状变形流动，得到合乎要求的锻压件。

拉拔是棒料或管料在拉力作用下通过模孔使截面积缩小，制成各种形状的管材或线材。

轧锻是金属坯料在轧机上做相对旋转的轧辊表面摩擦力作用下，带入轧辊间隙压缩变形，轧出各种形状的锻压件。

板料冲压是采用各种板材作坯料，在专门的冲模上冲压成各种机器零件或构件。

剪切是金属坯料在凸模和凹模刃口部分压力作用下变形而断裂分离。

表1-17列出常用锻压工步的模具形状和塑变区特点以及它的适用范围。

表1-17 常用锻压工步及其特点

分类	序号	工步名称	模具形状和塑变区	坯料和锻压件形状
自由锻工步	1	镦粗(压缩)	P；锤砧；坯料；下砧	把圆锭或柱形坯料沿轴向压缩锻成各种饼形、圆盘形锻压件，如齿轮、涡轮盘等

续表 1-17

分类	序号	工步名称	模具形状和塑变区	坯料和锻压件形状
自由锻工步	2	拔 长	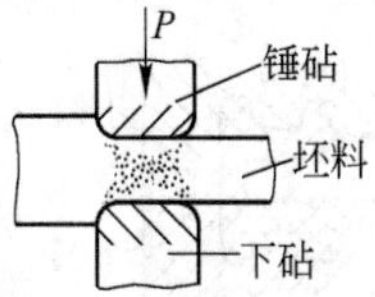 P 锤砧 坯料 下砧	锭坯或棒料的横截面面积缩小，长度伸长，锻压成各种台阶轴或长杆形的锻压件
	3	精密锻轴和多锤头开坯	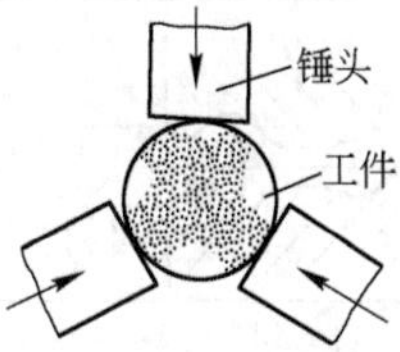 锤头 工件	将棒料锻成各种台阶轴，或将管料锻成空心轴，在管料内加芯棒可锻出枪管内的来复线，高合金锭锻成坯料； 锤头有两个、三个、四个或六个组成两套轮流锻打
	4	冲 孔	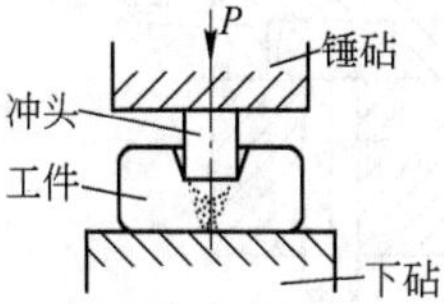 P 锤砧 冲头 工件 下砧	在盘形锻压件上冲出中心孔，如齿轮锻件的中心孔
	5	摆动辗压	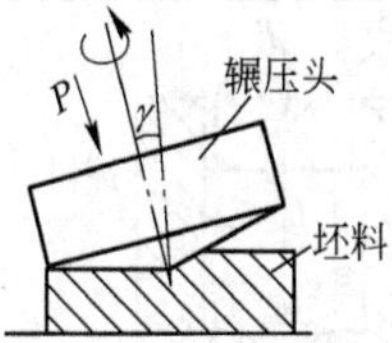 P γ 辗压头 坯料	圆柱形坯料在圆锥形凸模局部压缩并连续摆动地辗压下，镦粗成圆盘形或杯形锻件，所需锻压力只有整体压缩时的 1/5~ 1/10
	6	弯 曲	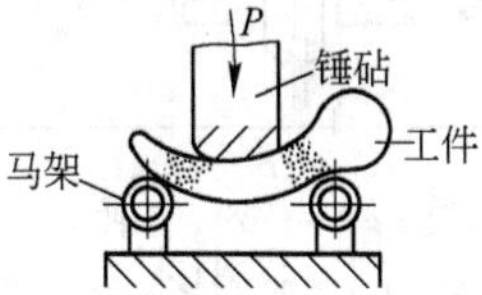 P 锤砧 工件 马架	将棒料或板条的中心轴线压弯成需要的形状，如吊钩、把手等
	7	扭 转	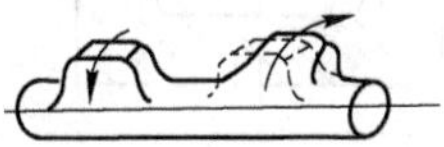	锻压件原来在同一平面上的一部分和另一部分绕轴转动，使两部分之间错出一夹角，如曲轴相邻两拐角之间扭成 90°或 120° 角。扭矩用专用的夹具加载
模锻工步	8	模 锻	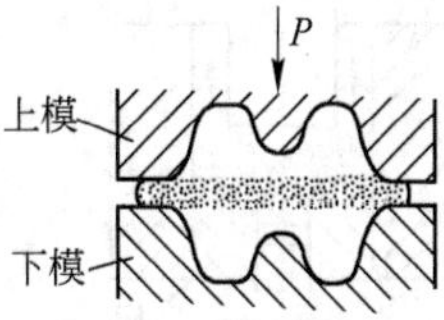 P 上模 下模	各种形状坯料放在固定的模锻设备上的专用锻模的模膛内，在模膛型腔的限制下锻压成形状复杂的模锻件。分为预锻、终模和精密模锻等

续表 1-17

分类	序号	工步名称	模具形状和塑变区	坯料和锻压件形状
模锻工步	9	挤 锻	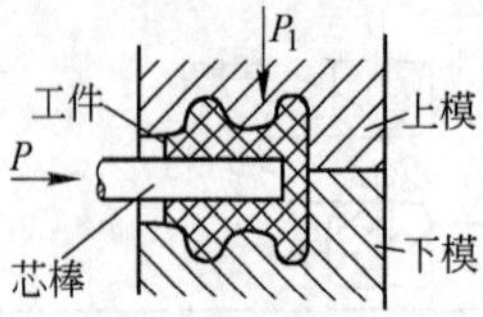	坯料放在密封的模膛内，挤入芯棒使坯料充满模膛，压出锻压件。在多向液压机上或平锻机上进行
	10	滚 压	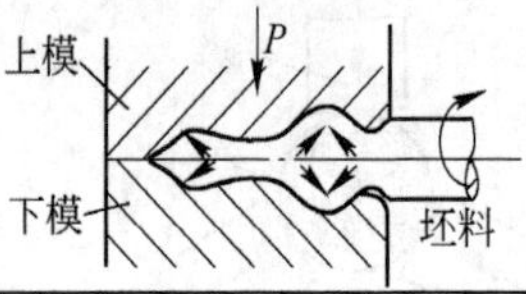	棒料在滚压模膛内一面压缩，一面绕轴线转动，使坯料的截面面积一部分缩小，一部分增大。常在模锻锤上进行
	11	局部镦粗	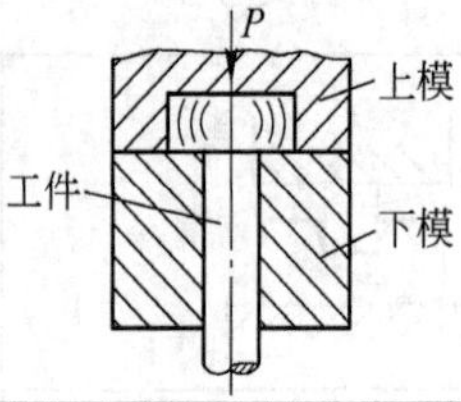	棒料的头部或中间部分在模膛内局部镦粗，如螺栓的头部和汽车的半轴，一般在平锻机或螺旋压力机上进行
挤压工步	12	正 挤	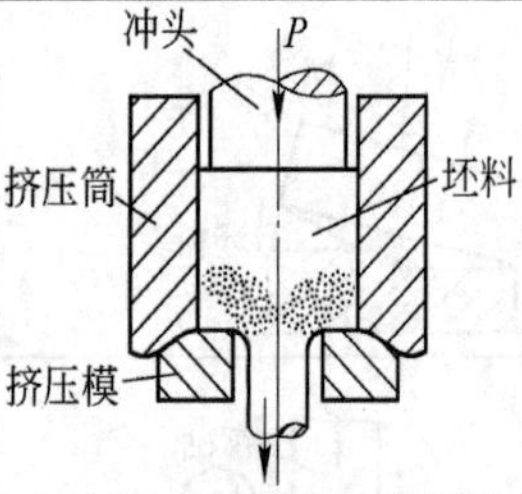	放在挤压筒内的坯料在冲头压力的作用下挤过凹模，截面缩小，或加芯棒挤成管件，如发动机的气阀或汽车的转向节。金属流动方向和冲头运动方向相同
	13	反 挤	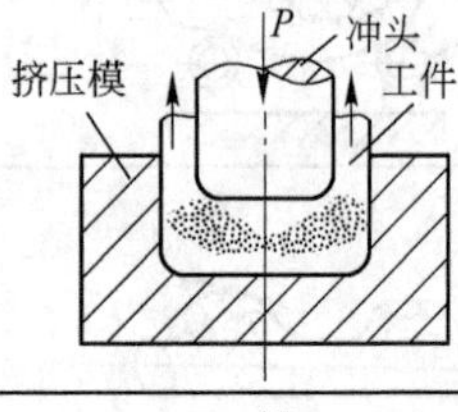	放在挤压模内的坯料，在冲头压力的作用下，挤出杯形或空心圆筒形锻压件。金属流动方向和冲头运动方向相反
	14	正反联合挤	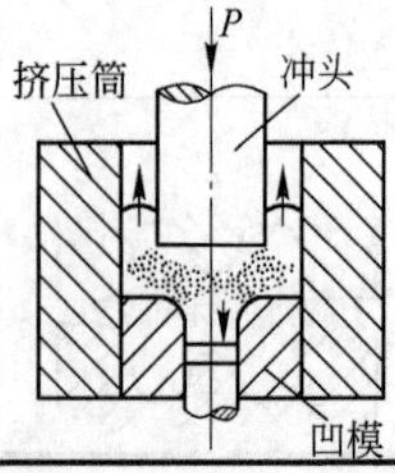	放在挤压筒内的坯料，在冲头压力作用下，金属一部分挤过凹模向前流动，一部分由冲头周围向后流动，既有正挤，同时又有反挤

续表 1-17

分类	序号	工步名称	模具形状和塑变区	坯料和锻压件形状
挤压工步	15	静液挤压	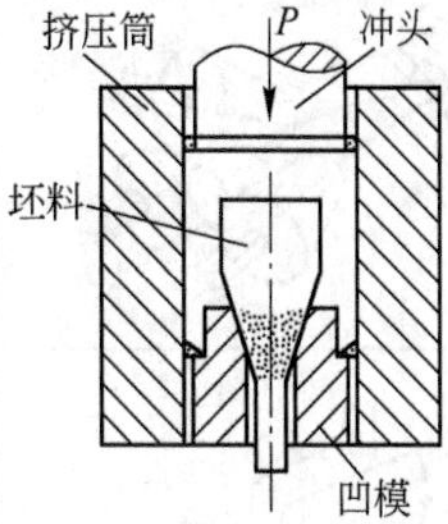 挤压筒 P 冲头 坯料 凹模	封闭的挤压筒内放入液体，冲头的压力通过液压作用在坯料周围和顶部，减少坯料和挤压筒之间的摩擦阻力，能挤压高合金钢的棒料和钢丝
拉拔工步	16	拉 拔	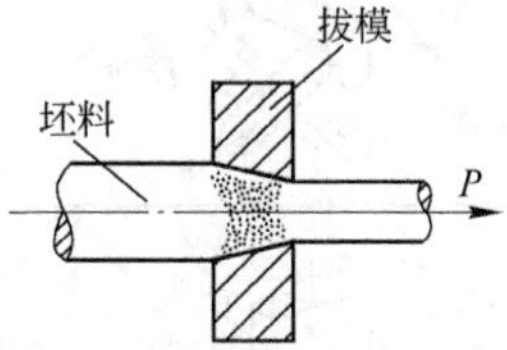 拔模 坯料 P	棒材或管材拉过模孔，型材的直径减小。冷拔可得到尺寸精确、表面光洁的管料和线材
轧锻工步	17	辊锻和周期性轧制	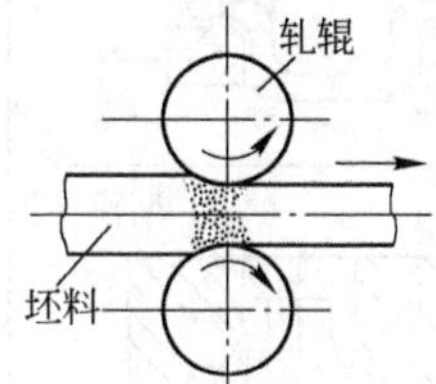 轧辊 坯料	坯料通过两个相对旋转的轧辊之间，轧辊带动坯料，高度压缩，长度伸长。如轧辊制出孔型，可轧出周期性坯料； 轧辊上安装扇形模块称辊锻
	18	横轧和特种轧	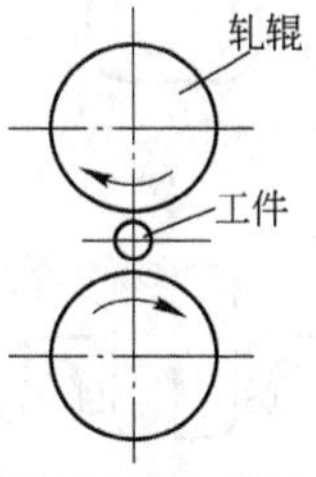 轧辊 工件	坯料通过两个旋转方向相反的轧辊之间，轧辊上安装楔形模块，棒形坯料的轴和轧辊平行，轧出各种轴类锻压件。轧辊上安装齿形模，可轧出齿轮齿形
	19	轧环或扩孔	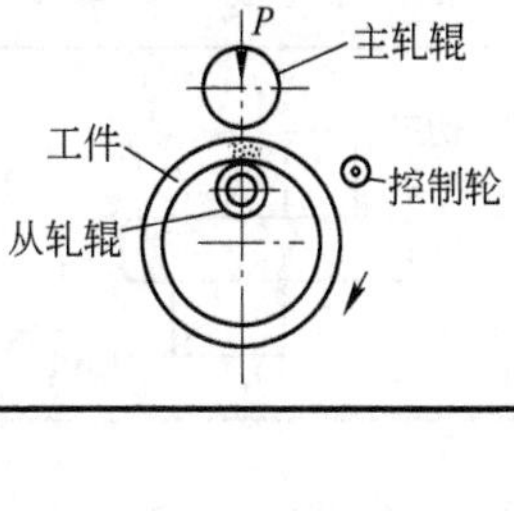 P 主轧辊 工件 控制轮 从轧辊	将环形坯料的壁厚压薄，直径扩大，轧成各种环形件，如轴承环、齿轮圈等

续表 1-17

分类	序号	工步名称	模具形状和塑变区	坯料和锻压件形状
轧锻工步	20	三辊轧	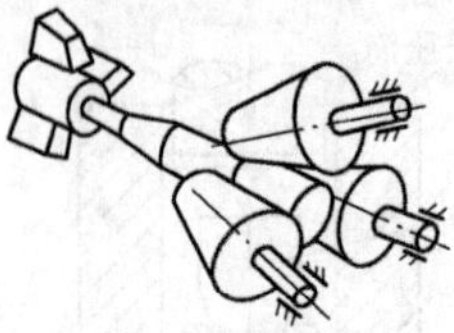	三个轧辊和坯料的中心轴互呈 120°，用液压装置控制轧辊压下量，轧出各种台阶轴，如纺纱锭子和车轴
	21	旋 压	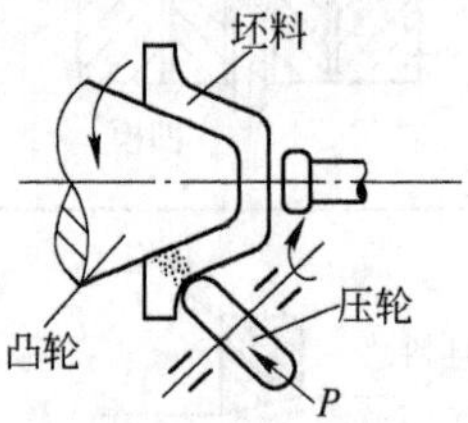 坯料 凸轮 压轮 P	将板料旋压成圆筒形和喇叭形工件
板料冲压工步	22	拉 延	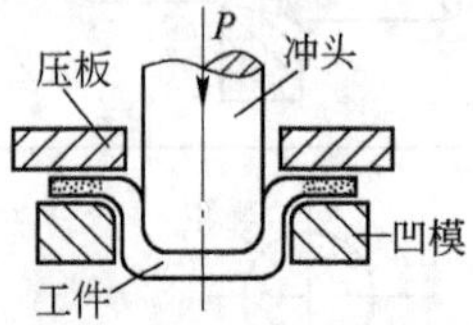 P 压板 冲头 凹模 工件	板料放在凹模上，在冲头的压力下拉延成杯形、圆筒或高压容器的封头
	23	缩 径	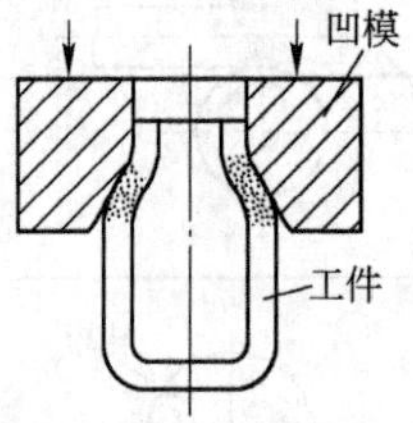 凹模 工件	将圆筒形零件的筒口直径缩小为瓶形，如将凹模改为锥形冲头，可将筒口胀大
	24	翻 边	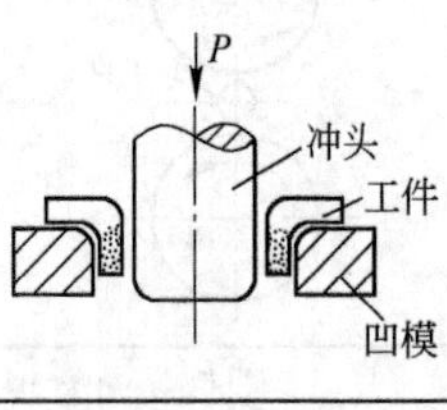 P 冲头 工件 凹模	圆形带孔的板坯，在冲头压力的作用下沿孔口翻出直边
剪切工步	25	剪 切	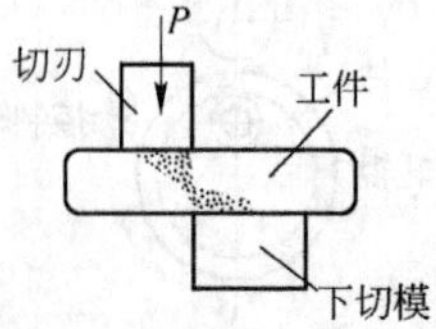 P 切刃 工件 下切模	将棒料、板料放在上、下刀刃刃口之间，在压力作用下沿两刃口间断开，如下料、冲孔和切毛边等

1.7.2 拟订工艺方案（生产工艺流程）的步骤

拟订锻压件的工艺方案时，一般是先确定终锻工步，根据终锻工步选择合适的坯料尺寸规格及必要的变形工步和辅助工步，绘出工步图。

1.7.2.1 终锻工步的确定

确定终锻工步时，首先要对所制造机器零件的工作条件、技术要求和形状特点进行全面的分析。然后根据机器零件的精度要求，定出锻压件的形状尺寸，根据锻压件的尺寸大小，估算出终锻时所需锻压力的吨位，根据锻压件的形状特点，选择合适的变形工步，结合生产批量和设备的具体条件，定出终锻工步，绘出锻件图。

现以图 1-60 所示的汽车发动机连杆为例来说明。连杆是发动机内的高速传动构件，要求有高的强度和韧性。同一发动机内各连杆之间的质量差很小。连杆的外形复杂，锻件的尺寸公差要求严格。汽车连杆的质量一般为 1~3kg。这样的精度要求需要用热模锻才能达到。热模锻种类很多，在小批量生产时，可采用胎模锻或摩擦压力机上模锻。大批量生产时，常采用锤上模锻。大量生产时，多采用压力机上模锻。根据采用的模锻种类和技术条件，可定出锻件的加工余量和公差标准，以及必要的拔模斜度和圆角半径，绘出锻件图。

质量大的锻件,终锻时需要很大的锻压力，如生产批量不大，一般是采用自由锻或胎模锻。质量小而批量大的软铝合金锻压件可以采用冷锻。

1.7.2.2 根据锻压件的形状尺寸和性能要求，选择合适的毛坯材料及尺寸规格

在一般情况下，锻压件所用材料的种类和性能要求是在机器产品设计时确定的。例如汽车发动机连杆根据传力要求多采用中强或高强铝合金挤压棒坯。从锻压件的质量加上模锻毛边和损耗等，可以估算出坯料的质量，按工艺要求，定出原材料的规格和坯料的尺寸。

1.7.2.3 根据锻压件和坯料的形状尺寸和性能要求，选择合理的变形工步和辅助工步，绘出工步图

上面所说的汽车发动机连杆是长度方向尺寸较大，两端有截面面积不同的头部，中间截面较小的杆部的杆类锻件。锻造这一类锻件，目前生产中常采用截面面积和大头截面面积相近的坯料，先将其余部

分用拔长和滚压工步锻成和连杆相适应的中间坯料，然后预锻和终锻成形。在小批量生产时，这种中间坯料可在自由锻锤上锻成。在大批生产时，中间坯料可在辊锻机或横轧机等专门制坯设备上完成，最后在热模锻压力机上预锻和终锻成形。

锻压件的生产除了变形工步外，还要有下料、切边、校正、热处理、喷丸清理、检验等辅助工步。

锻压件的主要变形工步要根据锻压件和坯料的形状特点来选定。常见锻压件按形状可分为六类，如表 1-18 所示。根据各类形状特点，可以选出合理的变形工步，绘出工步图。在一般情况下，制造一个锻压件，可以有多种工艺方案。经过分析比较，选择其中最佳的方案，再进行设计和投入生产。工艺方案的好坏，决定整个锻压件的生产水平。要拟订好工艺方案，必须对各种工步的变形特点和设备性能有全面的了解。

表 1-18 不同形状锻压件的变形工步

序号	锻件形状分类	锻件形状简图	推荐采用工步
1	饼形类	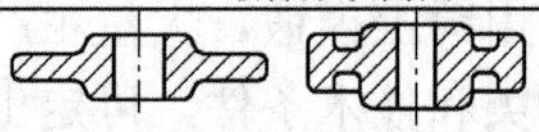	镦粗，局部压缩，摆动辗压
2	杆形类	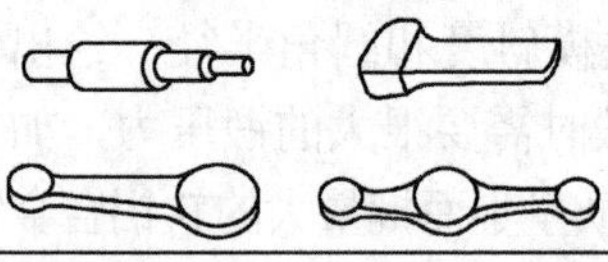	拔长，滚压，局部镦粗，轧锻，正挤压，旋转锻造，精密锻轴
3	圆环形类	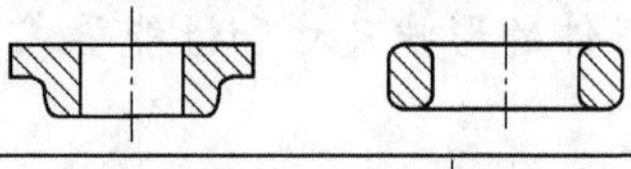	扩孔，轧环，翻边
4	圆筒形类	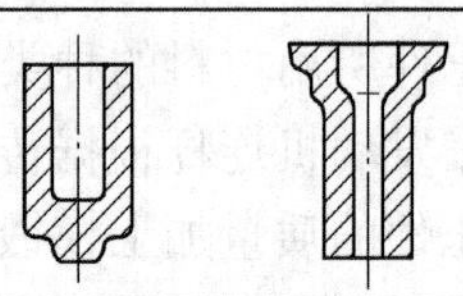	正挤压，拉延，反挤压，旋压，缩口，涨径
5	带中心孔或分叉	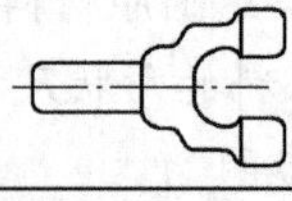	冲孔，劈开
6	轴线弯曲或带转角	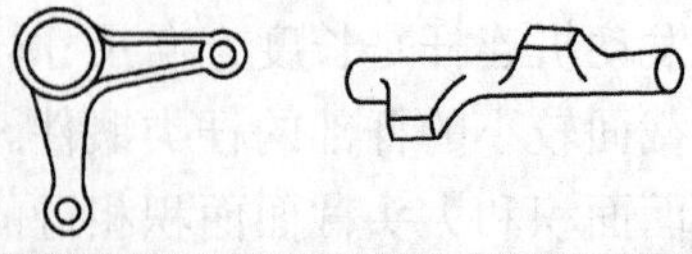	弯曲，扭转，拉弯

1.7.3 铝合金锻压生产的主要工艺参数及其确定原则与举例

1.7.3.1 铝合金锻压生产的主要工艺参数

铝合金锻造和模锻时的热力学参数包括变形温度、变形速率、变形程度和应力状态等，它们对合金的可锻性及锻件的组织和性能有重要的影响。为了保证锻件成形并满足组织和性能的要求，合理选择上述几个热力学参数，制订锻造工艺是重要一环。

1.7.3.2 确定工艺参数的基本原则

选择铝合金锻造热力学参数的主要依据是相图、塑性图、变形抗力图和加工再结晶图。详细情况可参见本书第 1 章 1.4 节和 1.6.4 节。

1.7.3.3 合理控制金属的加热、冷却和锻压温度

加热中应避免过热和过烧，尽量减少氧化。高温下保温时间不宜过长，防止晶粒粗大。始锻温度不宜过高，应在规定终锻温度停锻。若最后一次变形量较小，则应降低始锻温度，以免终锻温度过高，晶粒长大。尽量减少加热次数，合理选定冷却方式及规程，避免锻件内部出现过大的残余应力或裂纹。

按照铝合金的固溶体加第二相的组织结构，铝合金的锻造温度范围可根据合金的相图大致确定。一般合金的最高锻造加热温度或变形温度应该低于固相线 80~100℃，允许的终锻温度应该低于强化相极限溶解温度 100~230℃。但是，凭借铝合金的相图只能大致确定变形温度范围，确定具体合金的变形温度范围还需要利用 1.4.2 节和 1.6.4 节叙述的相应牌号铝合金的塑性图、应力-应变曲线、再结晶图以及生产经验。

对于可热处理强化的铝合金，尽管热处理参数对锻件组织和性能起决定性的作用，但是，工厂生产实践证明，锻件的锻后组织对锻件热处理（尤其是淬火加人工时效或自然时效）后的组织和性能有直接影响，因此，可热处理强化铝合金的锻造温度仍然是获得最佳锻件组织和性能的重要因素。

不可热处理强化的铝合金锻件的晶粒尺寸完全由变形温度决定，因此锻造温度对锻件的组织和性能起极其重要的作用。

变形温度对铝合金之所以有如此重要的作用，是因为加热或锻造

温度过高（在低于过烧温度情况下），锻件将形成粗晶组织；若锻造温度过低，锻件将产生加工硬化，在随后的热处理过程中，因为加工硬化区的激活能大，将首先产生再结晶，随后该部分晶粒急剧长大形成粗晶，就会降低锻件性能。

几种常用锻压铝合金的锻造温度范围列于表 1-19 中。

表 1-19　铝合金的推荐锻造温度范围（美国）

铝 合 金	锻造温度范围	
	温度/℃	温度/°F
1100	315~405	600~760
2014	420~460	785~860
2025	420~450	785~840
2219	425~470	800~880
2618	410~455	770~850
3003	315~405	600~760
4032	415~460	780~860
5083	405~460	760~860
6061	430~480	810~900
7010	370~440	700~820
7039	380~440	720~820
7049	360~440	680~820
7050	360~440	680~820
7075	380~440	720~820
7079	405~455	760~850

1.7.3.4　合理控制变形程度（变形量）

A　锻压过程中金属变形量的表示方法

a　压下量

在压缩、镦粗、锻轧等工步中，加工的变形量常取和外作用力平行方向坯料高度的变化率来表示（见图 1-61）。设坯料原来的高度 H_0，压缩后高度为 H_1，高度差 $\Delta h = H_0 - H_1$，压下量（%）为

$$\varepsilon = \frac{\Delta h}{H_0} \tag{1-22}$$

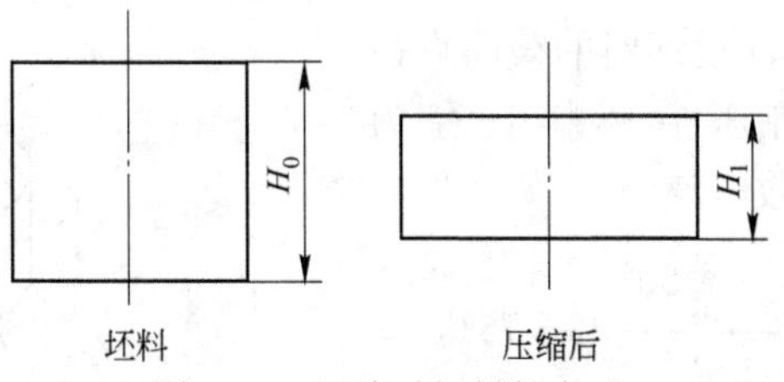

图 1-61 压缩时坯料的变形

例如高 100mm 的坯料压缩到高 50mm 时，压下量ε=0.5%或50%。ε称为相对变形量或工程应变。

在科学上，为了更正确地表示大变形量，压下量用对数变形量表示，即

$$e = \int_{H_0}^{H_1} \frac{\mathrm{d}h}{h} = -\ln \frac{H_0}{H_1} \tag{1-23}$$

由式（1-22）和式（1-23）可知 $e=\ln(1+\varepsilon)$。在分次压缩时，对数变形指标能够相加。而相对变形量ε只在小变形时（$\varepsilon \leqslant 0.1$）才和对数变形指标相近。

b 锻比

在铸锭开坯锻造或坯料拔长时，变形量常用锻比表示。设铸锭的平均截面面积为 A_0，锻压后锻坯的平均截面面积为 A_1，则锻比 K 为

$$K = \frac{A_0}{A_1} \tag{1-24}$$

坯料拔长时截面的变化如图 1-62 所示。如方坯每边长 200mm，经拔长后，边长为 100mm，则锻比

$$K = \frac{200^2}{100^2} = 4$$

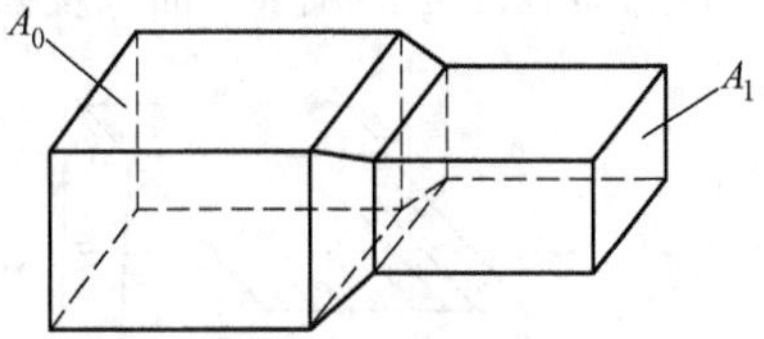

图 1-62 坯料拔长时截面面积的变化

在挤压型材生产中，该变形量指标称挤压比。

c 断面收缩率

在挤压和辊锻等工艺中，坯料的变形量还常用加工前后截面面积的变化率来表示。设 A_0 为坯料变形前的截面面积，A_1 为挤压后的截面面积，则断面收缩率

$$\psi(R) = \frac{A_0 - A_1}{A_0} \% \tag{1-25}$$

如图 1-63 所示，设坯料的截面直径为 100mm，挤压后棒料直径为 50mm，则断面收缩率

$$\psi(R)=\frac{\frac{\pi}{4}100^2-\frac{\pi}{4}50^2}{\frac{\pi}{4}100^2}\%=75\%$$

在拉伸试验中，试样的变形量常用伸长率 δ 和断面收缩率 ψ 表示，前者表示长度的变化率，后者表示截面面积的变化率。

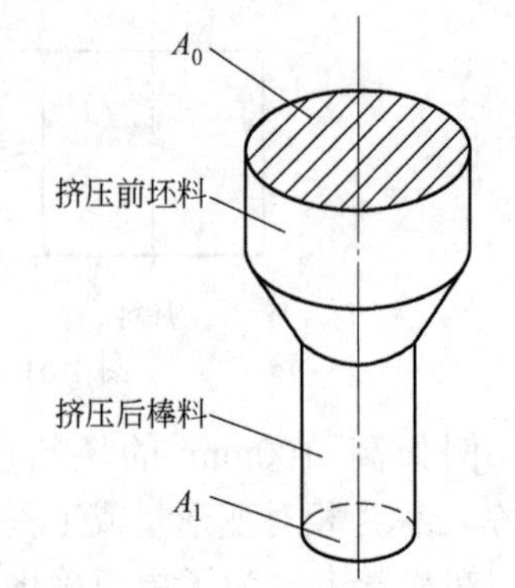

图 1-63 挤压时坯料截面面积变化

d 体积不变规则

在锻压加工过程中，金属坯料经过不同的变形工步最后得到锻压件。坯料形状的不断变化，通常用外观变形量的变化来表示（见图 1-64）。在热锻过程中，由于氧化皮的剥落，金属有所损耗。同时铸锭中由于内部空隙压实，密度略有提高。但为了分析和计算方便，常假定在加工过程中，金属的体积保持不变。因此，在每一工步中，坯料一个方向长度的减小，必定要在其他方向长度有所增大。镦粗方形坯料时，高度减小，而长度和宽度则要增加，结果使横截面面积增加。拔长时则横截面面积减小，而长度要增加。这个关系可用数学公式表示。

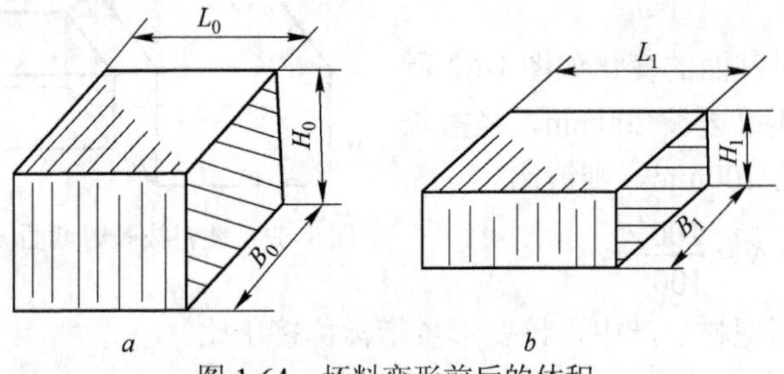

图 1-64 坯料变形前后的体积

a—坯料变形前；*b*—坯料变形后

设坯料的长为 L_0、宽为 B_0、高为 H_0，变形后的长为 L_1、宽为 B_1、高为 H_1，各方向的平均变形量分别为

伸长率
$$\varepsilon_L=\frac{L_1-L_0}{L_0}=\frac{\Delta L}{L_0} \tag{1-26}$$

压缩率
$$\varepsilon_{\mathrm{H}}=\frac{H_1-H_0}{H_0}=\frac{\Delta H}{H_0}(\Delta H\ 为负值) \tag{1-27}$$

展宽率
$$\varepsilon_{\mathrm{B}}=\frac{B_1-B_0}{B_0}=\frac{\Delta B}{B_0} \tag{1-28}$$

坯料的体积为 V，设变形后体积不变，则

$$\begin{aligned}V&=L_0\times B_0\times H_0=L_1\times B_1\times H_1\\&=L_0(1+\varepsilon_{\mathrm{L}})B_0(1+\varepsilon_{\mathrm{B}})H_0(1+\varepsilon_{\mathrm{H}})\end{aligned} \tag{1-29}$$

上式两边各除 $L_0\times B_0\times H_0$，得

$$1=1+\varepsilon_{\mathrm{L}}+\varepsilon_{\mathrm{B}}+\varepsilon_{\mathrm{H}}+\varepsilon_{\mathrm{L}}\cdot\varepsilon_{\mathrm{B}}+\varepsilon_{\mathrm{B}}\cdot\varepsilon_{\mathrm{H}}+\varepsilon_{\mathrm{H}}\cdot\varepsilon_{\mathrm{L}}+\varepsilon_{\mathrm{L}}\cdot\varepsilon_{\mathrm{H}}\cdot\varepsilon_{\mathrm{B}}$$

当 ε_{L}、ε_{B}、ε_{H} 都很小时，它们的乘积更小，可以忽略，则上式可写成

$$\varepsilon_{\mathrm{L}}+\varepsilon_{\mathrm{B}}+\varepsilon_{\mathrm{H}}=0 \tag{1-30}$$

在大变形时，用对数变形量也可得到这一关系。这个关系说明在锻压加工过程中，不论哪一种工步，三个垂直方向的平均变形量均必须满足下列关系：一个方向压缩，另两个方向都为伸长，如镦粗；两个方向压缩，第三个方向为伸长，如挤压或拔长；一个方向的长度不变，其余两个方向一为伸长，另一为压缩，如平面变形问题。从以上分析可以看出，在锻压加工中，三个相互垂直方向的平均变形量不能同时都是伸长或同时都是压缩。利用这个规则，在制定工艺规程时，可以计算出每个工步坯料各个方向的尺寸和模膛的形状和尺寸。

B 铝合金锻压时变形量的合理控制

a 设备每一工作行程的变形程度

铝合金锻造时，每一工作行程最大的变形程度，可根据该合金的塑性图和锻件的形状确定。为了保证锻件具有细小均匀的晶粒组织，每一工作行程的变形程度，还应大于或小于加工再结晶图上相应温度的临界变形程度，尤其是终锻温度的变形程度均应大于 12%~15%。铝合金每次行程允许变形程度见表 1-20。

表 1-20 铝合金每次行程允许变形程度 (%)

合 金	液压机（镦粗）	锻锤、曲柄压力机（镦粗）	调整锤（挤压）	挤压模锻
3A21，5A02，5A03，6A02，2A50	80~85	80~85	85~90	90
2B50，5A05，5A06，2A02，2A70，2A80，2A11	70	50~60	85~90 5A05、5A06 为 40~50	
7A04，2A12，2A14	70	50	85~90	85

b 总变形程度

铝合金铸锭在锻造过程中的总变形程度不仅决定了锻件的力学性能，而且决定了锻件的纵向和横向力学性能差异大小。2A11 合金铸锭总变形程度为 60%~70%时，力学性能最高，各向异性最小，当超过上述值时，横向性能明显下降，所以锻造各个阶段应避免单方向大压缩变形。与此相反，用挤压棒材进行压扁，可以明显提高横向性能（见图 1-51 和图 1-52）。

C 变形程度对铝合金锻件质量的影响

为保证锻件具有细小、均匀的晶粒组织，除控制变形温度外，还需控制变形程度。变形程度过大或过小都将导致组织不均匀，从而降低锻件性能。通常，设备每一工作行程的变形程度应大于加工再结晶图上相应温度下的临界变形程度（铝合金的临界变形程度多在 15%~ 20%以下），尤其是在终锻工序（行程）不应落入相应终锻温度的临界变形程度区域，以免引起晶粒粗大和不均匀；变形程度过大（在塑性允许范围内）时，由于变形能导致的锻件温升太高，也有可能引起晶粒粗大和不均匀。锻件晶粒粗大和不均匀是导致力学性能降低和不稳定的重要因素。

D 加工方法（应力状态）对铝合金锻件质量的影响

铝合金挤压棒坯具有足够高的塑性，可以在拉应力和拉伸变形的应力-应变状态下锻造。但预变形过的高强度铝合金，则应在开式或闭式模中模锻。铝合金宜采用反挤或模锻成形，且每次允许的变形程度为 10%~30%，否则会产生裂纹。可见，铝合金锻件的质量与加工方法有关，应根据具体情况来选用不同的加工方法。

1.7.3.5 合理选择速度

由 1.4.2 节可以看出，在相同温度和变形条件下，各类铝合金的流动应力都随应变速率的升高而升高。图 1-65 所示应变速率和应变与

2014 和 6061 铝合金流动应力的关系，也同样说明了这一规律。

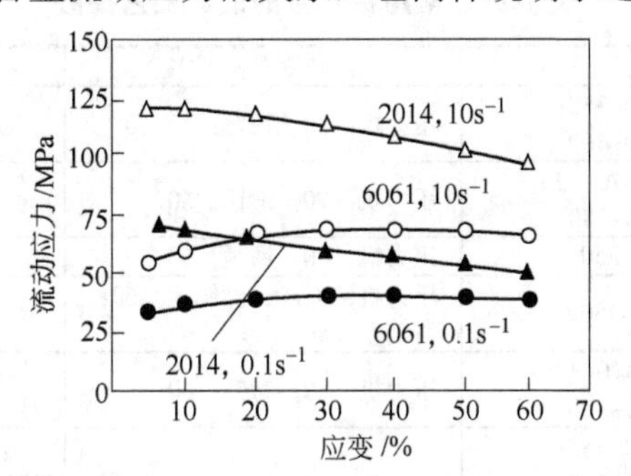

图 1-65 应变速率和应变对 2014 和 6061 铝合金流动应力的影响

由于铝合金对变形速度十分敏感，铸锭通常需要在压应力状态下低速地进行开坯，例如在液压机上挤压和锻造，或者轧机上轧制；许多经过开坯的铝合金坯料模锻时，往往也需要在液压机、机械压力机或螺旋压力机上进行。

研究表明，部分合金化程度高的铝合金，从静载变形改为动载变形，工艺塑性要下降，允许变形程度从 80%降低到 40%。此外，当从静载变形改为动载变形时，铝合金的变形抗力将增大 0.5~2 倍。

在按照锻造工艺规程正确操作的情况下，应变速率对于铝合金锻件的力学性能无明显影响。通常，为了提高锻造塑性、减少变形抗力和改善充满模膛的能力，采用低加载速度的压力机比采用高速度的锻锤锻造铝合金锻件更为合理。在采用锻锤锻造时，由于锻造过程的不可控制性大，往往会增加变形的不均匀性和因高应变速率产生的高温升引起粗晶，从而影响力学性能及其稳定性，有时甚至造成锻件产生分层缺陷。有文献指出，较低的应变速率对锻件的高温持久性能有利。

1.7.3.6 铝合金锻压、工艺参数的合理选择举例

合理确定与选择工艺参数对铝合金锻压生产和保证锻件质量是至关重要的。根据以上原则及大量的试验研究和生产实践，制订了各种铝合金的工艺规范与工艺参数。表 1-21 和表 1-22 列出了我国及与我国相近牌号的俄罗斯铝合金的锻造工艺参数。

从表 1-21 和表 1-22 可以看出，两国相近牌号铝合金的锻造热力学参数基本一致，显示这些合金均为世界通用，生产历史悠久，是各国互相借鉴的结果。

表1-21 常用铝合金的锻造工艺参数

牌号	变形温度/℃	允许变形程度/%	备 注
2A02	模锻：450~350； 挤压：460~400	压力机：80；锻锤：50~60	过烧温度：510℃
2A11	压力机：470~420； 锻锤：450~380	压力机：70；锻锤：60	
2A12	450~350	压力机：60；锻锤：50	
2A14	450~350	压力机：≤80；锻锤：≤60； 铸锭：≤50	
2A16	压力机：470~420； 锻锤：450~380	压力机：80；锻锤：60	临界变形程度：2%~9%
2A50	模锻：470~380； 铸锭：450~380		临界变形程度：2%~20%
2B50	模锻：470~420		
2A70	锻造和模锻：450~350		
2014	440~320		
2024	450~350		
2124	450~320		
2214	450~320		
3A21	模锻：475~350	压力机、锻锤：80	
5A02	475~350	压力机：≤70；锻锤：≤60	
5A03	模锻：430~320		
5A05	模锻：430~320	压力机：≤70；锻锤：≤50	
5A06	加热：460； 始锻：420； 终锻：350	压力机：≤70；锻锤：≤50	锻造有困难时，应将毛坯表面温度由460℃降低至420℃后，以小变形量锻造
6A02	锻造和模锻：470~380	≤70	
7A04	锻造和模锻：430~380	铸锭：≤50；压力机：≤80； 锻锤：≤60	可制造复杂形状的模锻件，临界变形程度不大于20%
7A09	加热：440； 始锻：400； 终锻：320		将毛坯表面温度由440℃降低至400℃后，以小变形量锻造。锻造温度高易产生热脆，锻锤更明显
7A33	450~350		
7050	加热：440； 始锻：400； 终锻：280		
7075	加热：440； 始锻：400； 终锻：320		注意事项参见7A09合金
7475	加热：440； 始锻：400； 终锻：320		注意事项参见7A09合金
8090	锻造：450~380； 挤压：480~420； 轧制：500~250		

表 1-22 与我国相近牌号的俄罗斯铝合金的锻造工艺参数

俄罗斯牌号	中国相近牌号	变形温度/℃	允许变形程度/%
Д1	2A11	压力机：470~400；锻锤：450~380	压力机：60；锻锤：70
Д16，Д16Ч	2A12	压力机：470~350；锻锤：430~350	压力机：60；锻锤：50
Д20	2A16	470~350	压力机：80；锻锤：60
ВД17	2A02	470~380	压力机：90；锻锤：60
АК8	2A04	压力机：470~400；锻锤：450~380	压力机：80；锻锤：50
АК6	2A50	470~300	压力机：70；锻锤：50
АК4-1	2A	锻造和模锻：470~350；挤压：400~300	—
АМЦ	3A21	470~320	—
АМ2	3A02	430~320	—
АМ8	5A03	430~320	—
АМ	5A05	430~320	压力机：70；锻锤：50
АМ	2A06	430~350	压力机：70；锻锤：50
АВ	2A02	430~350	80

综合分析表 1-21 和表 1-22 以及 1.4.2 节、1.6.4 节和 1.7.3 节的资料与铝合金的性质，可以看出铝合金锻造的特点有：变形温度范围窄；对变形速率敏感；对加热和变形温度要求严格；允许的变形程度大；受摩擦力大；容易粘模，流动性差，充满模腔困难等。因此，铝合金锻件，特别是大型复杂铝合金锻件最好在大型液压锻压机上采用慢速锻造。

2 铝合金自由锻造技术

2.1 概述

2.1.1 铝合金自由锻造的特点

自由锻造是将坯料加热到锻造温度后，在自由锻造设备（锻锤或压力机等）和简单工具（锤头或砧块等）的作用下，使用通用的工具和可移动的简单组合模具（胎模），通过人工操作控制金属变形以获得所需形状、尺寸和质量锻件的一种锻造方法。所使用的胎模的外形和型槽都较为简单，而且制造方便、成本较低。所采用的各锻造工序主要有镦粗、拔长、冲孔、扩孔和弯曲等。

自由锻造成形方法是一种重要的塑性成形加工方法，也是最早被广泛应用的塑性成形加工方法，几乎所有的变形铝合金均可以采用自由锻造成形方式进行塑性加工。同时，大多数锻造方法也都可以应用于变形铝合金的锻造，如镦粗、拔长、辊锻和扩孔等。一般来说，采用低碳钢可以锻出的各种形状的锻件，用变形铝合金基本上都可以锻造出来。但是由于铝合金流动性较差，在金属流动量相同的情况下，要比低碳钢需多消耗约 30%的能量。铝及铝合金自由锻造生产具有以下优点：

（1）自由锻造可以改善铝合金的组织、性能。铝合金自由锻件的质量和力学性能都比铸造件高，其强度比铸造件高 50%～70%，因此能够承受大的冲击载荷的作用。塑性、韧性和其他方面的力学性能也都比铸造件高，采用锻件可以在保证零件设计强度的前提下，减轻零件本身质量，这对飞机、宇航器械、车辆和交通工具更有重要意义。

（2）自由锻造可以节约原材料。采用自由锻造方法可以生产出形状比采用其他压力加工方法（模型锻造除外）更接近于零件的制件。

（3）自由锻造适用于单件小批量生产，品种改变灵活性较大。

（4）直轴或弯轴件和弯成的环形件由于金属没有横向流动，其流线分布一般比模锻件更为合理。特别适于形状简单、截面变化小而主轴呈平缓的直线或弯曲的轴类件、盘类件或环形件。

自由锻造是一种较为通用的锻造方法。由于自由锻造不用专用锻模，锻造工具有通用性，生产成本较低，但对操作者的技术水平要求较高，可以充分利用现有设备，降低设备的功率，缩短生产周期。所以，比较适用于生产单件、小批量的锻件和急需的特大型锻件，以及新产品试制生产锻件等特殊条件。

铝合金自由锻造的缺点：

（1）与模锻件相比，自由锻造材料利用率低，制件的机械加工量较大，自由锻件流纹的清晰度和平直度以及沿锻件外廓分布的吻合程度较模锻件差，在机械加工过程中，金属流线容易被切断。

（2）与模锻件相比，铝合金自由锻件的力学性能相对较低。

（3）锻造生产方法与其他压力加工方法相比，效率较低，机械化和自动化程度有待进一步提高。

（4）变形程度不够均匀，同一批锻件的形状和尺寸的均一性较模锻件差，复杂锻件因火次较多，有可能在个别部位出现只被加热而不参与变形的情况，因而可能导致组织不均匀或低倍粗晶的出现。

（5）与模锻相比，自由锻件的质量受锻压工艺和工人操作水平的影响更大。某些特殊的质量要求，可通过自由锻的工艺过程得到满足，如通过反复镦拔可提高原材料的质量等。

现代航空构件要求质量高、强度大和最大限度地节约材料，特别是要求结构实现整体化，所以，自由锻造无法满足这些要求，已逐渐被高效率的模锻所替代。但是由于自由锻件品种变化灵活性很大，自由锻造成形方法目前在单件、小批量生产以及新产品锻件试制过程中仍被广泛采用。

2.1.2 常用锻造的铝合金及其加工特性

常用于锻造的铝合金有 5A02、5A03、5A05、5A06、2A11、

2A12、7A04、7A09、7A10、6A02、2A50、2A70、2A14 等。

一般来说，高塑性的铝合金如 5A02、5A03、6A02、2A50、2A70、2A11、2A12 等，可以在各种应力-应变状态下进行压力加工。这些合金的自由锻造，可以在锻锤、压力机和水压机的平砧或各种型砧上进行。

低塑性铝合金如 7A04、7A09、7A10、2A14、5A05、5A06 等，应该在最有利的应力-应变状态下锻造，并且应优先选择液压机和曲柄压力机等。变形速度要尽可能的低，这样才不会使金属处于脆性状态。

用铝合金铸锭锻压时允许的变形程度见表 2-1。

表 2-1 铝合金铸锭锻压允许的变形程度

合 金	允许变形程度/%	塑性评定
3A21、5A02、6A02	80～85	塑性渐弱（↓）
2A70、2A80	80～85	
2B50、2A50	75～80	
2A14、2A11	70～75	
7A10、7A09、7A04	65～70	
2A12	60～65	
5A12	55～60	
5A06	45～50	

注：1. 所列数据均实践过，但因影响因素太多，故这些数据仅供参考；

2. 所列数据指一次镦粗量。

2.1.3 自由锻件分类

自由锻是一种通用性较强的工艺方法，能锻出各种形状锻件。按锻造工艺特点，铝合金自由锻件可分为四大类:饼类锻件，环、筒类锻件，轴杆类锻件和弯曲类锻件。

（1）饼类锻件。此类包括各种圆盘。其特点是径向尺寸大于高向尺寸，或者两个方向的尺寸相近。基本工序是镦粗，随后的辅助（修整）工序为滚圆和平整。

（2）环、筒类锻件。此类包括各种圆环和各种圆筒等。锻造环、筒件的基本工序有镦粗、冲孔、芯轴扩孔、芯轴上拔长，随后的辅助（修整）工序为滚圆和校正。

（3）轴杆类锻件。此类包括各种圆形、矩形、方形、工字形截面的杆件等。锻造轴杆件的基本工序是拔长，对于横截面尺寸差大的锻件，为满足锻压比的要求，则应采用镦粗-拔长工序。随后的辅助（修整）工序为滚圆。

（4）弯曲类锻件。此类包括各种弯曲轴线的锻件，如弯杆等。基本工序是弯曲，弯曲前的制坯工序一般为拔长，随后的辅助（修整）工序为平整。坯料多采用挤压棒料。

2.1.4　铝合金自由锻造用原材料

铝合金自由锻造用的原材料主要有铸造坯料和挤压坯料两种。具体生产中选用何种原材料，主要取决于所生产锻件的尺寸、形状、合金、批量以及经济效益等因素。然而，在绝大多数情况下，小规格锻件大都是以挤压棒材作为原料。铸造坯料多被用于生产大型自由锻件，或当自由锻件规格相对较小但批量很大并考虑经济效益因素时也多采用铸造坯料。

2.1.4.1　铸锭毛料

用铸锭直接作为锻压坯料，主要用于大型或塑性较好的合金锻件，因为尺寸太大，不可能用挤压棒材。用铸锭生产锻件的另一特点是，所得锻件的性能异向性比用挤压棒材的小。常用铸锭规格（车皮后）为：ϕ162mm、ϕ192mm、ϕ212mm、ϕ270mm、ϕ290mm、ϕ350mm、ϕ405mm、ϕ482mm、ϕ680mm、ϕ1000mm 等。在选择铸锭规格时，在保证毛料的高径比的前提下，要尽可能选用小规格的铸锭，因为铸锭规格较小时其晶粒相对较为细小，其他方面的冶金缺陷也会相对少一些。铸锭晶粒大小对锻件晶粒大小有“遗传性”影响。所以选晶粒小的铸锭作为锻造毛坯较好，这样锻件的力学性能也要比晶粒粗大的高。

由于铝合金中所含的合金元素及杂质大都形成硬脆的化合物（如 $CuAl_2$、Mg_2Si 等）存在于合金中，而且铸造时冷却不均匀，在铸锭组织中存在晶内偏析(晶界上化合物相、不平衡共晶增多)、区域偏析、局部偏析等，因而严重地降低了铝合金铸锭的塑性，不利于压力加工。为了提高塑性，在锻造之前，一般铸锭都要经过均匀化退火。即把铸锭加热到相当高的温度(约比固相线低 20～40℃),保温长时间(几小时到几十小时)，然后缓慢冷却下来。这样能使不平衡相溶解，合金成分均匀，原始铸态组织得到明显改善，提高了塑性。铸锭原始组织和性能的改善，还可使半成品和最终产品的力学性能得到提高。

2.1.4.2 挤压毛料

挤压坯料的选择主要取决于锻件的尺寸规格和合金的塑性。一般情况下，锻造中、小规格和低塑性铝合金自由锻件时多选用挤压毛料。

由于挤压变形的特点，造成了挤压棒材沿横截面晶粒大小和形状的不均匀。在挤压棒材的表层，晶粒被充分破碎，在制品的最终淬火加热时，容易形成再结晶呈等轴粗晶组织，即所谓的粗晶环。挤压棒材的中心区域往往具有未再结晶的纤维状组织，从而引起纵向和横向力学性能相差很大，即沿纵向合金的强度较高，塑性较低。这就是挤压棒材所特有的挤压效应现象。对于长轴类锻件，可以利用棒材的挤压效应现象，使锻件轴向性能得到提高。对于纵向、横向和短横向力学性能都有要求的锻件，则需要对挤压棒材进行多向镦粗和拔长，以消除挤压棒材各向异性的影响。

锻造用挤压棒材中若带有粗晶环，则在锻造时往往沿挤压棒材的侧表面形成开裂。所以在锻造投料之前，必须检查毛坯中的粗晶环情况。此外，还必须在挤压棒材的后端检查低倍试片和断口，以便发现有分层、缩尾、非金属夹杂物等缺陷。

2.2 自由锻造前的准备

2.2.1 铸锭均匀化退火

2.2.1.1 均匀化退火的目的

直接用于锻造铝合金铸锭，一般都进行均匀化退火。均匀化退火的目的是使铸锭中的不平衡共晶组织溶解并在基体中分布趋于均匀，使过饱和固溶元素从固溶体中析出，以消除铸造应力，提高铸锭塑性，减小变形抗力，改善加工产品的组织和性能。

铸锭均匀化过程，是通过合金元素的扩散来实现的。铸锭均匀化退火时，原子的扩散主要是在晶内进行的，使晶内化学成分均匀。它只能消除晶内偏析，对区域偏析影响很小。由于均匀化退火是在不平衡固相线或共晶线以下温度中进行的，分布在铸锭各晶粒间的不溶物和非金属夹杂缺陷，不能通过溶解和扩散过程消除，所以，均匀化退火不能使合金中基体晶粒的形状发生明显的改变。在铸锭均匀化退火过程中，除原子的扩散外，还伴随着组织上的变化，即富集在晶粒和枝晶边界上可溶解的金属间化合物和强化相的溶解和扩散，以及过饱和固溶体的析出及扩散，从而使铸锭组织均匀，加工性能得到提高。

2.2.1.2 均匀化退火参数的确定

均匀化退火的工艺参数包括退火温度、加热速度、保温时间及冷却速度。在铝合金铸锭均匀化退火工艺参数中，起主要作用的是退火温度。

A 退火温度

工业生产中通常采用的均匀化退火温度为 $0.9T_{熔}<T_{均}<0.95T_{熔}$，$T_{熔}$为实际开始熔化温度。在低于非平衡固相线温度进行均匀化退火往往难以达到组织均匀化的目的，即使能达到，也需要很长时间。为加强均匀化过程应尽可能提高均匀化退火温度，可采用高温均匀化退火，即在非平衡固相线温度以上和平衡固相线温度以下的退火工艺。均匀化温度尽可能选高一些，但应低于不平衡固相线或合金中低熔点共晶温度 5～40℃。合理的退火温度，往往要通过实验确定。

B 加热速度

加热速度以不使铸锭产生开裂和过大的变形为原则。

C 保温时间

保温时间应保证在一定的退火温度下，使非平衡相溶解，晶内偏析消除，但应根据合金特性、铸锭尺寸、偏析程度、第二相的形状及大小和分布、加热设备和温度不同，确定保温时间的长短。实践证明，均匀化过程的速率随时间延长，而由大逐步减小。因此，过分延长保温时间是不适宜的。这不仅均匀化效果小，而且使金属的烧损和能耗增加，降低生产率。

D 冷却速度

均匀化后铸锭可随炉冷却，也可出炉空冷，有的合金还可以风冷或水冷。冷却速度对硬铝等不宜太快，以免产生裂纹，而对6×××系合金可采用快冷。

2.2.1.3 均匀化退火制度

在大量研究和工厂实践的基础上制定铝及铝合金最佳均匀化退火制度，表2-2列出了工业常用的铝合金圆铸锭均匀化退火制度。

表2-2 工业常用铝合金圆铸锭均匀化退火制度

合 金	金属温度/℃	保温时间/h	合 金	金属温度/℃	保温时间/h
5A02	460～475	24	2A17	505～520	24
5A03	460～475	24	7A04	455～465	24
5A05	460～475	24	6A02	525～540	12
5A06	460～475	24	2A50	515～530	12
5456	460～475	24	2B50	515～530	12
2A02	470～485	12	2A70	485～500	12
2A11	480～495	12	2A80	485～500	12
2A12	480～495	12	2A90	485～500	12
2A16	515～530	24	2A14	490～500	16

采用经过均匀化处理的铸锭生产的锻件和模锻件，其随后加热时再结晶过程易于进行，合金元素易于溶入固溶体中。因此其淬火加热保温时间比未经过均匀化处理的铸锭生产的锻件和模锻件的要短一些。

2.2.2 坯料准备

原材料(铸锭、挤压棒材等)在入厂时必须附有诸如合金牌号、化学成分、熔炼炉次号、规格、均匀化退火、低倍及氧化膜检验等方面的资料和试验结果。

2.2.2.1 坯料车皮

采用半连续铸造法生产的铝合金圆铸锭，其表面常存在偏析瘤、夹渣、冷隔和裂纹等缺陷，在锻造加工变形过程中易产生裂纹，严重影响锻件质量，必须采用机械加工方法消除铸锭表面缺陷，常用方法是车削。

铸锭车皮的规定如下：

（1）车皮公差，见表 2-3；

（2）铸锭车皮的表面粗糙度 $Ra \leqslant 25\mu m$，精密模锻件用的坯料表面粗糙度 $Ra \leqslant 12.5\mu m$，并且不得有由车削造成的急剧过渡，端面边缘不允许有尖锐棱边（需倒角）。

表 2-3 铸锭车皮尺寸公差及下料的切斜度

铸锭直径/mm	80～124	142～162	192	270	290	350	405	482	680	800	1000
铸锭直径公差/mm	±1	±2	±2	±2	±2	±2	±2	±3	±4	±4	±5
切斜度不大于/mm	4	4	5	7	8	10	10	10	12	12	12

2.2.2.2 下料

A 下料方法

下料是指原材料通过剪切、锯切、气割等方法达到所要求的规格的过程。在铝合金锻件生产厂，一般采用锯切和车切等方法下料，通常是在圆锯、车床、带锯、机械弓锯和专用快速端面铣床上进行。锯切的坯料，端面平整，垂直度较好，长度方向尺寸精确，但锯切有时会产生锐边或毛刺，通常在锻造前需要清理。目前，国外自动化锯切设备，往往具备自动倒角能力，能非常精确地控制坯料长度、坯料体积以及坯料质量。当下料精度要求高时，可用车床下料。有时还要在车床上车皮，以清除粗晶环或其他表面缺陷。由于铝合金坯料较软，使用剪床下料时不仅端面欠平整，而且容易产生裂纹、毛刺等缺陷，且不易清除，在随后锻造变形时有可能成为裂纹源，一般不采用。铝合金下料一般是在冷态下进行的，但是在锤锻时，当一根坯料可锻制多个锻件时，可以采用热状态下剁切方式。但剁切后在切口处坯料会被展宽和拉长。具体下料工艺和设备分类及其特点见表 2-4。

表 2-4 下料工艺和设备分类及其特点

设 备	特 点	适用范围
往复锯床	投资少，生产率低，有切口损耗，切口端面平直	适用于单件小批生产。锯切中、小截面棒料、管料、料头等
圆锯床	投资比往复锯床大，生产率比往复锯床高，切口损耗大，切口端面平直，质量好	适用于各类锻工车间，是铝合金锻件坯料最主要的下料设备
带锯床	投资不大，生产率较圆锯床高，切口损耗少，切口端面平直，质量好	适用于各类锻工车间，是铝合金锻件坯料最主要的下料设备
车床或切断机床	端面质量好，尺寸精度高，生产率低，切口损耗较大	对坯料尺寸精度要求高时采用，一般情况下不采用

B 下料时的注意事项

（1）下料的长度偏差为：铸锭长度不大于 500mm 时，偏差为 $^{+5}_{-1}$mm，铸锭长度大于 500mm 时，偏差为 $^{+10}_{-2}$ mm；端面应切得平直，具体切斜度见表 2-3；

（2）切成定尺毛料后要及时清除毛刺、油污和锯屑，并打上印记（挤压棒材要打上合金牌号、批号，铸锭要打上合金牌号、熔次号、批号、铸锭根号、顺序号）；

（3）下料所产生的废料，应打上合金牌号，不得混料。

2.2.3 锻造用工模具的准备

2.2.3.1 常用锻造工模具

表 2-5 列出铝合金自由锻造常用工具。

表 2-5 铝合金自由锻造常用工具

工具名称	用 途	材 料
平砧	把压力传递给锻件或其他工具。完成各种锻造工序时都要使用，可以看成是水压机的一部分，但考虑高温下的磨损和适应不同工艺要求，上、下平砧都是活动可换，用于常规锻造	5CrMnMo 钢
型砧	拔长用的 V 形砧和弧形砧，V 形角为 100°～110°，分整体和组合两种形式,弧形砧的形式可根据需要自行设计	5CrMnMo 钢，45 钢
专用砧	如与在芯轴扩孔配合使用的扩孔平砧及进行冷压缩变形的平砧	5CrMnMo 钢，45 钢
冲头	冲孔	45 钢

续表 2-5

<table>
<tr><th>工具名称</th><th>用　途</th><th>材　料</th></tr>
<tr><td>漏盘</td><td>冲孔用的垫托工具，也用于锻制各种法兰盘，通用性很强</td><td>45 钢</td></tr>
<tr><td>芯轴或马杠(滚杠)</td><td>和马架配合使用</td><td>45 钢</td></tr>
<tr><td>马架</td><td>锻造大型圆环件使用，使冲孔后能在很大的范围内扩大孔径</td><td>铸钢</td></tr>
<tr><td>垫环</td><td>锻造大型有凸圆台的法兰或其他同类型锻件</td><td>45 钢</td></tr>
<tr><td>吊钳</td><td>夹持坯料、吊运工具、对镦粗坯料进行翻转等</td><td>35 钢、45 钢</td></tr>
<tr><td>羊角钳</td><td>适用于较大型锻件和坯料的夹持、滚动、翻转等动作，可以代替抱钳或抬钳，通用性很强</td><td rowspan="8">35 钢、45 钢</td></tr>
<tr><td>抱钳</td><td>用于较大坯料的镦粗和滚圆。劳动强度大，应以羊角钳代替</td></tr>
<tr><td>抬钳</td><td>用于较大坯料的搬运。劳动强度大，应以羊角钳代替</td></tr>
<tr><td>通用钳子(尖钳子)</td><td>用于夹持坯料进行镦粗或其他各种工序的操作，通用性很强</td></tr>
<tr><td>圆口钳(专用钳)</td><td>夹持圆柱形坯料进行拔长</td></tr>
<tr><td>方口钳(专用钳)</td><td>夹持方柱形或圆柱形坯料进行拔长</td></tr>
<tr><td>扁口钳(专用钳)</td><td>夹持矩形坯料或板料进行拔长</td></tr>
<tr><td>方钩钳(专用钳)</td><td>夹持圆环形坯料进行拔长</td></tr>
<tr><td>摔子</td><td>修整圆柱形表面，用于局部拔长和成形</td><td>45 钢、T8 钢</td></tr>
</table>

2.2.3.2 模具加热

为了确保终锻温度，提高铝合金的流动性和锻造变形的均匀性，模具和锻造工具在工作前必须进行预热，预热制度见表 2-6。

表 2-6 模具预热制度

模具厚度/mm	加热时间/h	炉子定温/℃	模具预热温度/℃
≤300 301～400 401～500 501～600	≤8 ≤12 ≤16 ≤24	450～500	250～420

注：当不连续生产，模具加热炉停电时间超过 2h 时，允许模具加热炉定温 500℃，加热时间应比表中规定时间延长 2～4h；当连续生产的热模具回炉加热时，加热时间可以相应缩短。加热前认真清理模具型槽，不得有污物，模具温度应在 0℃以上。

2.2.4 坯料加热

铝合金坯料在锻造前必须加热，目的是降低变形抗力，提高合金塑性。铝及铝合金铸锭加热，通常是在辐射式电阻加热炉、带有强制空气循环的电阻加热炉或火燃加热炉内进行。由于铝合金的锻造温度范围较窄，必须保持精确的温度，因此最适合采用带强制循环空气和自动控温的电阻炉加热。这种加热炉的优点是易于精确控温，炉膛内温度较为均匀，炉温偏差可以控制在±10℃范围内。

2.2.4.1 对坯料加热的要求

（1）以最短的时间沿坯料整个截面均匀地把金属加热到规定的开锻温度；

（2）避免长时间加热，以免造成晶粒长大，对于不含抗再结晶元素或其含量很少的合金，尤其要注意这一点；

（3）严格控制加热温度和保温时间。

2.2.4.2 加热制度

加热制度包括加热温度、加热保温时间。

A 加热温度

常用铝合金锻造加热温度见表 2-7。

表 2-7 常用铝合金锻造加热温度

锻造温度/℃ \ 合金牌号		6A02 6061	3A21 2A50 2B50 2A70 2B70 2A80 4032 4A11	2A02 2A11 2A12 5A02 5A03 2A14 2014 2219	7A04 7A09 7A10 7A15 7075	5A05 5A06 5A12
最高开锻温度/℃		520	490	470	460	450
终锻温度/℃	模锻件	450	420	380	380	370
	自由锻件	450	450	400	400	380
允许极限温度/℃		530	510	490	470	460

国外技术资料表明，铝合金的锻造温度采用更窄的范围。表2-8所示为美国最常用的锻造铝合金的推荐锻造温度范围。表中所列上限温度大约低于各种合金凝固温度70℃。大多数合金的锻造温度范围是相当窄的（一般低于55℃），而且没有一个合金的温度范围高于90℃。与

表2-7相比，终锻温度提高，在较窄的温度范围内锻造，无疑合金塑性好，变形抗力较小。

表 2-8 美国铝合金的推荐锻造温度范围

合 金	锻造温度/℃	合 金	锻造温度/℃	合 金	锻造温度/℃
1100	315～405	3003	315～405	7010	370～440
2014	420～460	4032	415～460	7039	382～438
2219	427～470	5083	405～460	7049	360～440
2618	410～455	6061	452～525	7079	405～455

B 加热保温时间

加热保温时间的确定应充分考虑合金的导热特性、坯料规格、加热设备的传热方式以及装料方式等因素，在确保铸锭达到加热温度且温度均匀的前提下，应尽量缩短加热时间，以利于减少铸锭表面氧化，降低能耗，防止铸锭过热、过烧，提高生产效率。

一般情况下，加热时间是根据强化相的溶解和获得均匀组织来确定的，因为这种状态下塑性最好，可以达到提高铝合金锻造性能的目的。按照生产经验，铝合金的加热时间可按坯料直径或厚度来确定，铝合金的加热保温时间以坯料直径（或厚度）1.5～2min/mm 来计算，合金元素含量高的取上限，厚度较大的取上限。重复加热时的时间可减半。加热到锻造温度后，铸锭必须保温，锻坯和挤压坯料是否需要保温，则需要以在锻造时是否出现裂纹而定，加热的总时间最短不少于 20min。铸锭直径越大，所需的加热保温时间越长。铸锭坯料加热保温时间见表 2-9。

表 2-9 铸锭坯料加热保温时间

铸锭直径/mm	162	192	270	290	310	350	405	482	650	720
保温时间/min	120	150	180	210	240	270	300	360	480	540

2.2.4.3 坯料加热时的注意事项

装炉前应清除毛坯表面的油污、碎屑、毛刺和其他污物，以免污染炉气，使硫等有害杂质渗入晶界。

铝合金的导热性良好（导热系数比钢大 3～4 倍），快速加热不会产生很大的内应力，所以为了缩短加热时间，避免晶粒长大，坯料不需要预热，可以在热炉中装料加热。装炉温度略低于合金的开锻温度即可。

7A04 合金铸锭锻造时容易开裂，但将铸锭加热到 450℃后保温一段时间，然后将温度降低到 390～400℃再保温一段时间出炉锻造，则可以避免出现锻造裂纹。

为使加热温度均匀一致，装炉量不宜过多，相互之间应有一定间隔，坯料与炉墙之间距离应不小于 50～60mm。

2.3 自由锻造基本工序分析

2.3.1 自由锻造工序分类

铝合金自由锻造的主要操作方法有镦粗、拔长、冲孔、扩孔、芯轴拔长和弯曲等。这些操作方法，一般称工步，在锻压车间称“工序”。任何铝合金自由锻件的塑性变形成形过程均由一系列的锻造工序所组成。根据变形性质和变形程度，铝合金自由锻造工序主要是由基本工序、辅助（修整）工序组成的。

（1）基本工序：能够较大幅度地改变坯料形状和尺寸的工序，也是自由锻造过程中主要变形工序，如镦粗、拔长、冲孔、芯轴扩孔、芯轴拔长、弯曲等。

（2）辅助（修整）工序：用来修整锻件尺寸和形状，以减少锻件表面缺陷（如凹凸不平）及整形等，使其完全达到锻件图要求的工序。一般是在某一基本工序完成后进行，如镦粗后的鼓形滚圆和截面滚圆、端面平整，拔长后矫正和弯曲矫直等。锻件锻造后需进行整修，其变形程度很小，主要目的是使锻件尺寸准确，表面光洁。

上述各种工序简图见表 2-10。

表 2-10 自由锻造工序（工步）

基本工序					
镦粗	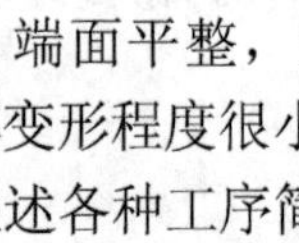	拔长	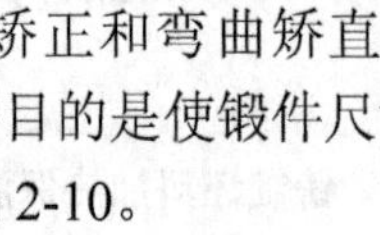	冲孔	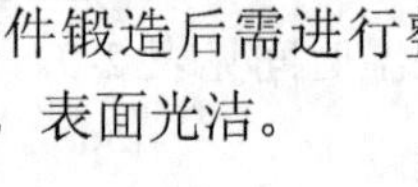

续表 2-10

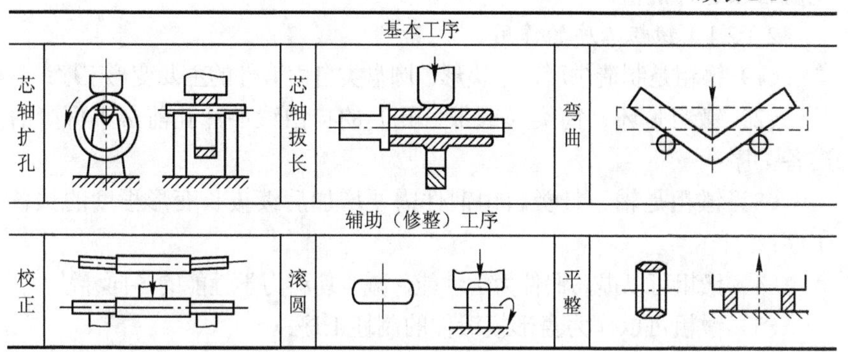

基本工序					
芯轴扩孔		芯轴拔长		弯曲	
辅助（修整）工序					
校正		滚圆		平整	

自由锻造的基本工序是铝合金自由锻件塑性变形成形过程中所必需的变形工序。这些锻造工序有的是为了增大自由锻件的变形程度和改善铝合金材料的组织与性能，有的是为了保证锻件形状及尺寸。自由锻件在基本工序的变形中，均属于敞开式、局部变形或局部连续变形。了解和掌握自由锻各类基本工序的金属流动规律和变形分布，对合理制定锻件自由锻工艺规程，准确分析质量是非常重要的。

2.3.2 镦粗

使毛坯全部或局部横截面面积增大、高度缩短的锻造工序称为镦粗，镦粗是增粗类成形工序，见图 2-1。

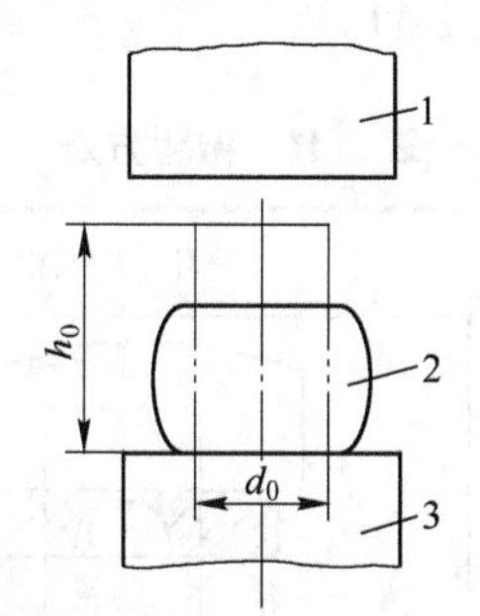

图 2-1 镦粗工艺示意图

1—上砧；2—镦粗后的坯料；3—下砧；

h_0—原始坯料的高度；d_0—原始坯料的直径

对于铝合金锻造成形而言，由小截面毛坯锻成大截面锻件（如饼坯、法兰盘毛坯等），镦粗是唯一的工序，在锻造环、筒类锻件时，冲孔前必须进行镦粗。

2.3.2.1 镦粗工序的作用

（1）镦粗是制造饼形、方块形、圆盘类自由锻件的主要变形工序；

（2）镦粗是环、筒类（或带盲孔）的自由锻件冲孔前必不可少的准备工序；

（3）镦粗是轴、杆类自由锻件需要增加后续拔长变形程度的预备工序；

（4）镦粗可以提高锻件力学性能，减少坯料力学性能的各向异性；

（5）镦粗可以作为盘形模锻件的制坯工序；

（6）经过反复镦粗拔长能破碎铸造组织，改善铝合金中组织的形状并使其均匀分布，提高铝合金锻件的综合性能。

2.3.2.2 镦粗工序分类

镦粗工序具体可分为以下三类：

（1）平砧整体镦粗。坯料在平砧间整体受压，整体变形。由于受坯料与砧面接触摩擦的影响，锻件各处变形分布并不均匀。

（2）垫环中的镦粗（又称镦挤）。这是毛坯在镦粗变形的同时还会发生局部挤压变形的镦粗方式。垫环中的镦粗经常被用于生产带有单面或双面凸台的自由锻件，如法兰盘毛坯等。

（3）局部镦粗。在坯料上某一部分进行的镦粗，称为局部镦粗。

镦粗的几种方法见表 2-11。

表 2-11 镦粗方法

镦粗工序分类	平砧整体镦粗	垫环中的镦粗	局部镦粗
简图			
用途	用于镦粗棒料和铸锭	用于锻造带凸座的锻件。在锻件直径较大、凸座直径很小且所用的毛坯直径比凸座的直径大得多时采用	用于锻长杆类锻件的头部和凸缘

2.3.2.3 镦粗过程中工艺参数的计算方法

A 镦粗任一时刻坯料的平均直径

计算公式为：

$$d = d_0\sqrt{\frac{h_0}{h}} \tag{2-1}$$

式中 d——坯料镦粗任一时刻的平均直径；

d_0——坯料的原始直径；

h——坯料镦粗任一时刻的高度；

h_0——坯料的原始高度。

B 镦粗时的变形程度

计算公式为：

$$\varepsilon = \frac{h_0 - h}{h_0}\times 100\% = \frac{\Delta h}{h_0}\times 100\% \tag{2-2}$$

式中 ε——镦粗时的变形程度；

h——坯料镦粗任一时刻的高度；

h_0——坯料的原始高度。

C 真实主变形

计算公式为：

$$\delta = \ln\frac{h_0}{h} = -\ln(1-\varepsilon) \tag{2-3}$$

式中 δ——真实主变形；

h——坯料镦粗任一时刻的高度；

h_0——坯料的原始高度；

ε——镦粗时的变形程度。

当 $h_0/h<1.2$ 或 $\varepsilon<20\%$ 时，就工程实用来说，取 $\delta=\varepsilon$ 已足够精确，误差不超过 10%。

D 镦粗时的锻造比或镦粗比

计算公式为：

$$y = \frac{h_0}{h} \tag{2-4}$$

式中 y——镦粗比；

h——坯料镦粗任一时刻的高度；

h_0——坯料的原始高度。

E 压力机上镦粗时所需力的确定

计算公式为：

$$P = m\sigma_b F \tag{2-5}$$

式中 P——镦粗时压力；

m——与镦粗条件有关的系数；

σ_b——材料在镦粗温度时的抗拉强度（见表1-6或表2-12）；

F——被镦粗坯料的横断面面积。

$$m = 1 + \frac{\mu}{3} \times \frac{d}{h} \tag{2-6}$$

式中 μ——热态下的摩擦系数，铝合金热镦粗时，取 μ=0.5；

d，h——分别为镦粗后坯料的直径和高度。

表 2-12 几种常用变形铝合金在不同锻造温度下的抗拉强度值（MPa）（供参考）

合 金	300℃	350℃	370℃	400℃	450℃	500℃
5A02	90	75	50	40	30	20
3A21	45	35	30	25	20	15
2A02	225	125	90	80	50	30
2A12	110	80	90	75	40	25
2A50	130	75	75	55	35	25
2A70	120	75	65	45	30	25
2A80	90	60	50	40	30	35
2A14	130	125	110	90	75	30
7A04	90	75	65	55	45	35

2.3.2.4 镦粗过程中的变形特点

A 镦粗时的不均匀性变形

镦粗时坯料上的作用力是沿轴向的，在平砧上镦粗圆柱形毛坯时，其变形区域大致如图 2-2 所示。在平板间热镦粗坯料时，产生变形不均匀的原因不仅与平砧等工具和坯料接触面的摩擦有关，同时温度不均匀也是一个重要的因素。

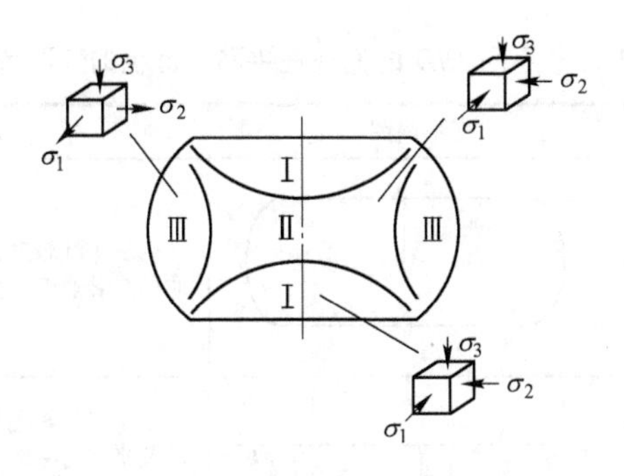

图 2-2 镦粗时按变形程度分区和各区应力情况

坯料上下端面为Ⅰ区，受摩擦力和平砧等工具的冷却作用造成的温度下降影响最大，变形温度低，变形抗力也较其他区域的大，因而变形最为困难，称难变形区。故镦粗坯料时此区铸态组织不容易完全破碎和再结晶，容易保留粗大的铸态组织。

坯料中心部分为Ⅱ区，因受摩擦力和平砧等工具的冷却作用造成的温度下降影响小，变形温度高，塑性流动激烈，称大变形区或易变形区。由于变形程度大和变形温度高，铸态组织被破碎和再结晶充分，从而形成细小晶粒的锻造组织，该区呈明显的锻态组织特征。

坯料周边为Ⅲ区（坯料侧表层区域），变形程度介于两区之间。但是由于第Ⅱ区金属变形程度大，第Ⅲ区金属变形程度相对较小，于是第Ⅱ区金属向外流动时便对第Ⅲ区金属作用有径向压应力，促使其在切向受拉应力。越靠近坯料表面切向拉应力越大。所以坯料表层可能产生纵向裂纹等缺陷。低塑性铝合金材料由于抗剪切的能力差，常在侧表面产生 45°方向的裂纹。

B 坯料尺寸和形状对镦粗变形的影响

铝合金坯料的尺寸和形状对镦粗时的不均匀性变形的影响也是较大的。

a 圆柱体坯料尺寸对镦粗变形的影响

当镦粗圆柱体坯料时，影响变形的主要尺寸因素是高度 H 与直径 D 的比值 H/D（高径比），高径比的比值不同，形成的鼓形情况也不同。不同 H/D 的毛坯在平砧间镦粗的变形情况见表 2-13。

表 2-13　不同 H/D 的毛坯在平砧间镦粗的变形情况

序号	H/D	变形简图	变形特点
1	≤0.5		由于毛坯较矮，整个金属都受到砧面的显著影响，变形抗力较大
2	>0.5～2.5	H D	由于平砧和毛坯端面之间的摩擦力以及平砧对毛坯端面的冷却作用，圆柱形毛坯镦粗后外形成鼓形，与平砧接触的上、下端金属变形很小，为难变形区。在 $H/D>1$ 时，毛坯上下端部面积的增大主要靠侧表面的金属翻上去。当 $H/D=0.5～2$ 时，中心部分变形最大，能有效地破碎坯料的铸态组织。中心部分的金属变形向外流动，使侧表面部分的金属沿切向受拉应力。故侧表面易产生裂纹，尤其当镦粗低塑性材料时更易产生
3	>2.5～3		由于毛坯较高，当压缩能量不足时，变形主要集中在上、下两端，形成双鼓形。继续加压时，双鼓形进一步发展，有可能形成折叠
4	>3		易产生侧向弯曲，尤其当毛坯端面与轴向不垂直或毛坯初弯曲，或砧面不平时更易产生弯曲

b　矩形体坯料尺寸对镦粗变形的影响

铝合金矩形体坯料在镦粗变形过程中，四周逐渐向外凸出，并趋向于椭圆形，最后趋于圆形。由于棱角是处于单向应力状态，故其变形是均匀的，因此该处的形状不改变，仍为尖角形。

2.3.2.5 减小镦粗变形不均匀的措施

坯料镦粗时坯料内部的三个变形区中的金属变形不均匀，必然引起锻件晶粒大小的不均匀，从而导致锻件性能的不均匀。镦粗时的侧表面裂纹和内部组织不均匀都是由变形不均匀引起的。镦粗时产生这种变形不均匀的原因：一是工具与坯料接触面间的摩擦所影响；二是与工具接触的部分金属由于温度降低较快，屈服强度较高。因此，为保证锻件内部组织均匀，不出现过大的侧面鼓肚和防止侧表面产生裂纹，应视情况采取相应的改善或消除引起变形不均匀的措施，或采用适当的变形方法。通常采取的措施有：

（1）预热工模具，以防坯料过快冷却。一般应预热到 250～350℃；当环境温度较低或锻造低塑性铝合金材料时，工模具预热温度可提高到 300～400℃。

（2）使用润滑剂以减小模具与坯料接触面间的摩擦，提高变形均匀性。

（3）采用侧面压凹的坯料镦粗，可以明显提高镦粗时的允许变形程度，这是因为侧凹坯料在镦粗时，在侧面上产生径向压应力分量，如图 2-3 所示。其结果可以避免侧表面纵向开裂，并减小鼓形，使坯料变形均匀。铝合金锻造主要用铆镦的方法获得侧凹坯料。

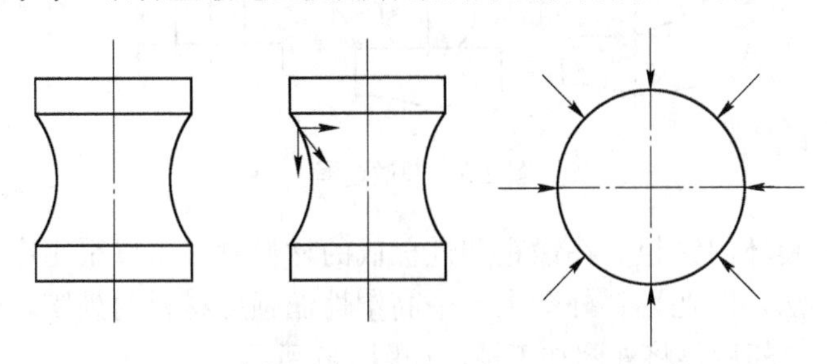

图 2-3 侧面压凹的坯料镦粗时的受力情况

（4）在镦粗坯料的上、下端面增设高温金属软垫（见图 2-4），其作用在于：

1）软垫采用高塑性低强度材料制造，而且加热不低于坯料镦粗温度。可以完全隔绝镦粗工具的冷却作用，大大改善变形过程，明显减小鼓肚。

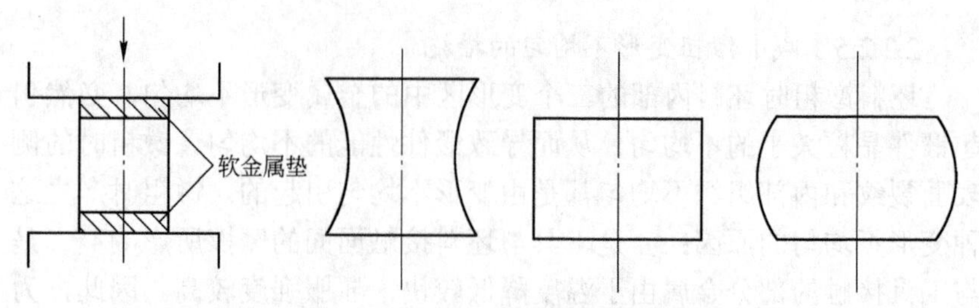

图 2-4 上、下端面增设高温金属软垫镦粗时坯料的变形过程

2）减小端面摩擦的影响，使端头金属在变形过程中不易形成难变形区，从而使坯料变形均匀。

（5）铆镦。铝合金坯料高径比不小于 2.5～3 时，在镦粗过程中常常因为出现双鼓肚而产生纵向裂纹，为了避免产生纵向裂纹常采用铆镦。铆镦就是预先将坯料端部局部成形，再大变形镦粗将坯料镦粗成圆柱形。具体工艺是预先将坯料斜放，小变形量镦粗，旋转打棱角，如图 2-5 所示。

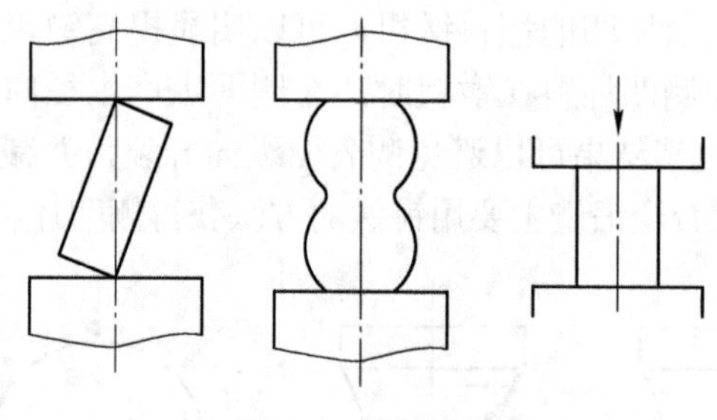

图 2-5 铆镦过程

（6）套环内镦粗。在镦粗塑性极低的材料时，可以采用在套环内镦粗的办法，即在坯料外套上一个高塑性低强度材料的外圈，一起加热变形。冷却后再将外圈加工掉，如图 2-6 所示。

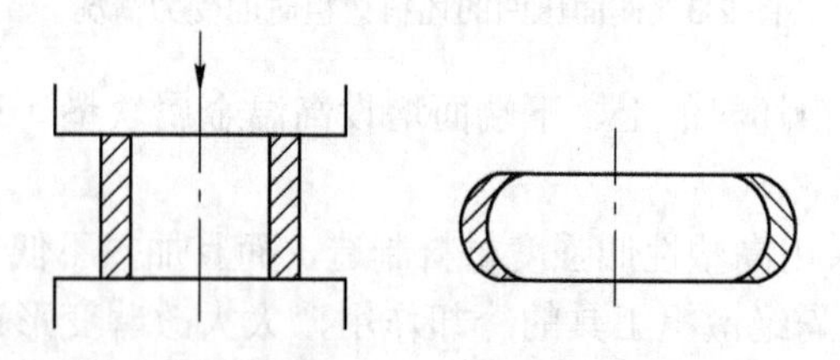

图 2-6 套环内镦粗

2.3.2.6 镦粗工艺操作要点

（1）为了锻合坯料内部缺陷和减小镦粗变形抗力，镦粗前坯料应加热到允许的最高加热温度，并应很好保温，使坯料内外温度均匀一致。

（2）为了防止镦粗时产生双鼓形或纵向弯曲，液压机上镦粗前坯料的高度与直径之比一般不应超过 3，最好控制在 2.0～2.5；对于平行六面体的坯料，其高度与较小的基边之比应小于 3.5～4。锤上镦粗用坯料取高径比 1.5～2。

（3）铸锭镦粗时锻造比应不小于 2.0～2.5，挤压毛坯（挤压系数不小于 10）可以以成形为主，镦粗时锻造比可不小于 1.5～2.0。

（4）注意铸锭坯料的高度，在液压机上进行镦粗坯料高度应小于走料台到活动横梁的最大距离，在锻锤上镦粗的毛料高度应小于锤头全行程的 0.75 倍。

（5）镦粗前坯料两端面应平整，并与轴心线垂直。

（6）镦粗时坯料要围绕轴心线转动，坯料发生侧向弯曲时需立即进行矫正。常用的预防和矫正侧向弯曲方法见表 2-14。

表 2-14 常用的预防和矫正弯曲的方法

方法	变形过程
铆镦法	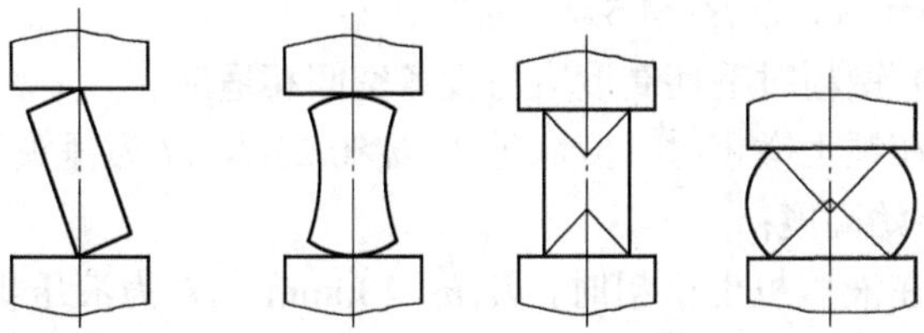
倒棱重镦法	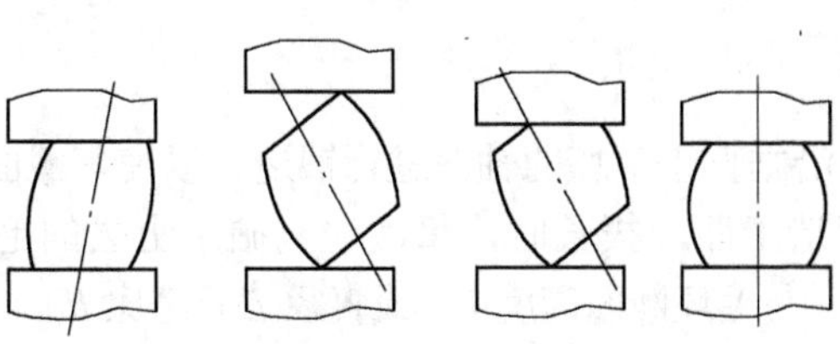

续表 2-14

方法	变形过程
侧面矫直法	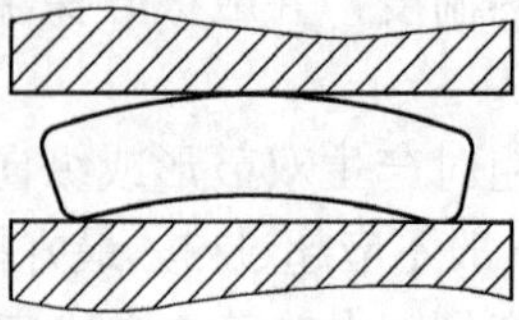
预弯曲镦粗法	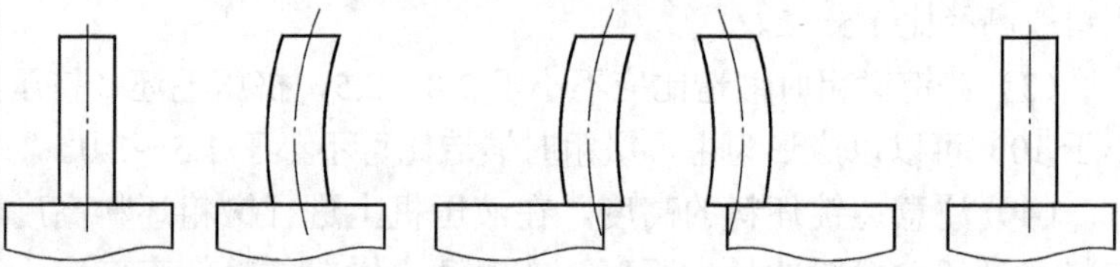

（7）镦粗的压缩变形程度应小于材料塑性允许的范围。

（8）如果镦粗后需要进一步拔长时，应考虑拔长的可能性，即不宜镦得太低。镦粗后高径比应不小于 0.6。

（9）坯料在镦粗前应垂直放置，对于端面不平的坯料，镦粗时应采取措施矫正，如用平砧压住坯料，移动走料台使坯料垂直。

（10）为节省金属和减少切削加工工时，镦粗后的圆饼应滚圆，不能进行滚圆的圆饼极限参考尺寸为 $H \leqslant 150$mm 时，$D/H \geqslant 3.5$；$H > 150$mm 时，$D/H \geqslant 4.5$。

（11）镦粗时毛坯高度应与设备空间相适应。

1）在锤上镦粗时，应满足 $H-h_0>0.25H$，H 为锤头的最大行程，h_0 为坯料原始高度；

2）在液压机上镦粗时，$H-h_0>100$mm，H 为液压机的最大距离，h_0 为坯料原始高度。

2.3.3 拔长

拔长是沿垂直于毛坯的轴向进行锻造，以使其截面面积减小，而长度增加的锻造工序。拔长时，每次送到砧子上去的毛坯长度称为送进量。送进量 l 与毛坯断面高度 h（或直径 D）之比 l/h（或 l/D）称为相对送进量。由于拔长是通过逐次送进和反复转动坯料进行压缩变形的，所以它是锻造生产中耗费工时最多的锻造工序。因此，在保证锻件质量的前提下，应尽可能提高拔长效率。拔长是锻造中最主要的工序之一。

2.3.3.1 拔长工序的主要作用

拔长工序也是自由锻中最常见的工序，特别是对于大型锻件的锻造，拔长工序是必不可少的。拔长工序的主要作用如下：

（1）由横截面面积较大的坯料得到横截面面积较小而轴向伸长的锻件；

（2）反复镦粗与拔长可以提高锻造变形程度，使合金中铸造组织破碎而均匀分布，提高锻件质量；

（3）可以辅助其他锻造工序进行局部变形。

2.3.3.2 拔长操作的基本方法

拔长操作的基本方法有三种（如图 2-7 所示）：

（1）左右翻转送进（图 2-7*a*），每次压下后立即进行 90°翻转，在翻转的同时送进或后撤。但翻转方向只在 90°范围内左右摆动，并不绕坯料整体的轴线进行旋转。这是最简单、最容易掌握的一种操作方法。

（2）螺旋翻转送进（图 2-7*b*），坯料整体绕轴线做旋转运动，按每翻转 90°后进行一次送进或后撤。这种方法的拔长效率最高，也可避免同一部位的多次压缩，还能够防止坯料原始中心组织在拔长后发生偏移，对保证锻件质量是有好处的。但技术难度较大，要求翻转 90°的操作有很高的准确性。

（3）单向送进（图 2-7*c*），沿整体长度，先在一个方向上把坯料全部压下一遍，翻转 90°后，再在另一个方向全部压下一次。翻转和送进（或后撤）是分开进行的。这种方法多半用于大型坯料的拔长，目的是

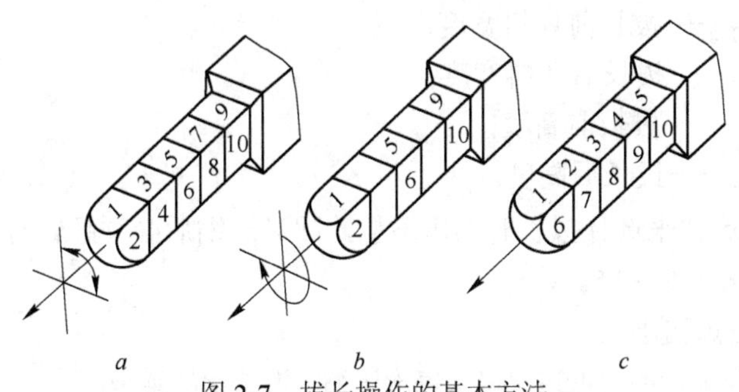

图 2-7 拔长操作的基本方法

为了减少操作机的翻转动力消耗和提高送进速度，在手工操作时也有应用。模具预热良好时采用此方法较好，不容易产生锻造裂纹等缺陷。

2.3.3.3 拔长过程中工艺参数的计算方法

（1）相对压缩（压缩系数或高向变形程度）：

$$\varepsilon_n = \frac{h_{n-1} - h_n}{h_{n-1}} = \frac{\Delta h_n}{h_{n-1}} \tag{2-7}$$

式中 h_{n-1}——拔长前高度；

h_n——拔长后高度。

（2）锻造比：

$$Y_n = \frac{F_{n-1}}{F_n} = \frac{l_n}{l_{n-1}} \tag{2-8}$$

式中 F_{n-1}——拔长前坯料横截面面积；

F_n——拔长后坯料横截面面积；

l_{n-1}——拔长前坯料长度；

l_n——拔长后坯料长度。

（3）相对宽展或宽向变形程度：

$$\varepsilon_n^1 = \frac{a_n - a_{n-1}}{a_{n-1}} = \frac{\Delta a_n}{a_{n-1}} = \frac{1}{Y_n(1-\varepsilon_n)} - 1 \tag{2-9}$$

式中 a_{n-1}——拔长前坯料宽度；

a_n——拔长后坯料宽度。

（4）工步系数(压缩后锻件的宽度与其高度之比)：

$$\psi = \frac{a_n}{h_n} = \frac{a_{n-1} + \Delta a_n}{h_{n-1} - \Delta h_n} = \frac{a_{n-1}}{h_{n-1}} \times \frac{1}{Y_n(1-\varepsilon_n)^2} \tag{2-10}$$

式中 a_{n-1}——拔长前坯料宽度；

a_n——拔长后坯料宽度；

h_{n-1}——拔长前高度；

h_n——拔长后高度。

应当这样来选择拔长时的压缩量，即当压缩后必须翻转时，其工步系数应不大于 2～2.5。

（5）总锻造比。

多次压缩后的总锻造比等于每次压缩的锻造比的乘积：

$$Y=F_0/F_{终}=Y_1Y_2Y_3\cdots Y_n \tag{2-11}$$

$$L_{终}=L_0Y \tag{2-12}$$

$$\Delta L=L_{终}-L_0=(Y-1)L_0 \tag{2-13}$$

式中 F_0——拔长前坯料的原断面面积；

$F_{终}$——拔长终了时坯料的断面面积；

L_0——拔长前坯料的原始长度；

$L_{终}$——拔长终了时坯料的最终长度；

$Y_1\sim Y_n$——每次压缩的锻造比。

（6）拔长时所用力的确定。

在压力机上拔长时所需要的压力按下式计算：

$$P=\gamma m\sigma_{\mathrm{b}}al \tag{2-14}$$

式中 P——拔长时的压下力，N；

γ——变形条件系数，在平砧上拔长时，$\gamma=1$；在型砧上拔长时，$\gamma=1.25$；

a——坯料宽度或直径，mm；

l——送进量，mm；

σ_{b}——拔长温度时的强度，MPa，参见表1-6或表2-12；

m——系数，由下式确定：

$$m=1+\frac{3c-e}{6b}\mu\frac{l}{h} \tag{2-15}$$

μ——摩擦系数，μ=0.5；

h——变形毛坯的高度，mm；

c——若 $\alpha>l$，$c=\alpha$；若 $\alpha<l$，$c=l$；

e——若 $\alpha>l$，$e=l$；若 $\alpha<l$，$e=a$。

为了确定压力，可以采用 α、h 和 l 的初始值。

2.3.3.4 拔长过程中的变形特点

A 变形区受不变形区的影响

拔长时的变形与应力分布矩形截面坯料在平砧间拔长时的每一次压缩，其内部的变形情况与镦粗很相似。所不同的是拔长是将坯料压缩的一种反复操作，在每一次压缩时，坯料变形的部分都仅是坯料的一部分而不是坯料的整体。

B 拔长过程中的变形

在砧块上拔长时，由于坯料的变形部分受摩擦力影响的情况也和镦粗变形时的一样，因而发生的变形也和镦粗变形一样是不均匀的，并且同样可以分为三个区域。但是在整个拔长变形操作过程中，需要反复翻转坯料，这就使难变形区Ⅰ在坯料转动后变为较大的变形区Ⅲ。所以总的来说，拔长变形过程中金属的变形基本上是比较均匀的。

2.3.3.5 坯料拔长时常见缺陷与防止措施

坯料拔长时常见缺陷与防止措施如表 2-15 所示。

表 2-15 拔长时常见缺陷与防止措施

缺陷名称		简图	产生原因	防止措施
表面横向裂纹与角裂		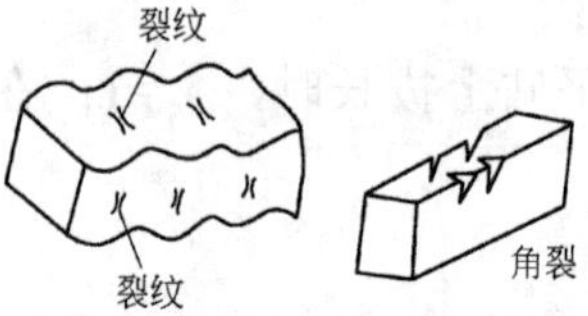 裂纹；裂纹；角裂	常在锻造低塑性材料时出现，其开裂部位主要是受拉应力作用，而造成这种拉应力的原因是送进量过大(出现单鼓形)，同时压缩量过大。而角部裂纹除了变形原因外，因角部温度散失快，产生温度应力，增加了拉应力的附加值	操作时主要控制送进量和一次压下的变形量；对角部还应及时进行倒角，以减少温降，改变角部的应力状态，避免裂纹产生
表面折叠	横向折叠	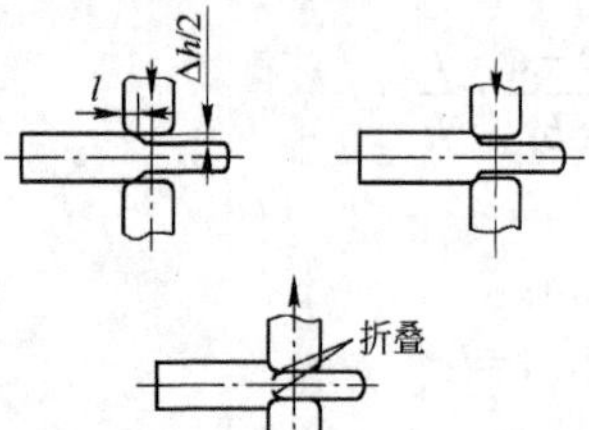 l；$\Delta h/2$；折叠	主要是送进量与压下量不合适，当送进量 $l_0<\Delta h/2$ 时易产生这种折叠	增大送进量 l_0，使每次送进量与单边压缩量之比大于 1～1.5，即 $l_0/(\Delta h/2)=1\sim1.5$
	纵向折叠	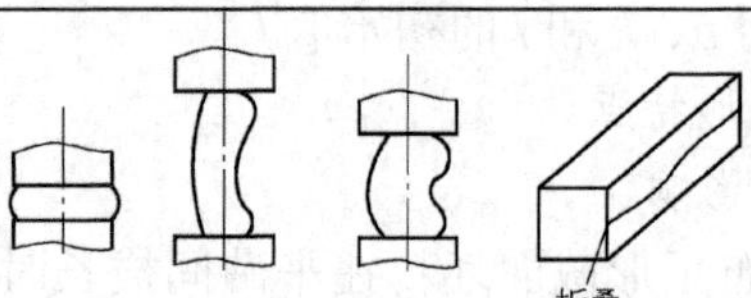 折叠	在拔长过程中，毛坯压缩得太扁，即 $b/h>2.5$，翻转 90°再压，坯料发生弯曲，继续压缩时形成的	减小压缩量，使每次压缩后的坯料宽度与高度之比小于 2～2.5(即 $b/h<2\sim2.5$)
	矫正折叠	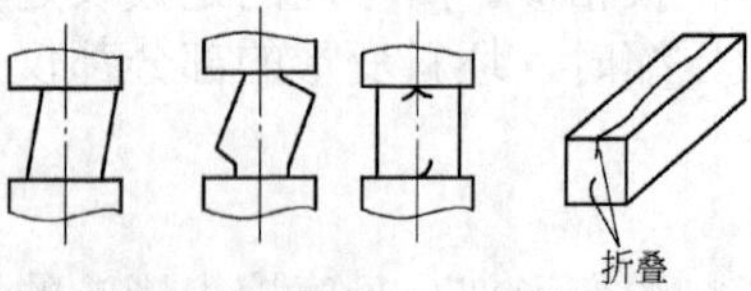 折叠	纠正坯料菱形截面时所产生的，这种折叠比较浅，一般为双面同时形成	在坯料拔长过程中，控制翻转角度为 90°，同时还应注意选择合适的操作方式

续表 2-15

缺陷名称	简 图	产生原因	防止措施
端面缩口	缩口 缩口	拔长的首次送进量太小，表面金属变形，中心部位金属未变形或变形较小	坯料端部变形时，应保证有足够的被压缩长度和较大的压缩量，端部拔长的长度应满足下列条件： （1）对矩形截面坯料：当 $B/H>1.5$ 时，$A>0.4B$；当 $B/H<1.5$ 时，$A>0.5B$; （2）对圆形截面坯料：$A>0.3D$（见图 2-8）
“大角”	“大角”是指正方形或扁方形截面的四个直边互不垂直、倾斜，出现了大于 90°的角，即截面呈菱形或平行四边形	锻造过程操作不当	（1）压扁法(见图 2-9); （2）倒棱法(见图 2-10)

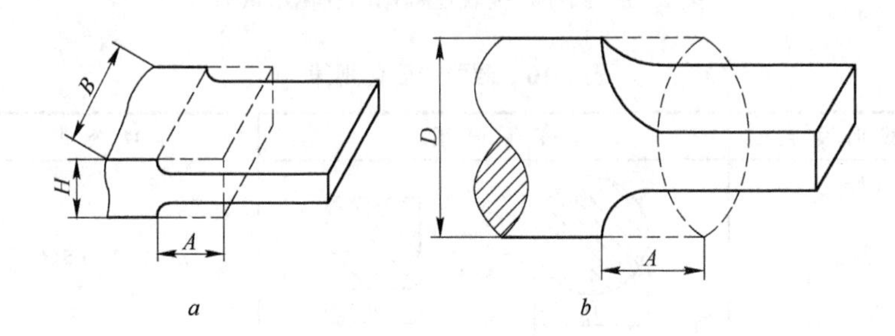

图 2-8 坯料端部拔长示意图

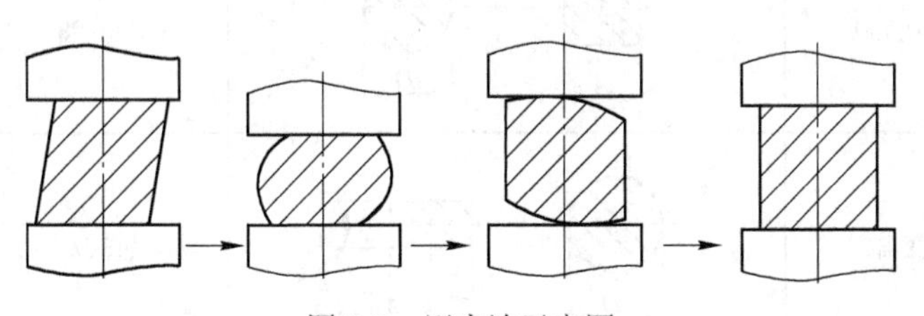

图 2-9 压扁法示意图

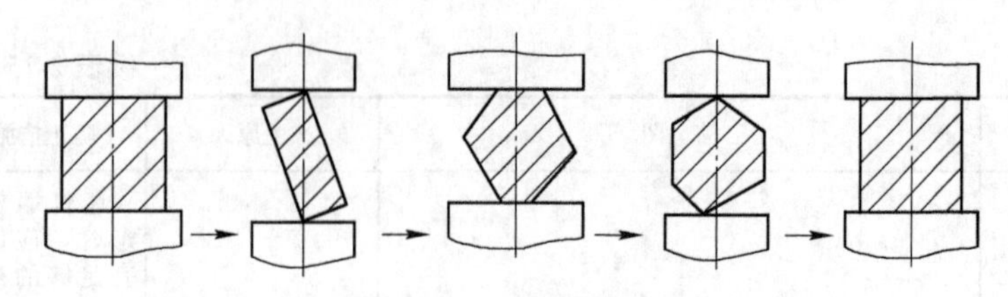

图 2-10　倒棱法示意图

2.3.3.6　拔长工艺操作要点

（1）在上、下平砧上将大直径圆截面坯料拔长成较小的圆截面锻件时，为了减小横向变形，提高拔长效率，应先将圆截面压成方形截面，并将这方截面拔长到接近锻件直径的小方截面中间坯后，再压成八角形截面，最后锻成所需的圆形截面（如图 2-11 所示），采用图中的坯料截面变化过程的变形方案拔长，可以提高拔长效率，减小中心开裂的危险。坯料截面在拔长中的变化规律见表 2-16。

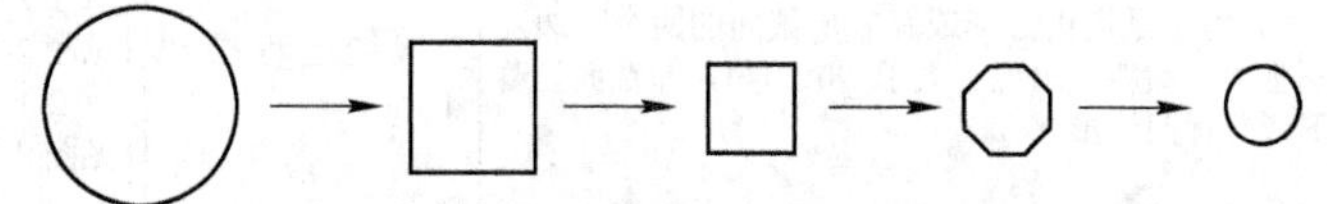

图 2-11　圆坯料拔长过程截面变化示意图

表 2-16　截面的变化规律

截面变换	变形简图	计算公式
由圆变正方	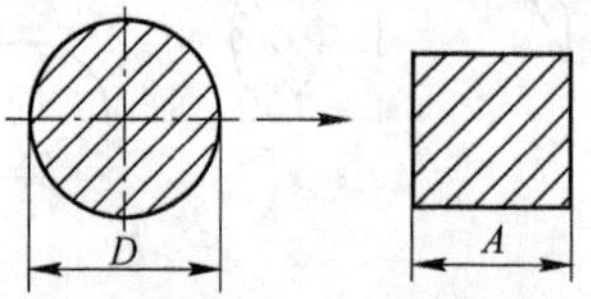 D　A	$D=(1.42\sim1.5)A$
由正方变圆	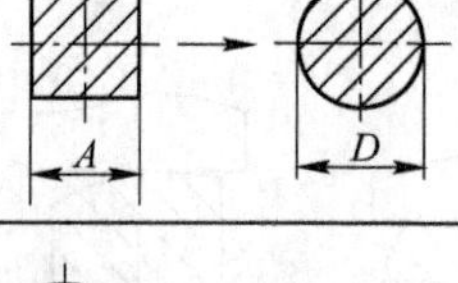 A　D	$A=(0.98\sim1.0)D$
由圆变扁方	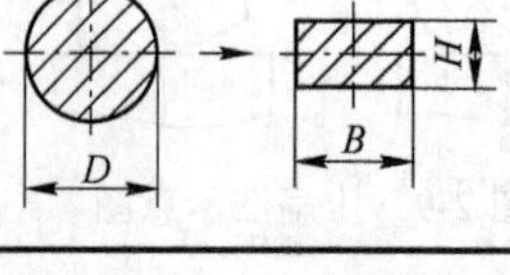 D　B　H	$B=\frac{1}{2}(3\sqrt{D^2-H^2}-H)$

续表 2-16

截面变换	变形简图	计算公式
由圆变八方	D → S	D=(1.08～1.1)S
由圆变六方	D → S	D=(1.15～1.2)S

（2）为了防止拔长锻坯的内部出现纵向裂纹，对于高合金化及低塑性铝合金，应合理使用 V 形砧拔长；对于塑性极低的坯料，必要时应先在封闭式弧形砧中拔长，待塑性提高后，再用上、下 V 形砧拔长。拔长主要变形阶段的截面形状和所用砧子对拔长效果有不同影响（表 2-17）。

表 2-17 砧子形状对拔长效果的影响

毛坯截面和所用砧子	锻件心部质量	拔长效果	适用范围
方形坯料、平砧	锻透性较好，有部分难变形区	较好	高塑性、中塑性材料，应用较普遍
扁方坯料、平砧	锻透性好，难变形区很小	较好	
圆形坯料、平砧	中心锻不透，可能出现中心轴裂纹和表面裂纹	差	不建议采用，或在拔长过程中先转化为方形坯料
圆形坯料、上平砧、下 V 形砧	压下量较小时锻不透，与平砧相似，压下量大时可以锻合轴心缺陷	好	高塑性、中塑性材料
圆形坯料、上、下 V 形砧	锻透性好，能锻合轴心缺陷，也能防止表面出现裂纹	好	中塑性和低塑性材料，高质量锻件

（3）为了防止锻裂，拔长时的每次压下量都应控制在该种材料塑性所允许的数值以内。同时，为了防止拔长时产生局部夹层，每次压下量应保证锻件的宽度与高度之比小于 2.5，即 $b/h<2.5$。

（4）在拔长操作时，对长毛坯应由中间向两端，这有助于使金属平衡。短的毛坯可以从一端开始拔长。

2.3.4 冲孔工序

冲孔是利用冲头在镦粗后的坯料上冲出通孔或不通孔的锻造工序。

2.3.4.1　冲孔工序的主要作用

（1）锻件带有直径大于 30 mm 以下的盲孔或通孔；

（2）需要扩孔的锻件应预先冲出通孔；

（3）需要拔长的空心件应预先冲出通孔。

2.3.4.2　冲孔的分类及应用范围

根据冲孔的类型和冲孔方法的不同，冲孔分为实心冲头冲孔、空心冲头冲孔和垫环上冲孔等，如表 2-18 所示。

表 2-18　冲孔方法和应用范围

冲孔方法	简　图	应用范围和工艺参数
实心冲头冲孔(双面冲孔)	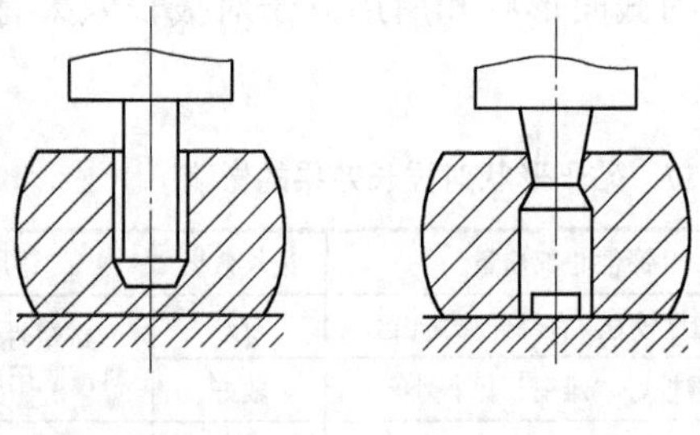	主要用于冲较小的孔。可以用冲头从一面冲孔，称为单面冲孔。也可以先用冲头从坯料上面冲到料高 70%～80%时，翻转 180°，再用冲头把芯料冲脱，称为双面冲孔。 工艺参数： $D_0/d_0 \geqslant 2.5 \sim 3$，$H_0 \leqslant D_0$ 式中　D_0——原毛坯直径； H_0——原毛坯高度； d_0——冲头直径
垫环上冲孔(漏孔)	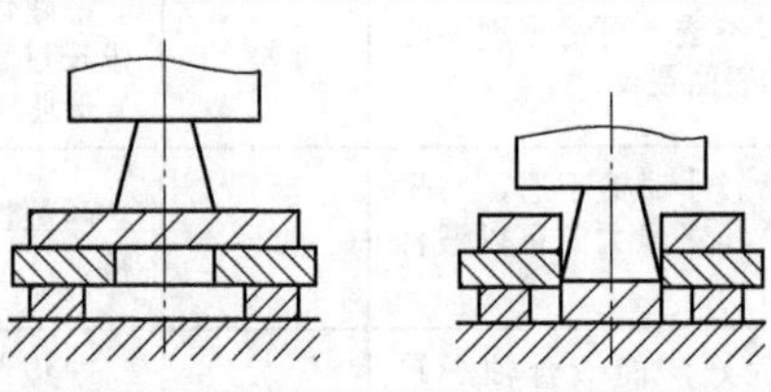	一般用于在较薄毛坯上冲孔，适合于厚度 H 与孔径 D 的比值 $H/D<0.125$，在垫环上冲孔时坯料形状变化小，芯料损失较大，芯料高度 $h=(0.7 \sim 0.75)H$
空心冲头冲孔	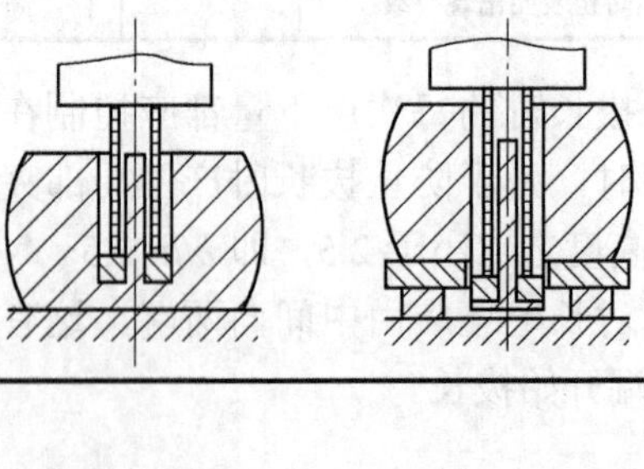	主要用于大型空心锻件的冲孔（如 ϕ400mm 以上的孔）。空心冲孔不仅能冲掉铸锭心部缺陷，而且坯料形状变化不大，但是空心冲孔的芯料损失较大

2.3.4.3 冲孔坯料尺寸计算

这里主要分析实心冲头双面冲孔（冲孔过程见图 2-12），这种方法的优点是操作简单，芯料损失少，芯料高度 $h≈0.25H$，适合于冲孔径小于 100～500mm 的锻件，广泛用于铝合金锻造冲孔。但实心冲头双面冲孔会导致毛坯形状畸变，即高度减小，直径增大，出现鼓肚，一端凸起和另一端凹陷，参见图 2-12。冲孔前后的 H_0 与 H 之比可按图 2-13 或表 2-19 确定。

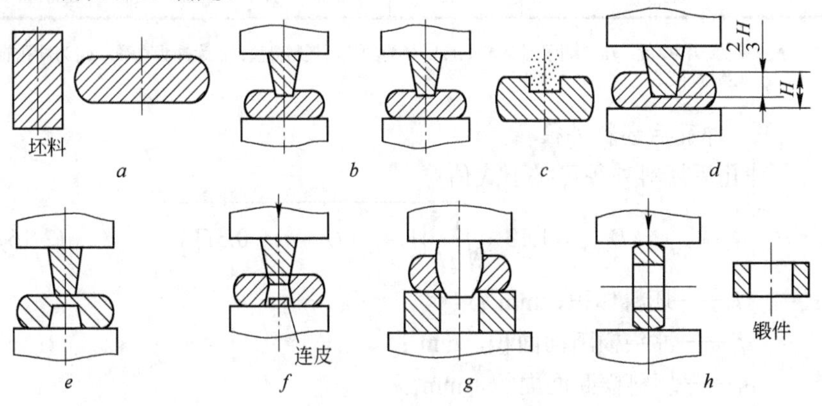

图 2-12 双面冲孔过程

a—镦粗；*b*—找正中心冲孔痕；*c*—润滑；*d*—冲孔；*e*—翻转 180° 找正中心；*f*—冲除连皮；*g*—整修内孔；*h*—整修外圆

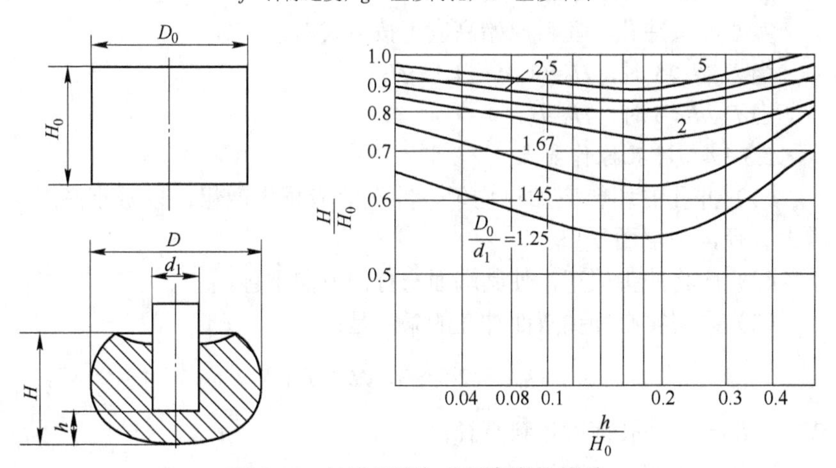

图 2-13 冲孔深度与毛坯高度的关系

表 2-19 比值 H/H_0 与比值 d/D_0、h/H_0 的关系

d/D_0 \ H/H_0 \ h/H_0	0.15～0.2	0.3	0.4	0.5
0.2	0.90	0.92	0.93	0.94
0.4	0.85	0.86	0.88	0.90
0.5	0.80	0.82	0.83	0.85
0.6	0.72	0.74	0.76	0.80
0.7	0.64	0.66	0.70	0.76
0.8	0.53	0.58	0.63	0.68

注：h 为芯料厚度；H_0 为冲孔前坯料高度；H 为冲孔后坯料高度；d 为冲头直径；D_0 为冲孔前坯料直径。

A 冲孔后坯料外径

冲孔后坯料外径可按下式估算：

$$D_{\max} = 1.13 \times \sqrt{\frac{1.5}{H}\left[V + f(H-h) - 0.5F_0\right]} \tag{2-16}$$

式中 V——坯料体积，mm^3；

f——冲头横断面面积，mm^2；

F_0——坯料横断面面积，mm^2；

H——冲孔后坯料高度，mm；

h——冲孔芯料高度，mm。

B 冲孔件坯料高度的确定

实心冲头冲孔，坯料原始高度可按下式考虑：

当 $D_0/d<5$ 时，$H_0=(1.05～1.15)H$；

当 $D_0/d\geqslant5$ 时，$H_0=H$。

2.3.4.4 冲孔操作要点

（1）冲孔的坯料应加热均匀，冲孔前应预先镦粗，以减小高度，增大直径，使端面平整。

（2）应将冲头放正，使其端面与打击方向垂直。

（3）采用实心冲头双面冲孔的条件是：

$$D_0/d\geqslant2.5～3，H_0\leqslant D_0$$

式中 D_0——冲孔前的坯料直径；

H_0——冲孔前的坯料高度；

d——冲头直径。

第一次的冲孔深度应为坯料高度的2/3～3/4。

（4）为防止冲头飞出伤人和影响冲孔质量，冲孔前应仔细检查冲头。要求无裂纹，端面平整，且与中心线垂直。

（5）认真找准中心，防止冲偏。

（6）从铸锭浇口端取材的锻件冲孔时，应将浇口端朝下，有利于保证锻件质量。

2.3.4.5 冲孔时常见缺陷及防止措施

冲孔时如果操作不当，坯料尺寸不合适，坯料温度不均匀等，可能会使锻件形状“走样”，产生孔偏心、斜孔、裂纹等缺陷。表2-20列出各种缺陷产生的原因及预防措施。

表2-20 冲孔时常见缺陷及预防措施

缺陷名称	主要特征及简图	产生原因	预防措施
“走样”	其高度减小，直径增大，出现鼓肚，并且一端凸起，另一端凹下 （简图标注：D_0，H_0，D，d_1，H，h）	环壁厚度D/d太小，D/d愈小，冲孔件“走样”愈严重	在冲孔前，应将坯料镦粗至$D/d \geqslant 3$后再冲孔，冲孔后进行端面整平，以达到锻件的最终尺寸。 为预防“走样”，冲孔前后的H_0与H之比可按表2-18确定
孔偏心或斜孔	（简图标注：Δ，α）	（1）冲头放偏； （2）冲头各处的圆角、斜度不一致等； （3）坯料两端面不平行，冲头端面与轴线不垂直； （4）冲头本身弯曲； （5）冲头压入坯料初产生倾斜等。 原毛坯愈高，愈易冲偏和出现斜孔	（1）冲孔初期，先用冲头在坯料上压一浅印，经目视观察确定冲印在坯料中心后，再在原位继续下冲； （2）在冲孔前，坯料端面要进行压平，冲头要标准； （3）在冲头压入坯料后，要检查冲头是否与坯料端面垂直； （4）冲孔过程中，应不断转动坯料，使冲头受力均匀

续表 2-20

缺陷名称	主要特征及简图	产生原因	预防措施
裂纹	低塑性材料或坯料温度较低，则在开式冲孔时常在坯料外侧面和内孔圆角处产生纵向裂纹 裂纹	外侧表面裂纹产生的主要原因是坯料直径 D_0 与冲头直径 d 的比值太小，坯料冲孔时产生较大的“走样”，使得侧表面金属受到较大的拉应力。 内孔圆角处的裂纹是由于此处与冲头接触时间长、温度降低较多造成塑性降低，加上冲头一般都有锥度，当冲头向下运动时，此处便被胀裂	（1）增大 D_0/d 的比值，减小冲孔坯料“走样”程度； （2）塑性低的材料要用多次加热冲孔的方法； （3）减小冲头锥度

2.3.5　扩孔

减小空心坯料壁厚而使其外径和内径均增大的锻造工序称为扩孔。扩孔工序用于锻造各种带孔锻件和圆环锻件。扩孔时，环的高度增加不大，主要是直径不断增大，金属的变形情况与拔长相同，是拔长的一种变相工序。常用的扩孔方法有三种：辗环（或称为轧环）、冲头扩孔和在马架上用芯轴扩孔。辗环的工具设计和工艺在后面章节介绍，这里只介绍冲头扩孔和芯轴扩孔。

2.3.5.1　冲头扩孔

冲头扩孔是用直径较大的锥形冲头或球面冲头从坯料内孔中穿过使其内、外径扩大，如图 2-14 所示。冲头在锤上扩孔时，坯料高度会拉缩，因而应考虑修正系数。冲头扩孔时,坯料受切向拉应力，容易胀裂，因而每次扩孔量不宜过大，扩孔量 A 可参照表 2-21 选取。冲头冲孔后可扩孔 1～2 次，质量大的锻件需要多次扩孔时，应增加中间加热工序。

冲头扩孔前坯料的高度尺寸按下式计算：

$$H_0=1.05H \tag{2-17}$$

式中　H_0——扩孔前坯料高度；

H——锻件高度；

1.05——考虑端面修整的系数。

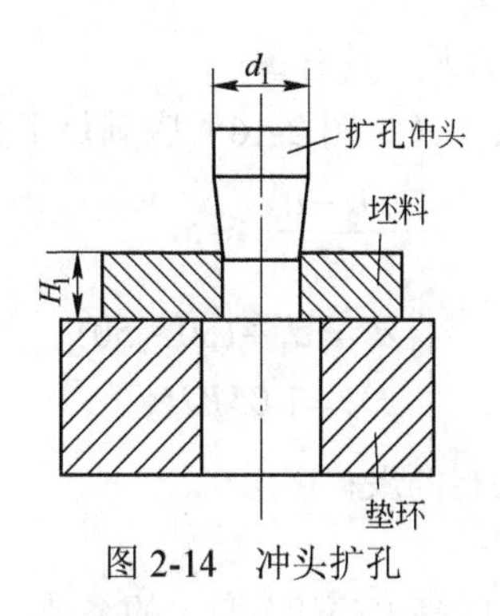

图 2-14　冲头扩孔

表 2-21　每次允许的扩孔量

d_1/mm	A/mm
30～115 120～270	25 30

注：d_1 为扩孔冲头直径；A 为每次允许的扩孔量。

2.3.5.2　芯轴扩孔

在马架上用芯轴扩孔时变形区金属受三向压应力，故不容易产生裂纹，但操作时应注意每次转动量与压下量应尽量一致，确保壁厚均匀。因此，这种扩孔也称为马架上扩孔，如图 2-15 所示。

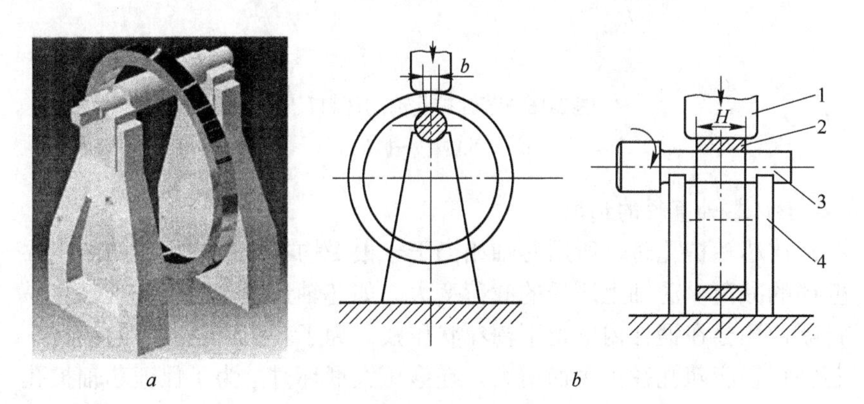

图 2-15　芯轴扩孔示意图

a—三维示意图；*b*—平面示意图

1—上砧；2—环坯；3—芯轴；4—马架

A　芯轴扩孔前坯料尺寸的计算

芯轴扩孔前坯料尺寸（见图 2-16）应满足下列条件：

$$\frac{D_0 - d_0}{H_0} \leqslant 5$$
$$d_0 = d_1 + (30 \sim 50) \tag{2-18}$$
$$H_0 = 1.05KH$$

式中　H_0——扩孔前坯料高度；

H——锻件高度；

K——考虑扩孔时高度(宽度)增大的系数，可按图 2-17 选用；

1.05——修整系数；

D_0,d_0——分别为扩孔前坯料的外径和内径；

d_1——芯轴直径；

d——锻环内径。

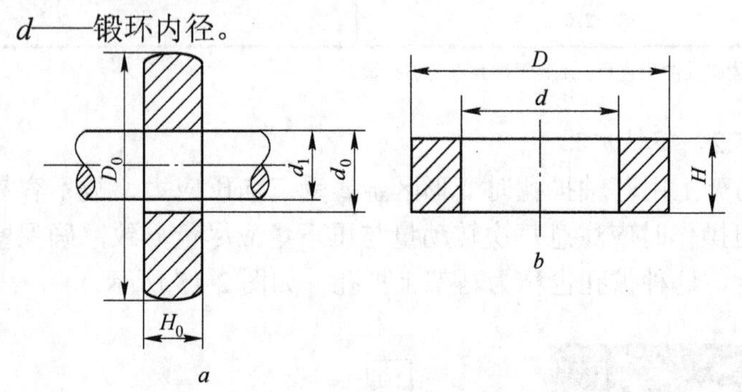

图 2-16　芯轴扩孔前的坯料尺寸

a—扩孔前；b—扩孔后

B　芯轴直径的选取

在芯轴扩孔时，所用芯轴相当于一根受均布载荷的梁，随着锻件壁厚的减薄，芯轴上所受的载荷变大。如芯轴过细，不仅锻压时容易折断，还会在锻件内壁留下梅花状压痕。为了获得内壁光滑的锻件，芯轴直径应随孔径扩大而增大。在锻压大锻环时，为了保证芯轴扩孔时芯轴的强度和刚度，保证扩孔锻件内表面的平整，要注意控制马架间的距离不应过大，随着孔径的增大，还应及时更换较大直径的芯轴，在环内孔径扩展到一定程度后应换较粗的芯轴，一般在芯轴扩孔

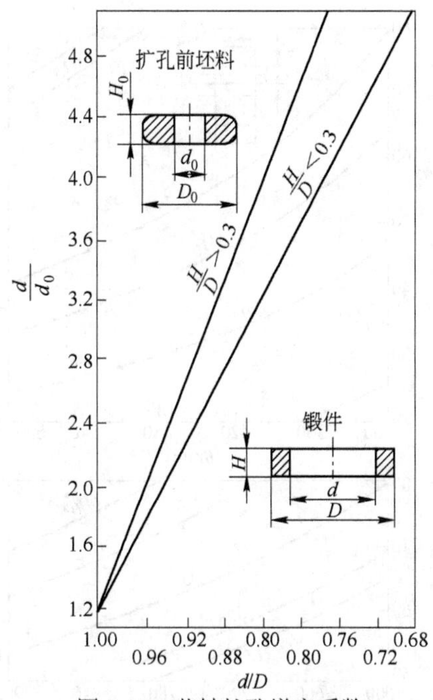

图 2-17 芯轴扩孔增宽系数

过程中最多可更换三次芯轴。芯轴直径取决于锻件高度 H 和锻件壁厚与芯轴直径之比值，在液压机上扩孔时，其最小芯轴直径可根据图 2-18 选取。

C 芯轴扩孔工序的操作要点

（1）扩孔前的坯料孔不可偏心，万一出现偏心，应及时予以修正。

（2）芯轴扩孔前，冲孔直径 d 应大于 $d_{芯轴}$。如冲孔直径 $d<d_{芯轴}$，则应先用冲头扩孔（或机械加工内孔），再用芯轴扩孔。

在芯轴扩孔时，为保证壁厚均匀，扩孔过程中坯料应均匀转动，每次压缩量也应尽可能一致，马架间距离亦不宜过宽，还可以在芯轴上加一垫铁以控制壁厚。

（3）大型锻环扩孔直径要考虑冷缩现象，一般直径冷收缩率为 1.0%左右，大型锻环冷收缩率取上限。

（4）在批量生产时，为提高芯轴扩孔的效率，应尽可能采用砧宽为 100～150mm 的窄上砧。

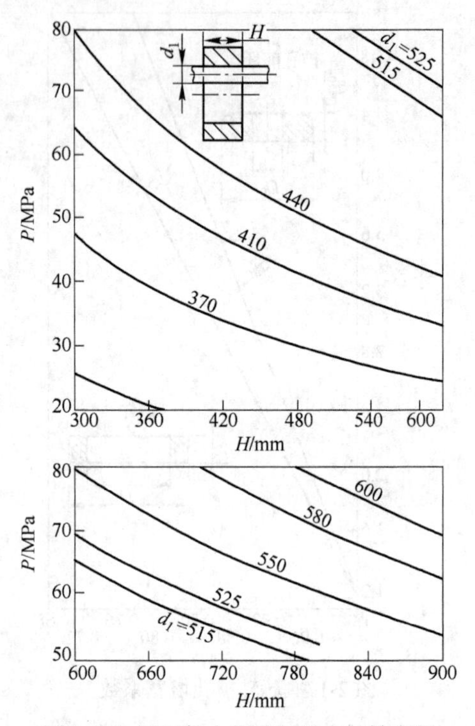

图 2-18 液压机上扩孔时最小芯轴直径

2.3.6 芯轴拔长

芯轴拔长是一种减小空心毛坯外径(壁厚)、内径基本不变（壁厚减薄）而增加其长度的锻造工序，在上平、下 V 形砧中进行，主要用于锻制长圆筒类锻件，如图 2-19 所示，有时也称芯轴上拔长。

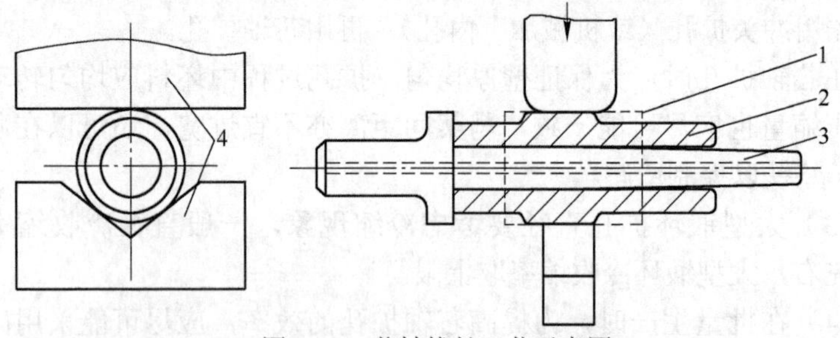

图 2-19 芯轴拔长工艺示意图

1—原始坯料；2—芯轴拔长后坯料；3—芯轴；4—上、下砧

芯轴拔长原理与实心坯料拔长类似，同样也存在效率和质量问题。为了提高芯轴拔长的效率和防止锻件壁厚不均匀、孔壁裂纹的产生，在工艺上可采取以下措施：

（1）芯轴拔长前的冲孔坯料应壁厚均匀，端面平整。

（2）提高坯料加热温度，坯料在芯轴拔长前的加热温度应按其合金锻造温度的上限控制，同时要注意有适当的保温时间。

（3）芯轴预热到300～400℃，保持坯料在高温下成形。

（4）将芯轴加工成 1/100～1/150 的斜度，并要求表面光滑。在拔长时可涂润滑剂，以提高坯料轴向流动能力。

（5）为提高芯轴拔长的效率和防止孔壁产生裂纹，用型砧拔长，限制横向变形，增加轴向流动量。对于壁厚/孔径≤0.5 的薄壁空心锻件，上、下均须采用 V 形砧或圆弧砧拔长。对于壁厚/孔径>0.5 的厚壁锻件，可用上、下 V 形砧或平砧拔长。但在平砧上拔长时应先锻成六角形截面，达到相对接近锻件外径尺寸时再锻成圆形截面。对 $H/d\leqslant1.5$ 的空心件，由于拔长时的变形量不大，可不用芯轴，直接用冲头拔长。

（6）芯轴拔长操作中要注意保持芯轴平直，旋转角度和锤击轻重均匀，避免端面出现歪斜。如发现端面过分歪斜现象，应及时抽出芯轴，用矫正镦粗法予以矫正。

（7）在芯轴上拔长，由于受到芯轴表面的摩擦影响以及内表面温度较外表面低，空心件外表面金属比内表面流动快。因此，端部形成内喇叭口，如图 2-20*a* 所示。当继续拔长时，端部金属温度较低，而

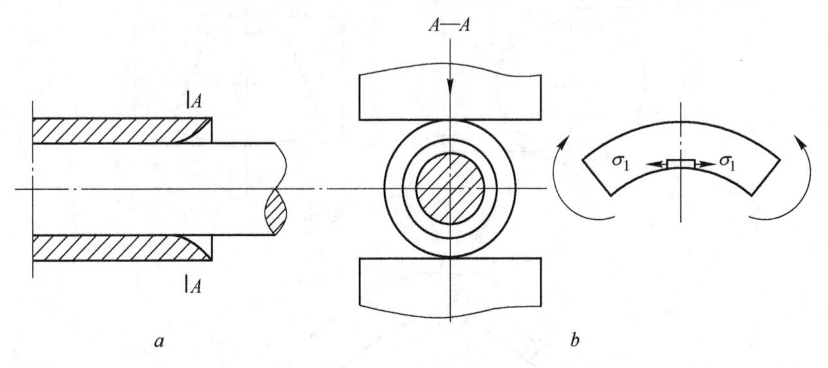

图 2-20 芯轴拔长端部金属受力情况

a—端部形成内喇叭口；*b*—受压部位内表面受切向拉应力

中空的环形径向又处于受压状态，其受压部位的内表面便受切向拉应力作用，如图 2-20*b* 所示。因此，在端部的内孔表面产生了裂纹。为了防止坯料两端裂纹，应避免两端温度降低过快，可先拔长两端再锻中间，可参考图 2-21 所示的顺序依次拔长，这样不仅保证两端坯料在高温时成形，而且坯料容易从芯轴上取下。以方便孔壁与芯轴间形成间隙，尤其是在最后一步拔长操作中更应该注意掌握这一点，锻件两端部锻造终了的温度应比一般的终锻温度高。

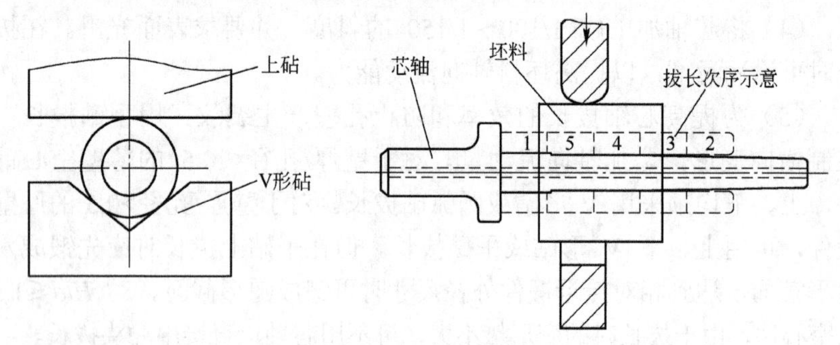

图 2-21　拔长顺序

2.3.7　弯曲

弯曲，是指把毛坯顺其轴线弯成规定形状的锻造操作。该工序可用于锻造各种弯曲类锻件，如起重机吊钩、曲轴等。

图 2-22 所示为弯曲时坯料的变形情况。弯曲过程中弯曲区的内层

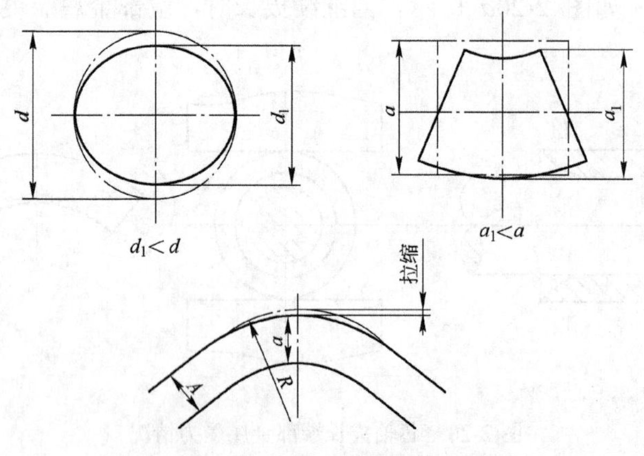

图 2-22　坯料在弯曲时的变形

金属受压缩，外层金属受拉伸，导致弯曲后毛坯的断面形状发生畸变，方形坯料弯曲后的横断面变为近似于梯形；圆形坯料弯曲后的横断面变为近似椭圆。转角顶部的坯料被拉细，弯曲区毛坯的横截面面积要减小，长度也略有增加。转角内层金属受压变宽往往产生皱纹，外层金属受拉变窄，可能产生裂纹，弯曲半径越小和弯曲角度越大时，上述现象越严重。

为了消除上述的缺陷，一般可采取以下措施：

（1）考虑到弯曲处截面减缩，坯料截面应比工件断面面积稍大，在弯曲工艺计算中，截面拉缩保险量一般可增大10%～15%，即在外侧附加防止拉缩的金属，待弯曲后再把两端修整到要求的尺寸。

（2）毛坯弯曲半径不应小于其截面厚度之半。

（3）当同一锻件有数处弯曲时，弯曲的次序一般应先弯端部及弯曲部分与直线部分交界的地方，最后弯其余圆弧部分，如图 2-23 所示。

（4）被弯曲锻件加热必须均匀。

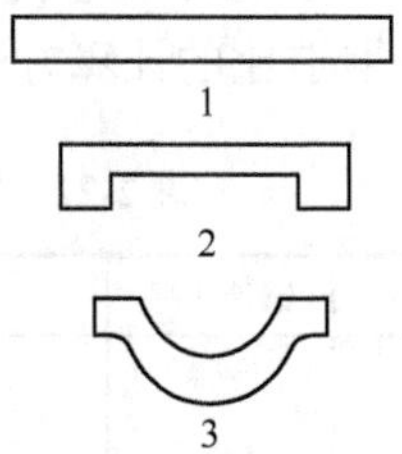

1

2

3

图 2-23 弯曲顺序示意图

1—平直锻件；2—弯端部；3—弯圆弧部

2.3.8 修整工序

修整工序主要包括矫正、滚圆和平整。修整工序中，这里重点介绍一下滚圆工序。

滚圆是对镦粗圆饼沿其侧向边旋转边压下以消除镦粗鼓肚的一种锻造工序。常用于与镦粗工序配合，锻制圆饼类锻件。操作中应注意以下几点：

（1）为提高生产效率和防止滚圆后出现“凹心”缺陷，滚圆前的毛坯厚度 H_0 应尽可能与要求的锻件厚度 H 相近，使 H_0=1.05H 为最好。

（2）为得到匀称平整的圆饼形锻件，滚圆操作应按四方→八方→十六方的顺序进行，如图 2-24 所示。

（3）一旦锻件出现凹心，要想修复过来，就要增加其中心部分的厚度。切不可原样重压，而应以大变形量把已经成形的圆饼改锻成正方体或六棱柱。使厚度增加到一定合理值后，再重新按图 2-24 所示滚圆顺序进行。

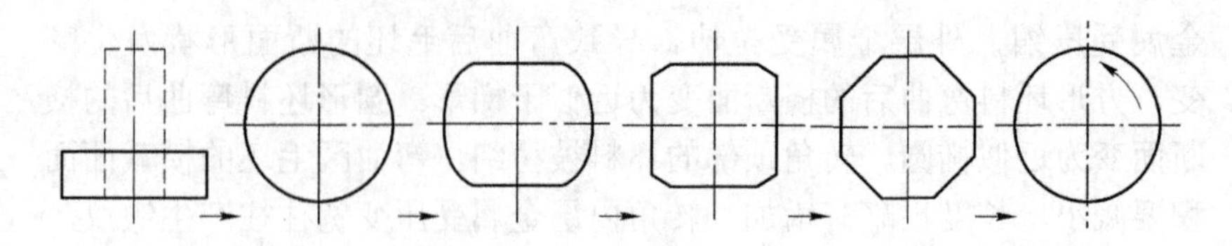

图 2-24 滚圆操作顺序

2.3.9 锻造比的计算

由于各锻造变形工序变形特点不同，则各工序锻造比和变形过程总锻造比的计算方法也不尽相同，可参照表 2-22 计算。

表 2-22 锻造过程锻造比和变形过程总锻造比的计算方法

序号	锻造工序	变形简图	总锻造比
1	镦粗	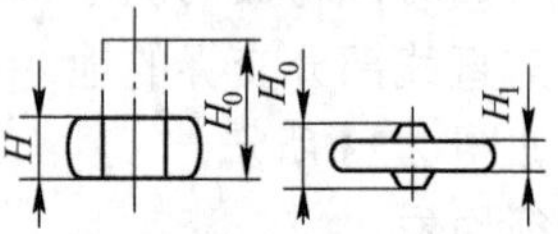	$K_H = \frac{H_0}{H_1}$
2	拔长	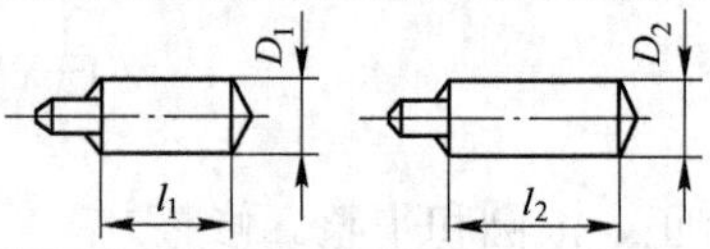	$K_L = \frac{D_1^2}{D_2^2}$ 或 $K_L = \frac{l_2}{l_1}$
3	两次镦粗拔长	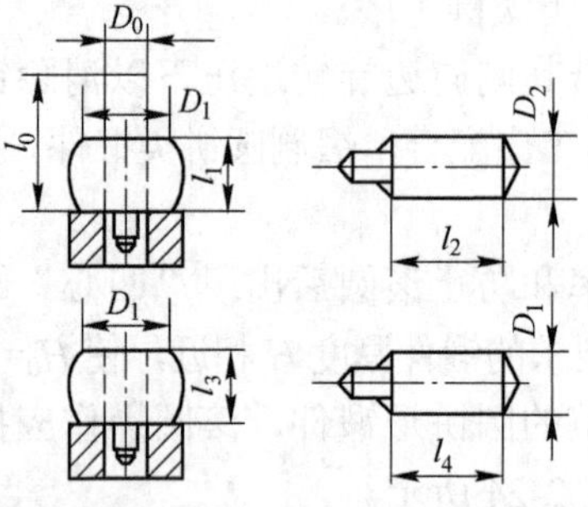	$K_L = K_{L1} + K_{L2} = \frac{D_1^2}{D_2^2} + \frac{D_3^2}{D_4^2}$ 或 $K_L = \frac{l_2}{l_1} + \frac{l_4}{l_3}$
4	芯轴拔长	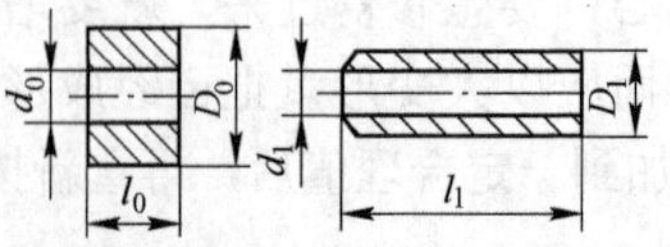	$K_L = \frac{D_1^2 - d_0^2}{D_2^2 - d_1^2}$ 或 $K_L = \frac{l_1}{l_0}$

续表 2-22

序号	锻造工序	变形简图	总锻造比
5	芯轴扩孔	D_0 d_0 l_0 D_1 d_1 l_1	$K_L=\dfrac{F_0}{F_1}=\dfrac{D_0-d_0}{D_1-d_1}$ 或 $K_L=\dfrac{l_0}{l_1}$

注：1. 连续拔长或连续镦粗时，总锻造比等于分锻造比的乘积，即 $K_L=K_{L1}\cdot K_{L2}$。

2. 两次镦粗拔长和两次镦粗间有拔长时，按总锻造比等于两次分锻造比之和计算，即 $K_L=K_{L1}+K_{L2}$，并且要求分锻造比 K_{L1}、$K_{L2}\geqslant 2$。

2.4 自由锻造的力能计算

2.4.1 自由锻液压机能力计算

热镦粗压力计算公式为：

$$P=m\sigma_b F \tag{2-19}$$

式中 σ_b——合金在镦粗温度下的抗拉强度，MPa（见表 1-6 或表 2-12）；

F——镦粗坯料的横截面面积，mm^2；

m——系数，取决于镦粗条件。

2.4.2 自由锻造设备吨位计算与选择

自由锻的常用设备为锻锤和液压机，锻造过程中这类设备不会发生过载损坏。但设备吨位选得过小，锻件内部锻不透，生产效率低；设备吨位选得过大，不仅浪费动力，而且由于大设备的工作速度低，同样也影响生产效率和锻件成本。因此，正确选择锻造设备吨位是编制工艺过程规程的一个重要环节。自由锻造所需设备吨位，主要与变形面积、锻件材质、变形温度等因素有关。自由锻造时，变形面积由锻件大小和变形工序性质决定。镦粗时锻件与工具的接触面积相对于其他变形工序要大得多，而很多锻造过程均与镦粗有关，因此，常以镦粗力的大小来选择自由锻造设备。

确定设备吨位的传统方法有理论计算法和经验类比法两种。理论计算法是根据塑性成形原理的公式计算变形力或变形功选择设备吨位；经验类比法是根据生产实践统计整理出的经验公式或图表选择设备吨位。

现在对锻造过程也可以采用计算机数值模拟的方法，准确而快速地计算出变形力及其他力能参数。

2.5 自由锻工艺过程的设计与工艺卡片的编制

一般工艺规程的基本内容包括工艺过程和操作方法。对设计计算的工艺方案，可用工艺卡片表示。锻造工艺规程由锻件图、锻造工艺卡片、热处理工艺和工艺守则等内容组成，它不但是锻造生产的基本文件之一，而且是组织生产、下达任务和生产前准备工作的基本依据之一，同时工艺规程也是生产时必须遵守的规则和锻件的质量验收标准。

编制工艺过程时应注意以下原则：

（1）密切结合生产实际条件、设备能力和技术水平等实际情况，所编制的工艺技术先进，能满足产品的全部技术要求；

（2）在保证优质的基础上，力求提高生产效率，节约金属材料消耗，经济合理。

制定自由锻工艺过程的主要内容包括：

（1）根据零件图设计锻件图，确定自由锻件机械加工余量与公差标准；

（2）确定坯料的质量和尺寸；

（3）制定变形工艺及选用工具；

（4）选择锻造设备；

（5）确定锻造温度范围，制定坯料加热和锻件冷却规范；

（6）制定锻件热处理规范；

（7）提出锻件的技术条件和检验要求；

（8）填写工艺规程卡片等。

这里主要介绍自由锻件结构要素的设计、变形工艺的制定等。

2.5.1 锻件图的设计及余量与公差标准的确定

锻件图是根据零件图设计的。一般来说，对于简单的零件，设计锻件图时只需在零件图的基础上加上机械加工余量和锻造公差即可。但当零件上有凹档、台阶、凸肩、法兰或孔时，则必须对它们附加上“余块”。对锻后不需机械加工的锻件，只在零件图上加上锻造公差。锻件的各种尺寸和余量公差关系，如图 2-25 所示。

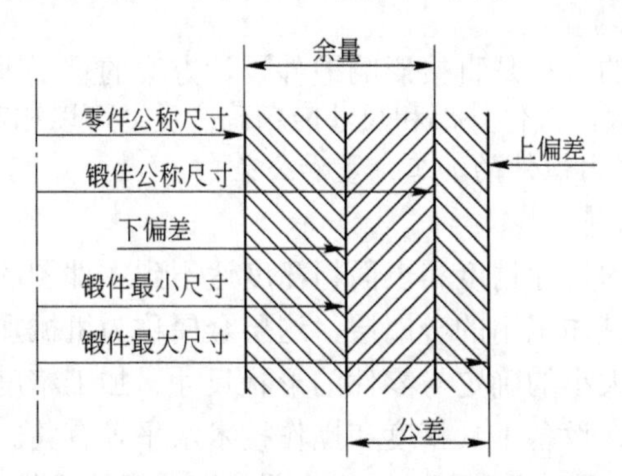

图 2-25 锻件的各种尺寸和余量公差

2.5.1.1 自由锻件形状设计应遵循的基本原则

（1）锻件的流线尽可能顺零件主应力方向分布，不被切断，无严重的涡流；

（2）尽可能减小截面突变，而且要平缓过渡；

（3）锻件各部分锻造比相近。

2.5.1.2 自由锻件图的设计依据

自由锻件图的设计主要依据零件图及其技术要求、现场的生产条件和生产批量。

A 零件图及其技术要求

零件图及其技术条件是锻件设计的基本依据。主要包括:

（1）零件是否允许采用自由锻件；

（2）对质量控制级别较高的锻件，应有主应力方向、流线方向、力学性能的检验部位、方向和数量及其他特殊检验的项目、级别、检验部位等规定；

（3）锻件是否需要特殊处理，如锻件的过时效处理，预压缩消除应力等。

B 生产条件

现场的生产条件主要包括:

（1）锻压设备、加热设备等技术装备；

（2）原材料的供应条件，如品种规格、质量水平等；

（3）工人技术水平；

（4）工装准备能力。

C 生产批量

生产批量的大小是直接影响锻件设计方案的重要因素。从经济角度上说，批量大，锻件外形和尺寸应精确；反之可以相对简单一些。

2.5.1.3 自由锻件的加工余量和公差

A 加工余量

一般锻件的尺寸精度和表面粗糙度达不到零件图的要求，锻件表面应留有供机械加工用的金属层，这层金属称为机械加工余量（简称余量）。余量大小的确定与零件的形状尺寸、加工精度、表面质量要求、锻造加热、设备工具精度和操作技术水平等有关。对于非加工面则无须加余量。零件公称尺寸加上余量，即为锻件公称尺寸。

B 锻件公差

锻造生产中，由于各种因素的影响，如终锻温度的差异，锻压设备、工具的精度和工人操作技术水平的差异，锻件实际尺寸不可能达到公称尺寸，允许有一定的偏差。这种偏差称为锻造公差，锻件尺寸大于其公称尺寸的部分称为上偏差（正偏差），小于其公称尺寸的部分称为下偏差（负偏差）。锻件上各部位不论是否机械加工，都应注明锻造公差。通常锻造公差约为余量的 1/4～1/3。锻件的余量和公差具体数值可查阅有关手册，或按工厂标准确定。在特殊情况下也可与机加工技术人员商定。

C 锻造余块

为了简化锻件外形以符合锻造工艺过程需要，零件上较小的孔、狭窄的凹槽、直径差较小而长度不大的台阶等难以锻造的地方，通常填满金属，这部分附加的金属称锻造余块。

为了制造一些能加工出准确的最终尺寸的锻件，必须在锻造阶段给定余量、公差以及平面度和同心度的技术条件。

为机加工提供的余量增大了锻件的质量。附加质量和为去掉它所必需的加工工序，提高了成品零件的成本。因此，每个加工工步规定的余量应在保证用正常生产技术能容易获得成品件所有尺寸足够金属的前提下，尽量缩小。

公差描述特定尺寸的允许变动范围。公差近似为余量的四分之一（正或负）。

为了了解零件的形状和检查锻件的实际余量，在锻件图上用双点划线画出零件轮廓形状。锻件的名义尺寸和公差注在尺寸线上面，零件尺寸注在尺寸线下面，并用括号括起来。

锻件的平面度和同心度通常由锻造车间和需方间协商。

自由锻件的加工余量和公差，可由供需双方商量决定。表2-23所列的自由锻件的机械加工余量和尺寸公差可供参考。如果锻造工艺过程最终工序是切断，则锻件端面的斜角不应超过10°；如果锻件为矩形截面，则余量和公差按最大截面尺寸选取。

目前，我国用液压机锻造铝合金锻件的余量和公差尚无统一标准，由企业自行规定。在没有资料和数据时，可采用表 2-23 给出的数据。如果锻造工艺过程最终工序是切断，则锻件端面的斜角不应超过10°；如果锻件为矩形截面，则余量和公差按截面最大尺寸选取。

表 2-23　自由锻件的机械加工余量与尺寸公差

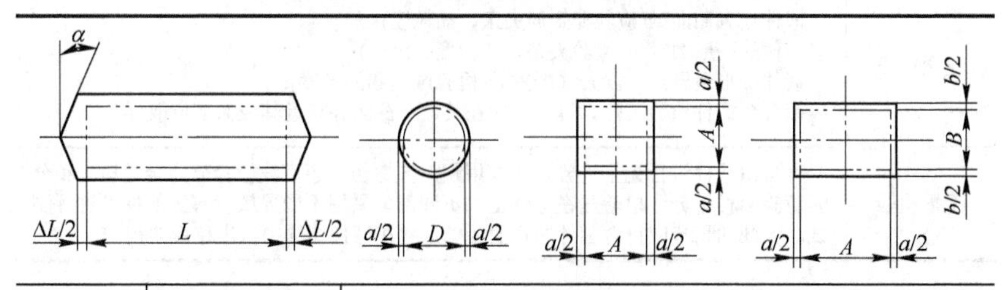

零件长 L /mm	规定有余量和公差的零件尺寸/mm	余量 a 和 b 及直径 D 或截面尺寸 A 和 B 的偏差/mm					
		25～50	50～80	80～120	120～180	180～260	260～360
250 以下	D、A、B L	4±1.5 12±5	5±2 15±5	6±3 20±7			
250～500	D、A、B L	5±2 15±5	6±2 20±6	7±3 23±8	8±3 26±8	12±4 32±10	14±4 36±10
500～800	D、A、B L	6±2 18±5	8±2 22±7	9±3 25±8	11±3 30±10	12±4 35±10	13±4 49±12
800～1250	D、A、B L	7±2 22±6	9±3 26±8	11±3 30±10	12±4 35±10	14±4 40±12	15±5 45±12
1250～2000	D、A、B L	8±2 26±8	10±3 30±8	12±4 36±10	13±4 38±10	15±5 45±12	16±5 45±12
2000～2500	D、A、B L	10±3 30±8	12±3 33±8	14±4 38±10	16±5 45±12	17±5 45±12	

2.5.1.4　自由锻件的其他技术要素的确定

A　锻件理化性能检测部位的确定

锻件理化性能检测部位的确定如表 2-24 所示。

表 2-24　锻件理化性能检测部位的确定

检测项目	检测部位选择的原则
力学性能	顺零件的主应力方向切取纵向试样；在零件高应力部位切取纵向、横向和高度方向试样； 零件有金属流线要求的部位； 锻造变形量最小的部位； 靠近铸锭浇口一端的部位； 在锻件截面内，圆形实心件一般在距表面 1/3 半径处切取;矩形实心件在距表面 1/6 对角线处切取；空心件则在 1/2 壁厚处切取
低倍组织	金属流线有要求处或最能反映金属合理流向的断面上切取流线检验试样； 横向低倍试片尽可能取在最大截面处； 纵向低倍试片应取在零件的主轴线断面上； 用铸锭直接锻造成形的锻件，其低倍试片应在近浇口一端处切取
断口	在锻件易产生过热的部位切取试片； 在锻件变形量最小的部位切取试片； 一般情况下，可在横向低倍试片上检验断口
显微组织	锻件最大截面处(检验非金属夹杂、晶粒度)； 零件的高应力部位(检验夹杂、晶粒度、过热)； 锻件变形最剧烈、温升最严重处(检验过热和晶粒度)； 铝合金锻件检验过热、过烧，应在其最小截面并靠近其表面部位取样
无损检验	对自由锻件进行无损检验，主要用超声波探伤，超声波检验分为全面检验和分区检验两种。分区检验是在锻件上的不同部位采用不同灵敏度等级的标准进行测试。区域的划分应符合零件图样的要求，并在锻件图样中做出相应的规定

B　流线设计

铸锭经过锻造后，粗大不均匀的晶粒被打碎，通过再结晶，变成较细的均匀等轴晶。随着铸锭外形在锻造时的变化，晶粒沿变形方向被拉长、滑移、破碎，铸锭中的不均匀的铸造组织、存在于晶界上的夹杂物及金属间化合物等第二相，经过压力加工变形后，也随之改变分布形态，沿变形方向伸长并沿金属流动方向排列而呈长条形态，即形成所谓的金属纤维状结构。变形了的晶粒，在终锻温度以上，通过再结晶可以恢复成等轴晶，但杂质始终保持着变形时的形态，锻造后，作为金属流动的痕迹，被遗留在锻件中。这种杂质在金属内有规律、定向分布的组织，形成纤维组织，也称锻造流线。流线方向代表了纤维状组织的主要方向。

流线使金属的性能在不同的方向上存在差异（各向异性），表现为沿着纤维方向的力学性能比垂直于纤维方向的好。

形成锻造流线影响的大小，主要取决于金属在锻造过程中的变形方式和锻造比。

自由锻件的锻造流线不如模锻件的清晰和平直。设计重要的自由锻件时，必须根据零件受力条件的要求在锻件图上做出明确的规定。

2.5.2 确定原始毛坯的质量和尺寸

2.5.2.1 原始毛坯的质量 $G_{坯}$

$$G_{坯}=G_{锻}+G_{损} \tag{2-20}$$

式中 $G_{锻}$——锻件质量，kg（锻件质量按锻件图确定，对于复杂形状的锻件，一般先将锻件分成形状简单的几个单元体，然后按公称尺寸计算每个单元体的体积）；

$G_{损}$——锻造过程中损耗的各种工艺余料的质量，kg。

在铝合金液压机锻造过程中，损耗的各种工艺余料是指冲孔锻件的芯料和端部切头的，若非冲孔锻件，则没有这种工艺余料。与钢的锻造不同，加热时铝合金的烧损不予考虑。

用铸锭锻造时，还应考虑浇口质量和锭底质量。

冲孔芯料损失 $G_{芯}$取决于冲孔方式、冲孔直径 d 和坯料高度 H_0。在数值上可按表 2-25 中公式计算。

表 2-25 冲孔芯料体积与质量计算

冲孔方式	公式
实心冲头冲孔	$G_{芯}=(1.18\sim1.57)d^2H_0$
空心冲头冲孔	$G_{芯}=6.16d^2H_0$
垫环冲孔	$G_{芯}=(4.32\sim4.71)d^2H_0$

端部的切头损失 $G_{切}$为坯料拔长后端部不平整而应切除的料头质量，与切除部位的直径 D 或截面宽度 B 和高度 H 有关，可按表 2-26 计算。

表 2-26　端部料头质量计算

截面形状	公式
圆形截面	$G_{切}=(1.65\sim1.8)D^3$
矩形截面	$G_{切}=(2.2\sim2.36)B^2H$

2.5.2.2　坯料尺寸的确定

坯料尺寸的确定与所采用的锻造工序有关，采用的锻造工序不同，计算坯料尺寸的方法也不同。

A　第一工序为镦粗的坯料

在水压机上用铸锭生产铝锻件时，第一步是对坯料进行镦粗，镦粗成形时，为避免产生弯曲，坯料的高径比应小于或等于 3。

$$D_p = 0.75\sqrt[3]{V_p} \tag{2-21}$$

式中　D_p——坯料直径，mm；

V_p——坯料体积，mm^3。

原始毛坯高度 H，按下式确定：

$$H = \frac{4V_p}{\pi D_p^2} \tag{2-22}$$

B　第一工序为拔长的坯料

先按下式求出坯料最小的横截面面积 $F_{坯}$。

$$F_{坯} \geqslant KF_{锻} \tag{2-23}$$

式中　K——锻造比；

$F_{锻}$——锻件的最大横截面面积。

然后按求出的最小 $F_{锻}$计算出坯料直径(或边长)，并按标准选用标准尺寸。最后，按下式确定坯料长度 L_0：

$$L_0=V_p/F_{坯} \tag{2-24}$$

2.5.3　制定锻造变形工艺

各类锻件变形工序的选择可根据锻件形状、尺寸和技术要求，结合各基本工序的变形特点，参考有关典型工艺确定。选择变形工艺包括确定制造该锻件所需的基本工序、辅助工序、安排工序顺序、设计工序尺寸。

2.5.3.1　变形工艺选择原则

选择变形工艺是编制工艺中最重要的部分，也是难度较大的部分。由于影响因素很多，例如，工人的经验，技术水平，车间设备条件，坯料，生产批量，锻造用工、辅具，锻件的技术要求等，所以没有统一的规定，要具体情况具体对待。一般来说，应遵守下列几个原则：

（1）锻造工序愈少愈好；

（2）加热次数要最少；

（3）使用的工具愈简单、愈少愈好；

（4）操作技术愈简单愈好；

（5）最终一定要符合锻件技术条件的要求。

总之，要结合车间的具体生产条件，参考类似典型工艺，尽量采用先进技术，保证获得良好的锻件质量、高的生产效率和尽可能少的材料消耗。

2.5.3.2　自由锻造工艺方案

铝合金锻件的质量在很大程度上取决于变形过程中所得到的金属组织，尤其是锻件变形的均匀性。因为变形不均匀，不仅降低了金属的塑性，而且由于不均匀的再结晶，将得到不均匀的组织，这就使锻件的性能变坏。为了获得均匀的变形组织和最佳的力学性能，应采取相应的锻造方案。选择自由锻造方案时应考虑到对锻件形状、尺寸及力学性能的要求，以及坯料的形式是铸锭或是挤压棒材。

自由锻造的方案可以有以下四种，如图 2-26 所示。

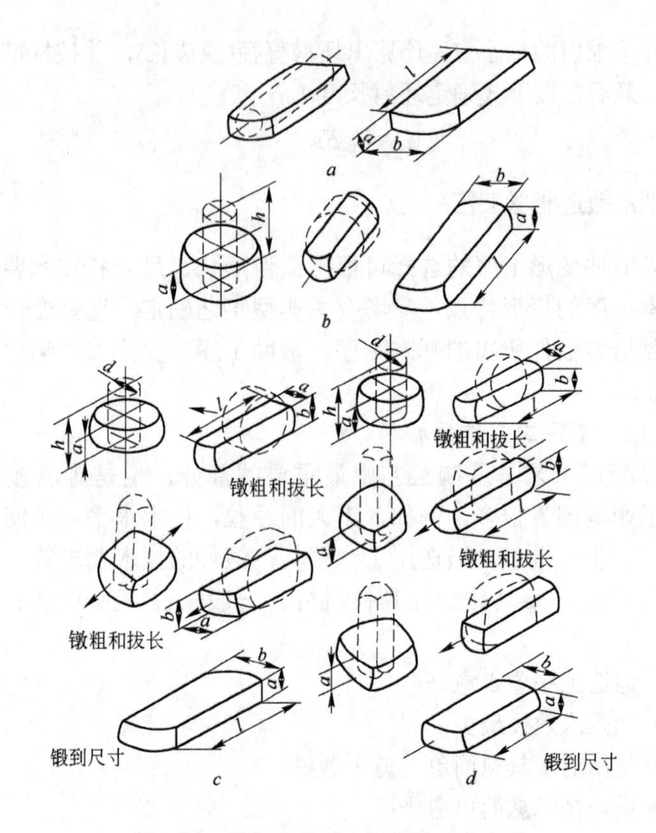

图 2-26 常用的几种自由锻造工艺方案

a—方案Ⅰ；*b*—方案Ⅱ；*c*—方案Ⅲ；*d*—方案Ⅳ

根据镦粗次数将锻造工艺编号如下：

锻造工艺Ⅰ用一次镦粗和一次拔长锻成所要求的尺寸；

锻造工艺Ⅱ用一次镦粗+一次拔长锻成所要求的尺寸；

锻造方案Ⅲ用两次镦粗和一次或两次拔长锻成所要求的尺寸；

锻造方案Ⅳ用三次镦粗和两次或三次拔长锻成所要求的尺寸。

方案Ⅰ和方案Ⅱ适用于已有很大变形程度（不小于 80%）的挤压毛坯。

对于铸造坯料，原则上应采取方案Ⅲ和方案Ⅳ。当由铸造毛坯锻成厚度与宽度之比为 1.0～1.2 的锻件时，或者盘、环等轴对称形状的锻件，以及中间具有很大孔(为锻件面积的 15%～20%)的扁平锻件；当用挤压变形程度小于 80%的棒材制造力学性能要求严格的锻件时，为了保证锻件具有合格而均匀的力学性能，也必须采用Ⅲ或Ⅳ方案。

2.5.3.3 变形工序的选择

一般来说，各类锻件变形工序的选择，可根据锻件的形状、尺寸和技术要求，结合各锻造工序的变形特点，参照有关典型工艺具体确定。

（1）饼块类锻件的变形工艺，一般均以镦粗成形。当锻件带有凸肩时，可以根据凸肩尺寸，选取垫环镦粗或局部镦粗。若锻件的孔可冲出，则还需采取冲孔工序。

（2）对于长轴锻件的拔长变形工艺的拟订，可参考表 2-27 中的方案。

表 2-27 拔长的变形方案

方案	变形过程	对金属塑性的影响	锻合内部缺陷效果	缺 点
1	圆→（平砧）方→（平砧）矩形（宽/高=1.6～1.7）→（平砧）方→（型砧）圆		好	锻件中心线易偏移铸锭中心线
2	圆→（平砧）方→（型砧）圆		较好	
3	圆→圆（上平砧，下V形或弧形砧）	提高金属塑性	好	
4	圆→圆（上、下V形或弧形砧）	显著提高金属塑性	最好	锻造坯料直径范围受限

（3）对于空心锻件的变形工艺的拟订，可参考表 2-28 中的方案。

表 2-28 空心锻件的变形方案

尺寸关系	$\frac{D}{d}\geqslant 2.5$ $\frac{H}{D-d}<1$	$\frac{D}{d}\leqslant 2.5$ $\frac{H}{D-d}=0.4\sim1.7$	$\frac{D}{d}\leqslant 1.6$ $\frac{H}{D-d}>1$	$\frac{D}{d}\geqslant 1.5$ $\frac{H}{D-d}>1$
简图	D d H	d D H	D d H	d D H
变形方案	镦粗→冲孔	（1）镦粗→冲孔→扩孔； （2）镦粗→冲孔→芯轴拔长	镦粗→冲孔→扩孔	镦粗→冲孔→芯轴拔长

2.5.3.4 工序尺寸设计

工序尺寸设计和工序选择是同时进行的，因此，确定工序尺寸时

应注意以下几点:

（1）遵循体积不变定律，工序尺寸必须符合各工序的工艺要点;

（2）必须估计到各工序变形过程中坯料的尺寸变化，留足拉缩量和保险量等;

（3）必须保证各部分有足够的体积;

（4）多火次锻打时，应考虑中间各火次加热的可能性，如考虑工序尺寸、中间火次、装炉和锻件外露部分的问题;

（5）必须留足最后的锻件修正量，以使锻件表面光滑和长度尺寸合适;

（6）长轴类零件要求长度方向尺寸很准确时，必须估计到在修整时长度尺寸会略有延伸;

（7）轴类锻件的切头量要符合规定。

2.5.4 编写工艺卡片

工艺卡片是工人操作、生产和检验锻件的依据，是生产中的主要技术文件。编写工艺卡片时需要把锻造过程的各道工序和工步按生产顺序编写出来，并要注明工序或工步名称、所使用的工具和设备、工步简图和尺寸以及工时定额等。工艺规程卡片一般包括：锻件名称，锻件简图，毛坯规格、质量和尺寸，合金牌号，工序或工步名称和简图，工具和设备，加热、冷却规范，锻造温度范围，工时定额等内容。

3 铝合金模锻技术

3.1 铝合金模锻件的分类

模锻工艺和模锻方法与锻件外形密切相关。形状相似的锻件，模锻工艺流程、锻模结构和模锻设备基本相同。为了便于拟订工艺规程，加速锻件及锻模的设计，应将各种形状和模锻件进行分类。目前铝合金模锻生产多采用液压机上模锻，因而这里主要根据液压机上模锻进行分类。目前比较一致的方法是按照锻件外形和模锻时毛坯的轴线方向进行分类。铝合金模锻件按外形可分为等轴类和长轴类两大类，如表3-1所示（生产工步可参见表1-18）。

表3-1 铝合金模锻件分类

类别	组别	锻件简图
等轴类锻件	简单形状(饼形或圆盘形)	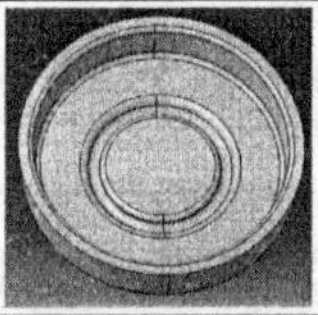 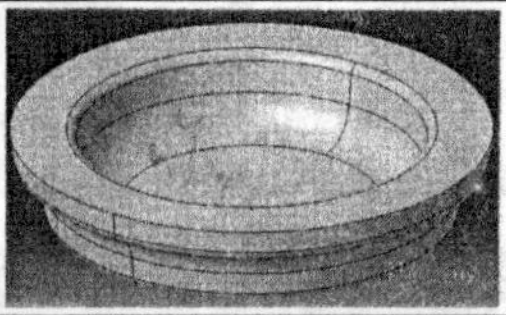
	较复杂形状（有凸台的圆盘形）	 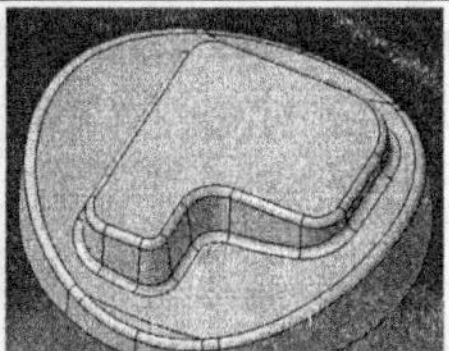
	复杂形状(桶形、圆环形、有凸台的杯形)	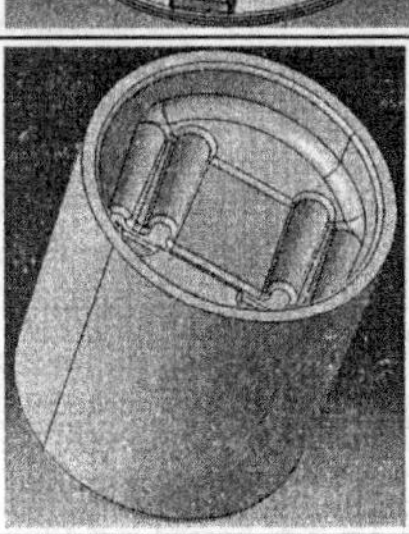 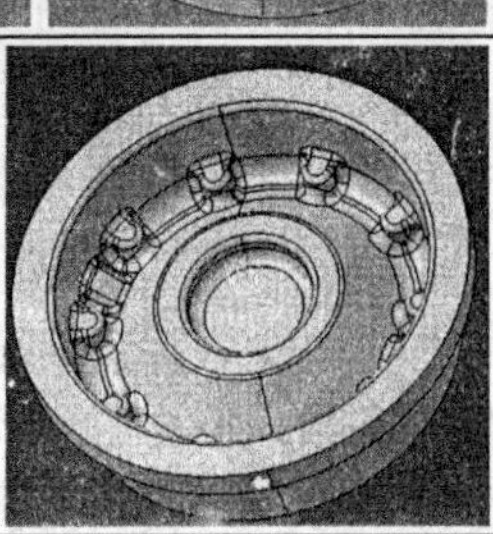

续表 3-1

类 别	组别	锻 件 简 图
长方形、长轴类锻件	直长轴类锻件	
	弯曲轴类锻件	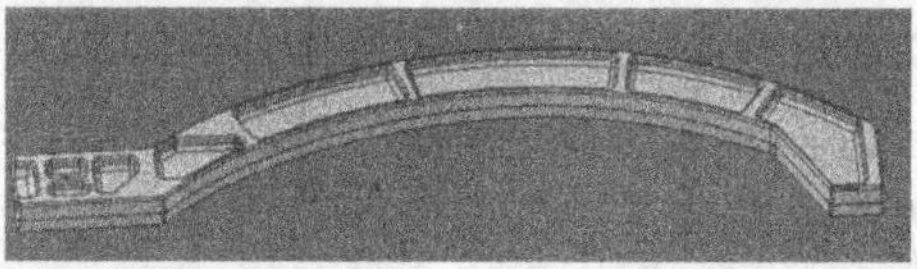
	枝芽类锻件	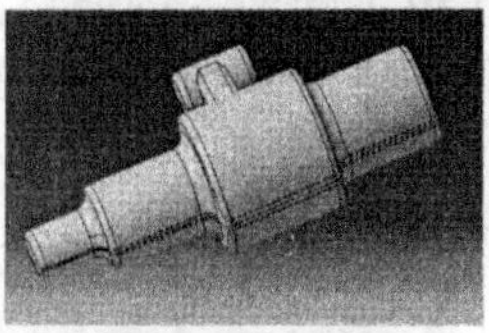 
	带中心孔或叉类锻件	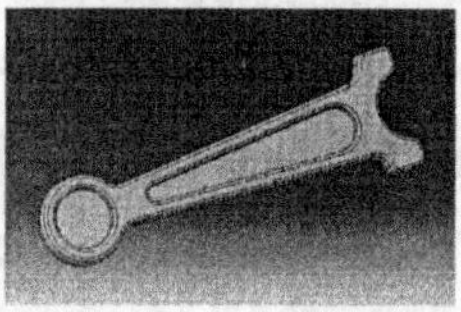 

等轴类锻件一般指在分模面上的投影为圆形或长、宽尺寸相差不大的锻件。属于这一类的锻件其主轴线尺寸较短，在分模面上锻件投影为圆形或长宽尺寸相差不大。模锻时，毛坯轴线方向与压力方向相同，金属沿高度、宽度和长度方向均产生变形流动，属于体积变形。模锻前通常需要先进行镦粗制坯，以保证锻件成形质量。圆饼类锻件按其形状复杂程度又分为简单形状、较复杂形状和复杂形状 3 组，如表 3-1 所示。

长轴类锻件的轴线较长，即锻件的长度尺寸远大于其宽度尺寸和高度尺寸。模锻时，毛坯轴线方向与压力方向相垂直，在成形过程中，由于金属沿长度方向的变形阻力远大于其他两个方向，因此金属主要沿高度和宽度方向流动，沿长度方向流动很少（即接近于平面变形方式）。因此，当这类锻件沿长度方向其截面面积变化较大时，必须考虑采用有效的制坯工步，如局部拔长、辊锻、弯曲等，使坯料形状接近锻件的形状，坯料的各截面面积等于锻件各相应截面面积加上毛边面积，以保证模膛完全充满且不出现折叠、欠压过大等缺陷。

圆盘形和长轴类锻件是铝合金模锻件最常见的一种类型，品种多、形状复杂。圆盘类按锻件外形、主轴线、分模线的特征可分为三组，见表3-1，长轴类锻件的分类简图及工艺特征列于表3-2。

表3-2 长轴类锻件的分类简图及工艺特征

组别	特 征	简 图	工艺过程特征
直长轴类锻件	这类锻件的主轴线和分模线为直线状的		一般采用局部拔长制坯或辊锻制坯
弯曲轴锻件	这类锻件的主轴线与分模线，或二者之一呈曲线或折线状		采用拔长制坯或拔长加滚挤制坯，再加上弯曲制坯或成形制坯
枝芽类锻件	这种锻件上通常带有突出的枝芽状部分		终锻前除可能需要拔长制坯外，为便于锻出枝芽，还可能进行成形制坯（毛压）或预锻
叉类锻件	锻件头部呈叉状，杆部或长或短		采用拔长制坯或拔长加滚挤制坯，对杆部较短的叉形锻件，除需要拔长或拔长加滚挤制坯外，还得进行弯曲制坯。而杆部较长的叉形锻件，则不必弯曲制坯，只需采用带有劈开平台的预锻工步

3.2 铝合金模锻件设计

模锻件图是模锻生产方式、模锻工艺过程规范制定、锻模设计、锻模检验及锻模制造的依据。模锻件图是根据产品图设计的，分为冷模锻件图和热模锻件图两种。冷模锻件图用于最终锻件的检验以及热锻件图和校正模的设计，也是机械加工部门制定加工工艺过程，设计加工夹具的依据。热模锻件图用于锻模设计和加工制造。热模锻件图是以冷模锻件图上各尺寸相应地加上热膨胀系数绘制的。锻件图一般指冷模锻件图。设计模锻件图时一般应考虑解决下列问题：在不同模锻设备上获得模锻件的过程一般都相同，即都是在模锻件图上确定分模面位置、考虑机械加工余量和锻件公差、模锻斜度、圆角半径，冲孔件还要设计冲孔连皮，就可以设计冷模锻件图样了。但在考虑分模面、余量和模锻斜度等方面，对于不同的模锻设备并不完全一致，要考虑各自特点。

目前铝合金模锻生产多采用液压机开式模锻，因此，这里主要介绍液压机模锻时模锻件的设计。

3.2.1　铝合金模锻件设计的原则

铝合金模锻件设计必须考虑以下几点：

（1）模锻件材料的工艺特点和物理及力学性能；

（2）要尽可能使制造模锻件时的金属消耗量最低，操作者的劳动强度最小；

（3）合理地选择模锻件的各个结构要素：分模面、腹板厚度、模锻斜度、圆角半径、连接半径、过渡半径、腹板的宽厚比和筋的宽高比等；

（4）模锻件相邻各截面之间要避免过渡过于剧烈，尤其是要使相距很近的两个截面面积不能相差太大。

3.2.2　模锻件设计的主要工艺结构要素

设计模锻件图时所遇到的一些主要工艺要素的名称的含义、作用、用途和制定的主要依据，见表 3-3。

表 3-3　主要工艺要素

序号	要素名称	主要含义	作用和用途	制定的主要依据
1	冷锻件图（通常简称锻件图）	说明锻件的形状、尺寸和精度，并附注有技术要求	根据该图检验锻件	根据零件图，并考虑到加工余量、公差、模锻斜度、工艺性能等
2	热锻件图	说明热态下（终锻温度时）的锻件的形状、尺寸和精度	根据该图制造模具（模膛）	根据冷锻件图和冷收缩率

续表 3-3

序号	要素名称	主要含义	作用和用途	制定的主要依据
3	毛边槽及毛边（又称飞边槽及飞边）	沿模膛分模线周围所设置的空槽。毛边即指流入毛边槽的金属	使金属易于充满模膛，可容纳多余金属，毛边有缓冲作用，可减弱上、下模的打击	根据锻件的外形、尺寸，也有根据设备吨位或锻件质量来选择的
4	模锻斜度	指模锻件的内、外侧壁为了脱模而做的斜度	便于取出模锻件	根据锻件的外形尺寸和模具结构（有无顶料器）来选择
5	分模面及分模线	上、下模相接触的表面称为分模面。该面和锻件的交线称为分模线	闭合时保证成形，分开后可放入坯料或取出锻件	根据零件形状、设备特点和模锻方法选定分模面
6	凸圆角半径（又称外圆角半径，或统称圆角半径）	锻件上向外凸出的圆角半径，也就是模膛凹入部分的圆角半径	避免模具因应力集中而破坏，使金属易于充满	根据模槽深度及其与宽度的比值来选取
7	凹圆角半径(又称内圆角半径，或连接半径)	锻件上向内凹入部分的圆角半径，也就是模具凸出部分的圆角半径	有利于金属流动，减轻模具磨损，防止模具压塌	根据模槽深度及其与宽度的比值来选取
8	过渡半径	锻件侧壁的交界处在水平面上的连接半径	有利于金属流动	取决于模槽深度及交界处在水平面上的夹角大小
9	冲孔连皮	对于具有通孔的零件，模锻时不能锻出通孔，留在孔中的金属就是连皮，然后再冲去	为工艺上所必需，合理选定可避免冲头损坏。有利于金属流动，防止孔内皱折	根据所冲孔的直径和深度选择
10	锻件余量	指锻件与零件相比，多余金属层的厚度（用两者名义尺寸差表示）	供切削加工用	根据零件形状、尺寸、用途和锻造方法确定

3.2.3 分模线的选择与流线特征

通常模锻件都在两块或两块以上的模块所组成的模具型槽中成形。组成模具型槽的各模块的分合面称为锻模的分模面。分模面与模锻件表面的交线称为模锻件的分模线。分模线是模锻件的最重要、最基本的结构要素。模锻件分模线位置合适与否，不仅关系到模锻件质量、锻造操作和模锻件原材料利用率，而且关系到模具和模锻件的制造周期和成本费用等一系列问题。因此，分模线的设计是模锻件设计中必须首先解决的一项任务。

3.2.3.1 分模线的形状设计

根据零件形状的特点和锻造工艺的需要，分模线按其形状可分为以下几种。

A 直线分模线

直线分模线是平直的，且分模面均在同一平面上。它是最常见和最简单的分模线。其特点是制模简单，有利于锻造操作和锻后切毛边。直线分模线适用于外形简单或外形复杂但主体平直的模锻件。

某些模锻件的分模线可设在模锻件高向的任意位置。如果模锻件由分模线一边的型槽来成形，此种分模称为单面分模；如果模锻件的形状虽在分模线的一边成形，但形腔是由分模线两边的型槽合成，此种分模称为端面分模（又称为筋顶分模）；介于上述两者之间的分模，称为中间分模。采用单面分模时制模简单，没有上、下模错移，模锻件有较高的精度，但流线不够理想，筋顶处容易产生充填不满。端面分模对槽形件的流线比较理想，但上、下面均需加工出型槽，产生错移后也不易发现。中间分模的特点则介于上述两种分模之间。

B 折线分模

由两个或两个以上不在同一平面的分模面与模锻件表面相交组成的分模线称为折线分模。它的特点是制模较平直分模复杂，一般在使用时容易产生模具错移，通常模具应有防止错移的锁扣。

C 弯曲分模线

凡是呈弯曲或兼有直线和弧形曲线的分模线，都统称为弯曲分模线。它的特点是分模面不是平面而是各种形状的曲面或曲面与平面的组合。因此，模具制造较折线分模线模具更为复杂。它的优点是适应零件形状和锻造工艺的需要，可以锻出复杂的模锻件，并达到节约原材料和减少机械加工工时的目的。同样，在使用弯曲分模时也容易产生模具错移，模具必须有防止错移的锁扣和导壁。

3.2.3.2 选择分模线位置的基本原则

模锻件分模位置的选择主要应遵守以下一些基本原则：

（1）保证模锻件能容易从模膛中取出。即在模锻件的侧表面上不得有内凹形状，并应有一定的斜度。锻件上的凹形只能在沿着压力的方向上得到。

（2）有利于金属充填模具型槽，尽可能多地获得镦粗充填成形的良好效果。分模面的位置应使模膛的深度最小和宽度最大。因为宽而浅的模膛是以镦粗方式充满的，窄而深的模膛是以压入的方式充满的；前者比后者易于充满模膛。所以在一般情况下，分模线应选择在模锻件的最大水平投影尺寸位置上。这样，模膛的深度最小，金属易于成形。

（3）由于铝合金模锻件金属流动方向是决定一个模锻件力学性能好坏的关键因素之一，多数铝合金模锻件均要求检验金属流线方向，应尽可能使金属流线沿模锻件截面外形分布，避免纤维组织被切断。同时还应考虑模锻件工作时的受力情况，应使纤维组织与剪应力方向相垂直。因此选择分模线位置时特别还要考虑到变形均匀。如尽可能选用筋顶分模（图 3-1*a*），以反挤法成形，流线沿着锻件的外形分布是理想的。当以压入法成形时，如图 3-1*b* 所示的分模面，在内圆角处容易形成折叠、穿流以及不均匀的晶粒结构，这是不正确的。

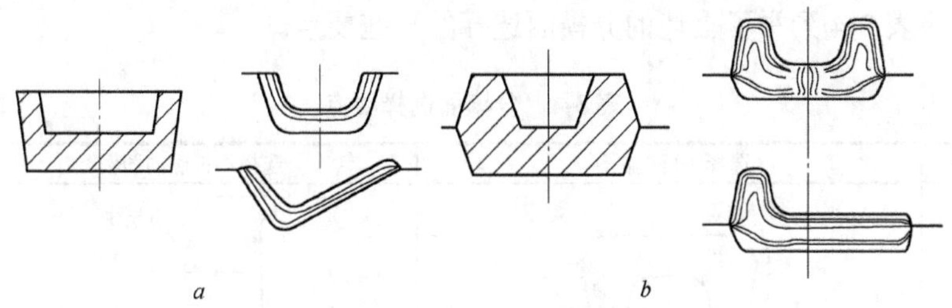

图 3-1 有流线方向要求的模锻件分模位置

a—合理；*b*—不合理

（4）使模具结构简单，制造方便，并能提高模锻件精度。最好使分模面为一水平面或最大限度接近于一个平面。平面分模面与曲面分模面相比，模具装备造价低，模锻过程易于进行，模锻件检验方便、废品率少。另外，在保证模锻件质量的前提下，对能在一个型槽成形的简单模锻件，应将分模位置定在模锻件顶端平面上，使锻件位于一扇模中，这样既能降低模具造价，又能避免错移，提高模锻件精度。

（5）要易于发现上、下模错移。应尽可能使位于分模面处的上、下模膛的形状一样，并且要避免选在过渡面上。否则，上、下模如有错移现象，就不易发现，不能及时纠正。

（6）不改变零件基本形状，尽量模锻出非加工表面，对加工表面也应尽量减少模锻件凹槽和孔等的机械加工余量，使模锻生产过程中的所需金属量最省。

（7）由于毛边处的金属流动最不均匀，所以尽可能不要位于零件工作时受载最大的位置。

（8）弯曲零件的分模面可以位于弯曲面上。但是，一般情况下弯曲的一面最好是位于水平面上，宁可弯曲坯料，以避免模锻时产生很大的侧推力及在模锻后锻件的回弹变形。

（9）应使切边、放料等操作方便。有切边模时，应使切边时定位方便，切边模结构简单。用带锯切边时，沿锻件分模线的周边要避免小于 90° 的转弯，亦即模锻周边应为一凸多边形。

（10）对薄形模锻件，选择分模线位置要确保切边时有足够的定位高度。对于折线和空间曲线分模，应使它的各部分与水平面之间的夹角不大于 60°，这样布置分模面，可以改善模锻和切边的条件。

表 3-4 列举了上述的分模面选择的一些要点。

表 3-4　分模面选择要点

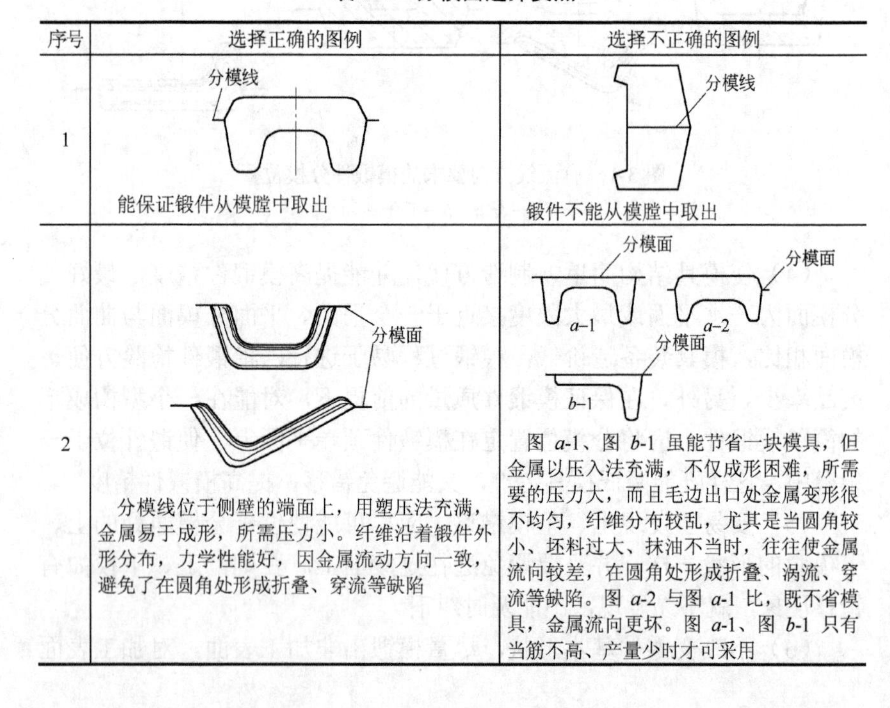

序号	选择正确的图例	选择不正确的图例
1	能保证锻件从模膛中取出	锻件不能从模膛中取出
2	分模线位于侧壁的端面上，用塑压法充满，金属易于成形，所需压力小。纤维沿着锻件外形分布，力学性能好，因金属流动方向一致，避免了在圆角处形成折叠、穿流等缺陷	图 *a*-1、图 *b*-1 虽能节省一块模具，但金属以压入法充满，不仅成形困难，所需要的压力大，而且毛边出口处金属变形很不均匀，纤维分布较乱，尤其是当圆角较小、坯料过大、抹油不当时，往往使金属流向较差，在圆角处形成折叠、涡流、穿流等缺陷。图 *a*-2 与图 *a*-1 比，既不省模具，金属流向更坏。图 *a*-1、图 *b*-1 只有当筋不高、产量少时才可采用

续表 3-4

序号	选择正确的图例	选择不正确的图例
3	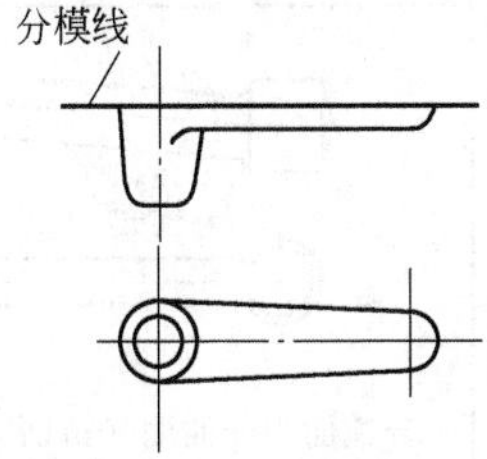 分模线 使锻件位于一扇模中，这种布置分模面的优点是：模具造价低（节省一块模具），能提高锻件精度，避免锻件错移	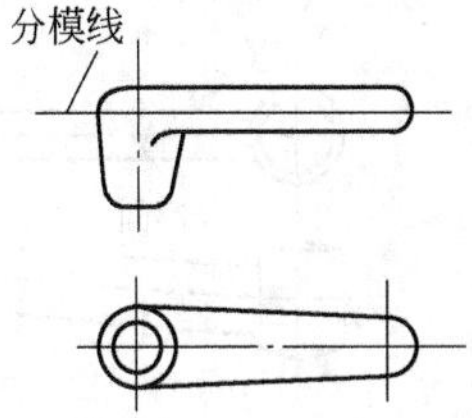 分模线 锻件位于两扇模中，模具造价高。此外在两扇模中锻造时易使锻件产生错移
4	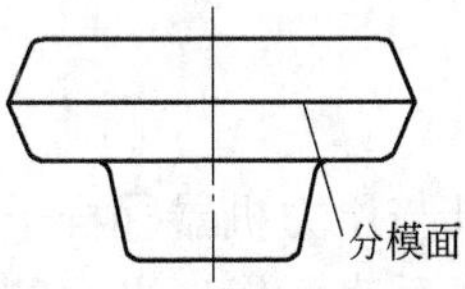 分模面 该分模面的优点是：模具制造简单，可用镦粗坯料模具，使锻件纤维良好，并能减少毛边的金属耗量。同时，容易充满模膛，便于带锯切边	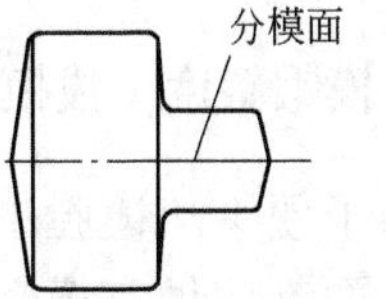 分模面 该分模面的缺点是：制模复杂，制备精确的坯料困难，所形成的毛边不均匀，增加了金属耗量，带锯切边困难
5	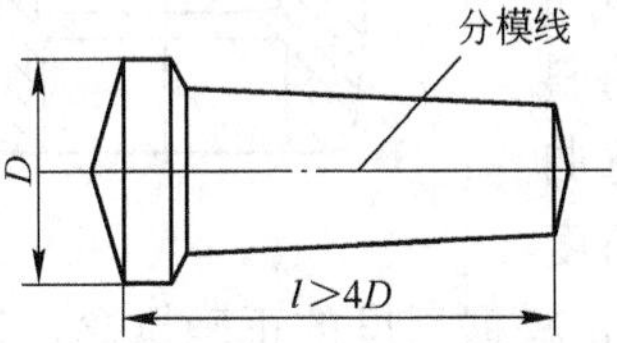 分模线 D $l>4D$ 制模容易，工艺操作简单，可延长模具寿命	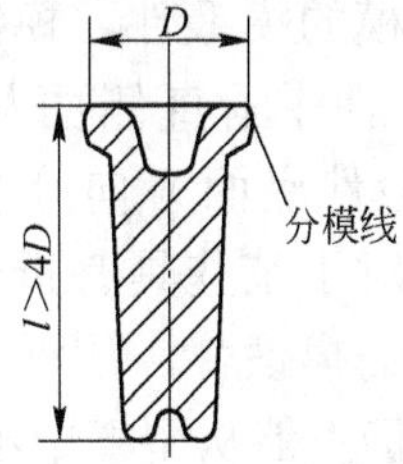 D 分模线 $l>4D$ 虽然可以节约金属，但模膛过深，势必增加模具高度和模壁厚度。另外，由于模膛太深，成形困难，不易出模，生产效率低
6	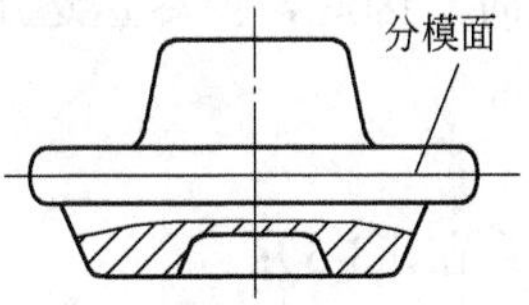 分模面 分模面位于零件最大周长侧表面的中部，其优点是：上、下模膛都不太深，容易出模，容易发现错移	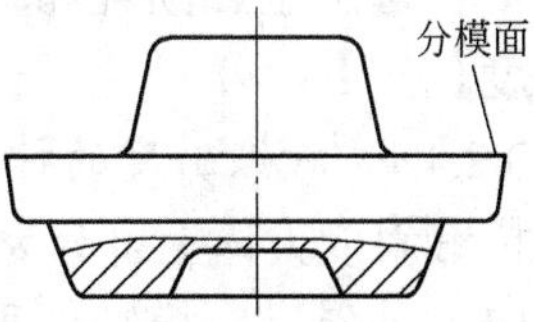 分模面 分模面位于零件的过渡面上，其缺点是下模太深，出模困难，特别是分模面位于过渡面上，不易发现错移

续表 3-4

序号	选择正确的图例	选择不正确的图例
7	分模面 弯曲零件的分模面为一平面。这样布置分模面，制模简单，工艺操作方便，切边容易	分模面 分模面为一曲面（折面），需要设计导壁、锁扣来平衡水平分力，这样既增大了模块尺寸，又使制模复杂化，同时，不利于摆料和切边

3.2.4　模锻斜度（拔模斜度）

为了便于从模膛中取出模锻件，凡与压力机器行程平行的模锻件所有表面都应做有模锻斜度。模锻件上垂直于锻造平面的侧壁上所添加的斜度和可起出模作用的固有斜度，统称为模锻斜度，见图 3-2。对于水平分模的模锻件，模锻斜度一般是指沿模锻件垂直侧面从模锻件顶面（或模锻件底面）向分模面增大的斜角。但对于某些具有折分模线或弯曲分模线的模锻件，这样设置模锻斜度模锻件仍不能从型槽中出模。因此，模锻斜度的正确概念，应该是模锻件侧面相对于锻造方向的夹角。只有这样，才能确保模锻件顺利地从型槽中出模。模锻件的垂直壁上添加斜度，是为了脱模方便，但加斜度后会增加金属损耗和机械加工工时，因此，要尽量选用最小的模锻斜度。

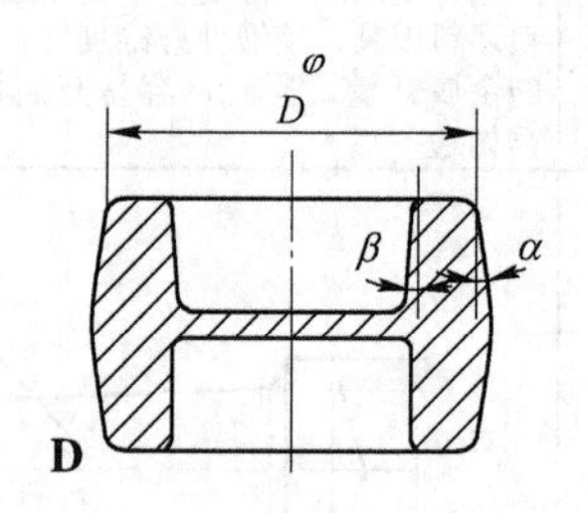

3.2.4.1　模锻斜度的种类

模锻斜度大体上可分为以下几类（见图 3-3）：

（1）外斜度。模锻件垂直部分外侧面上的斜度。当模锻件自锻造温度冷却时，有外斜度的外侧面金属会因收缩而与型槽壁分离。

（2）内斜度。模锻件垂直部分内侧面上的斜度，也包括用于凹

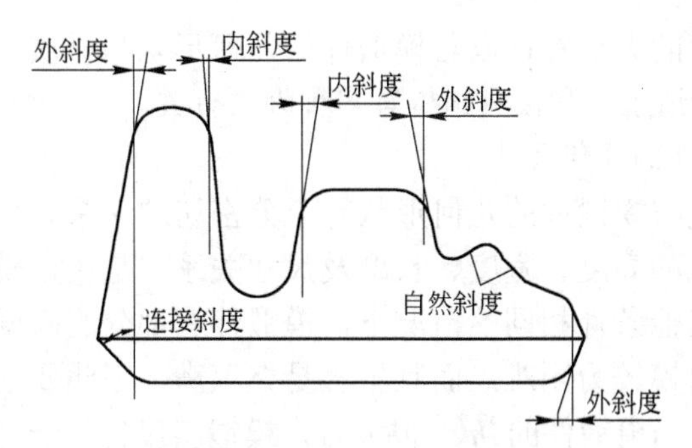

图 3-3 模锻件上的各类模锻斜度

槽、内孔壁的斜度。当模锻件锻造温度冷却时，有内斜度的侧面朝型槽凸出部分的方向收缩而与型槽壁贴紧。

（3）配合斜度（匹配斜度或连接斜度）。为了在分模线一侧与另一侧的模锻斜度相互匹配而加大了的斜度。从图 3-3 可看出，匹配斜度主要为了使在模锻件分模线两侧的模锻斜度相互衔接，匹配斜度的大小与具体锻件有关。

（4）自然斜度。模锻件本身固有的倾斜面，不用添加斜度即可自然出模，这种倾斜面的斜度称为自然斜度。比如在直径平面上采用直线分模的圆截面体（球、圆柱体、椭圆柱体等）的弧面，也属于具有自然斜度。自然斜度还可以根据锻造方向，将模锻件倾斜一定的角度来获得。

（5）零斜度（无斜度）。等于或略大于 0° 的模锻斜度。零斜度也称无斜度。所谓略大于 0° ，是指允许有一定的上偏差范围，一般为 30′ ～1° 。零斜度主要是为了使模锻件的一些特定表面不再经机械加工或只经小余量加工，并获得没有流线末端外露的理想流线，以提高抗应力腐蚀的能力。

3.2.4.2 模锻斜度的度量、标准系列及作图法

为了统一锥形铣刀的锥度以利模具型槽的加工，模锻斜度均全部标准化。标准系列通常为 30′、1° 30′、3° 、5° 、7° 、10° 、12° 、15° 。一般不超过 15° 。模锻斜度的公差值一般为±30′和±1° 。

3.2.4.3 影响模锻斜度的因素

模锻斜度是为了便于出模。但加上模锻斜度后会增加金属损耗和机械加工工时，因此，要尽量选用小的模锻斜度。

模锻斜度的大小的选取与模锻件的几何形状和材质、锻造设备、模膛深度、锻造工艺和模具结构等多种因素有关。

A 模锻件的几何尺寸

模锻斜度与模锻件的几何形状有十分密切的关系。设置模锻斜度的那部分体积的高度、宽度、长度及尺寸关系，是决定模锻斜度的主要依据。在其他条件相同的情况下，模锻件有部分的高度大、宽度小时，模锻件出模较为困难，而且不容易充填满。因此要选择大一些的模锻斜度。但当模锻件的 h/d 很大时，模锻斜度也不一定要按比例增大。一般 h/d 达到一定值时，为了减轻模锻件质量，节约金属，减少机械加工，模锻斜度就不需要再加大。这时，可在同一侧面上做成具有两段不同斜度的变换模锻斜度。一般情况下，靠近分模面那一级的模锻斜度做成较大的斜度，其高约为 15～20mm。变换模锻斜度值的选取原则，推荐按表 3-5 选取。

表 3-5 两级模锻斜度

模锻件示意图	h/d 和 h/h_1 的比值	模锻斜度/（°）		
		斜度名称	无顶出装置	有顶出装置
d, α, φ, h, h_1, D	$h/d \geqslant 3$ $h/h_1=3/1$	α	5	3
		φ	7	5

对于兼有内、外模锻斜度的模锻件（如 H、U 等截面及环形的模锻件），锻后冷却的收缩方向不一致。模锻件外壁在冷却时脱离模具型槽表面，有利于出模；而内壁却贴紧模具型槽表面，给模锻件出模增加困难，因此，内模锻斜度应大于外模锻斜度。

模锻斜度的大小还和模锻件上有模锻斜度那部分的长度和形状有关。一般该部分越长、形状越复杂，模锻斜度应取越大。

B 锻造工艺与模具结构

模锻斜度的大小与选用的锻造工艺、模具结构有密切关系。如普通模锻件应比精密模锻件的模锻斜度要大；有顶出装置的比无顶出装置的采用的模锻斜度要小。

C 分模面的选择

模锻斜度的大小与分模线位置的选择有密切关系。尤其是有高筋的盒形件，当其分模线位置选择合理时，往往可使原来需要添加的模锻斜度变为模锻件本身固有的自然斜度。如图 3-4 所示的模锻件，采用腹板底平面分模，故在筋的一侧需添加模锻斜度；模锻件采用沿筋顶分模，致使筋的侧面变成自然斜度，省掉了机械加工余量，节约了毛坯材料。

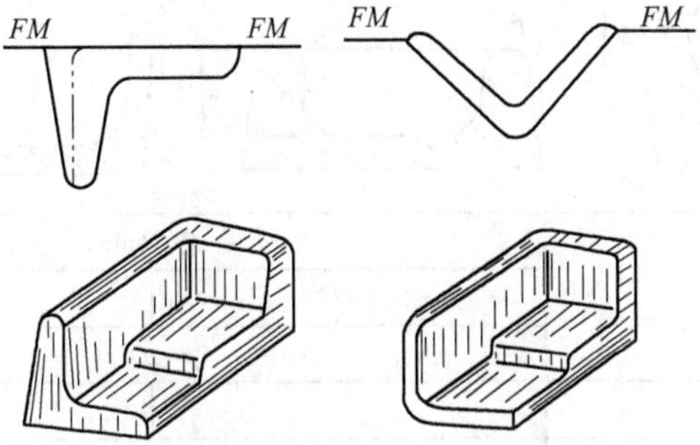

a　　b

图 3-4 改变分模位置而获得的自然斜度

a—直线分模；*b*—折线分模

3.2.4.4 模锻斜度的设计

A 模锻斜度的选择

a 无顶出装置时的模锻斜度

无顶出装置时，铝合金的外模锻斜度和内模锻斜度可按表 3-6 选用。

表 3-6 铝合金模锻件的模锻斜度

(a) 开式截面
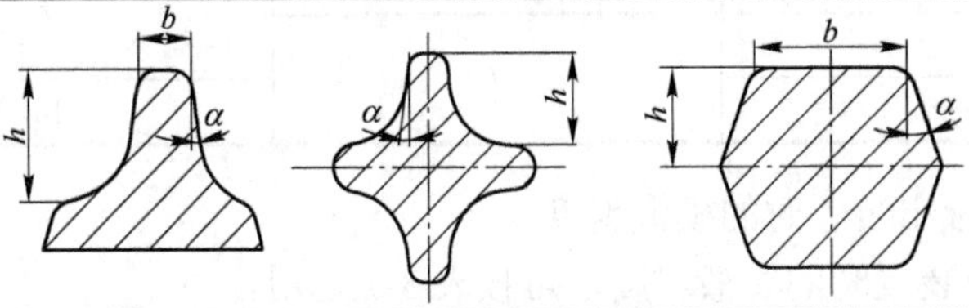

续表 3-6

h/b 或 $h/2R_1$	筋厚/mm	
	<5	>5
	α/(°)	
<2.5	5	3
2.5～4 4～5.5	5	
>5.5	7	

（b）闭式截面

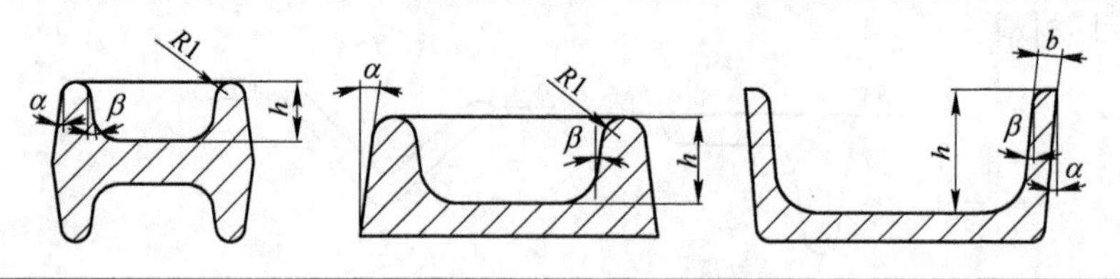

$h/2R_1$	筋厚/mm	
	<5	>5
	α（$\beta=\alpha$）/(°)	
<2.5	5	3
2.5～4 4～5.5	5	
>5.5	7	

（c）回转体形模锻件

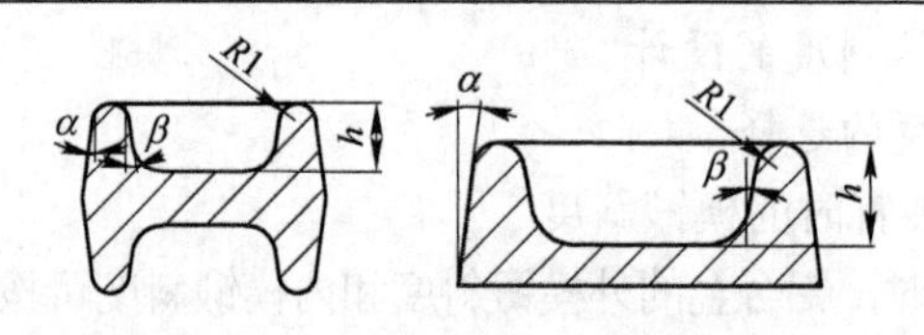

$h/2R_1$	α/(°)	β/(°)
<2.5	5	5
2.5～4		7
4～5.5	7	
>5.5		10

b 有顶出装置时的模锻斜度

有顶出装置时的模锻斜度，可按表 3-7 选用。

表 3-7 有顶出装置时的模锻斜度

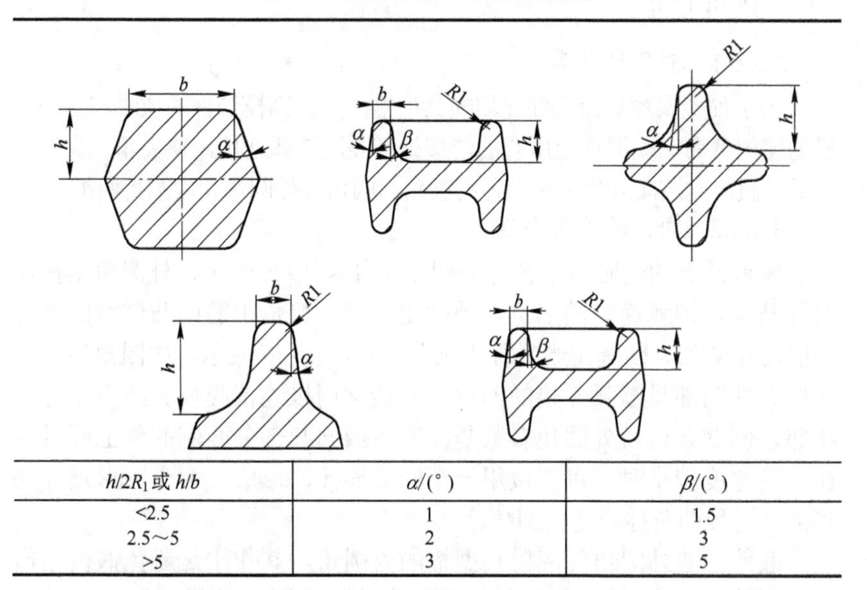

$h/2R_1$ 或 h/b	α/(°)	β/(°)
<2.5	1	1.5
2.5～5	2	3
>5	3	5

B 模锻斜度设计要点

（1）大多数铝合金模锻件的模锻斜度应限制在小于 10°，对非加工表面，应小于 5°为好。如果条件允许应采用小模锻斜度，这样不但可节省大量的机械加工工时及工装设备，而且能使零件保持理想流线不被切断，不产生流线末端外露，从而能提高零件的抗应力腐蚀能力。

（2）合理利用零件的自然斜度，可以大大减小外模锻斜度，同时有利于获得连续的、没有末端外露的流线。

（3）统一同一模锻件上的模锻斜度。当按表 3-5、表 3-6 选用的内、外斜度（包括同一部位或某些部位）不同时，为了制模方便，应该尽量选用一致的斜度，尤其对窄而高的筋的两端更应该如此。统一斜度还有利于金属的流动。

（4）圆和椭圆截面的模锻斜度。当分模面通过大圆截面（一般超过 100mm）的直径或通过椭圆截面（一般长轴高度超过 100mm）的短轴分模时，由于弧度大，有一段近似直线，不容易出模，应该按图示做切线模锻斜度。其大小一般可选取 1°～3°。

（5）考虑锻造工艺和模具结构特点。

3.2.5 圆角半径

3.2.5.1 圆角的种类

为了使金属容易流动和充填模具型槽，并提高模锻件的质量和延长锻模的使用寿命，模锻件上所有的转接处都要用圆弧连接，使尖角、尖边呈圆弧过渡，此过渡处称为模锻件的圆角。圆角分外圆角和内圆角两类。

3.2.5.2 内、外圆角半径

模锻件上的凸圆角半径称外圆角半径，用 r 表示，外圆角是在模锻件凸部呈圆弧连接的部位。外圆角半径一般位于筋或凸台的侧面与顶面的相交处。凹圆角半径称内圆角半径，用 R 表示，内圆角半径是在模锻件凹部呈圆弧连接的部位。它通常用以连接腹板、凹槽底与其相邻之侧壁。内、外圆角多数是在凹下或凸起部分两侧的角上同时存在。当宽度较小时，可直接用一个圆弧连接，形成一个全圆形顶部或底部，这种圆角称为连接圆角。

锻件上的外圆角对应模具型槽的内圆角，其作用是避免锻模在热处理和模锻过程中因应力集中而导致模具开裂，并保证金属充满型槽。外圆角半径对成形过程没有决定性的意义，然而在某种程度上对锻件质量和模具寿命也有一些影响。首先，过小的外圆角半径容易使模膛内部产生热处理裂纹和疲劳裂纹。其次，筋顶的外圆角半径过小，不利于金属填充。在压力机上成形时，上述地方很难充满，而在锤上变形的条件下，对于精确成形则需要多次打击，这无论对于模具寿命，或对锤的工作能力都是不利的。外圆角半径之值取决于模具型槽深度。

锻件上内圆角对应模具型槽上的凸圆角，其作用是使金属易于流动充满型槽，防止产生折叠和型槽过早被压塌。内圆角半径不能太小。对于开式断面，当筋根的内圆角半径偏小时，将使模具压塌（见图 3-5）。压塌部分不仅削弱了筋的强度，而且使金属流入筋内的条件变坏。对于分模线位于上端的槽型断面，当内圆角半径偏小时，在筋根处也会形成类似的压塌。闭式断面筋的连接半径偏小时，除了使筋的充填条件变坏之外，还导致形成严重的折叠和穿流（见图 3-6），这是由于金属已经充满了有筋的模膛之后，多余的金属通过筋与腹板的交角处流入毛边槽的结果。同时锻件内圆角半径过小，则金属流动时形成的纤维容易被割断，导致力学性能下降（见图 3-7）。内圆角半径若

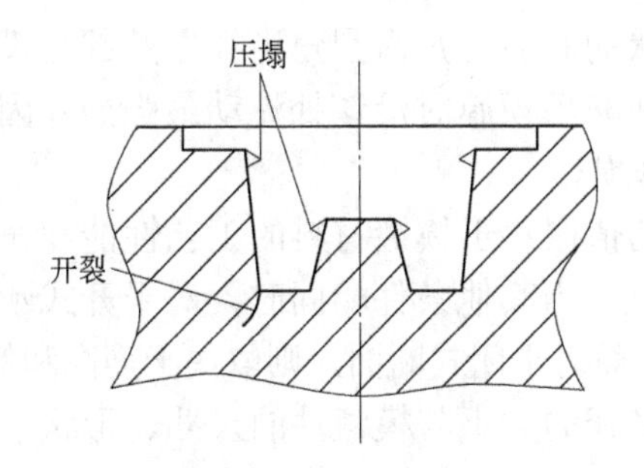

图 3-5 圆角半径过小对锻造模具的影响

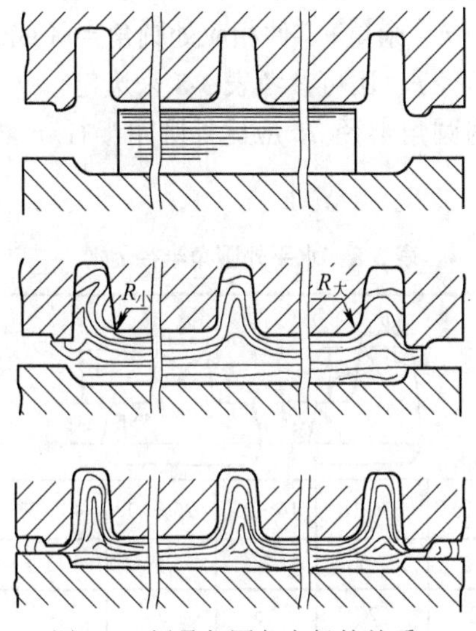

图 3-6 折叠与圆角半径的关系

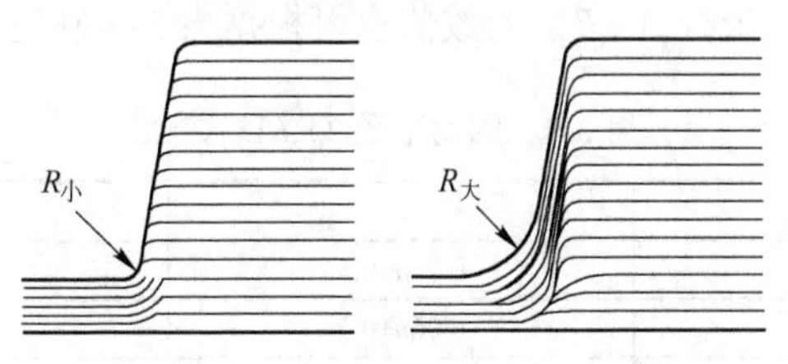

图 3-7 圆角半径对金属流线的影响

过大，将增加机械加工余量和金属损耗，对某些复杂锻件，内圆角半径过大，使金属过早流失，造成局部充不满。

无论何种形状的断面，凡内圆角半径之处都是模膛磨损最严重的地方，因为金属在充填模膛时沿该处流动最强烈。因而内圆角半径不足，将很快产生磨损。

内圆角半径的值取决于模锻材料的工艺性能和充填筋时流过内圆角半径处的金属量。当其他条件相同时，对于开式断面，内圆角半径的值取决于筋高；而对于闭式断面，则取决于筋高和筋间距。

因而，圆角半径的大小与模锻件的尺寸、形状、材料的工艺性能有关，模锻件高度尺寸大，外圆角半径应加大。为保证模锻件外圆角处有必要的加工余量，可按下式计算外圆角半径 r。

$$r = 余量+零件相应处圆角半径或倒角$$

确定外圆角半径 r，还可参考表 3-8 来选定。

模锻件上的内圆角半径 R 应比外圆角半径 r 大，一般取 R=(2～3)r。

表 3-8 水平外圆角半径 r (mm)

b/h \ 凸台高度 h	＜10	10～16	16～25	25～40	40～63	63～100	100～160
0.5～1	2.5	2.5	3	4	5	8	12
＞1	2	2	2.5	3	4	6	10

另外，圆角半径（r,R）的数值也可根据表 3-9 确定。

表 3-9 圆角半径（r,R)的数值

h/b	r	R
≤2	$0.05h+0.5$	$2.5r+0.5$
＞2～4	$0.06h+0.5$	$3.0r+0.5$
＞4	$0.07h+0.5$	$3.5r+0.5$

为了制造模具时便于选用标准化刀具，圆角半径可按下列标准选定：1mm、1.5mm、2mm、3mm、4mm、5mm、6mm、8mm、10mm、12mm、

15mm、20mm、25mm、30mm。圆角半径大于15mm时，逢5递增。

3.2.6 冲孔连皮

铝合金模锻件不能直接锻出透孔，必须在孔内保留一层连皮（见图3-8），然后在切边压力机或车、钻床上冲除或切削掉。

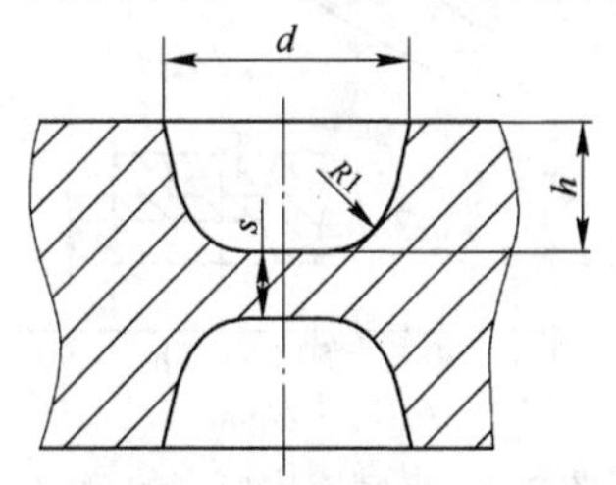

图3-8 模锻件内孔连皮

一般情况下，当锻件内孔直径大于30mm时，要考虑冲孔连皮。连皮厚度应适当，若过薄，锻件容易发生锻不足和要求较大的打击力，从而导致型槽凸出部分加速磨损或打塌；若太厚，虽然有助于克服上述现象，但是冲除连皮困难，容易使锻件形状“走样”，而且浪费金属。所以在设计有内孔的锻件时，必须正确选定连皮形状及尺寸。

3.2.6.1 平底连皮

平底连皮是最常用的连皮形式（见图3-8），其厚度 s 可根据图3-9确定，也可按下式计算：

$$s = 0.45\sqrt{d - 0.25h - 5} + 0.6\sqrt{h} \tag{3-1}$$

式中 d——锻件内孔直径，mm；

h——锻件内孔深度，mm。

连皮上的圆角半径 R_1，因模锻成形过程中金属流动激烈，应比内圆角半径 R 大一些，可按下式确定：

$$R_1=R+0.1h+2$$

3.2.6.2 斜底连皮

当锻件内孔较大（$d>2.5h$ 或 $d>60$mm)时，采用平底连皮则锻件内孔处的多余金属不易向四周排出，而且容易在连皮周边处产生折叠，型槽内的冲头部分也会过早地磨损或压塌，为此应改用斜底连皮，如图3-10所示。但斜底连皮周边的厚度增大，切除连皮时容易引起锻

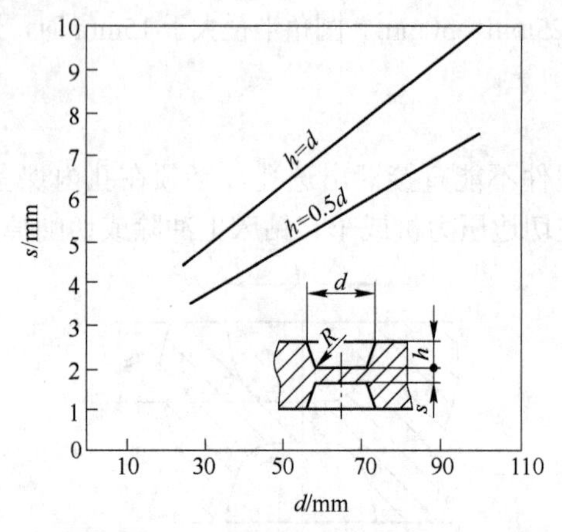

图 3-9 平底连皮厚度的确定

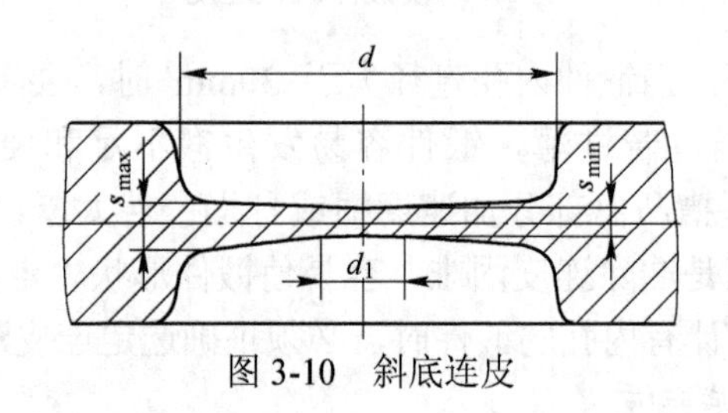

图 3-10 斜底连皮

件形状“走样”。斜底连皮有关尺寸如下：

$$s_{大}=1.35s$$

$$s_{小}=0.65s$$

$$d_1=0.12d+s \quad 或 \quad d_1=(0.25\sim0.3)d$$

式中，s 按平底连皮计算。d_1 的大小应考虑到坯料在模膛中的定位情况，以及凸模上的斜度，应便于排除多余金属。

3.2.6.3 带仓连皮

若锻件形状复杂，需经预锻和终锻成形，在预锻型槽中可采用斜底连皮，而在终锻型槽中则可采用带仓连皮（图 3-11)，以便于切边时冲除。

带仓连皮的厚度 s 和宽度 b，按毛边槽桥部高度 h 和桥部宽度 b 确定，仓部容积应足够容纳预锻后斜底连皮上多余的金属。带仓连皮的优点是周边较薄，可避免冲切时的形状“走样”。

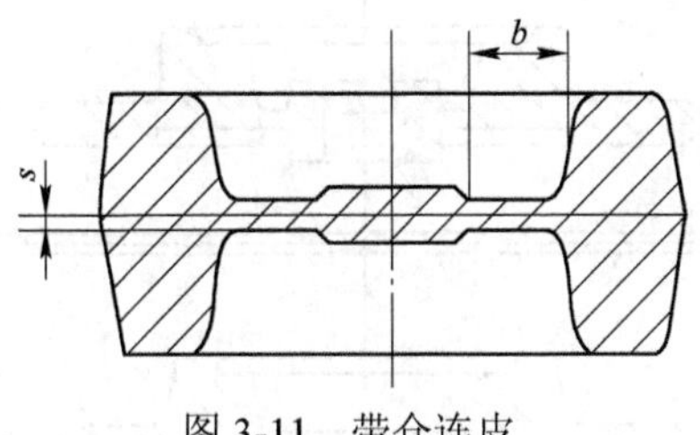

图 3-11 带仓连皮

3.2.6.4 拱底连皮

若锻件内孔很大（$d>15h$），而高度又很小，金属向外流动困难，这时应采用拱底连皮（又称拱式带仓连皮），见图 3-12，可促使孔内金属排向四周，又可容纳较多的金属，避免产生折叠或穿筋等缺陷，减轻冲头磨损，减小锻击变形力，切边时也较容易。拱底连皮厚度和圆角半径按下式确定：

$$s=0.4\sqrt{d}\text{；}R_1=5h$$

R_2 由作图确定。

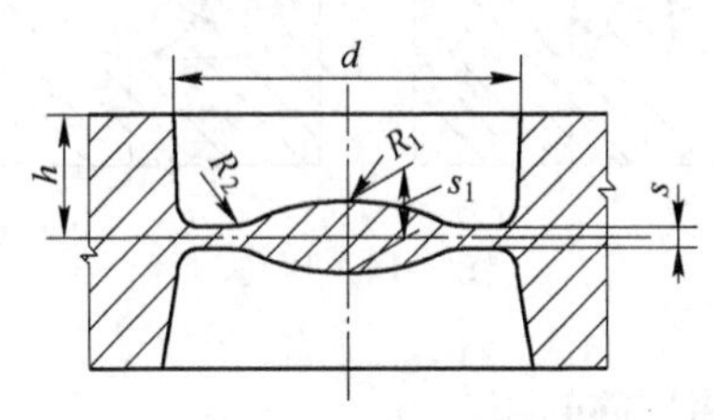

图 3-12 拱底连皮

为节省金属损耗，也可采用复合模锻方法，把连皮用来生产小锻件（图 3-13）。

3.2.6.5 盲孔

当锻件内孔直径较小（$d<25$mm）且较深时，例如连杆小头的内孔，模锻不易锻出连皮，一般可改为只在锻件上压出凹坑，模锻后不再将孔冲穿，锻件上留下盲孔，通孔可在机械加工时获得，如图 3-14 所示。其目的不在于节省金属，而是通过压凹变形减少锻件在该部分的断面面积，有助于充满终锻模膛，但这种不通孔对机械加工而言并不完全有利。

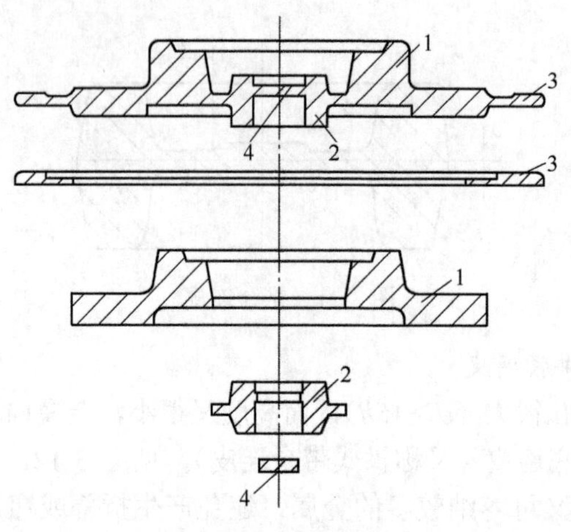

图 3-13 复合模锻

1—大锻件；2—小锻件；3—毛边；4—连皮

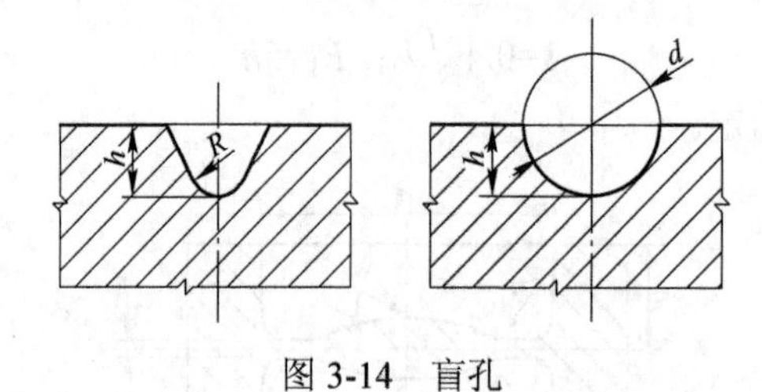

图 3-14 盲孔

3.2.7 腹板厚度、筋与筋间距

3.2.7.1 筋、凸台和腹板的定义与形式

航空用铝合金模锻件有很多带有筋和凸台，筋和凸台都是锻件自腹板朝锻压行程方向凸出的部分，可在上模、下模或上、下模内锻出。筋多数是零件的加强结构，长度一般超过高度并大于宽度的三倍以上；而凸台是连接、支承部分，其长、宽、高尺寸或直径和高度大致相等。筋的形式按其位置分为周边筋、中心筋、正交筋和复合筋（图 3-15）。

连接筋、凸台或其他凸起部位之间呈薄板状的部分称为腹板。腹板通常是平板形并与锻造平面一致。按凸起部分包围封闭程度的不同，腹板可分为无限制和有限制两种。无限制腹板中的金属是完全或

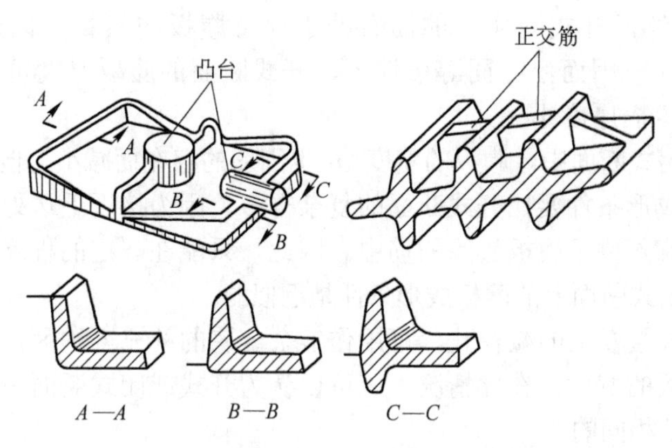

图 3-15 筋与凸台的形状与位置

基本不受筋和其他凸出部位的阻碍，由腹板流向毛边；而有限制腹板中的金属则是基本或完全受筋和其他凸出部位的阻碍，不能由腹板自由流向毛边。

带筋和腹板的锻件，在保证锻件的强度和刚度的条件下，减少筋和腹板的尺寸，可使锻件减轻。但是，如果筋较窄，腹板较薄，则对金属充满模膛较为困难，所需的模锻力也将急剧增大，同时也易于产生质量缺陷。因为这时锻件的每一单位体积的表面积较大，金属流动受到较大的摩擦阻力，而锻件的温度也易于降低。因此，筋和腹板的尺寸不能太小，应从模锻要求出发加以限制。

3.2.7.2 腹板厚度

腹板厚度是模锻件的一个主要结构要素，一方面要考虑到减轻锻件质量，尽可能使腹板不加工；另一方面要考虑到获得最小腹板厚度的可能性。

最小腹板厚度的确定，主要取决于模锻件材料的物理性能、工艺性能、腹板的宽厚比、腹板的长宽比和腹板的面积。在其他条件相同的情况下，腹板的面积越大，则其厚度应越大，腹板的长宽比越大，则其厚度越小。

筋与腹板结合，可以形成开式断面或闭式断面。断面的形状对腹板厚度有较大的影响，在开式断面中，腹板的宽度因筋的存在而减小，实际宽度等于 $a_1=a-a_2$，而 a_1/s 小于同样宽度的平面断面的

a/s。此外，开式断面上的筋有助于保持腹板的热量，因此改善了模锻条件。因而，在同等条件下，开式断面的腹板厚度可以比平板断面的腹板厚度小。

在闭式断面中，腹板的宽度 a_1 也因筋的存在而减小，但此处薄的腹板的成形条件要比开式断面的复杂得多，因为接近毛边处的多余金属很难流入位于腹板边缘的筋中。因此，只能在一定的程度上认为，开式和闭式断面上的薄板成形条件是近似的。

闭式腹板上的减径孔，可用作多余金属的补充容纳区，实际上减小了腹板的宽度。在此情况下，可以认为开式或闭式断面中的薄腹板的成形是相同的。

为了有效地利用减径孔作为多于金属的容纳区，孔的面积应不小于薄的腹板面积的 50%。

铝合金模锻件腹板厚度允许最小尺寸如表 3-10 所示，Ⅰ为开式断面，Ⅱ为闭式断面。

表 3-10　各种断面的腹板厚度 s　(mm)

模锻件在分模面上的投影面积/cm²	≤25	＞25～80	＞80～160	＞160～250	＞250～500	＞500～850	＞850～1180	＞1180～2000	＞2000～3150
Ⅰ	1.5	2.0	2.5	3.0	4.0	5.0	5.5	7.0	8.0
Ⅱ	2.0	2.5	3.0	3.5	4.5	5.0	6.5	8.0	9.0

为了使金属能在筋间距较大的闭式断面中容易流动，有时将腹板做成斜面，从腹板中心向筋的方向逐渐变厚。在此情况下，断面中心部分的腹板厚度按下式确定：

对于工字形断面：

$$s_1=s-(L+R)\tan\gamma \tag{3-2}$$

对于槽型断面：

$$s_1=s-1/2(L+R)\tan\gamma \tag{3-3}$$

式中　s——腹板厚度，按表 3-10 确定；

L，R——通常是图纸上已指出的尺寸；

γ——腹板倾角。

3.2.7.3 筋间距

筋和腹板结构的截面形状有开式（L 形、T 形、十字形）和闭式（U 形、H 形）之分，模锻时金属流动规律要根据其截面形状、尺寸具体分析。要获得尺寸精度高、形状准确的锻件，确定合适的分模位置、预制坯料形状和精确的毛坯体积是重要的因素。如成形 H 形截面筋模锻件时，若毛坯体积偏小，金属充填筋顶的阻力又大于向毛边流动的阻力，坯料受压后，大量金属流向毛边槽，筋顶部充不满（图 3-16*b*）；若坯料体积偏大，筋部较容易充填饱满。当筋顶部已充填饱满，腹板仍很厚，继续锻压获得所要求的腹板尺寸时，多余的金属沿腹板方向穿过筋的根部流向毛边槽，致使锻件内部出现涡流、穿流或穿筋，表面产生折叠等缺陷（图 3-16*c*）。只有较精确的毛坯体积和较合理的预制坯料形状，才能得到筋顶充填饱满，毛边的尺寸小，表面和内部均无缺陷的锻件（图 3-16*a*）。

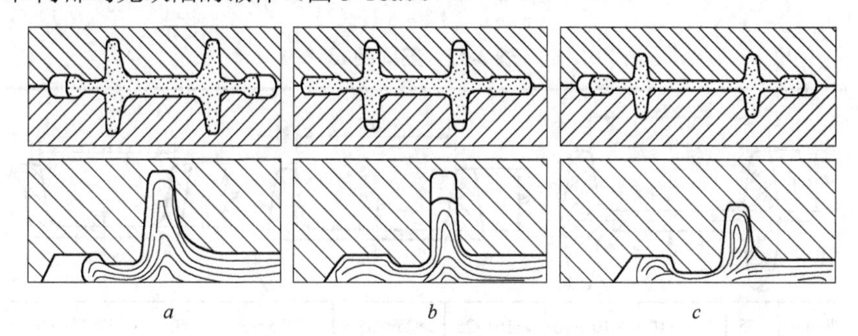

图 3-16 筋与腹板间金属的流动

在开式截面（L 形、T 形）上，筋厚与筋高尺寸有关；而在闭式截面（U 形、H 形）上，筋厚与筋高和腹板长（或宽）度有关。在实践中采用下列数据来设计：筋厚应小于其高度的 1/6.5～1/10；对于高度尺寸不大的筋（约 10mm），通常规定筋厚小于高度的 1/2～1/4。因为太窄的模腔（小于 2mm），模具制造困难。

筋间距对于热模锻变形过程是一个有着显著影响的重要结构要素。一般情况下，最小筋间距主要取决于筋高。筋越高，筋间距应越大；最大筋间距主要取决于连接两筋的腹板厚度 *s*，腹板越厚，筋间距则可以越大。另外，最大和最小筋间距还与锻件材质有关。平行筋的筋间距应大于或等于筋的高度，而环形筋的最小内径则不得小于筋高的 1.5 倍。a_{max} 和 a_{min} 极限尺寸列于表 3-11 中。图 3-17 所示为两筋很高而筋间距过小时造成的锻造模具凸起部位（连接两筋的腹板）过快的磨损。

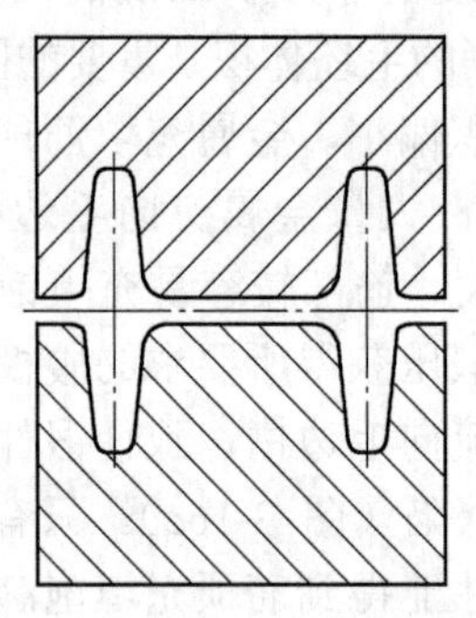

图 3-17　筋间距过小造成的锻造模具磨损

表 3-11　筋间距 *a*

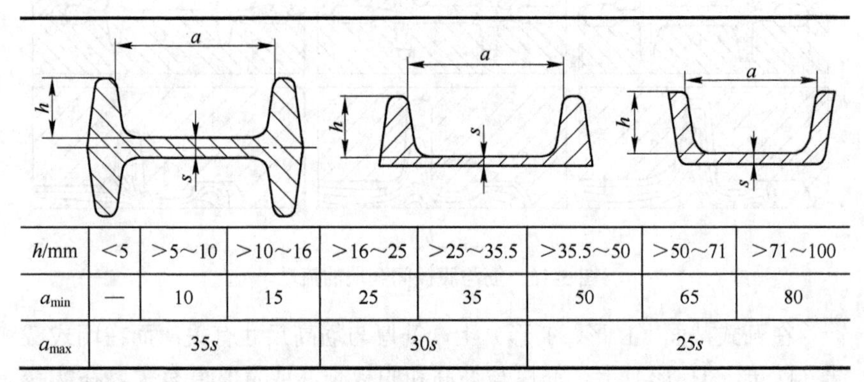

h/mm	＜5	＞5～10	＞10～16	＞16～25	＞25～35.5	＞35.5～50	＞50～71	＞71～100
a_{min}	—	10	15	25	35	50	65	80
a_{max}	35s			30s		25s		

3.2.8　模锻件的余量与公差的确定

在模锻过程中存在模锻不足（欠压）、锻模磨损以及上、下模错移等因素，使得模锻件的形状发生变化，尺寸在一定范围内波动；为了满足锻件出模需要，模具型槽需带有模锻斜度；形状复杂的长轴类模锻件还可能发生翘曲、扭拧变形，从而导致锻件与零件在尺寸和形状上有较大的差异。同时，模锻后模锻件表面质量很难满足零件图要求的表面粗糙度，使得锻件表面质量远远低于机械加工零件表面质量。

因此，零件全部表面或部分表面在经普通模锻后需机械加工。在机械加工表面需留有一定的机械加工余量并且还得给出适当的锻件公差，以保证锻件的误差落在余量范围之内。

锻件上凡是尺寸精度和表面品质达不到产品零件图要求的部位，需要在锻后进行机械加工，这些部位应根据加工方法的要求预留加工余量。

锻件的主要公差项目有：尺寸公差（包括长度、宽度、厚度、中心距、角度、模锻斜度、圆弧半径和圆角半径等），形状位置公差（包括直线度、平面度、深孔轴的同轴度、错移量、剪切端变形量和杆部变形量等），表面技术要素公差（包括表面粗糙度、直线度和平面度、中心距、毛刺尺寸、残留毛边、顶杆压痕深度及其他表面缺陷等）。

锻件图上的公称尺寸所允许的偏差范围称为尺寸公差，简称公差。

确定锻件机械加工余量和锻件公差的方法一般都离不开查表法和经验法。在查表法和经验法中，又可将所使用的方法归纳为按锻件形状和尺寸确定锻件机械加工余量和锻件公差的“尺寸法”和按锻锤吨位大小的“吨位法”。

3.2.8.1　模锻件尺寸分类

（1）与模具型腔有关的尺寸。不受模具错移和欠压影响的模锻件结构尺寸，如图 3-18 所示尺寸。

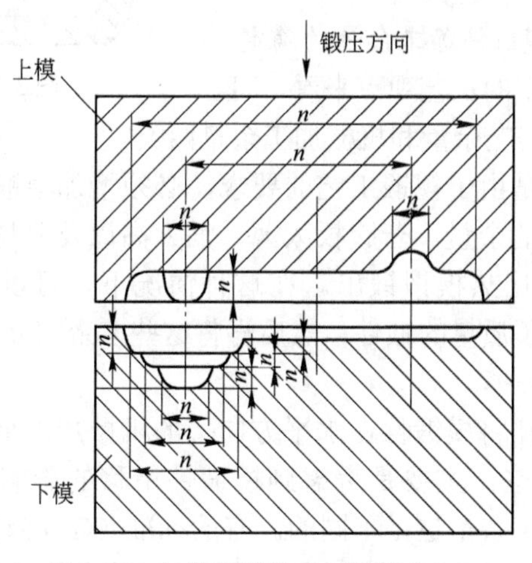

图 3-18　与模具型腔有关的尺寸 n

（2）与模具型腔无关的尺寸。跨分模面标注的受模具错移和欠压影响的尺寸，如图 3-19 所示“t_1、$t_{最大}$”尺寸。

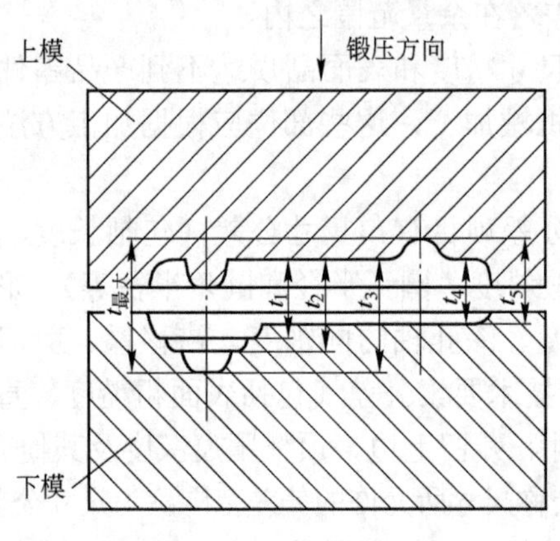

图 3-19　与模具型腔无关的尺寸 t

（3）斜向尺寸。倾斜于分模面并与模具型腔无关的尺寸，如图 3-20 所示。

（4）工艺圆角。为了改善锻造工艺，锻造时便于出模，金属易于充填模具型腔，提高产品内部和表面质量而规定的无坐标工艺圆角。

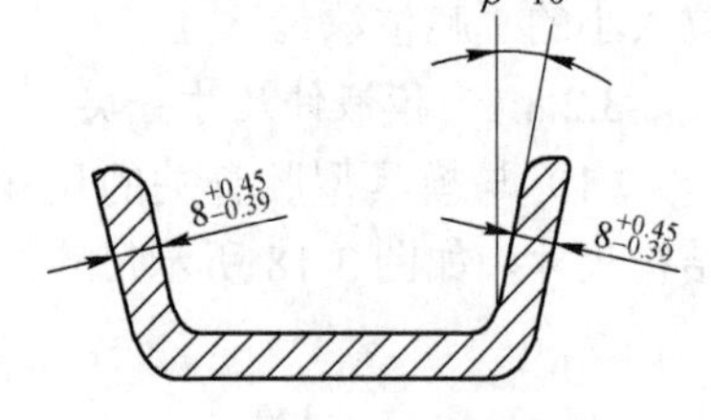

图 3-20　斜向尺寸

3.2.8.2　模锻件加工余量的确定

从锻压加工的工艺观点来看，可以把余量分成工艺余量和机械加工余量两类。

工艺余量是由于模锻工艺的要求，必须增加模锻件某些结构要素的尺寸而加上的余量。若腹板太薄、筋太高以及筋与腹板的连接半径太小，不可能用热模锻锻出。在这种情况下，可以适当修改一些尺寸，得到增加了质量的锻件，然后再将这些多余部分（称“余料”）用机械加工办法去掉。

生产中往往将模锻件在水平方向上的机械加工余量比高度方向上的余量留得大些，主要是考虑到模锻件错移的影响。对于不同的材料，其机械加工余量也是不同的。有的标准（GB8545—1987）规定，机械加工余量根据模锻件的最大边长尺寸来确定（表 3-12）。

表 3-12 模锻件的单面加工余量

模锻件最大边长/mm	单面加工余量/mm	模锻件最大边长/mm	单面加工余量/mm
≤50	1.0	＞1250～1600	4.5
＞50～120	1.5	＞1600～2000	5.0
＞120～250	2.0	＞2000～2500	6.0
＞250～400	2.5	＞2500～3150	7.0
＞400～630	3.0	＞3150～4000	8.0
＞630～1000	3.5	＞4000～5000	9.0
＞1000～1250	4.0	＞5000～6300	10.0

3.2.8.3 模锻件公差的确定

模锻件的公差，按所代表的技术要素的定义可分为尺寸公差、形状位置公差、表面技术要素公差。

尺寸公差包括长度、宽度、厚度、中心距、角度、模锻斜度、圆弧半径和圆角半径等公差。

形状位置公差包括直线度、平面度、深孔轴的同轴度、错移量、剪切端变形量和杆部变形量等。

表面技术要素公差包括深度、剪拉毛刺的尺寸、顶杆压痕深度和表面粗糙度等。

各项公差都不应互相叠加。

模锻件公差受到锻压力不足、模具磨损、锻压设备和锻模弹性变形、终锻温度、锻模温度的稳定性等因素的影响。特别突出的是锻压力不足和型槽磨损，导致锻件尺寸偏差。因此，锻件尺寸偏差一般采用非对称偏差。表 3-13～表 3-18 列出了铝合金模锻毛坯的各种尺寸偏差和其形状的允许畸变。在表中规定了三个精度等级为 4、5、6 级。4 级精度为用于模锻件非加工表面的结构要素尺寸；5 级精度为用于模锻件外形非加工表面之间的尺寸；6 级精度为用于模锻件外形加工面之间的尺寸。

表 3-13 模锻毛坯垂直（垂直于分模面）尺寸偏差（双向磨损） （mm）

模锻毛坯在分模面上的投影面积/cm^2	精度等级					
	4		5		6	
	上	下	上	下	上	下
6.0 以下	+0.2	−0.1	+0.3	−0.15	+0.5	−0.2
6.0～10	+0.25	−0.12	+0.35	−0.2	+0.6	−0.3

续表 3-13

模锻毛坯在分模面上的投影面积/cm²	精度等级					
	4		5		6	
	上	下	上	下	上	下
10～16	+0.3	−0.15	+0.4	−0.2	+0.7	−0.3
16～25	+0.35	−0.15	+0.5	−0.3	+0.8	−0.4
25～40	+0.4	−0.2	+0.6	−0.3	+1.0	−0.5
40～80	+0.5	−0.3	+0.8	−0.4	+1.2	−0.6
80～160	+0.6	−0.3	+1.0	−0.5	+1.5	−0.7
160～320	+0.8	−0.4	+1.2	−0.5	+2.0	−0.8
320～480	+1.0	−0.5	+1.5	−0.6	+2.5	−1.0
480～800	+1.2	−0.6	+1.8	−0.7	+3.0	−1.2
800～1250	+1.4	−0.7	+2.1	−0.8	+3.5	−1.5
1250～1700	+1.6	−0.8	+2.4	−1.0	+4.0	−1.8
1700～2240	+1.8	−0.9	+2.8	−1.2	+4.5	−2.0
2240～3000	+2.1	−1.0	+3.2	−1.4	+5.0	−2.2
3000～4000	+2.4	−1.2	+3.6	−1.6	+5.5	−2.5
4000～5300	+2.7	−1.3	+4.0	−1.8	+6.0	−2.8
5300～6300	+2.9	−1.4	+4.3	−1.9	+6.5	−3.0
6300～8000	+3.2	−1.6	+4.8	−2.2	+7.1	−3.2
8000～10000	+3.6	−1.8	+5.3	−2.4	+7.7	−3.5
10000～12500	+3.9	−1.9	+5.8	−2.7	+8.4	−3.8
12500～16000	+4.3	−2.1	+6.4	−3.0	+9.2	−4.2
16000～20000	+4.8	−2.4	+7.1	−3.3	+10.0	−4.5
20000～25000	+5.3	−2.6	+7.8	−3.7	+11.0	−5.0

表 3-14 模锻毛坯的水平（平行于分模面）尺寸偏差（双向磨损） （mm）

模锻毛坯尺寸/mm	精度等级					
	4		5		6	
	上	下	上	下	上	下
16 以下	+0.3	−0.15	+0.4	−0.2	+0.5	−0.3
16～25	+0.4	−0.2	+0.5	−0.25	+0.6	−0.4
25～40	+0.5	−0.25	+0.6	−0.35	+0.7	−0.45
40～60	+0.6	−0.3	+0.8	−0.4	+0.9	−0.6
60～100	+0.8	−0.4	+1.0	−0.6	+1.2	−0.8
100～160	+1.0	−0.6	+1.2	−0.8	+1.5	−1.0

续表 3-14

模锻毛坯尺寸/mm	精度等级					
	4		5		6	
	上	下	上	下	上	下
160～250	+1.2	−0.8	+1.5	−1.0	+2.0	−1.2
250～360	+1.5	−1.0	+1.8	−1.2	+2.5	−1.5
360～500	+1.8	−1.2	+2.1	−1.5	+3.0	−2.0
500～630	+2.1	−1.4	+2.4	−1.8	+3.5	−2.2
630～800	+2.4	−1.6	+2.7	−2.0	+4.0	−2.5
800～1000	+2.7	−1.8	+3.0	−2.4	+4.5	−3.0
1000～1250	+3.0	−2.0	+3.5	−2.8	+5.0	−3.5
1250～1600	+3.3	−2.3	+4.0	−3.2	+5.5	−4.0
1600～2000	+3.6	−2.6	+4.5	−3.6	+6.0	−4.5
2000～2500	+4.0	−3.0	+5.0	−4.0	+6.5	−5.0
2500～3150	+4.5	−3.3	+5.9	−4.5	+7.6	−5.8
3150～4000	+5.0	−3.7	+6.7	−5.2	+8.6	−6.7
4000～5000	+5.6	−4.2	+7.5	−5.9	+9.7	−7.6
5000～6300	+6.2	−4.8	+8.4	−6.7	+10.9	−9.7
6300～8000	+6.9	−5.4	+9.5	−7.6	+12.4	−10.0

表 3-15　模锻毛坯分模面允许的错移　　　　(mm)

模锻毛坯在分模面上的投影面积/cm^2	精度等级			模锻毛坯在分模面上的投影面积/cm^2	精度等级		
	4	5	6		4	5	6
6 以下	0.15	0.20	0.30	1700～2240	1.40	2.00	2.60
6～10	0.18	0.25	0.35	2240～3000	1.60	2.20	2.80
10～16	0.20	0.30	0.40	3000～4000	1.80	2.40	3.00
16～25	0.24	0.35	0.50	4000～5300	2.00	2.60	3.30
25～40	0.28	0.40	0.60	5300～6300	2.20	2.80	3.60
40～80	0.30	0.50	0.80	6300～8000	2.50	3.10	4.00
80～160	0.40	0.60	1.00	8000～10000	2.80	3.40	4.40
160～320	0.50	0.80	1.20	10000～12500	3.10	3.80	4.80
320～480	0.60	1.00	1.50	12500～16000	3.40	4.20	5.20
480～800	0.80	1.20	1.80	16000～20000	3.70	4.60	5.60
800～1250	1.00	1.50	2.10	20000～25000	4.00	5.00	6.00
1250～1700	1.20	1.80	2.40				

表 3-16　模锻毛坯的允许翘曲　　（mm）

模锻毛坯最大尺寸/mm	精度等级			模锻毛坯最大尺寸/mm	精度等级		
	4	5	6		4	5	6
16 以下	0.10	0.15	0.25	800～1000	0.80	1.20	1.80
16～25	0.15	0.20	0.30	1000～1250	0.95	1.40	2.10
25～40	0.20	0.30	0.35	1250～1600	1.10	1.60	2.40
40～60	0.25	0.30	0.40	1600～2000	1.30	1.80	2.70
60～100	0.30	0.40	0.50	2000～2500	1.50	2.20	3.30
100～160	0.35	0.50	0.65	2500～3150	1.70	2.60	3.80
160～250	0.40	0.60	0.80	3150～4000	2.00	3.00	4.50
250～360	0.45	0.70	1.00	4000～5000	2.50	4.00	6.00
360～500	0.50	0.80	1.20	5000～6300	3.00	5.00	8.00
500～630	0.60	0.90	1.40	6300～8000	4.00	6.00	10.00
630～800	0.70	1.00	1.50				

表 3-17　模锻毛坯冲孔同心度允许偏差　　（mm）

模锻毛坯最大尺寸/mm	精度等级		
	4	5	6
60 以下	0.5	0.8	1.2
60～100	0.6	1.0	1.5
100～160	0.8	1.5	2.5
160～250	1.2	2.0	3.0
250～360	1.6	2.5	3.6
360～500	2.0	3.0	4.2
500～630	2.5	3.5	4.8
630～800	3.0	4.0	5.5

表 3-18 模锻毛坯剪切周边允许的毛边残留 （mm）

模锻毛坯的最大轮廓尺寸/mm	精度等级		
	4	5	6
25 以下	0.2	0.3	0.5
25～40	0.3	0.4	0.6
40～60	0.4	0.6	0.8
60～100	0.6	0.9	1.3
100～160	0.8	1.2	1.7
160～250	1.0	1.5	2.0
250～360	1.2	1.8	2.4
360～500	1.4	2.0	2.8
500～630	1.6	2.3	3.2
630～800	1.8	2.7	3.6
800～1000	2.0	3.0	4.0
1000～1250	2.3	3.4	4.5
1250～1600	2.6	3.8	5.0
1600～2000	3.0	4.6	5.5
2000～2500	3.5	5.0	6.0

注：1. 当在带锯上切毛边时，允许如下毛边残留：长 1000mm 以下模锻件为+3mm，长 1000mm 以上模锻件为+6mm。

2. 圆弧部位允许毛边残留在 20mm 以下。

3.2.9 模锻件的结构分析

在设计锻件时，如锻件有各种不同的结构形式，则应加以比较，从中选择成形容易和成本低的方案。

（1）对称零件的锻造将不同的零件所需要的锻件统一起来，以便减少锻件种类。图 3-21*a* 所示为左、右两种零件，这两种零件可改成图 3-21*b* 所示的锻件。这样，既减少了锻模的数量，又便于金属的成形。

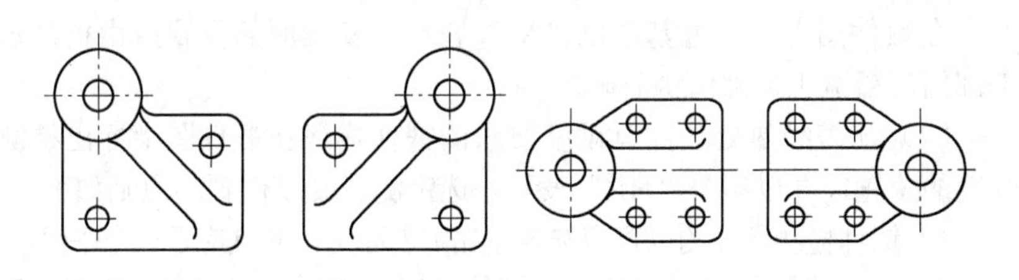

a *b*

图 3-21 对称零件的结构示例

a—左、右两种零件；*b*—两种零件合成的锻件

（2）组合模锻。将两个或更多的零件组合成一个锻件模锻，然后将其分别切开，这种方法适合于不对称零件。这类零件经过适当的组合便可构成对称的锻件，有利于模锻成形。

（3）联合模锻。对于大型的和复杂的锻件，可采用联合模锻的方法进行锻造。例如锤上模锻与自由锻相结合、锤上模锻与平锻相结合等方法。

3.2.10 模锻件设计的其他技术要素的确定

3.2.10.1 绘制模锻件图的一般规定

（1）绘制锻件图所采用的比例、字体、图线、剖面符号及其画法应符合 GB126 规定。

（2）在开式模锻中，模锻件分模处由于受模锻斜度的影响留有一转折痕迹，毛边被切除后也留有痕迹，所以，在模锻件图样中必须画出分模线。

（3）锻件图中锻件轮廓线用粗实线绘制；零件轮廓线用双点划线绘制；锻件分模线用点划线绘制。

（4）为了便于考虑机械加工余量的大小，锻件尺寸数字应标注在尺寸线的中上方，零件相应部分尺寸数字标注在该尺寸线的中下方括号内。

（5）对模锻后有精压要求的锻件，在精压面尺寸线上标明精压尺寸与公差，并在精压尺寸上方注明精压前的模锻尺寸与公差，再分别于该尺寸后注明“精压”和“模锻”。

（6）模锻件图中标出第一道机械加工工序的定位基准面，零件在进行头几道机械加工时，均以锻件表面作定位基准，因此应尽可能提高定位基准处的精度，以减少和防止机械加工时由于装夹而造成的误差。在锻件图上，定位基准以“∇”表示。基准面的位置应由机械加工部门与锻造工艺部门协商确定。

（7）凡需经热处理并有硬度要求的锻件均应在锻件图上标出检测硬度的位置，并以符号“HB”表示。选定测量硬度位置的原则如下：

1）锻件检测硬度的位置应选定在加工表面上，并且应是一个平面；

2）检测硬度的位置应选在模锻件较厚的部位，厚度应一般不小于钢球的直径（通常钢球直径为 10mm），最小不小于 6mm。压坑（铝合金压坑直径为 2.0～6.5mm 有效）离制品边缘应大于或等于钢球直径；

3）检测硬度的位置应选在容易打磨和检测的位置。

（8）确定性能与组织试样的位置：

1）纵向拉力试样应为顺着金属最大纤维方向切取的试样。如果取在筋上，其位置为 1/2 筋高处，筋的宽度一般不小于 12mm。模锻件腹板上的筋的交叉处，金属纤维方向不明显，只能取横向试样。

2）横向拉力试样为沿着与金属的最大纤维方向相垂直的方向所切取的试样。有些长形件，腹板很薄，宽展变形很大，则沿腹板长度切取的试样也只能算横向试样。

3）宏观组织（又称低倍组织）一般取在最能暴露内部组织缺陷的最大横截面上，由于铝合金模锻件多用于流线要求很高的受力结构件，宏观组织也可取在最能反映金属流线的横截面上。

（9）印记位置。在模锻件上一般要打有模锻件编号、合金牌号、熔炼炉次号、批号和热处理炉号等标记，但依据模锻件的类别不同而有所不同。这些印记的位置如下：

1）模锻件编号和合金牌号应在模膛中刻出，并且最好位于模锻件最大的加工表面上，以利于其他标记的打印操作，并易于识别；

2）其他所有标记应与模锻件编号和合金牌号打在一起，其位置应在加工表面上。

3.2.10.2 模锻件技术要求的内容

凡有关锻件的质量及其检验等问题，在图样中无法表示或不便表示时，均应在锻件图的技术要求中用文字说明。其主要内容如下：

（1）未注模锻斜度；

（2）未注圆角半径；

（3）表面缺陷深度的允许值，必要时应分别注明锻件在加工表面和不加工表面的表面缺陷深度允许值；

（4）分模面错差的允许值；

（5）残留毛边的允许值，根据锻件形状特点及不同工艺方法，必要时应分别注明周边、纵向、横向等不同部位残余毛边的允许值；

（6）合金牌号、热处理状态及硬度值；

（7）对未注明的锻件尺寸公差，应注明其公差标准代号及尺寸精度级别或具体公差数值；

（8）其他要求：如探伤、低倍组织、纤维组织、力学性能、特殊标记等要求。

锻件技术要求中的尺寸偏差及加工余量允许值，除特殊要求外均应按 GB8545 的规定或参考 HB6077 的规定执行。技术要求的顺序，原则上应按锻件生产过程中检验的先后顺序进行排列。

3.3 铝合金模锻锻模的设计与制造技术

3.3.1 锻模设计的步骤和原则

模锻生产的工艺过程见图 3-22。锻模的设计是要根据所选定的工

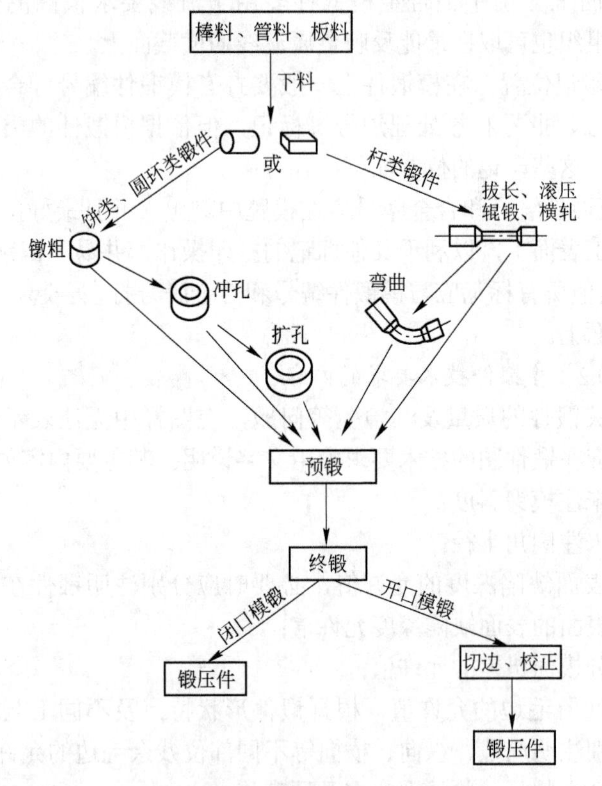

图 3-22 模锻的工艺流程

艺方案，设计出各工步所需要的锻模，并绘出最后工步图和锻模的零部件图。其步骤如下：

（1）根据所要制造机器零件的形状尺寸和性能要求以及所选定的工艺方案，确定锻件的加工余量、分模面、拔模斜度、圆角半径、冲孔连皮和尺寸公差等，绘出锻件图，计算出锻件总体积。

（2）根据所定工步，计算出每一工步相应的模膛形状和尺寸，先终锻模膛，依次是预锻和制坯模膛以及坯料的规格，绘出详细的工步图。最后根据工步图来确定锻模的模膛形状和尺寸。

（3）计算出锻压力的吨位，选择锻压设备，并根据设备的工作空间和结构，安排模膛位置，进行锻模部件的总体设计，选定各有关部分尺寸和锻模材料及技术条件，绘出锻模的部件和零件图。

锻模的结构可分为开口模锻和闭口模锻两大类。目前生产中，大多采用开口模锻。下面以开口模锻为主，介绍模锻的特点。

在设计锻模前，首先要绘出锻件图。为此，必须弄清楚锻件图和所要制造的机器零件图之间的差别。

普通热模锻得到的锻件，需要经过切削加工，才能成为机器零件。其原因如下：

（1）锻件有表面缺陷。热锻压时，坯料经过加热后表面产生氧化层等，表面粗糙度高。

（2）锻件有尺寸偏差。锻压过程由于坯料体积的差异、温度的波动，每次锻压力的变化，都使锻件的尺寸难以控制精确。同时还有弯曲度、不平度和不同心度偏差等。

（3）拔模斜度、模膛磨损和错移。开口模锻时，模膛要有拔模斜度。模膛在锻压过程中有磨损，锻件尺寸逐步增大。上、下模在锻压过程中发生错移，锻件尺寸产生偏差。

由于这些原因，从锻压件到机器零件，凡要求尺寸精确和表面光洁的配合面，都需要经过切削加工。锻件图和机器零件图在尺寸上的区别如图 3-23 所示，锻压件尺寸=$A+B+C+D+E$。

设计锻模，首先要绘出锻件图。锻件图是锻模设计的基础。绘制锻件图时需要考虑加工余量、分模面、拔模斜度、内外半径、冲孔连皮等问题，详见 3.2 节。

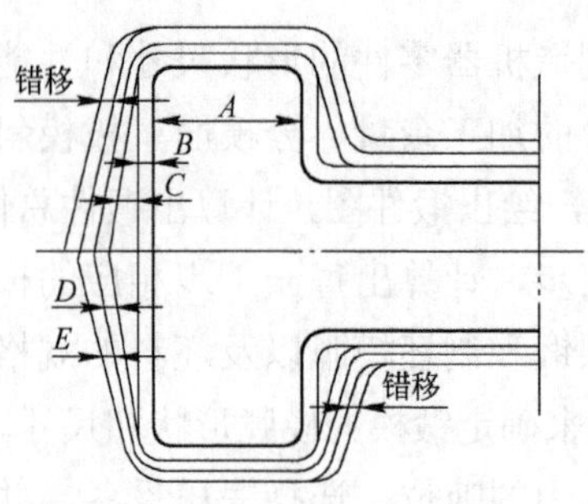

图 3-23　锻压件和零件的尺寸区别

A—零件尺寸；*B*—切削加工余量；*C*—拔模斜度；*D*—收缩或长度公差；*E*—模膛磨损公差

3.3.2　铝合金锻模的设计

锻件的生产方法和品种很多，因此锻模的种类也很多。由于铝合金锻件，特别是大型复杂的铝合金锻件适合于在液压锻压机上生产，因此，本节主要介绍铝合金在液压锻压机上用开式模锻锻模的设计。

3.3.2.1　开式锻模终锻模膛的设计

A　锻件图的设计

热锻件图是根据冷锻件图绘制的。一般应考虑以下几个问题：冷收缩量，铝合金热模锻件冷却时的线收缩率为 0.5%～1.0%，一般取 0.7%；蚀洗量，对筋条厚度尺寸，特别是高厚比大的薄筋，应考虑蚀洗的影响，可将其收缩量加大 0.2mm 左右；欠压量，当设备能力不足，上、下模不能压靠时，应使热模锻件的径向尺寸取冷锻件尺寸下限或更小，以减少模锻次数和保证欠压量；为简化设计，可直接在冷锻件图中锻件尺寸旁的括号内注出热模锻件尺寸，就成了用于加工锻模的热模锻件图。为便于加工、检查锻模，应在热模锻件图上注明各种样板的位置和块数、划线基准、模具材料及热处理硬度、表面粗糙度与尺寸精度等级技术条件。

B　毛边槽的选定

毛边槽的结构形式主要有三种（如图 3-24 所示）。图 3-24A 型适用于只有下型或上型很浅的锻件，其优点是可减少上模加工量；图 3-24B 型的特点是仓部大，容纳余料多，适用于形状复杂的大锻件，有利于用模具切边。毛边槽的主要尺寸是桥部高度 *h* 和宽度 *b*。它们应根据锻件的尺寸、形状复杂程度以及单位压力来选定。可凭经验，也可按设备能力或式（3-4）确定。

$$h = 0.015\sqrt{F_{锻}} \tag{3-4}$$

式中 $F_{锻}$——锻件在平面图上的投影面积，mm^2。常用的毛边槽尺寸见表 3-19。在实际生产中，为防止裂纹，*h* 和 *R* 应相应增大。

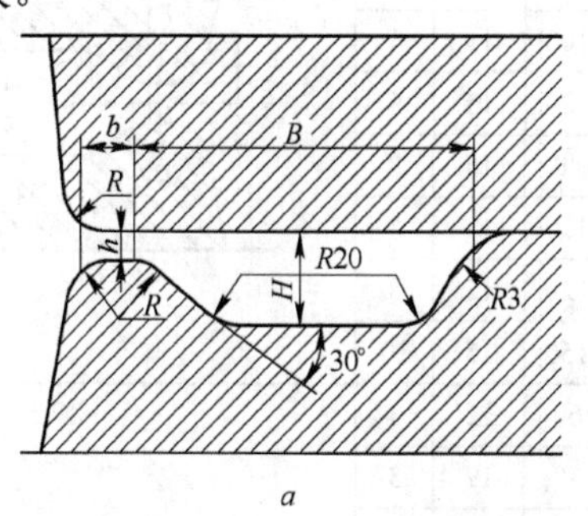

a

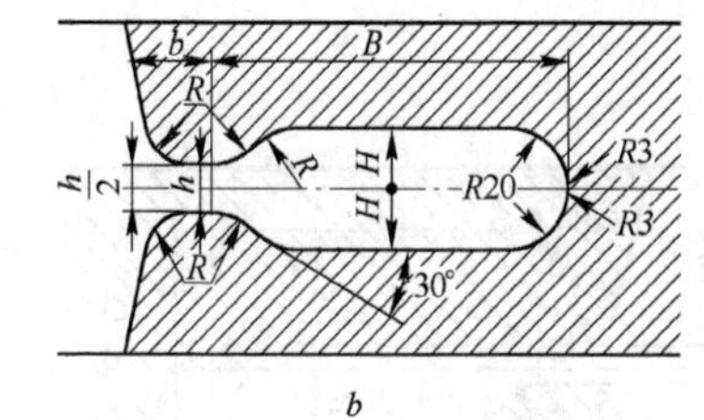

b

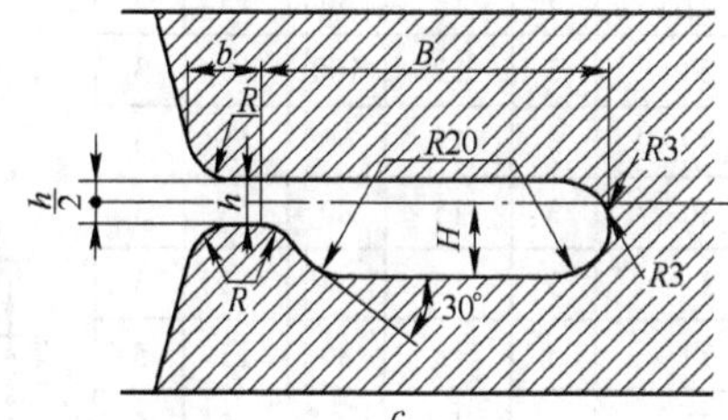

c

图 3-24 毛边槽的结构形式

a—A 型；*b*—B 型；*c*—C 型

表 3-19 常用毛边槽尺寸 （mm）

毛边槽编号	*h*	*b*	*B*	*H*	*R*	简图图号
1	3	12	60	12	3	
2	3	12	80	12	3	
3	3	≥12	80	15	3	
4	3	12	100	15	3	
5	3	15	60	15	3	
6	3	15	80	15	3	
7	3	15	100	15	3	
8	5	15	80	15	5	
9	5	15	100	15	5	
10	5	15	120	15	5	
11	5	20	150	25	5	
12	5	15	70	15	6	
13	7	15	80	15	8	
14	7	15	100	15	8	
15	8	25	150	25	10	

续表 3-19

毛边槽编号	h	b	B	H	R	简图图号
16	3	15	80	12	3	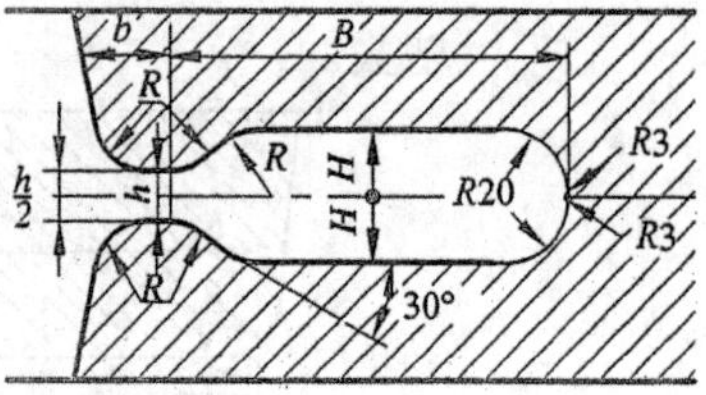
17	3	15	100	12	3	
18	5	15	80	15	5	
19	5	15	100	15	5	
20	5	15	120	15	5	
21	7	15	80	15	8	
22	7	15	100	15	8	
23	7	15	120	15	8	
24	8	25	150	15	10	
25	3	12	60	12	3	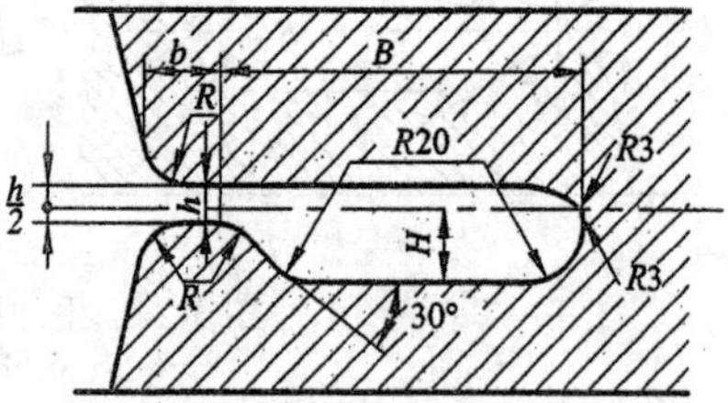
26	3	12	80	12	3	
27	3	12	80	15	3	
28	3	12	100	15	3	
29	3	15	60	15	3	
30	3	15	80	15	3	
31	3	15	100	15	3	
32	5	15	80	15	5	
33	5	15	100	15	5	
34	5	15	120	15	5	
35	5	20	150	25	5	
36	5	15	70	15	6	
37	7	15	80	15	8	
38	7	15	100	15	8	
39	8	25	150	25	10	

3.3.2.2　预锻模膛的设计

当预锻模膛仅用来减少终锻模膛的磨损时，其设计基本上与终锻模膛的相同，但模膛的凸圆角处和分模面出口处的圆角半径应稍大些。当预锻模膛中具有较深、较窄的部分时，可将预锻模膛相应部分的宽度及长度减小一些。也可采用增大该部分斜度的办法，并相应地减小其宽度，而预锻模膛在该处的高度不应加大。为改善成形条件，应合理选配难充满的深腔入口处的模膛凸圆半径，即：

$$R_1=R+C \tag{3-5}$$

式中，R_1 和 R 分别为预锻和终锻模膛相应处的圆角半径（mm）；C 值可按下列数据选取：

模膛深度/mm	<10	10～25	25～50	>50
C 值/mm	2	3	4	5

在平面投影图上具有分枝的和断面尺寸有突变的锻件，应增大分枝处和突变处的圆角半径，简化其形状，以减少阻力。锻件上高度较小的突出部分，预锻和模膛上可简化或不锻出，以免终锻时在该处形成折叠。

若预锻模膛用来改善金属流动情况，避免在锻件上产生折叠，预锻模膛应考虑：为避免工字形锻件筋根部分产生折叠，应增大转角处的连接半径及斜度（或厚度），同时应控制预锻模膛的断面积 $F_{预}$基本上等于终锻模膛上相应处的断面积 $F_{终}$。如终锻后不满，可增大预锻欠压量，用磨修预锻模膛的方法进行调节。对冲孔的锻件，应使终锻时连皮部分的体积大于或等于预锻时该部分的体积。预锻模膛毛边槽的选用基本上与终锻模膛的相同，但有关尺寸应稍加大。

3.3.2.3 制坯模膛（毛料模）的设计

当锻件形状十分复杂时，用自由锻造的方法难以获得合适的坯料，此时常常设计专用的制坯模膛——毛料模。毛料模根据热锻件图和计算毛坯图设计，应注意以下几点：水平轮廓基本上按终锻（或预锻）模膛，但过渡要平缓，连接圆弧要大些；高筋可做出矮的圆弧凸台，矮筋一律做成平的。大凸台和十字交叉凸台处应增大金属量；因毛料模锻时欠压量大，所以制坯模膛各断面金属量一般等于终锻模膛各相应断面的金属量，但高筋和难成形断面处应适当增大金属量；毛料模的毛边槽应增大模膛出口处圆角，并应采用图 3-24*b* 所示的 B 型仓部大的毛边槽。

3.3.2.4 锻模装卡形式

液压机上模锻铝合金用工模具装卡方法有两种：一种是用楔子和键紧固；另一种是用卡爪和键紧固。后者又称卡爪紧固法，是一种先进的方法，特别适于大型液压机。其主要结构形式有丝杠双动式和液压驱动式卡爪两种。

3.3.2.5　锻模的结构与组成

液压机用锻模的结构要素主要有模膛、毛边槽、顶出器、导柱、钳口、起重孔、燕尾、销子和键槽等。

A　顶出器的设计

顶出器用于闭式模锻或模膛很深、形状复杂、起料困难的开式模锻。常见的顶出器装配示意图见图 3-25，有关参数见表 3-20。

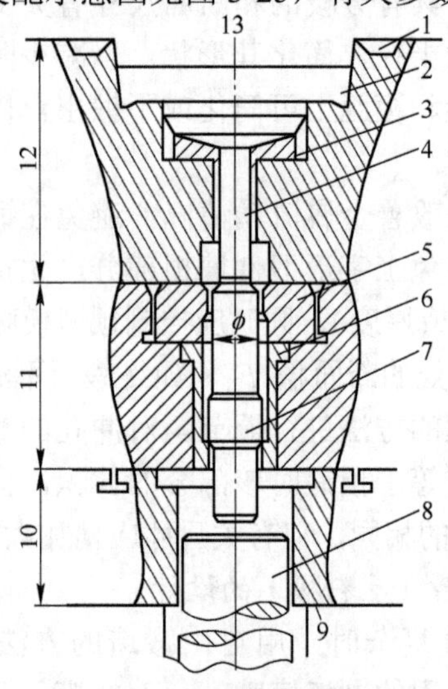

图 3-25　液压机用锻模顶出器装配示意图

1—毛边槽；2—模膛；3—垫环；4—顶出杆；5—压坯；6—顶杆套；7—加长杆；8—液压机顶杆；9—工作台；10—下垫板；11—下模座；12—下模；13—上模

表 3-20　液压机顶出器主要技术参数

液压机能力/MN	加长直径 d/mm	顶出模座高度 H/mm	顶杆行程 L/mm	顶出力 $P_{顶}$/MN
30	90	60	750	1.96
50	100	130	750	2.45
100	125	150	1200	2.646

B　导柱和锁扣的设计

图 3-26 和图 3-27 所示为液压机模具的导柱和导柱孔形式。其尺寸配合关系列于表 3-21 中。导柱在模具上的布置见图 3-28 和表 3-22。

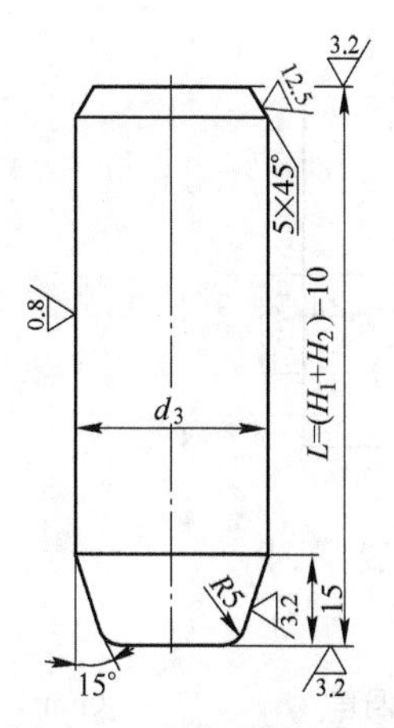

图 3-26 导柱结构设计图

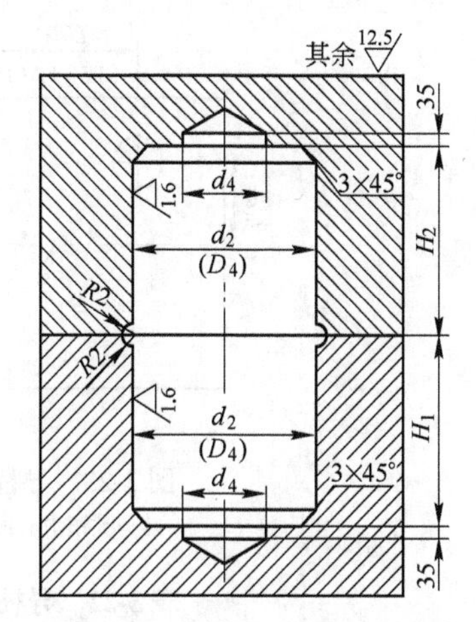

图 3-27 导柱孔结构设计图

表 3-21 导柱和导柱孔尺寸

锻件在模面上的投影面积/cm^2	导柱直径 d_3/mm	下导柱孔直径 d_4/mm	上导柱孔直径 d_2/mm	下模导柱孔深 H_1/mm	上模导柱孔深 H_2/mm
<400	$60^{+0.135}_{+0.075}$	60+0.06	60.4+0.06	75	
>400～1000	$80^{+0.135}_{0.075}$	80+0.06	80.4+0.06	95	
>1000～2500	$100^{+0.160}_{0.090}$	100+0.07	100.6+0.07	120	
>2500～4000	$120^{+0.160}_{0.090}$	120+0.07	120.6+0.08	140	当上模模膛接触原坯料时，导柱最好能伸入导柱孔25～35mm
>4000～5500	$140^{+0.185}_{0.105}$	140+0.08	140.8+0.08	165	
>5500～8000	$160^{+0.200}_{0.120}$	160+0.08	160.8+0.08	190	
>8000～10000	$180^{+0.200}_{0.120}$	180+0.08	181.0+0.09	215	
>10000	$200^{+0.230}_{+0.140}$	200+0.09	201.0+0.09	240	

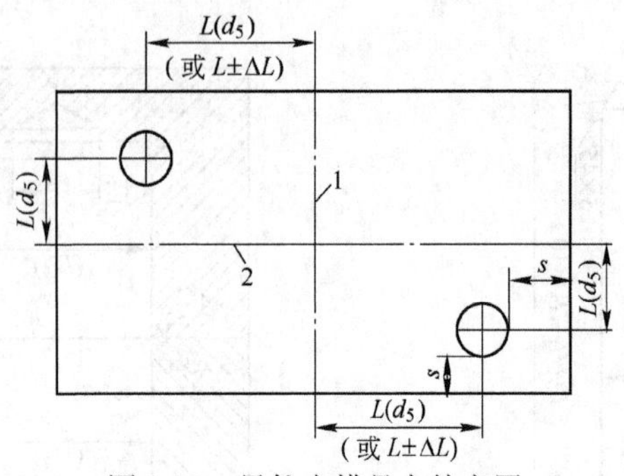

图 3-28 导柱在模具上的布置

1—键槽中心线；2—燕尾中心线

表 3-22 导柱孔的定位尺寸偏差 (mm)

尺寸范围	偏差范围	尺寸范围	偏差范围
>18～30	−0.00～0.084	>1000～1250	−0.00～0.400
>30～50	−0.00～0.100	>1250～1600	−0.00～0.450
>50～80	−0.00～0.120	>1600～2000	−0.00～0.500
>80～120	−0.00～0.140	>2000～2500	−0.00～0.550
>120～180	−0.00～0.160	>2500～3150	−0.00～0.600
>180～260	−0.00～0.185	>3150～4000	−0.00～0.700
>260～360	−0.00～0.215	>4000～5000	−0.00～0.800
>360～500	−0.00～0.250	>5000～6300	−0.00～0.900
>500～630	−0.00～0.280	>6300～8000	−0.00～1.000
>630～800	−0.00～0.300	>8000～10000	−0.00～1.200
>800～1000	−0.00～0.350		

图 3-29 为圆形锁扣结构设计图例，图 3-30 为液压机用模具的一般锁扣尺寸图。

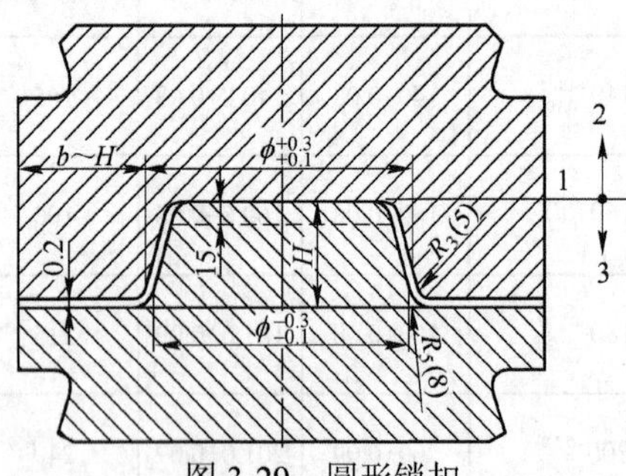

图 3-29 圆形锁扣

1—分模面；2—上模；3—下模

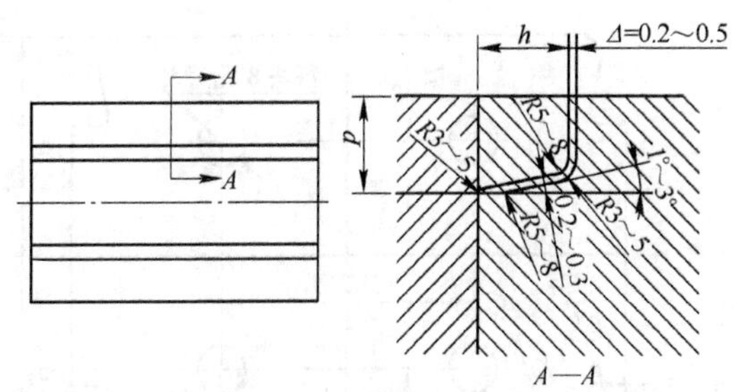

图 3-30　液压机用锻模的一般锁扣设计尺寸

C　钳口的设计

液压机用锻模的钳口可按图 3-31 设计和按表 3-23 选定。

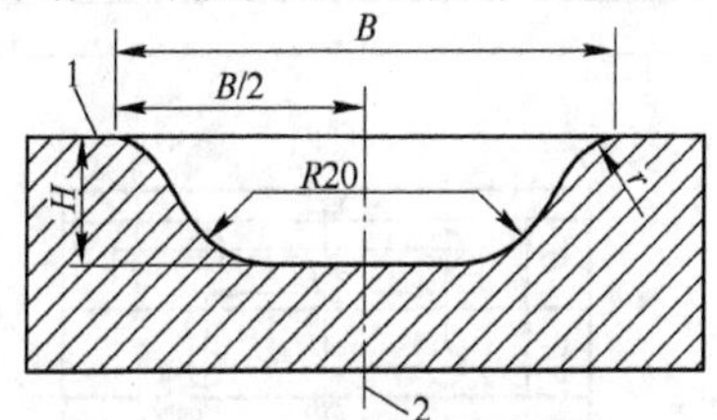

图 3-31　液压机用锻模的钳口结构

1—分模面；2—钳口中心线

表 3-23　钳口结构设计参数

钳口编号	B/mm	H/mm	r/mm	钳口数目
1	40	18	3	2～4
2	40	22	3	2～4
3	60	22	3	4～6
4	80	22	3	4～6
5	100	32	5	4～8

D　起重孔的设计

起重孔的尺寸由模块质量决定，可按表 3-24 选取。起重孔的位置可按图 3-32 确定。

表 3-24　起重孔尺寸

模块质量/t	孔径φ/mm	孔深 H/mm
<4	40	100
4～6	50	120
6～15	70	140
>15	80	160

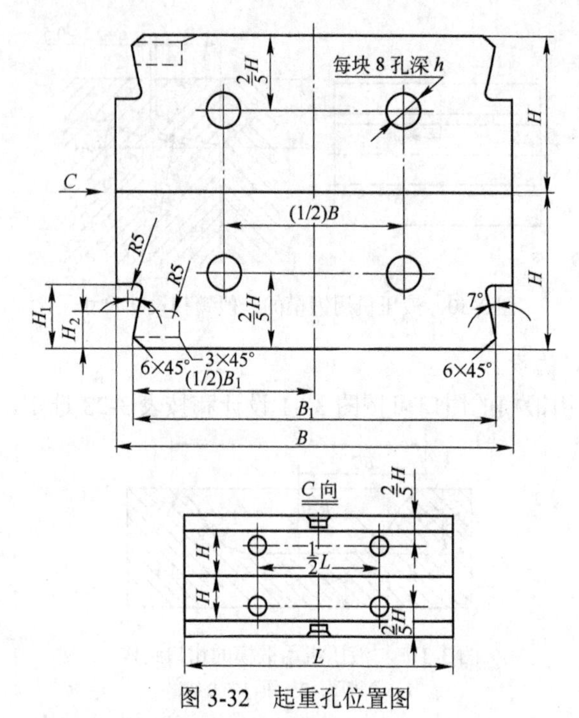

图 3-32 起重孔位置图

3.3.2.6 模块尺寸的确定和锻模标准

A 模块尺寸确定原则

（1）模膛（包括毛边桥）至模块边缘的最小距离不得小于模膛深度（从分模面算起）的1～1.5倍。

（2）模块最小厚度 H 由模膛最大深度 h 确定，$H \geqslant (2 \sim 3)h+a$,$a$ 为常数，依液压机能力大小，可取 80～150mm。如 300MN 液压机用大型复杂锻件的模具，a=130mm，H 可归整为 500mm，一般情况可按表 3-25 选取。

表 3-25 模膛深度 h 与模块最小厚度 H

模膛最大深度 h/mm	<32	32～40	40～50	50～60	60～80	80～100	100～120	120～160	160～200
模块最小厚度 H/mm	170	190	210	230	260	290	320	390	450

（3）导柱占毛边仓的宽度不得超过毛边仓总宽的 1/3，导柱中心线至模具边缘距离不小于柱直径。

（4）模块尺寸除必须保证模具强度外，还要考虑设备受力情况，允许的偏心距离（表 3-26）和装模空间范围。如 100MN 液压机的模块尺寸不能小于 1500mm×500mm×400mm，300MN 液压机的最小模块尺寸列于表 3-27 中。

表 3-26 液压机的允许偏心距

设备能力/MN	30	50	100	300
允许偏心距/mm	150	200	250	纵向 400，横向 200

表 3-27 300MN 液压机锻模最小尺寸

加垫板情况	压力级数/MN	锻件投影面积/m^2	模块最小尺寸/mm×mm
不加垫板	一级 100	0.4～0.8	1500×800
	二级 200	0.8～1.2	1700×900
	三级 300	1.2～1.5	2000×1000
加垫板	一级 100	0.157～0.5	1500×700
	二级 200	0.335～1.0	1500×700
	三级 300	0.5～1.5	1500×800

B 模块标准

图 3-33 所示为用楔子紧固的模块标准，图 3-34 所示为用卡爪紧固的模块标准；图 3-35 所示为模具各部分加工的粗糙度标准；表 3-28 所示为各种燕尾尺寸偏差标准。

表 3-28 各种燕尾尺寸及其偏差标准

b/mm	360～0.34	500～0.38	700～0.50	900～0.60
b/2/mm	180～0.10	250～0.12	350～0.19	450～0.23

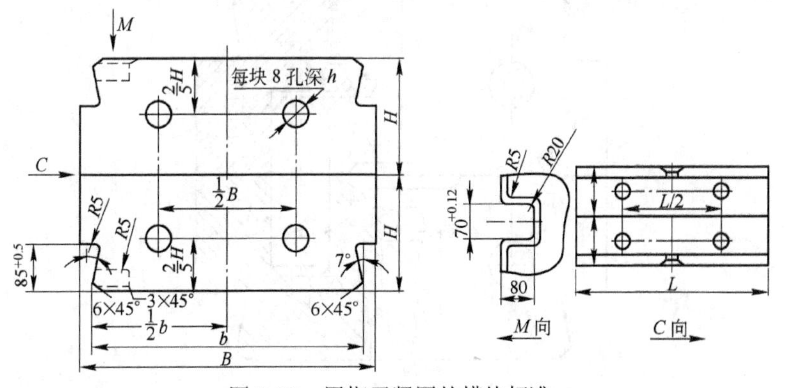

图 3-33 用楔子紧固的模块标准

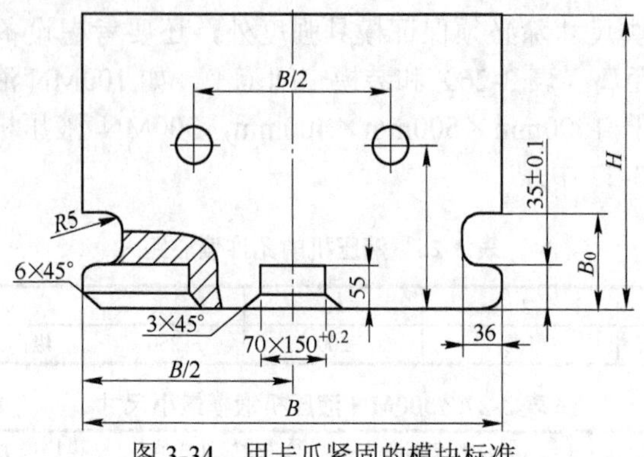

图 3-34 用卡爪紧固的模块标准

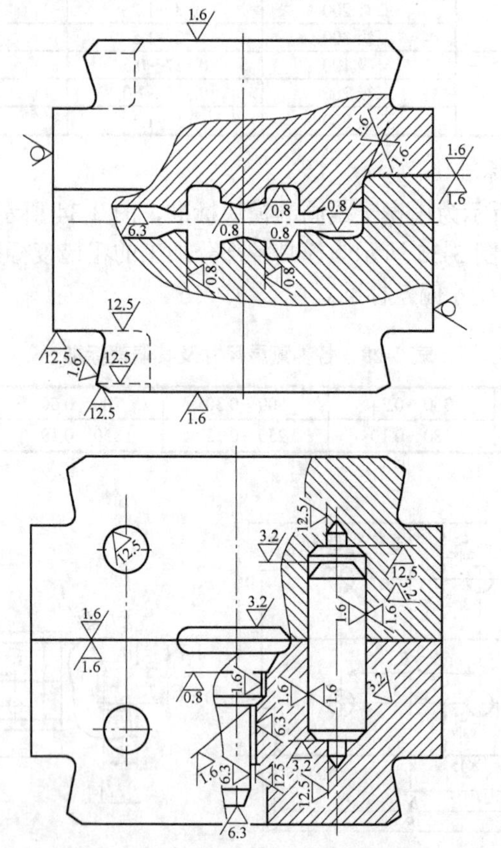

图 3-35 模具各部分加工的粗糙度标准

3.3.3 铝合金锻模的制造技术

3.3.3.1 工艺流程

锻模制造的程序一般是：熟悉图纸，编制工艺流程卡片；进行工艺准备工作，如用薄钢板做出型槽不同截面形状的样板；制作仿形铣床用的靠模或电火花加工用的电极；选定模块等；根据实际情况安排生产。锻模加工工艺流程大致包括模块的预加工、槽型加工、热处理以及精整加工等阶段。具体来说，预加工包括毛坯的锻造与退火，钻起重孔，钳工划线，铣或刨基准面、燕尾、分模面等工序。槽型加工包括样板加工、木型加工、用机械加工（仿形铣、立铣等）、电加工（电解、电蚀等）或压力加工开型槽等工序。热处理包括淬火、回火、表面处理等工序。精整加工包括精磨平面、抛光型槽、检验等工序。近年来，由于 CAD/CAM/CAE 技术的发展，锻模可用机加工+电加工+热加工“三位一体”方法制作，CNC 机床的应用，使加工工艺流程大大简化，可实现自动化生产。

3.3.3.2 主要工序分析

A 机械加工

可在立铣床和仿形铣床上加工锻模型槽。如用仿形铣床加工，可先在立铣床上粗铣型槽，以减轻仿形铣床的工作量。仿形铣削的方式有两种：一种是按照立体模型仿形；另一种是按样板轮廓仿形。关键问题是应选择合适的铣刀、靠模销和靠模。近年来，由于数控技术的发展，数控铣床已用于加工立体或型面。随着电子技术的发展，锻模的电子计算机辅助设计（CAD）和辅助制造（CAM）已用于生产，可大大减少工序，简化工艺，如可省去仿形铣、木型、样板等工序。而靠 CAD/CAM 自动生成数控加工程序，实现自动化加工。

B 电火花加工

基本原理与加工挤压模和冲压模相似，但锻模型腔属盲孔模具，其电极送给受到限制，因此要求电极损耗小，锻模加工余量大，要求蚀除量大；在加工过程中，为了侧面修光、电极重复定位装置等附件，电火花加工时排屑较困难。一般来说，电火花加工锻模要比冲模和挤压模困难一些，必须特别注意电源的选择，电极的设计和制作及材料的选择等。

C 热处理

模块毛坯在机加工前必须进行退火。锻模的淬火和回火有两种不同的方式，一种是机械加工基本完成，型槽也加工出来后再进行淬火，这样可使型槽得到较高的硬度，但可能由于淬火引起变形，型槽需要进行修正和抛光，工作量较大，因此常用于中小型锻模；另一种方式是将锻模在预加工后进行淬火，然后再加工型槽，对于大型锻模的硬度可稍低，同时，考虑到淬火变形过大难以修正，故常常采用此法。热处理规范应根据钢种、锻模的大小和形状以及所要求的硬度来确定。为了提高模具寿命，近年来对锻模工作表面强化处理的工艺进行了研究。目前采用的强化处理工艺主要有软氮化处理、离子氮化处理和渗硼处理等。

D 锻模型槽的精加工与抛光

目前主要用风动砂轮修刮、打磨、抛光型槽，同时用样板对照检查，并合模浇样划线检查制件的形状与尺寸精度，直至符合图纸要求为止。近年来，出现了机械抛光+电蚀抛光和机械抛光+化学抛光等新的抛光技术。

3.3.3.3 模具材料的选择

铝合金锻件，特别是大型复杂锻件大都在液压锻压机上生产，模具需要经受高温（约 550℃）、高压（500MPa 以上）和高摩擦的作用，因此，模具材料需要承受高温、高压、高摩擦的作用，具有高的高温强度、硬度、高的耐摩性和耐腐蚀、耐疲劳等性能。目前，世界上根据锻件材质、形状、规格和品种不同，大都采用 5CrNiMo、5CrMnMo、4Cr5MoSiV1 以及 5Cr2NiMoVSi、5Cr2NiMoVSi 等高级耐热合金钢制造，其热处理后硬度为 HRC35～50，其中大型模具取下限，小模具取上限。

3.4 铝合金模锻工艺

3.4.1 概述

模锻是模型锻压的简称，是在自由锻、胎模锻基础上发展起来的一种锻压生产方法，是金属毛坯在外力作用下发生塑性变形和充填模膛，从而获得所需形状、尺寸并具有一定力学性能的模锻件的锻造生产工艺。模锻工艺根据锻件生产批量和形状复杂程度，可在一个或数个模膛中完成变形过程。模锻具有生产率高、机械加工余量小、材料消耗低、操作简单、易实现机械化和自动化等特点，适用于中批、大批生产。模锻还可提高锻件质量。铝合金模锻一般在液压锻压机上进行。

3.4.1.1 铝合金模锻生产方法及特点

A 铝合金模锻生产方法

铝合金模锻生产分类方法较多，这里只介绍两种分类方法。

a 按模锻时锻件是否形成横向毛边分类

（1）有毛边模锻即开式模锻，是变形金属的流动不完全受模腔限制的一种锻造方式。其特点是多余的金属沿垂直于作用力方向流动，锻件周围沿分模面形成横向毛边。最终迫使金属充满型槽。

分模面与模具运动方向垂直，在模锻过程中分模面之间的距离逐渐缩小，沿垂直于作用力方向形成横向毛边，随着作用力的增大，毛边减薄，温度降低，金属由毛边向外流动受阻，依靠毛边的阻力迫使金属充满型槽；而间隙大小，在锻压过程中是变化的。在开式模锻过程中，变形金属的具体流动情况主要取决于各流动方向上的阻力之间的关系。影响变形金属流动的主要因素有：

1）型槽的具体尺寸和形状；

2）毛边槽桥口尺寸和锻件分模位置；

3）设备的工作速度、运动特征。

开式模锻应用很广，一般用在锻压较复杂的锻件上。因此它将是本节要介绍的重点。

（2）无毛边模锻即闭式模锻，其特点是在整个锻压过程中模膛是封闭的。开式模锻中毛边金属的损耗较大，通常毛边占锻造坯料质量的 10%～50%，为减少金属损耗，提高材料利用率，出现了闭式模锻。在变形过程中，金属始终被封闭在型腔内不能排出，迫使金属充满型槽而不形成毛边。闭式模锻时，上、下模之间的间隙很小，金属流入间隙的阻力极大，但在下料不准确或模锻操作不当时，也会产生微量的纵向毛刺。分模面与模具运动方向平行，在模锻过程中分模面之间的间隙保持不变，不形成毛边。如果毛坯体积过大，则在模膛充满后出现少量的纵向毛刺。由于在闭式模锻过程中坯料在完全封闭的受力状态下变形，所以从坯料与模具侧壁接触的过程开始，侧向主应力值就逐渐增大，这就促使金属的塑性大大提高。在模具行程终了时，金属便充满整个模膛，因此要准确设计坯料的体积和形状，否则将生成毛边，很难用机械除去。只要坯料选取得当，所获锻件就很少有毛边或根本没有毛边，因此可以大大节约金属，还可减少设备能耗40%左右，又减少了切毛边用设备，同时还有利于提高锻件质量，它的显微组织和力学性能比有毛边的开式模锻件好。但是，闭式模锻坯料制取较为复杂：要求坯料体积精确，使坯料体积和型槽容积相等；要求坯料形状和尺寸比例合适，并在型槽内准确定位，否则锻造时一边已产生毛刺而另一边尚未充满型槽，从而使锻件报废，同时还影响到模具寿命。另外，锻件出模困难，需要顶件装置，使锻模结构复杂化。因此，闭式模锻应用范围较窄，一般用在形状简单的旋转体模锻件上。

b 按金属毛坯的温度不同分类

（1）热锻，是将金属毛坯加热至再结晶温度以上的温度范围内进行模锻。

（2）冷锻，属于金属在室温下的体积塑性成形，其成形方式有冷挤压和冷镦挤。冷挤压主要包括正挤压、反挤压、复合挤压、径向挤压等；冷镦挤包括镦挤复合、镦粗等。

冷锻工艺（包括冷挤、冷镦）和热锻相比，具有节约原材料、产品尺寸精度高、表面粗糙度低、可以减少或免去切削加工及研磨工序、零件力学性能提高，有时可省去热处理、劳动条件好和生产效率高等一系列优点。已被各工业部门所重视并推广应用。但由于材料在常温下的变形抗力很大，又受加工硬化的影响，要求成形设备具有较大的压力、能量和刚度，对模具强度和寿命也提出了较高的要求。

（3）温锻，是将金属毛坯加热至金属再结晶温度以下某个适当的温度范围内进行模锻。温锻成形工艺是在冷锻工艺基础上发展起来的一种少无切削的成形工艺。它的变形温度一般取在室温以上和热锻温度以下这个范围内。但对变形的温度范围目前还没有一个严格的统一规定。因此，有时对变形前将坯料加热，变形后具有冷作硬化的变形，称为温变形；或者，将加热温度低于热锻终锻温度的变形，称为温变形。目前，对铝合金来说，常见的温锻温度范围是从室温以上到350℃以下。也就是说，基本上处于金属的不完全冷变形与不完全热变形的温度范围。

温锻成形在一定程度上兼备了冷锻与热模锻的优点，如产品质量高、节省材料和生产效率高等；同时减少了它们各自的缺点，如冷锻对设备、模具及材料的特殊要求；热模锻件的表面质量较差等。

目前，冷锻与温锻成形多应用于纯铝。

B 铝合金模锻生产方法特点

模锻生产效率高，机械加工余量小，材料消耗低，操作简单，易实现机械化和自动化，适用于中批、大批生产。模锻还可提高锻件质量。模锻虽比自由锻和胎模锻优越，但它也存在一些缺点：模具制造成本高，模具材料要求高；每个新的锻件的模具，由设计到制模生产是较复杂又费时间的，而且一套模具只生产一种产品，其互换性小。所以模锻不适合小批或单件生产，适合大批量生产。另一个缺点是能耗大，选用设备时要比自由锻的设备能力大，铝合金大、中型复杂锻件大都在大、中型液压锻压机上生产。

3.4.1.2 铝合金模锻生产设备及工艺特点

铝合金模锻件的生产可在模锻锤、机械压力机、螺旋压力机和液压机等多种锻造设备上进行。最广泛采用的是液压机和模锻锤。

A 模锻锤及锻压工艺特点

模锻锤可用于开式模锻和闭式模锻，其生产费用较低。由于铝合金对应变速率敏感，在急剧变形过程中变形热较大，在锻打时需要控制好锤头的高度、打击力量和速度。适宜于生产中小尺寸和形状复杂程度较低的铝合金模锻件。图3-36为模锻锤及结构示意图。

模锻锤主要工作特点及模锻锤上模锻生产的特点：

（1）靠冲击力使金属变形，锤头在行程的最后速度为7～9m/s，可以利用金属的流动惯性，有利于金属充填模膛，因而锻件上难充满的部分应尽量放在上模。同时由于靠冲击力使金属变形，模具一般采用整体结构，模具通常采用锁扣装置导向，较少采用导柱导套。

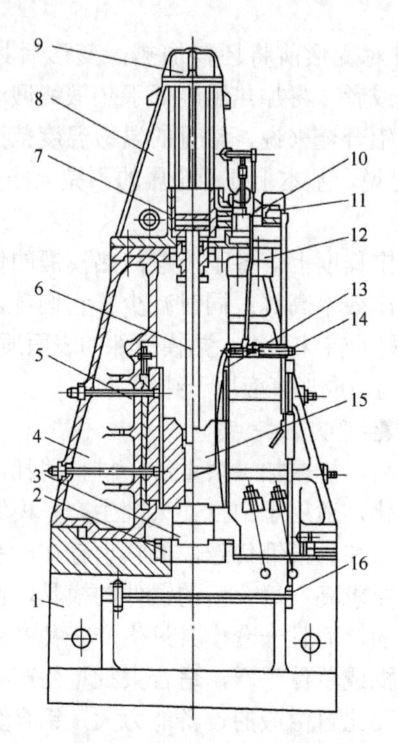

图 3-36 模锻锤及结构示意图（蒸汽-空气锤）

1—砧座；2—模座；3—下模；4—立柱；5—导轨；6—锤杆；7—活塞；8—汽缸；9—保险缸；10—滑阀；11—节汽阀；12—汽缸底板；13—曲杆；14—杠杆；15—锤头；16—踏板

（2）受力系统不是封闭的，冲击力通过下砧传给基础。

（3）单位时间内的打击次数多（1～10t 模锻锤为 100～40 次/min）。金属在各模膛中的变形是在锤头的多次打击下逐步完成的，锤头的打击速度虽然较快，但在打击中每一次的变形量较小。

（4）模锻锤的导向精确度不太高，工作时的冲击性质和锤头行程不固定等，因此，模锻件的尺寸精度不太高。

（5）无顶出装置，锻件出模较困难，模锻斜度较大。

（6）在锤上可实现多种模锻工步，特别是对长轴类锻件进行滚压，拔长等制坯工步非常方便。

B 液压机（主要是水压机）及锻压工艺特点

随着航空、航天技术的发展，飞行器的结构对减重、强度、刚度以及安全性和寿命等提出了更高的要求，这些使得现代飞行器日益广泛地采用锻造方法生产出来的大型复杂的整体构件，来替代由许多小型模锻件用铆接、焊接或螺栓连接等方式所组成的部件。因此，所需铝合金模锻件的尺寸愈来愈大，形状愈来愈复杂。

液压机适用于大中型铝合金锻件生产，它既可以用于自由锻造，也可以用于模锻。如果液压机装有侧缸，还可以实现复杂的多向模锻。图 3-37 为液压机本体结构简图。

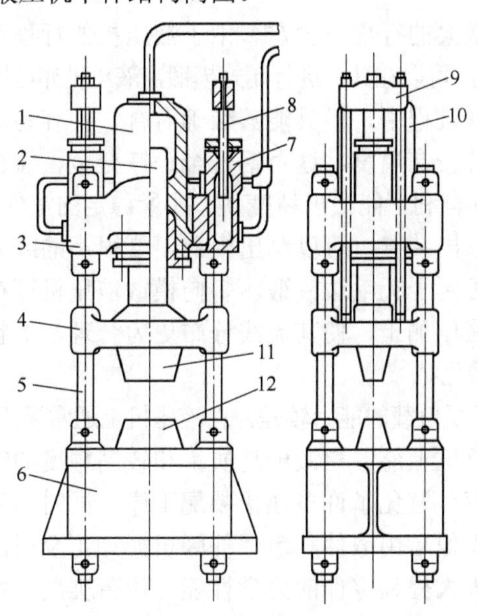

图 3-37 液压机本体结构简图

1—工作缸；2—工作柱塞；3—上横梁；4—活动横梁；5—立柱；6—下横梁；7—回程缸；8—回程柱塞；9—回程横梁；10—拉杆；11—上砧；12—下砧

液压机的主要工作特点及液压机上模锻生产的特点：

（1）工作时静压力、变形力由机架本身承受。在静压的条件下金属变形均匀，再结晶充分，模锻件的组织均匀，慢的或可控的应变速率使铝合金的变形抗力降到最小值，减小了所需压力和易于达到预定形状。另外，由于是在静载下变形，锻模结构可采用整体式或组合式（大型模锻件通常采用整体式），模具材料甚至可以采用铸钢，而不像模锻锤那样必须采用锻钢，可以降低模锻件生产成本，缩短制模时间。

（2）液压机的工作速度低，（如模锻液压机通常为 30～50mm/s）且可以控制，金属在慢速压力作用下流动均匀，获得的锻件组织也比较均匀，特别是对应变速率敏感的铝、镁合金最适合在慢速液压机上锻造和模锻。

（3）液压机的工作空间大，能够有效地锻造出大型复杂的整体结构锻件，尤其是较难锻造的大型的薄壁并带有加强筋的整体结构件和壁板类模锻件。

（4）活动横梁的行程不固定。由于液压机的行程不固定，通过正确控制设备吨位，可以在其上进行闭式模锻，液压机亦可用于挤压成形。

（5）在模锻过程中，模具能够准确对合，并容易安装模具保温装置，使模具维持较高温度，这对铝合金、镁合金、钛合金和高温合金的等温锻造特别有利，能锻出精度高、质量稳定的锻件。

（6）因有顶出装置，可以制出模锻斜度很小的或无模锻斜度的精密模锻件，也可用于无毛边模锻。多向模锻液压机可在多个方向上同时对毛坯进行锻压加工，使其流线分布更为合理，形状尺寸更接近零件，使模锻件精化。

（7）由于承受偏载的能力较差，在液压机上通常采用单模膛模锻。

由于在液压机上能够模锻出高质量和较高精度的锻件，因而大大减少了机械加工，避免了许多连接装配工序。同时，采用精锻零件，能够避免或减少像自由锻件和粗锻件因机械加工金属流线被切断的缺陷。这样可以大大提高零件的力学性能、疲劳强度和耐腐蚀性能等。因此，飞机上的大梁、带筋壁板、框架、支臂、起落架、压缩机叶轮、螺旋桨等模锻件均采用液压机模锻。

目前铝、镁合金模锻件生产主要采用液压机模锻。当今世界吨位最大的液压机是俄罗斯的 750MN 模锻液压机，美国最大的液压机为 450MN，我国最大的模锻液压机为 300MN，正在建设的 800MN 模锻液压机将是世界最大模锻液压机。

3.4.2 铝合金模锻工艺及操作要点

3.4.2.1 铝合金模锻工艺流程

图 3-38 所示为铝合金模锻件常用的典型工艺流程。

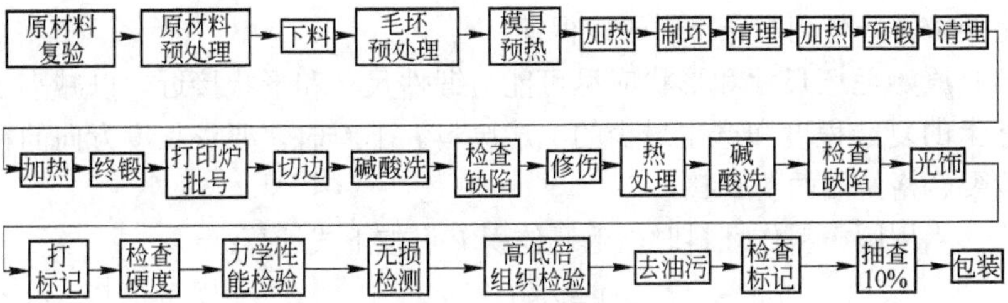

原材料复验 → 原材料预处理 → 下料 → 毛坯预处理 → 模具预热 → 加热 → 制坯 → 清理 → 加热 → 预锻 → 清理
→ 加热 → 终锻 → 打印炉批号 → 切边 → 碱酸洗 → 检查缺陷 → 修伤 → 热处理 → 碱酸洗 → 检查缺陷 → 光饰
→ 打标记 → 检查硬度 → 力学性能检验 → 无损检测 → 高低倍组织检验 → 去油污 → 检查标记 → 抽查10% → 包装

图 3-38 铝合金模锻件生产的典型工艺流程

3.4.2.2 铝合金模锻工艺及其操作要点

A 原材料复验项目

通常，铝合金原材料复验项目包括化学成分、力学性能、超声波、电导率、尺寸、低倍组织、显微组织、断口和外观质量等。

B 原材料及其预处理

铝合金锻件的原料一般为挤压棒材、型材、轧制板料和铸棒等。中小型模锻件和自由锻件多使用挤压棒材生产，挤压棒材常见的缺陷有粗晶环和分层等，因此对质量要求较高的锻件所使用的挤压棒材通常要在车床上将粗晶环车去。使用挤压型材进行模锻可以减少制坯工步，但应注意锻件的流线方向必须符合锻件的外形，否则不宜使用；轧制板料多用于板类模锻件的生产。大型锻件通常使用铸锭或连续浇铸的铸棒，为了提高铸棒的锻造性能，在锻造前必须将铸棒的表面缺陷清理干净，并进行均匀化退火；为保证锻件不含残留铸造组织，铸棒不可直接用于模锻，必须先进行自由锻，使组织达到均匀化。小规格棒材的组织性能好，在条件许可的情况下，应尽量选用。

C 下料

铝合金多用锯床下料，小批量生产时可使用圆盘锯和弓锯床，大批量生产时多使用带锯。坯料锯切后，端面会产生毛刺，为避免在后续锻造过程中产生毛刺压入等缺陷，应予以清除。

直径小于 50mm 的棒料可剪切下料，剪切既可在专用的剪床上进行，也可在普通冲床上进行。剪切下料时棒料端面容易变形而不平整，且其上可能产生毛刺和裂纹，故剪切下料只限于将棒料横放的带飞边模锻场合。

闭式模锻对下料的体积精度要求较高，使用普通锯床下料不能满足要求，应使用车床下料予以保证。

原始毛坯尺寸和形状应尽可能与锻件尺寸和形状接近，以减小工艺上的复杂程度和产生最少的毛边废料。下料时，要求长度方向的精度要合格，端面要平整。

当用圆棒料作坯料时，毛坯体积 V 可按下式计算：

$$V=V_1+V_2 \tag{3-6}$$

式中 V_1——锻件体积，按锻件图上名义尺寸计算，并加上 1/2 的正公差；

V_2——毛边体积，按下式计算：

$$V_2=(S_1+kS_2)L \tag{3-7}$$

S_1——毛边桥部截面面积，mm^2；

S_2——毛边仓部截面面积，mm^2；

k——毛边仓部充满系数，取决于锻件形状复杂程度，对于简单件 k=0.25，对于中等复杂件 k=0.5，对于复杂件 k=0.75；

L——毛边截面重心轨迹长度，mm（实际计算时可取其为等于锻件分模线的周长）。

原始毛坯的形状和尺寸与模锻件的外形有关。对于用端面镦粗模锻的回转体形或接近于回转体形的模锻体，毛坯长度不得超过其直径的 3 倍，亦即 $l \leqslant 3b$。此时，毛坯直径可按下式计算：

$$d=0.75\sqrt[3]{V} \tag{3-8}$$

对于扁平或长轴类模锻件，其原始毛坯大多是经过锻造的，原始毛坯截面面积按模锻件的最大截面选取，即：

$$S=S_{max}+2(S_1+S_2) \tag{3-9}$$

式中 S——原始毛坯截面面积，mm^2；

S_{max}——锻件的最大截面面积，mm^2；

S_1——毛边桥部截面面积，mm^2；

S_2——毛边仓部截面面积，mm^2。

因此，毛坯的下料长度为：

$$L=\frac{V}{S} \tag{3-10}$$

对于铝合金，锯床下料和车床下料是常用的下料方法，剪床下料用得很少。

表 3-29 列出在常用设备上下料时毛坯的长度偏差。

表 3-29 常用设备上下料时毛坯的长度极限偏差

设 备	毛坯直径/mm	毛坯长度/mm		
		150 以下	150～300	300 以上
		极限偏差/mm		
圆盘锯带锯	40 以下	±1.0	±1.5	±2.0
	40～80	±1.5	±2.0	±2.5
	80 以上	±2.0	±2.5	±3.0
车床高速铣床	40 以下	±0.6	±1.0	±1.5
	40～80	±1.0	±1.5	±2.0
	80 以上	±1.5	±2.0	±2.5

D 毛坯预处理

铝合金坯料在加热前应清理表面，以便去除表面脏物，防止污染；在装炉前并用压缩空气将表面吹干，以防将水带入炉内。

E 加热

铝合金可用各种加热设备进行锻前加热，但最常用的是电阻炉。为保证温度的均匀性，加热设备一般应有强制空气循环的装置（风扇）和自动调节温度的控温仪表或微机控温系统。

铝合金的锻造温度范围窄，故加热铝合金的加热炉必须有控温装置，空炉时炉膛内的温度均匀性不得超过±20℃，最好能控制在±5℃以内。

为防止铝合金加热时吸氢，炉内气氛应尽可能不含水蒸气；硫在高温下会渗入晶界，降低合金的力学性能，故炉内气氛不得含硫，应尽可能选择不含硫或低硫燃料。

表 3-30 所示为锻件常用铝合金和钢的热导率比较。由表 3-30 中的数据可以看出，铝合金的热导率约为结构钢的 3～4 倍；不锈钢的 5～10 倍及高温合金和钛合金的 8～10 倍。由于铝合金热导率高，锻造毛坯无需预热即可直接装入高温炉加热。

表 3-30 锻件常用铝合金与钢的热导率的比较

铝合金						钢	
牌号	热导率 /W·(m·℃)$^{-1}$	牌号	热导率 /W·(m·℃)$^{-1}$	牌号	热导率 /W·(m·℃)$^{-1}$	牌号	热导率 /W·(m·℃)$^{-1}$
2A02	25℃/134；400℃/172	2024	O 状态：193	7A04	25℃/155；400℃/159	20	100℃/50.2 500℃/37.7
2A11	25℃/117；400℃/176	2124	25℃/151；150℃/199	7A09	50℃/134；200℃/176	45	100℃/48.2 800℃/26.0
2A12	25℃/193；	2214	25℃/159；400℃/180	7A33	100℃/109；300℃/115	12Cr2Ni4A	60℃/30.9 750℃/21.4
2A14	20℃/159；400℃/180	3A21（LF21）	25℃/180；400℃/188	7050	T74 状态：157 T7651 状态：154	40CrNi2Si2MoVA	440℃/28.9 700℃/33.0
2A16	25℃/138；400℃/159	5A02（LF2）	25℃/155；400℃/167	7075	25℃/124；200℃/170	40CrNiMoA	100℃/46.0 800℃/29.1
2A50	25℃/176；400℃/188	5A03（LF3）	25℃/147；400℃/159	7475	138～163	GCr15	40.1
2B50	25℃/163；400℃/188	5A05（LF5）	25℃/122；400℃/147	8090	86.9		
2A70	25℃/142；400℃/163	5A06（LF6）	25℃/137；400℃/138				
2014	25℃/159；400℃/180	6A02（LD2）	25℃/176；300℃/188				

铝合金的相组成复杂，为使强化相充分溶解，保温时间一般比碳钢长。且合金化程度越高，保温时间就越长。多数铝合金坯料的保温时间按坯料厚度或直径 1.5～2min/mm 计算。而高强度铝合金如 7A04 及 7075 等，其加热保温时间应按 2～3min/mm 计算。

装炉前，毛坯要去除油垢及其他污物，以免在炉内产生硫、氢等有害气体。为了避免加热不均匀，毛坯在炉内的放置应离开炉门 250～300mm；为了避免短路和碰坏电阻丝，毛坯应离开电阻丝 50～100mm。铝合金的热导率高，可以直接在高温炉中装料加热。

F 模具预热

模锻时锻模预热非常重要，锻模过早失效往往由预热不当造成。新锻模在使用前，必须充分预热，小型锻模的预热时间在 2h 以上，大型锻模则需更长的时间。

铝合金模锻时，模具温度不但影响可锻性，还常常是锻造成败的关键因素。铝合金的热导率高，为防止热量过快散失，必须把模具和同工件接触的工具预热至较高的温度。

表 3-31 所示为根据工厂生产经验总结出来的在常用锻造设备上锻造铝合金锻件时的模具温度范围。显然，表中所示的液压机上模锻的模具温度已接近等温锻和热模模锻要求的模具温度。

表 3-31 常用锻造设备锻造铝合金时的模具温度范围

设 备	模具温度/℃	设 备	模具温度/℃	设 备	模具温度/℃
锻 锤	100～200	机械压力机	200～300	平锻机	250～300
液压机	350～450	螺旋压力机	200～300	辊锻机	100～200

影响模具预热温度的因素很多，除与锻造设备有关外，还与锻件材料的可锻性和锻件复杂程度等有关。此外，模具预热温度还与锻模材料有关，例如，5CrNiMo 的锻模预热温度通常为 250～400℃，而 H13 的锻模通常为 300～450℃，见表 3-32。

表 3-32 锻模预热规范

模块厚度/mm	加热时间/h	炉温/℃	模具预热温度/℃
＜300	＞8	450～500	250～450
＜400	＞12	450～500	250～450
＜500	＞16	450～500	250～450
＜600	＞24	450～500	250～450

锻模预热最好在专用加热炉内进行，该炉的预热温度比较均匀，控制也较为准确。条件不具备时也可采用烤红的铁块、酒精喷灯、电热管等方法，但必须使预热均匀，并不得触及模具的工作表面，以免

锻模局部温度过高而退火。

G 制坯和预锻

制坯是模锻成败的关键因素之一，由于铝合金的锻造温度范围窄，不宜在模锻设备上进行复杂的制坯工序，通常须在其他设备上进行。一般中小批量锻件多在自由锻锤上制坯，但自由锻制坯的效率不高，且质量不稳定，故大批量生产时，制坯往往在专用设备如辊锻机、楔横轧机等上进行，有时也可在模锻设备上通过挤压、镦头等方式进行。

形状复杂的锻件通常需要预锻，特别复杂的锻件还可能需要多次预锻。因铝合金锻造温度范围窄，难以在一个火次内完成预锻和终锻，因此需单独设计制造预锻模。有时为了减少模具费用，小批量生产形状较简单的锻件可直接在终锻模中预锻，但在此种情况下，预锻件的表面必须经过清理修整，方能进行终锻。

H 润滑

润滑对铝合金模锻有重要影响，过去多用石墨+废机油作为铝合金模锻润滑剂。

目前，国内外正在努力研发不含石墨的润滑剂，以代替胶体石墨。有些公司使用铝合金压铸剂作为模锻润滑剂，取得了较好的效果。

在液压锻压机上模锻铝合金锻件时，目前我国最广泛使用的是下列三种石墨与锭子油或汽缸油混合的润滑剂：

（1）80%～90%锭子油+10%～20%石墨；

（2）70%～80%汽缸油+20%～30%石墨；

（3）70%～85%锭子油+10%～20%汽缸油+5%～10%石墨。

必须指出，含有石墨的润滑油，用于铝合金模锻有严重缺点，其残留物不易去除，嵌在锻件表面上的石墨粒子可能引起污点、麻坑和腐蚀。因此，锻后必须清理表面。

在型槽中，特别是在又深又窄的型槽中，过多的润滑剂堆积可能造成锻件充不满，所以，润滑剂的涂敷必须均匀。

I 模锻（终锻）

铝合金尤其是高合金化铝合金在模锻时，首选变形速度较慢的液压机、机械压力机和旋压机。

形状复杂的模锻件，往往要进行多次模锻。多次模锻可能用一副终锻模来实现，也可以用使毛坯形状逐渐过渡到锻件形状的几副锻模，这样，每次模锻的变形量不会太大。因为当一次模压的变形量超过 40%时，大量金属挤入毛边，型槽不能完全充满。多次模压，逐步成形，金属流动平缓，变形均匀，纤维连续，表面缺陷少，内部组织也比较均匀。

在模锻过程中，还必须十分注意放料和润滑。

模锻薄的大型锻件，特别是长度较大的锻件时，锻模及液压机横梁的弹性变形以及偏心加载所造成的错移，是影响锻件尺寸精度的重要因素。通常的现象是，长形锻件发生弯曲，盘形件中心鼓起，有时尺寸偏差达到 5mm 以上。如果是由锻模弹性变形引起的，可以在设计型槽时预先对型槽形状和尺寸加以修正，如果是由锻模塑性变形引起的，则应从改进锻模结构及其热处理规范等方面寻找原因。

J 切边

铝合金锻件的切边有冷切边和热切边之分。

多数铝合金锻件既可在室温下切边，也可在热态下切边，具体的切边方式应根据车间设备状况选定。切边模的冲头和凹模可用模具钢制造，热处理后硬度为 HB444～477。一般用报废的模块制造。

7075、7A04 等高合金化铝合金由于强度较高和塑性较差，如在室温下进行切边，容易出现飞边撕裂，因此须在热态下切边，这些合金最好在锻造后马上切边，否则，时效强化后切边比较困难。

K 冷却

铝合金锻后一般在空气中冷却，有时为加快生产节奏，也可水冷。

L 清理

铝合金锻件易于产生表面缺陷，因此在锻后和锻造工序之间必须进行表面清理，常用的清理方法是先化学蚀洗再进行表面修伤。

a 化学蚀洗

蚀洗的目的是清除锻件表面残留的润滑剂、油渍和氧化膜等，使金属光洁并可暴露锻件的表面缺陷。铝合金锻件的蚀洗工艺流程见表3-33。

表 3-33 铝合金蚀洗工艺流程

蚀洗程序	设备名称	槽液成分	工作制度	用途
1	碱槽	10%～20% NaOH	50～70℃，5～20min	脱脂
2	水槽	冷水	流动的室温凉水	冲洗残液
3	酸槽	10%～30% HNO_3	室温，5～10min	中和，光洁
4	水槽	冷水	流动的室温凉水	冲洗残液
5	水槽	热水	60～80℃	彻底冲洗，便于吹干

b 机械修伤

修伤的常用工具有：电动软轴铣刀、风动砂轮机、风铲、扁铲等，修理处应圆滑过渡，不允许有棱角等。

c 光饰

铝合金锻件最终的表面处理方式有振动光饰、抛丸等。

一般使用不锈钢丸或玻璃丸进行抛丸，丸粒直径为 0.2～0.8mm，抛丸可有效降低锻件的内应力，提高锻件的表面质量。

M 矫直

若模锻时变形不均，起模时锻件局部受力，冷却时收缩不一致，则会使锻件形状畸变、尺寸不符。热处理可强化的铝合金锻件，在淬火时也会引起翘曲。所有这些畸变、翘曲都必须在淬火后时效前矫直。对于自然时效的 2A11、2A12 硬铝和 2A14 锻铝锻件，淬火后矫直的最大时间间隔不得超过 24h，否则需重新淬火，其他合金的矫直时间间隔无限制。

N 检验

通常，铝合金锻件的检验项目包括：化学成分、力学性能、硬度、超声波探伤或荧光探伤、耐应力腐蚀性能、尺寸、低倍组织、显微组织、断口和外观质量等。

在铝合金锻件低倍组织中，比较特殊的检验项目是氧化膜，氧化膜必须符合铝合金锻件类别中的规定。

O 打印和检查标记

许多铝合金锻件为重要件或关键件，要求记录每个零件的制造历史和存档待查。因此，每个工序都需要打印炉批号，并在入库前检查标记，如果记录不清楚或无记录，或发现不同批次混杂，可能作报废处理。

3.5 铝合金典型模锻件模锻技术及工艺过程举例

随着航空、航天及现代交通运输业的发展，特别是近年来轻量化的推进，以铝代铜，以铝代钢，以锻代铸成为很多工业部门的发展趋势。具有密度小，比强度、比刚度高，耐腐蚀、耐疲劳，工作可靠性高，轻量化效果明显的铝合金模锻件，已得到了越来越广泛的应用，研发出了大批的新产品、新工艺、新技术。

不同状态的铝合金、不同类型和尺寸的铝合金锻件，需要采用不同的工艺和设备生产。例如，铝合金铸锭的塑性差，多采用挤压、轧制和液压机自由锻造等工作速度低的设备进行开坯。开坯后的铝合金中间坯塑性大幅度提高，为提高生产效率和降低成本，中小型铝合金模锻件多选用机械压力机、螺旋压力机和模锻锤模锻。大型铝合金模锻件一般形状比较复杂，且零件的重要性一般也较大，为获得优质锻件，多采用速度低、且变形均匀的大型液压机模锻。形状复杂的大型整体铝合金锻件的生产是难变形合金锻件生产领域中的一个关键技术难点。

3.5.1 大型铝合金锻件的液压机模锻技术研发与举例

3.5.1.1 概述

大型铝合金模锻件广泛用于飞机的大梁、壁板、隔框和支架以及舰船和装甲车的骨架厢盖和门框等。采用整体模锻件制造大型铝合金零件，它的流线与零件外形轮廓一致，比用厚板经数控加工得到的零件在抗应力腐蚀、强度、寿命等方面都胜出一筹，并可降低材料消耗和减少切削加工及装配工时。大型铝合金模锻件的投影面积可达 0.5～4.5m^2 或更大，长度有时超过 8m，质量超过 1t；通常在

100～750MN 的大型模锻液压机上生产。其主要制造工艺流程示于图 3-39。

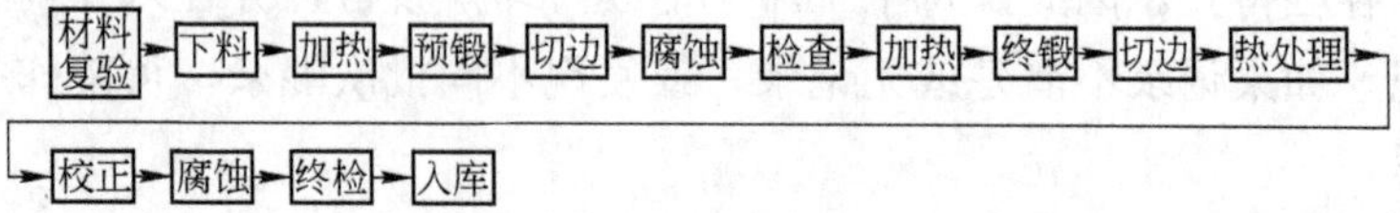

材料复验→下料→加热→预锻→切边→腐蚀→检查→加热→终锻→切边→热处理→校正→腐蚀→终检→入库

图 3-39 大型铝合金模锻件的主要生产工艺流程

其工艺特点如下：

（1）原始坯料。生产大型铝合金模锻件的原始坯料通常采用轧制或挤压的长、宽、高分别为 8000～13000mm、500～950mm 和 50～150mm 的厚板，或挤压的直径为 500mm 的棒材。更大的铝合金模锻件通常采用铸锭在自由锻造液压机上经过反复制坯，这种方法制成的坯料组织细小、均匀、方向性小，性能最好。

（2）预锻。预锻在液压机上进行，根据锻件的复杂程度可以采取一次加热、一次预锻、一次切边，也可以采取两次加热、两次预锻、两次切边。终锻件和预锻件一般采用带锯切边。

（3）腐蚀。先用 25%的碱溶液腐蚀，然后用 15%的硝酸溶液进行光泽处理，最后用水清洗。

（4）校正。在液压机上进行。

（5）终检。包括尺寸、形状、表面质量、力学性能、宏观和微观组织检查及超声波探伤等。

（6）润滑。模具润滑采用 1∶2 的石墨和汽缸润滑油混合剂；终锻时模具也可采用石墨和锭子油混合剂润滑。

3.5.1.2 7075 铝合金支撑接头大锻件普通模锻与小公差、无拔模斜度精锻生产技术研发

7075 合金安定面支撑接头安装在直升机的尾桨塔中，用以连接并支撑水平安定元件。当直升机飞行时承受伴有连续振动应力的较大载荷时，为满足零件工作对力学性能和抗腐蚀能力的要求，设计选择 7075 合金耐蚀性能优异的 T73 状态。为合理选择锻造工艺方案，对普通模锻与小公差、无拔模斜度精锻两种工艺方案进行了比

较。图 3-40 所示为小公差、无斜度精锻件的立体图及其截面与普通模锻件相应截面的比较。表 3-34 和表 3-35 所示为两种锻件的设计参数和制造工序及其费用的比较。

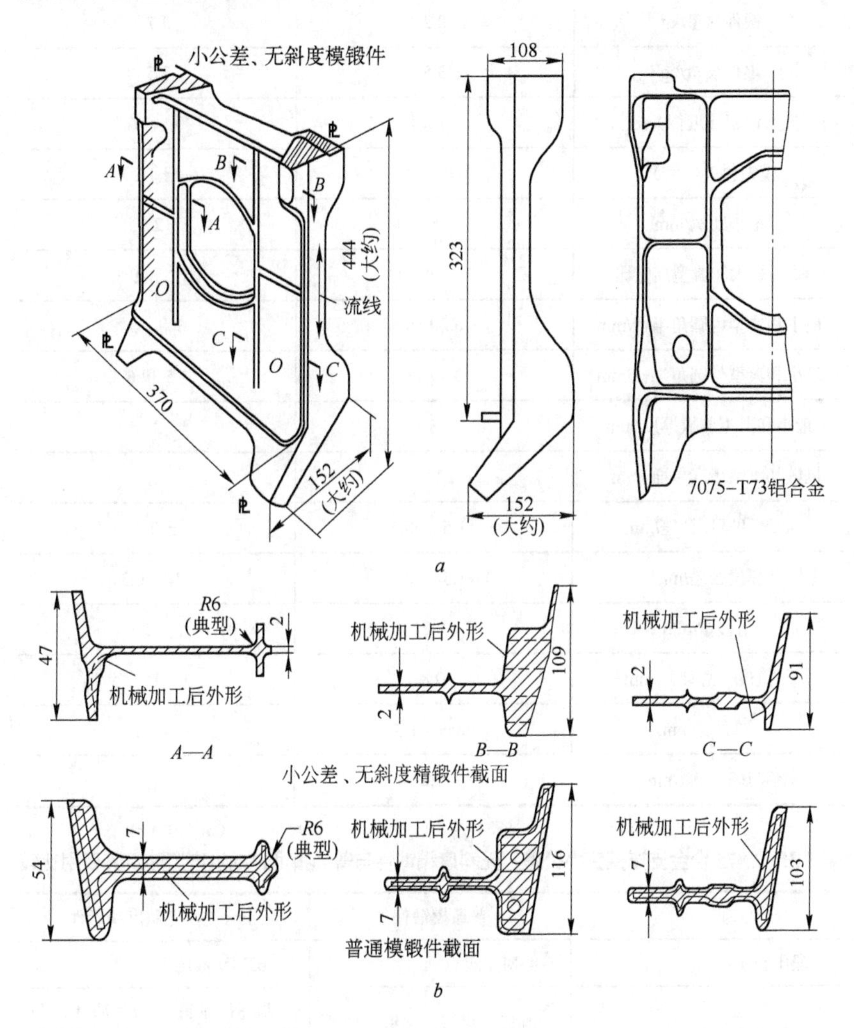

图 3-40 7075 合金支撑接头小公差、无斜度精锻件的立体图及其截面与普通模锻件相应截面的比较

a—小公差、无斜度模锻件立体图；*b*—小公差、无斜度精锻件截面与普通模锻件相应截面

表 3-34 7075 合金支撑接头小公差、无斜度精锻件与普通模锻件的设计参数比较

参数	普通模锻件	小公差、无斜度精锻件
锻件质量/kg	8.2	3.7
零件质量/kg	3.5	3.5
投影面积（近似）/m^2	0.1561	0.1477
模锻斜度/（°）	3（±1）	0（±1/2）
最小肋宽/mm	6	2
肋的最大和典型高宽比	8:1 和 3:1	23:1 和 9:1
最小和典型内圆角半径/mm	6 和 15	6 和 13
最小和典型外圆角半径/mm	3 和 13	1.5 和 6
最小和典型腹板厚度/mm	8	2
机械加工余量（单面）/mm	2.5	无
长度和宽度公差/mm	+1.5，−0.7	±0.7
厚度公差/mm	+1.5，−0.4	+1，−0.3
错移量/mm	0.8	1.2
平直度（总计）/mm	0.8	1
平面度/mm	max：1.5	max：1.5
飞边残留量/mm	0.8	无

表 3-35 7075 合金支撑接头小公差、无斜度精锻件与普通模锻件的生产工序及其费用比较

项目	普通模锻件	小公差、无斜度精锻件
锻压设备	45MN 液压机	162MN 液压机
主要锻造工序	制坯，粗锻，终锻，冲孔和切边	制坯，预锻（1），冲孔，预锻（2），冲孔和切边，终锻和切边
热处理	T73	T73
力学性能	按照 MIL-A-2271	按照 MIL-A-2271

续表 3-35

项 目	普通模锻件	小公差、无斜度精锻件
机械加工工序	加工肋、槽和配合面及钻孔和铰孔	仅加工配合面及钻孔和铰孔
检验	超声探伤、应力腐蚀和渗透检查	超声探伤、应力腐蚀和渗透检查
表面处理	涂环氧树脂底漆和丙烯酸漆	涂环氧树脂底漆和丙烯酸漆
模具费用/美元	11300	24500
1 件锻件的锻造费用/美元	88	154
模具装卸和调整费用/美元	207	660
仅生产 1 件锻件的费用/美元	11595	25314
机械加工工夹具费用/美元	15000	1000
装卸和调整费用/美元	530	190
1 件锻件的机械加工工时费用/美元	255	43
仅生产 1 件锻件的机械加工费用/美元	157851	1233
仅生产 1 件零件的生产总费用/美元	27380	26547
生产 100 件零件时的单件总费用/美元	614	460
生产 1000 件零件时的单件总费用/美元	370	223

分析表 3-34 和表 3-35 中的锻件参数、锻造工序及其费用数据可以看出：小公差、无斜度精锻件与普通模锻件比较，锻件的各项参数都比较精密，但锻造难度大，从而使需要的锻压设备能力增加近 4 倍，锻造工序数量增加 60%，模具费用增加 2 倍以上，锻坯和锻造费用约增加近 1 倍，模具装卸和调整费用增加 3 倍以上，结果使锻件的质量减轻 55%，机械加工的工夹具费用节约 93%、装卸费用节约 64%和工

时费用节约 83%。这些数据表明，单纯从锻造角度出发，精锻在经济上是不合算的；然而从零件生产整体考虑，仅生产 1 件零件（尽管这种情况不存在）的总费用，精锻件已经比普通模锻件节约 806 美元；生产 100 件和 1000 件零件时的总费用，精锻件比普通模锻件分别节约 25%（共 15400 美元）和 37%（共 137000 美元）。

显然，无论是在试制阶段还是在批生产阶段，采用小公差、无斜度精锻工艺生产 7075 铝合金支撑接头在经济上都比普通模锻工艺合理。另外，采用小公差、无斜度精锻法生产的 7075 铝合金支撑接头精锻件表面无余量，无锻件流线切断的问题，因而零件可获得最大的抗腐蚀能力，这一点是普通模锻件无法相比的。

3.5.1.3 7079 铝合金后大梁隔框接头两种模锻工艺的对比研究

图 3-41 所示为 7079 铝合金飞机机翼后大梁隔框接头左右两件中左件的模锻件及其 10 个拉伸试样的取样位置。该件是机身隔框的一部分，属重要承力构件。飞机飞行时它承受交替出现拉应力和压应力，着陆时承受最大设计载荷。

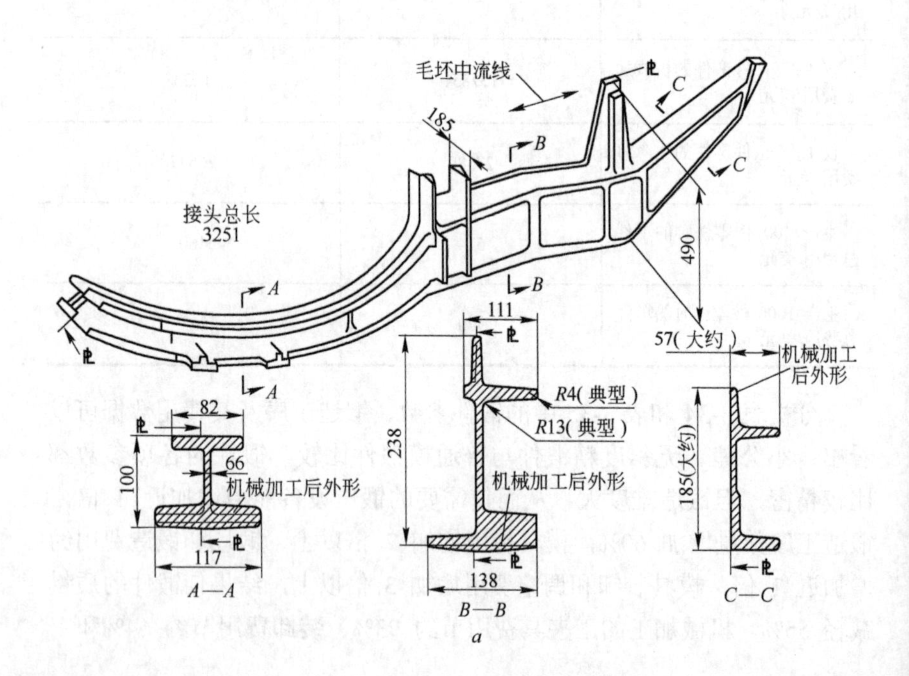

a

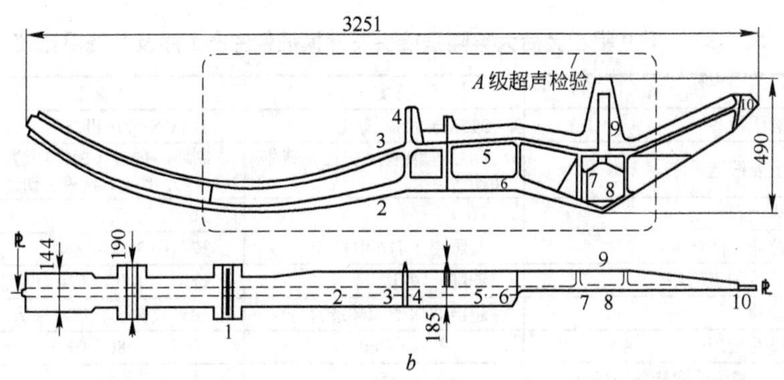

图 3-41 7079 铝合金后大梁隔框接头左件模锻件(*a*)及试样取样位置(*b*)图

在首批生产该锻件前，按照模锻件精化程度的不同制定了两种设计方案。其设计参数与制造工序及其费用比较分别列于表 3-36 和表 3-37。

表 3-36 7079 铝合金后大梁隔框接头左件模锻件设计参数比较

名 称	方案 1	方案 2
锻件质量/kg	79.4	61.3
零件质量/kg	27.2	29.5
投影面积（近似）/m^2	0.58	0.52
模锻斜度/（°）	5（±1）	3（±1）
最小肋宽/mm	6.1	6.1
肋的最大和典型高宽比	5:1 和 3:1	15.5:1 和 4:1
最小和典型内圆角半径/mm	8 和 13	8 和 13
最小和典型外圆角半径/mm	3 和 4	3 和 4
最小和典型腹板厚度/mm	6 和 9	4 和 9
机械加工余量（单面）/mm	5	5
不加工表面百分率/%	20	60
长度和宽度公差/mm	±0.8 或每 1 cm±0.03mm（取大值）	±0.8 或每 1 cm±0.03mm（取大值）
厚度公差/mm	+1.6，-0.8	+1.6，-0.8
错移量/mm	2	2
平直度（总计）/mm	3	3
平面度/mm	max：1.5	max：1.5
飞边残留量/mm	2	2

表 3-37　7079 铝合金后大梁隔框接头左件模锻件生产工序及其费用比较

名　称	方案 1	方案 2
锻压设备	315MN 液压机	315MN 液压机
主要锻造工序	制坯，预锻，切边，终锻和切边	制坯，预锻（1），切边，预锻（2），切边，终锻和切边
热处理	T6	T6
拉伸性能试样	按照图 3-41*b* 取样	按照图 3-41*b* 取样
机械加工工序	铣削、镗孔、钻孔和铰孔	铣削、镗孔、钻孔和铰孔
检验	超声波探伤和渗透检查	超声波探伤和渗透检查
模具费用/美元	55000	80000
1 件锻坯的锻造费用/美元	550	550
模具装卸和调整费用/美元	900	1200
仅生产 1 件锻件的费用/美元	56450	81750
机械加工工夹具费用/美元	30000	22000
装卸和调整费用/美元	1000	750
1 件锻件的机械加工工时费用/美元	900	600
仅生产 1 件锻件的机械加工费用/美元	31900	23350
仅生产 1 件零件的总费用/美元	88350	105100
生产 65 件零件时 1 件的总费用/美元	2787	2750
生产 100 件零件时 1 件的总费用/美元	2320	2190
生产 1000 件零件时 1 件的总费用/美元	1540	1260

分析表 3-36 和表 3-37 中的锻件参数、锻造工序及其费用数据后可以看出：方案 2 模锻件的模锻斜度、肋的最大和典型高宽比、最小腹板厚度及投影面积等设计参数都比方案 1 精密，从而方案 2 模锻件的质量减轻 18.1kg（23%）、不加工表面的百分率提高 3 倍（由 20%提高到 60%）。为精化模锻件的设计参数，方案 2 增加了 1 次预锻和切边，同时相应地增加了模具费用及其装卸和调整费用，但减少了机械加工工夹具费用及其装卸和调整费用。

对两个方案进行经济分析（表 3-37）可以看出，当锻件生产量小于 65 件时，方案 1 比较经济；当正好生产 65 件时，单纯从经济角度出发，两个方案的平均每件锻件锻造和机械加工总费用基本持平（分别为 2787 美元和 2750 美元）；大于 65 件时，方案 2 的优势开始显现，批量越大，方案 2 的优势就越大。

应该指出，由于模锻件不加工表面的尺寸精度低于机械加工精度，不加工表面百分率高的方案 2 使零件质量（29.5kg）比方案 1 的（27.2kg）大 2.3kg，这是方案 1 的一大优势。设计师经过综合分析，最后选用了模锻件质量轻和精化程度高的方案 2；理由是该方案不加工表面面积大，品质优良，成本也比较低。

3.5.1.4 铝合金带转轴梁起落架外筒模锻件的研制

图3-42所示为带转轴梁起落架外筒铝合金模锻件的结构及其流线取向和轮廓尺寸（*a*）、减振外筒机械加工后的外形（*b*）以及转轴梁外筒各部分名称（*c*）的示意图。飞机起落架承受着飞机质量和着陆时与地面的冲击载荷，它的外筒实际上是一个储存高压空气和油的高压容器，飞机着陆时起减振作用，这些载荷主要通过起落架外筒和转轴梁传递；除承受重载外，该零件还要求尽可能地耐应力腐蚀。因此对起落架外筒和转轴梁材料和锻件及其流线要求极其严格。下面示出了带转轴梁起落架外筒铝合金模锻件和钢模锻件（图3-42）的设计参数（表3-38）以及生产工序和费用（表3-39）的研究结果。

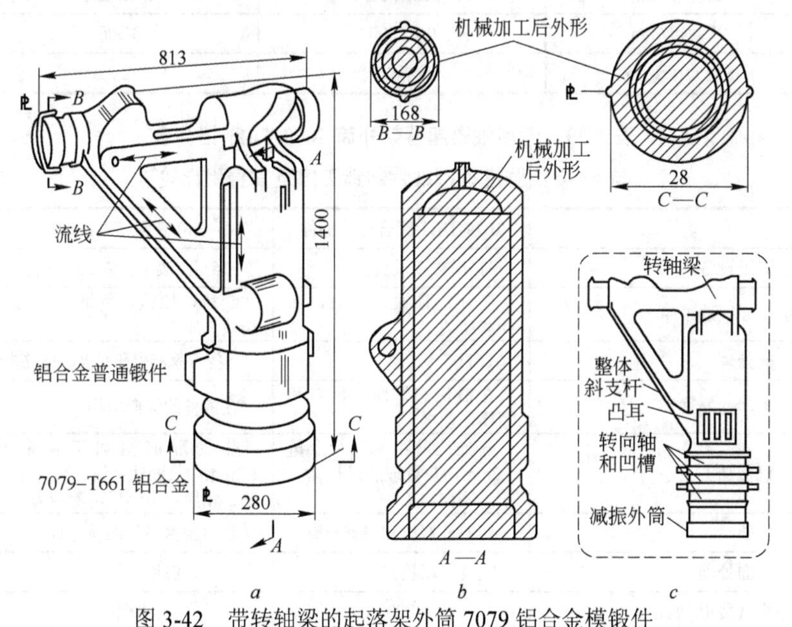

图 3-42 带转轴梁的起落架外筒 7079 铝合金模锻件

a—锻件结构及其流线取向；*b*—减振外筒机械加工后外形；*c*—转轴梁外筒各部分名称

表 3-38　带转轴梁的起落架外筒 7079-T611 铝合金与 4340 高强度钢模锻件的设计参数比较

名　称	7079-T611 铝合金模锻件	4340 高强度钢模锻件
锻件质量/kg	313	889
零件质量/kg	113.4	113.4
投影面积（近似）/m^2	0.65	0.65
模锻斜度/（°）	5（±1）	5（±1）
最小肋宽/mm	25.4	31.8
肋的最大和典型高宽比	4.5:1 和 4:1	4:1 和 4:1
最小和典型内圆角半径/mm	13	13
最小和典型外圆角半径/mm	6	6
最小和典型腹板厚度/mm	12	15.7
冲孔后的腹板面积/m^2	322.8	322.8
机械加工余量（单面）/mm	0～10	5.1
长度、宽度和厚度公差/mm	±0.76 或±0.76/300	±0.76 或±0.76/300
错移量/mm	max：2.3	max：2.3
平直度/mm	0.76/300	3/300
飞边残留量/mm	无规定	2.3

表 3-39　带转轴梁起落架外筒 7079-T611 铝合金与 4340 高强度钢模锻件制造工序及其费用比较

名　称	7079-T611 铝合金模锻件	4340 高强度钢模锻件
锻压设备	315MN 液压机	315MN 液压机或 23t 模锻锤
主要锻造工序	制坯，预锻，终锻，冲孔和切边	制坯，预锻，终锻，冲孔和切边
热处理	T611	可控气氛淬火和回火，防脱碳
力学性能试样	在锻件的纵向、横向和短横向取样	在锻件的纵向取样
机械加工工序	热处理前粗加工至余量 3.2mm，热处理后进行镗、车、铣精加工	热处理前粗加工至余量 3.2mm，热处理后进行镗、车、铣、精磨；磨削后消除应力
检验	超声波探伤和渗透检查	超声波探伤和磁粉检查
表面处理	喷丸、阳极化	喷丸、镀铬
模具费用/美元	40000	40000
1 件锻坯的锻造费用[①]/美元	1000	2200

续表 3-39

名　称	7079-T611 铝合金模锻件	4340 高强度钢模锻件
仅生产 1 件锻件的费用/美元	41000	42200
机械加工工夹具费用/美元	50000	60000
1件锻件的机械加工工时费用[②]/美元	3000	4000
仅生产 1 件锻件的机械加工费用/美元	3000	4000
仅生产 1 件零件的总费用/美元	94000	106200
生产 100 件零件时 1 件的总费用/美元	4900	7200
生产 1000 件零件时 1 件的总费用/美元	4090	6300

① 含模具装卸和调整费用；

② 含装卸和调整费用。

分析表 3-38 和表 3-39 中的锻件参数、锻造工序及其费用数据可以看出：两种锻件的参数和锻造工序大同小异，但钢锻件的质量约为铝锻件的 3 倍，正好符合二者的密度比。由于两种材料的比强度较接近，故零件的质量相等。

从两种锻件的经济分析（表 3-39）可以看出，任何批量（从第 1 件到第 1000 件）的铝合金锻件的锻造和机械加工总成本都低于钢锻件。显然，在制造成本上铝锻件占优势。但是，在使用过程中，钢锻件的现场检查时间要少于铝锻件，在一定程度上弥补了钢锻件的缺点。

3.5.1.5 7A04-T6 铝合金星形旋转环模锻件的研发

星形旋转环是直升机上自动倾斜器的受力零件。模锻件的外形见图 3-43。锻件材料为 7A04-T6。该锻件主体为ϕ488.6mm 圆环，从主体伸出六个带槽的支臂，形状复杂，截面变化悬殊，制坯工艺难度大，而且只有主体内孔和六个支臂端头的耳子需进行加工，其余均为非加工面。它是 I 类品质控制的模锻件。其锻造工艺过程见表 3-40。

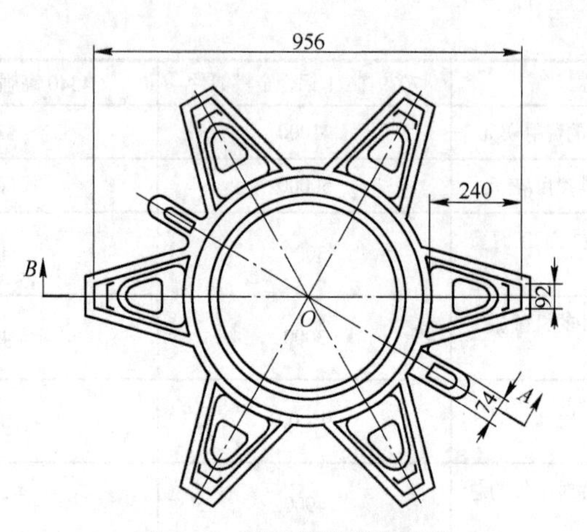

图 3-43 星形旋转环模锻件

表 3-40 星形旋转环锻造工艺过程

工 序	设 备	操作内容	备 注
1. 备料	电炉	（1）熔炼和铸造 $\phi630$mm	
	挤压机	（2）挤压成 $\phi320$mm 棒材	
	圆盘锯	（3）按 $\phi320$mm×500^{+10}mm 下料	
2. 加热	电炉	(430±10)℃×4.5h	
3. 制坯	60MN 水压机	镦至 82mm，锻造温度范围为 430～350℃	
4. 加热	电炉	(430±10)℃×1.5h	
5. 第一次模锻	300MN 水压机	用 100MN 级压力，锻造温度范围为 430～350℃	使锻件垂直尺寸达到公差范围
6. 锯切毛边	带锯	锯掉全部毛边	
7～9. 第二次模锻		重复 4～6 工序，但用 200MN 级压力	
10～12. 第三次模锻		重复 4～6 工序，但用 300MN 级压力	
13. 钻、铣孔内连皮	钻床及铣床	钻、铣除掉孔内连皮	
14. 固溶处理	空气循环热处理电炉和水槽	将锻件和连皮一同装炉加热（470±10）℃×3.5h，在 50℃温水中冷却（淬火）	

续表 3-40

工　序	设　备	操作内容	备　注
15. 矫正	液压机	将固溶处理后的锻件矫正（固溶处理后 8h 内完成）	
16. 时效	空气循环时效	将锻件和连皮一同装炉加热，（135℃×16h）后空冷	
17. 最终检验		（1）超声波探伤，按规定范围逐件进行，标准为 A 级； （2）按批抽一件在规定部位检查低倍组织、力学性能，并在每个锻件连皮上检查力学性能； （3）按淬火炉次检查高倍组织	使锻件垂直尺寸达到公差范围

3.5.1.6　2A14-T6 合金框架模锻件研制

框架模锻件是某飞机的机翼和机身重要连接构件，模锻件的形状见图 3-44。锻件材料为 2A14-T6。该锻件形状复杂、截面变化悬殊，制坯难度大，带筋肋面为非加工面。它是按Ⅰ类品质控制的模锻件。其锻造工艺过程见表 3-41。

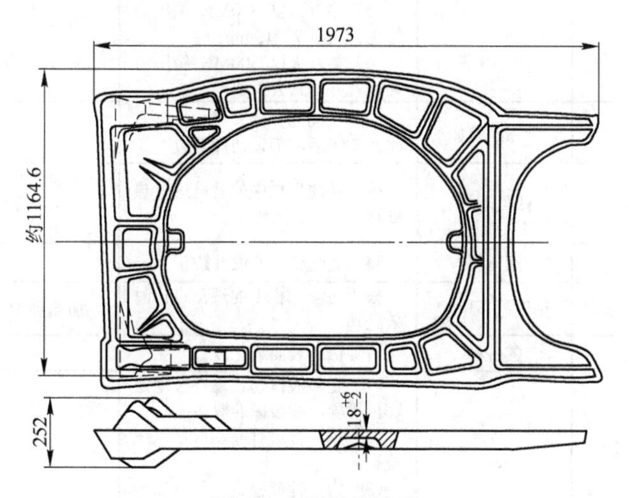

图 3-44　框架模锻件

表 3-41 框架锻造工艺过程

工序名称	设 备	操作内容	备 注
1. 备料	电 炉	熔铸 2A14 合金铸锭	
2. 铸锭均匀化	电 炉	按“备注”栏中的规范做均匀化处理	加热到 470^{+20}_{-10} ℃保温 24h，随炉冷却
3. 铸锭加热	电 炉	按“备注”栏中的规范加热铸锭，锻压温度 470～350℃	加热到 450^{+20}_{-10} ℃，送锻造
4. 制坯	60MN 水压机	（1）将铸锭镦粗至 450mm； （2）将坯料镦拔成偏方； （3）在扁方坯上压制出两凸耳及拔长、展宽	
5. 酸洗	酸洗槽	清洗掉表面氧化皮	
6. 打磨	风动铣刀	清除坯料表面缺陷	
7. 坯料加热	电 炉	按“备注”栏中的规范加热坯料	加热到 450^{+20}_{-10} ℃
8. 锻造	300MN 水压机	锻造温度 470～440℃ （1）第一火在预锻模内以 100MN 级压力预压； （2）第二火以 200MN 级压力预压； （3）第三火以 300MN 级压力终压，欠压 15～25mm； （4）第四火以 300MN 级压力终压，欠压 10～20mm； （5）第五火以 300MN 级压力终压，欠压 7～15mm； （6）第六火以 300MN 级压力终锻，并达到公差要求	
9. 切边	带锯及铣床	在工序 8 的（3）、（4）、（5）、（6）工步后，都须切掉毛边	
10. 固溶处理	热处理炉	按“备注”栏中的规范进行热处理	加热到 501～504℃，保温 3h，在 50℃水中淬火
11. 矫正	液压机	将热处理变形的锻件矫正	
12. 时效处理	空气循环电炉	按“备注”栏中的规范进行时效处理	加热到 150^{+5}_{-0} ℃
13. 酸洗	酸洗槽	清除锻件表面氧化皮	
14. 最终检验		（1）超声波探伤：逐件按规定部位检验，A 级标准探伤； （2）抽一件进行高、低倍组织检查； （3）力学性能检查，每批抽一件在规定部位取样试验	

3.5.1.7　6061-T6 合金：大型汽车轮毂模锻件模锻工艺研究（之一）

铝合金大型汽车轮毂已逐步取代传统的钢铁组装焊接轮毂，西南铝加工厂采用 100MN 多向模锻水压机试制成功并批量出口。模锻件的形状见图 3-45。模锻件的材料为 6061-T6。该锻件形状复杂，成形困难，非加工面多，力学性能、纯洁度、可靠性都要求很高，目前世界上只有少数几个国家能生产。其锻造工艺过程见表 3-42。

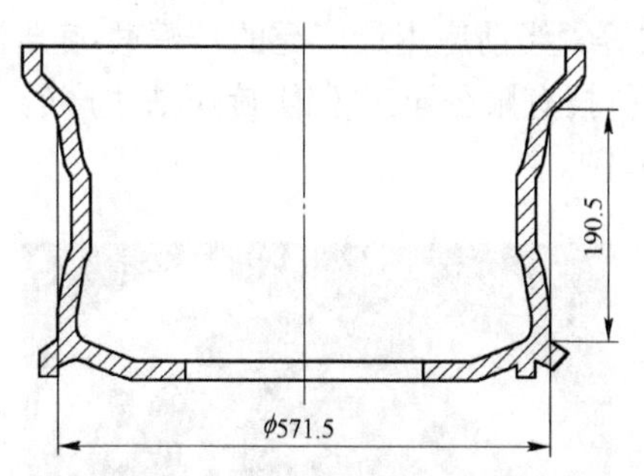

图 3-45　铝合金大型汽车轮毂模锻件

表 3-42　大型汽车轮毂锻造工艺过程

工　序	设　备	操作内容	备　注
1. 备料	电炉	熔铸铸锭及铸锭均匀化	
2. 铸锭加热	电炉	按“备注”栏中的规范加热铸锭，锻压温度为 500～540℃	加热到 520℃±20℃，保温 3h 后送锻造
3. 制坯	60MN 水压机	将铸锭镦粗至高(160+10)mm	
4. 锻坯加热	电炉	按“备注”栏中的规范加热锻坯，锻压温度为 500～540℃	加热到 520℃±20℃，保温 2.5h 后送锻造
5. 锻压	100MN 多向模锻液压机多向锻造	终压一次，分两次加压： （1）第一次欠压 15～20mm； （2）第二次欠压 0～2mm	
6. 酸洗	酸洗槽	清洗掉表面氧化皮	
7. 打磨	风动铣刀	清除掉锻件表面毛刺及缺陷	
8. 机械加工	车床	按锻件图的尺寸公差加工	
9. 固溶热处理	热处理炉	按“备注”栏中的规范进行热处理	加热到 540℃±10℃，保温 2h，水中淬火
10. 时效处理	空气循环电炉	按“备注”栏中的规范进行人工时效	加热到 180℃±5℃，保温 8h 后空冷
11. 最终检验		（1）逐件在规定位置超声波检查，按 A 级标准探伤； （2）在规定位置检测高倍与低倍组织、力学性能； （3）100%锻件进行布氏硬度检查	

3.5.1.8 6061T6合金大型汽车轮毂模锻件模锻-旋压工艺研究（之二）

汽车是使用铝合金锻件最有前途的行业之一，也是铝锻件的最大用户，主要作为轮毂（重型汽车和大中型客车）、保险杠、底座大梁和其他一些小型铝锻件，其中铝轮毂是使用量最大的铝锻件，主要用于大客车、卡车和重型汽车上。

生产汽车锻造轮毂的方法有液态模锻法、半固态模锻法、热模锻法和模锻-旋压法等。当前应用最广泛的是模锻-旋压法。图 3-46 和图 3-47 分别为宏鑫科技有限公司用模锻-旋压法生产的卡车汽车轮毂外形图和生产工艺流程图。

图 3-46 卡车铝合金汽车轮毂（宏鑫科技）

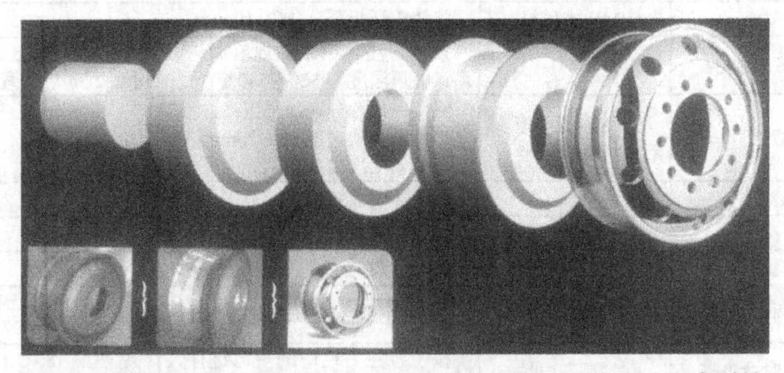

图 3-47 模锻-旋压法生产铝合金汽车轮毂的生产工艺流程（宏鑫科技）

汽车锻造轮毂大都用 6061-T6 材料制造，宏鑫科技有限公司用 80MN 热模锻机和 1.6MN 冷旋压机来生产，轮毂的外径为ϕ406～660mm，高度为 127～229mm，最大壁厚为 20～30mm。表 3-43 所示为 6061-T6

ϕ572mm×210mm 整体式汽车轮毂的生产工艺卡片。图 3-48 所示为整体式汽车轮毂的品种举例。图 3-49 为锻造不同过程的外形照片，图 3-50 所示为冷旋压前后的外形对比。

表 3-43 6061-T6 ϕ 572mm×210mm 整体式汽车轮毂生产工艺

序号	工 序	工艺内容与特点
1	制 坯	6061 合金熔铸制坯内控标准，一级晶粒度均匀化，氢含量低于 0.25mL/100gAl
2	下 料	ϕ248mm×255mm，6061 合金铸棒
3	工模具准备	工模具检测、组装，加热(450～500)℃×(4~5)h
4	坯料加热	(480~530)℃×(3~4)h
5	镦 粗	2000t 液压机镦粗预锻，H=(150+5)mm，K>3
6	热模锻	80MN 热锻压机，开锻温度 500～530℃，终锻温度高于 450℃，均匀润滑
7	整 形	360t 切边机，去飞边、整形
8	冷旋压	160t 冷旋压机，变形率 30%~50%
9	淬火，时效	(540±5)℃×2h，水温：30~40℃，时效：(175+5)×8h
10	机加工	数控车床和 CNC 数控中心，几十道工序
11	清 理	表面清理、整形
12	探伤、检测	超声探伤，荧光探伤、理化检测、力学性能试验
13	表面处理	抛光、阳极氧化

图 3-48 整体式汽车铝轮毂举例

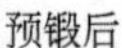

图 3-49 锻造不同过程照片

图 3-50 冷旋压前后对比

a—旋压前；*b*—旋压后

3.5.1.9 波音飞机用大中型铝合金精密模锻件的研发

投影面积大于 850cm^2 以上的大、中型铝合金模锻件主要用于承载特别重要的部位，在波音飞机上占有很大比例。为了提高产品质量，减少加工余量，节约成本，一般要制造精密模锻件。图 3-51 为典型的波音飞机用大中型精密模锻件外形图。该模锻件为 7075-T6 铝合金材料，具有尺寸公差、形位公差、错移、表面粗糙度等方面的精度要求特别高，形状复杂，腹板薄，壁厚差大，筋条窄而深，拔模斜度小等特点（表 3-44）。这些都给模锻，特别是给终压模的制造带来极大困难。

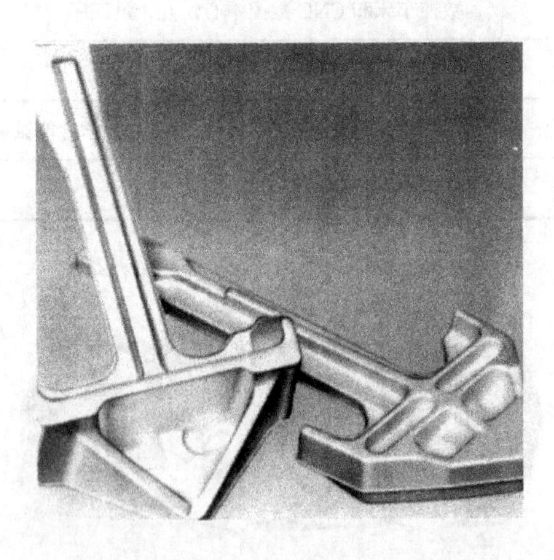

图 3-51 波音飞机用大中型精密铝合金模锻件典型图例

表 3-44 精密模锻件与普通模锻件结构参数及质量要求

名称		精密模锻件				普通模锻件			
长、宽	尺寸/mm	0~4	4~300	300~380	380~500	0~25	25~250	250~400	400~800
	公差/mm	±0.25	±0.76	±1.27	±1.52	+0.60 -0.25	+1.50 -1.00	+2.00 -1.50	+2.20 -1.50
高	公差/mm	+2.50 -0.76				+5.5 -2.5			
根圆半径 *R*/mm		6.35±0.76				20~30			
拔模斜度/(°)		3±1				7±1.5			
表面粗糙度 *Ra*/μm		1.6				3.2			
错移/mm		<0.76				<2.00			
翘曲		<1.02				<2.00			
典型筋条	筋高/mm	17.4				24			
	筋宽/mm	3				10			
	高宽比	5.8				2.4			
腹板最薄处/mm		5				12			

采用 7075 合金铸棒或挤压棒材，在 60MN 液压机上经多方锻造锻成坯料，然后进行预锻→切边→终锻→切边→淬火→矫直→人工时效→清理（表面处理）→检验交货。选用优质铸锭并经合理的开坯预成形，设计与制造预压模和终压模是生产优质精密模锻件的关键技术。特别是在制造高质量的终压模时，采用了机加工-电加工-热加工“三位一体”的加工方式，选用和制作了紫铜整体电极一次成形，大大提高了模具的精度，满足了模具要求型腔尺寸和形位错移精度高、形状复杂、腹板薄、筋条窄而深、强度和硬度高等难点要求，成功研制出了完全满足 ASTM 标准要求的精密铝合金模锻件。图 3-52 为大中型铝合金精密模锻件终压模制模程序图。

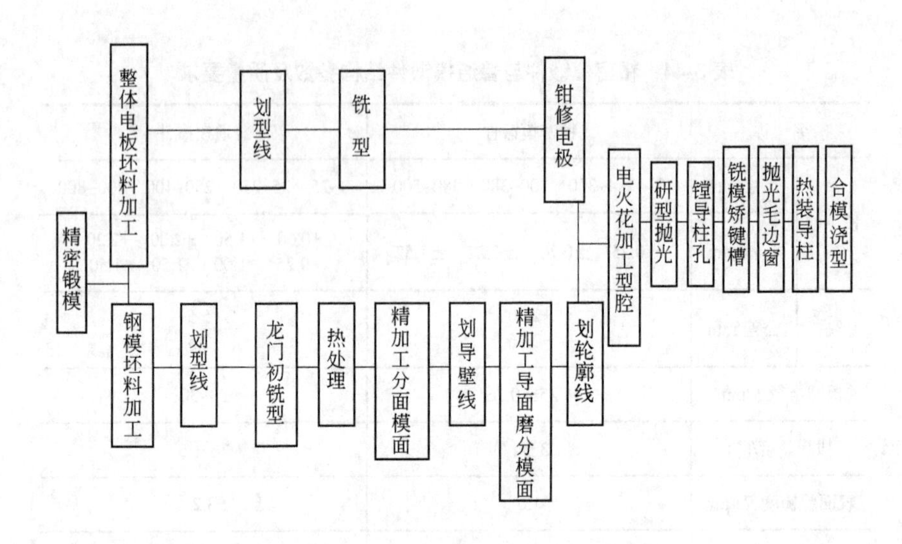

图 3-52 大中型铝合金精密模锻件终压模制模程序图

3.5.1.10 宇航用大型铝合金锻环的研制

随着航天航空工业的发展，特别是导弹、火箭、卫星等高端运载工具的发展。质量轻，比强度、比刚度高，耐腐蚀，耐疲劳，可表面处理的铝合金环形件和管形件获得广泛的应用。最常见的有大型锻环、锥形锻环、三角锻环以及大型锻管等。所用的材料主要有6061、6013、2014、2124、2618、7075、7475、5083、5056 等合金。主要的生产方法有自由锻压扁+机械加工；自由锻+机械加工+扩锻+精加工；自由锻+模锻+机加工；自由锻+环锻；自由锻+环锻+旋压等。应根据产品的形状、规格和用途来选择不同的合金状态与加工方式。

A 7075-T6 大型锻环的生产工艺研发

7075-T6 锻环由于具有超高强度、高比强度和比弹性模量，良好的抗腐蚀、抗疲劳及良好的综合性能，主要用于宇航器的捆绑件和固定连接装置等，其外径为ϕ1000～12000mm，壁厚为 50～300mm，高度为 100～500mm。图 3-53 为捆绑火箭用的ϕ5200mm 大锻环外形图。

图 3-53 捆绑火箭用ϕ5200mm 7075-T6 大锻环

铝合金大锻环，可在 30～150MN 自由锻造液压机上用优质铸坯镦粗压扁、冲孔，并机加工成环坯。然后可在大型自由锻造液压机上用马架扩锻到一定尺寸，最后精加工为成品尺寸锻环。或者将环坯在锻环机上直接锻成成品尺寸锻环。成品尺寸锻环经热处理、整形、矫直、检验和精加工后交货。

B 2A14T652、2A14T6 铝合金锥环的开发

随着数控加工技术的广泛应用及发展，某些锥形铝合金壳体使用整体锻件代替原焊接组合部件是总的发展趋势。但大型锥环形锻件在现阶段生产中仍面临诸多难题，如锻造成形困难，横向伸长率低，冷变形裂纹，内部组织不均匀等。为了获得优质锻环，进行了变形方式和变形程度对锻件组织性能的分析研究，确定较佳锻造工艺。

由于锥环应用的特殊领域和使用条件的恶劣，对材料的要求较高。主要指标有：

（1）合金状态：2A14T652；

（2）超声波“A”级探伤；

（3）外形尺寸ϕ1800～2100mm，高度H=360～500mm，见图 3-54。

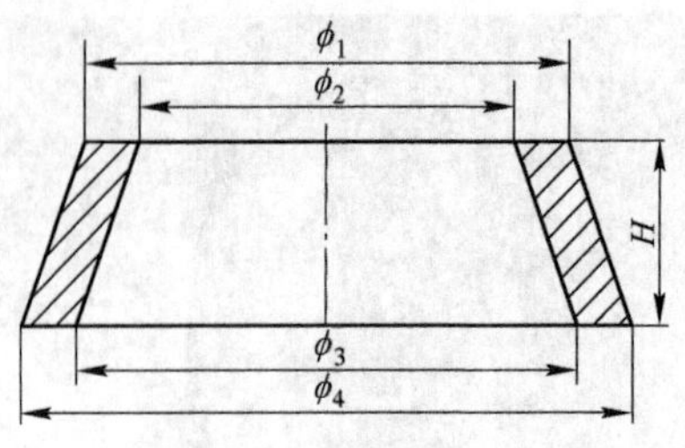

图 3-54 锻件外形尺寸

（4）力学性能要求值见表 3-45。

表 3-45 2A14T652、2A14T6 锥环的力学性能要求值

牌号状态	纵向			横向			高向			HB
	σ_b/MPa	$\sigma_{0.2}$/MPa	δ/%	σ_b/MPa	$\sigma_{0.2}$/MPa	δ/%	σ_b/MPa	$\sigma_{0.2}$/MPa	δ/%	
锥环 2A14T652	390	315	7.0	365	265	5.0	345	245	3.0	110
GJB2351—1995 2A14T6	380		6.0	355		4.0	335		2.0	110

从表 3-45 中可知：无论在抗拉强度、屈服强度还是伸长率等方面，锥环对材料的要求都比 GJB2351—1995 要高。

a 锥环的生产方式

铝合金锻件的生产方式分自由锻和模锻两种。大型锥环形锻件的自身特点是品种多，尺寸大，产量较少及使用模锻费用很高，并受设备限制等。西南铝业集团有限责任公司采用自由锻，在原材料、设备、工具等方面均能满足其条件。

生产工艺流程是：铸锭→均匀化处理→加热→锻造→机加工→加热→扩孔→机加工→淬火→冷变形→人工时效→取样→机加工→探伤→验收交货。

b 锻造方案的制订

在直接采用铸造毛料生产锻件的过程中，锻造工序是影响材料组织性能和均匀程度最关键一环。锥环大锻件本身存在毛坯大、高度尺寸大、每一工步变形小、变形不易均匀等特点，制订合理有效的锻造方案及变形程度才能获得较佳变形组织。常用的三种较成熟的变形方案如图 3-55 所示。

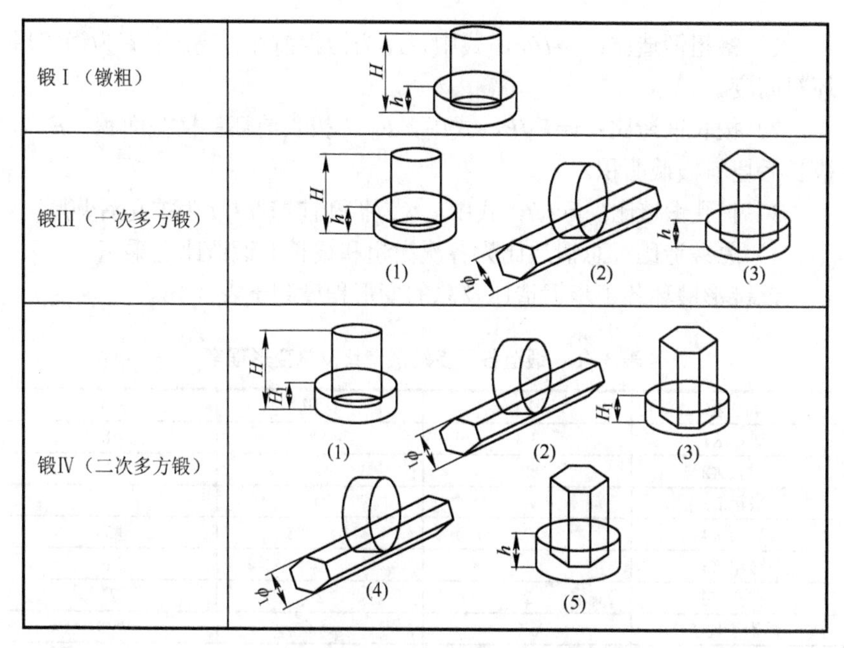

图 3-55 变形方案及锻造工步图

(1)~(5)—锻造工步

c 锻造方案的分析及变形程度的计算

（1）锻Ⅰ（镦粗）。锻件沿周向均匀，但沿径向变形不均匀，形成典型的难变形、易变形区和中等变形区。难变形区和中等变形区内将存在未破碎的铸造组织。即使有以后的扩孔，由于变形程度不够，最终锻件中也将残留较多未破碎的铸造组织。

（2）锻Ⅲ（一次多方锻）。为了减少锻Ⅰ中锻件内部的不均匀性，将坯料在镦粗后再翻转90°进行拔长、滚圆、镦粗。这样可尽量破碎铸造组织，提高锻件沿径向变形均匀性，但同时存在镦粗时的难变形区在一次多方锻后将在锻件的沿周侧面且沿180°对称，与镦粗时的中等变形区（180°对称）共同组成锻件的外圆周，这样锻件沿周向是变形不均匀的。

（3）锻Ⅳ（二次多方锻）。在锻Ⅲ基础上，再翻转 90°进行拔长、滚圆、镦粗。这样锻件外沿周都是经历中等变形区、难变形区、中等变形区的变形组织，这样锻件沿周向是变形均匀的。

（4）大型锥环形锻件的锻造比计算：

1）镦粗锻造比：$y=H/h$，式中，H 为镦粗前坯料高度；h 为镦粗后坯料高度。

2）拔长锻造比：$y=F_0/F$，式中，F_0 为拔长前坯料横截面积；F 为拔长后坯料横截面积。

3）扩孔锻造比：$y=t_0/t$，式中，t_0 为扩孔前壁厚；t 为扩孔后壁厚。

4）总锻造比：总锻造比为各次镦粗和拔长的锻造比之乘积。

该锥形锻环各工步锻造比及总的变形程度列于表 3-46。

表 3-46 锻造各工步的锻造比及总变形程度

名 称	锻Ⅰ	锻Ⅲ	锻Ⅳ
镦粗 $K1$	3.3	2.8	2.8
拔长 $K2$		1.7	1.7
镦粗 $K3$		2.6	2.3
拔长 $K4$			1.7
镦粗 $K5$			2.6
扩孔 $K6$	2	2	2
总锻造比 K	6.6	24.6	96.8
总变形程度 ε/%	84.8	96	99

d 锻造方案和变形程度对显微组织的影响

随着变形程度增加，锻件的显微组织及均匀度出现明显的变化。图 3-56 为ε=84.8%时的显微组织，可见铸态组织明显，晶粒粗大且不均匀，第二相化合物聚集成团状且破碎程度较低。

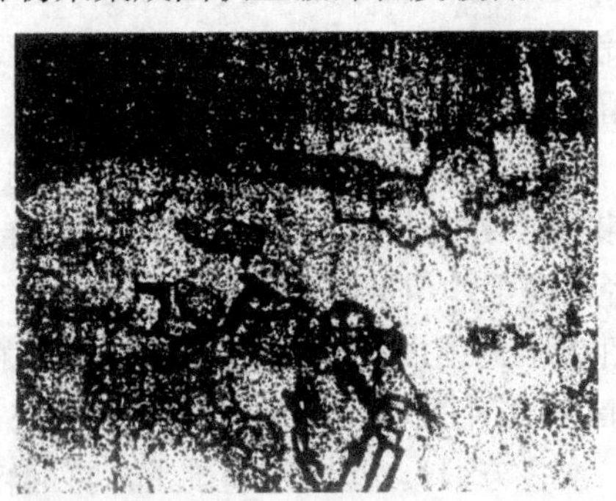

图 3-56 ε=84.8%时锻件的显微组织（250×）

当ε=96%时，如图 3-57 所示，在锻件上的有些部位已能够明显出现较好的变形组织，但在其他部位上的显微组织却仍变化不大，由图

3-58 可见，第二相化合物虽随晶粒变形而拉长，沿晶界呈块状和条状不均匀分布，没有得到完全破碎。

图 3-57 ε=96%时锻件的显微组织（200×）

图 3-58 锻件的显微组织（200×）

当ε=99%时，第二相已充分破碎（见图 3-59），变成点状在整个基体和晶界呈弥散状态分布，再结晶晶粒细小均匀。

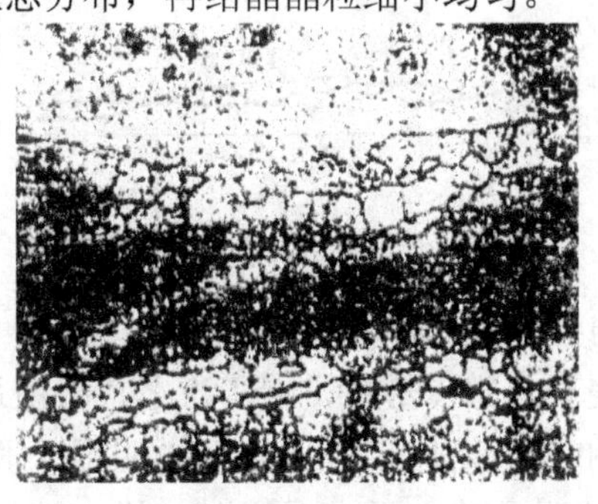

图 3-59 ε=99%时锻件的显微组织（200×）

e　锻造方案和变形程度对力学性能的影响

在金属变形过程中，组织的变化导致力学性能的不同。图 3-60、图 3-61 和图 3-62 分别为锥环锻件在三种变形条件下的纵、横、高三项性能曲线。

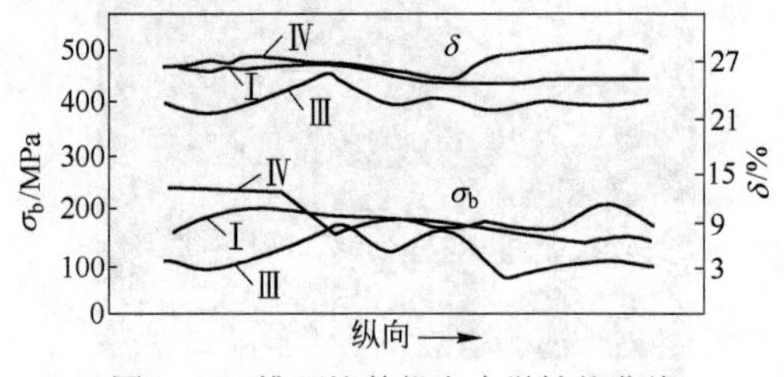

图 3-60　锥环锻件纵向力学性能曲线

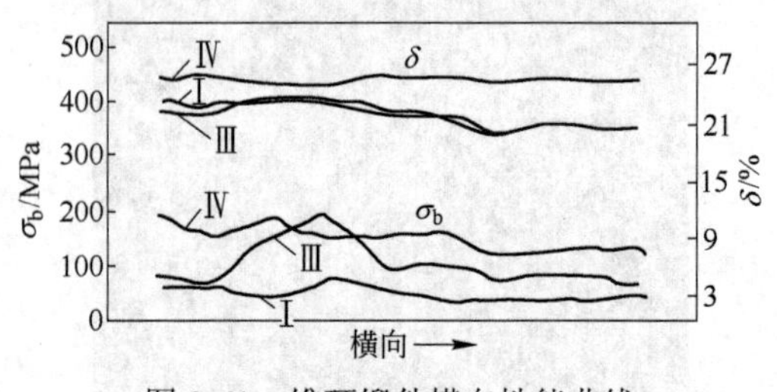

图 3-61　锥环锻件横向性能曲线

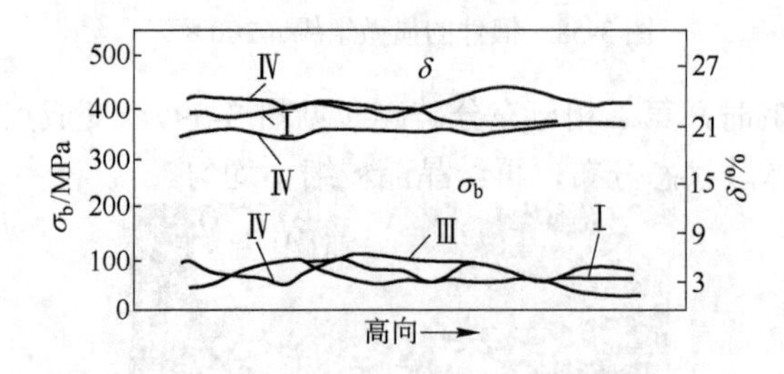

图 3-62　锥环锻件高向性能曲线

从图 3-60 可以看出：纵向强度和伸长率在三种变形条件下均能满足要求，总体上表现为锻Ⅳ最好，锻Ⅰ次之，锻Ⅲ最低，在整个锻件均匀程度上锻Ⅳ和锻Ⅰ也优于锻Ⅲ。这说明锻Ⅰ和锻Ⅳ时，锻件金属流动在纵向上是明显的。而在锻Ⅲ时，纵向流动受到部分影响不均匀。

从图 3-61 可以看出：横向强度为锻Ⅳ最好，锻Ⅰ和锻Ⅲ较一致，而伸长率却有较大变化，主要表现为锻Ⅳ均匀且较高，锻Ⅲ极其不均匀，锻Ⅰ均匀但低于要求指标。这说明锻Ⅰ在纵向有较大变形，而对纤维方向极为敏感的横向伸长率却非常低，锻Ⅲ虽发生了变化，但由于变形不均匀，只是在某些部位金属横向流动得到了改善，锻Ⅳ横向在整个锻件上得到了进一步加强。

从图 3-62 可以看出：高向强度和伸长率除锻Ⅲ有小幅波动外，锻Ⅰ和锻Ⅳ比较一致，这说明材料高向性能受前期制坯锻造影响不大，扩孔时的变形占主导地位，决定了最终金属的变形方向。

从以上分析，可得出如下结论：

（1）大型锥环形锻件由于自身形状的特殊性，每一次工步的锻造比均在 3:3 以下，为获得均匀锻造组织，必须通过增加总的锻造比来实现。

（2）铝坯锻造比在 3:3 以下的锻Ⅰ，残留铸造组织较多，扩孔时的环向流动明显，横向伸长率较低。

（3）锥环锻造比在 12:3 以下的锻Ⅲ，总锻虽然增大，但变形不均匀，内部组织和性能波动较大，不利于锻件的整体均匀要求。

（4）制坯锻造比在 48:4 以上的锻Ⅳ，变形均匀充分，内部为晶粒细小的变形组织，两次多方锻对横向性能的提高有益，锻件整体质量较好。

C 2014T652 三角形锻环的研制

在航天器上的某些零件需要采用三角形锻环来制作（图 3-63）。三角形锻环属Ⅰ类件，材料为 7075T6 或 2014T652（淬火+冷缩变形+人工时效）。其力学性能要求见表 3-47。要求制备优质铸锭，必须做均匀化处理，其氢含量低于 0.18mL/100gAl。该锻件在 60MN 自由锻造液压机上用铸锭镦粗压扁后冲孔，机加工后在尺寸 193mm 厚度方向进行均匀的冷缩变形。淬火和人工时效严格按工艺规程执行。每件必须 100%检验力学性能、化学成分、外形尺寸和表面质量。其内部组织应进行宏观和微观检测、断口分析和超声波探伤。按该工艺生产的产品完全符合技术标准的要求，满足用户使用条件。

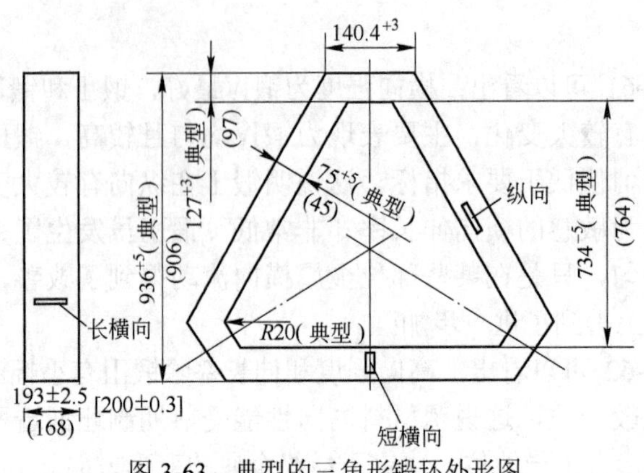

图 3-63　典型的三角形锻环外形图

注：[ ]内尺寸是冷压缩变形前的尺寸

表 3-47　2014 T652 三角形锻环的力学性能要求值

牌号、状态	力学性能，不小于									
	纵　向			长横向			短横向			硬度 HB
	σ_b /MPa	$\sigma_{p0.2}$ /MPa	δ_5 /%	σ_b /MPa	$\sigma_{p0.2}$ /MPa	δ_5 /%	σ_b /MPa	$\sigma_{p0.2}$ /MPa	δ_5 /%	
2014T652	435	380	7	435	380	2	420	370	1	110

D　在卧式液压机上反挤锥形壳体锻件的生产工艺

在卧式水压机上利用反挤压原理生产锥形壳体锻件是一种全新的工艺方法。对于大规格锥形壳体锻件而言，这种工艺方法有许多优点：首先，解决了锻压设备由于活动横梁行程小而无法生产这类锻件的难题；其次，将凹模置于挤压容室中，大大减少了锻模体积，节省了投资，而且由于挤压容室采用三层套预应力组合结构并配置有加热系统，从而提高了凹模的使用寿命，同时可以实现生产过程中凹模温度不下降，这既提高了变形均匀性又降低了变形力，但是，这种生产工艺的最大问题是反挤压过程中如何保证凹模（冲头）和凹模的同心度，防止壳体锻件产生偏心。

图 3-64 示出了锥形壳体锻件的典型结构，图 3-65 示出了锥形壳体锻件的成形过程。

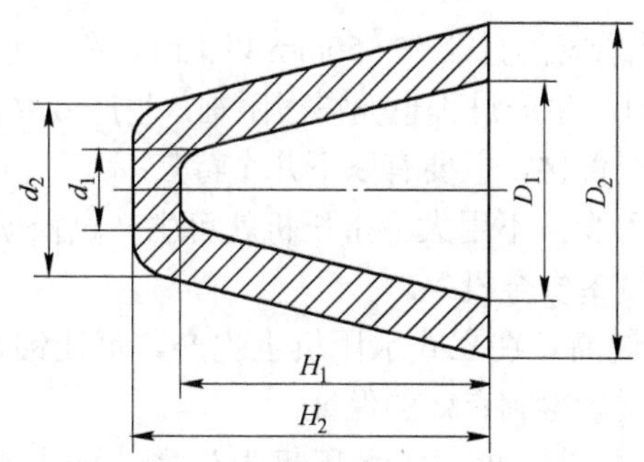

图 3-64 锥形壳体锻件的典型结构

由图 3-65 可见，先将锥形坯料置于凹模中移动冲头对坯料施加压力，金属坯料沿冲头与凹模形成的环向间隙作反向流动，相对于冲头运动方向，形成壳体锻件。

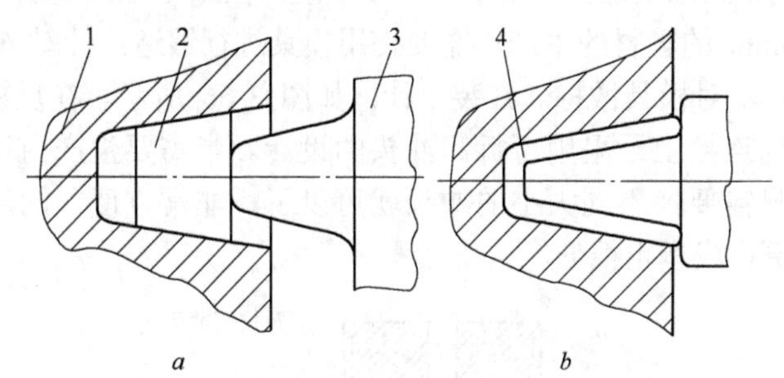

图 3-65 铝合金锥形壳体锻件的成形过程

a—反挤压开始；*b*—反挤压终了

1—凹模；2—坯料；3—冲头；4—锻件

生产工艺过程与卧式挤压机上反挤压大管的工艺相似，只不过工具的形状与结构及上压控制有点差别而已，主要的问题是偏心的控制。

E 在立式液压机上生产大管锻造工艺

铝合金管材在各个行业的应用越来越广泛，特别是近几年，对大型管材（直径$\phi \geqslant 550$mm）的市场需求增加很快。面对越来越激烈的市场竞争，要求厂家必须降低生产成本和缩短生产周期。

管材的生产方式一般为采用挤压机进行生产，其优点是产品的范围广，可进行多种规格管材的生产。如生产大型管材就需要大型挤压设备来保证。近几年来，有很多厂家纷纷采用大型挤压机，以实现大型管材的生产能力。但当管材的直径$\phi \geqslant 550$mm 以上时，在 1 万吨以上的大型挤压机上进行挤压时，生产过程也变得很困难，生产效率很低。而在立式水压机上生产大型管材，主要有以下几个特点：

（1）设备投入少。不用大型挤压机就可生产直径 $\phi \geqslant 550$mm 的管材，大大节约了设备资金投入。

（2）产品质量高。在立式水压机上生产，可让铝合金材料进行充分的变形，产品质量得到有效的保证。

（3）生产成本低。在立式水压机上生产，能大大提高金属利用率，有效降低成本。

（4）生产效率高。可实现连续生产，生产效率可比在其他挤压机上生产提高几十倍。

在现有 60MN 水压机的条件下，要实现外径ϕ550mm×壁厚 60mm×长度 1500mm 的管材的生产，需要使用模具进行锻造。针对 60MN 水压机的特点，对模具做特殊红装设计，如图 3-66 所示。在反挤压冲头杆和冲头的连接上，采用可拆卸冲头的设计。当需要生产内径不同的管材时，只需要换不同大小的冲头就可以了，非常方便。同时，冲头磨损后的更换成本也很低。

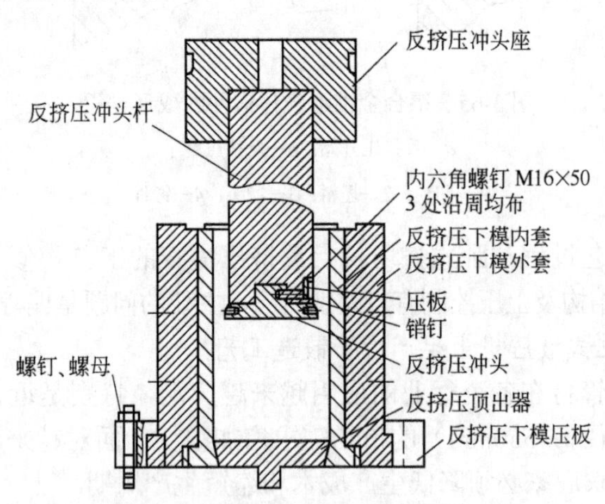

图 3-66 立式锻压机上的挤管材模具设计方案

下模由反挤压内、外套，顶出器和下模压板组成。反挤压内、外套也用红装连接。为方便出模，在下模底部使用顶出器，同时在反挤压内套上也相应设计锥度以方便出模。反挤压下模和水压机底座用反挤压下模压板连接，用螺钉、螺母固定。在上、下模之间还设计有一个垫筒，在装卸模具时使用。

铸锭规格采用 ϕ550mm×1055mm，一级氧化膜，一级疏松。先镦粗至 H=740mm，再拔长滚圆；最后再镦粗至 H=740mm，平整两端头。为减少偏心，可在端头上加工中心定位孔。然后在模具上一次锻造成形，底部连皮厚度 50～80mm。

以外径 ϕ550mm×壁厚 60mm×长度 1500mm 的管材为例，利用 6000t 立式水压机进行生产，设计了模具及工具，制订了生产工艺。通过本例，实现了在立式水压机生产 ϕ550mm×60mm×1500mm 的管材，性能指标完全达到技术条件要求。该技术现已应用于大批量工业化生产。生产效率比在大型挤压机上生产提高了 10 倍，金属成品率提高了 45%，大大节约了生产成本。这种技术的应用，可以不需要投入大型挤压机即可实现大型管材生产，对于中、小企业具有特别重要的意义。

3.5.2 铝合金小型构件的机械压力机模锻技术研发与举例

飞机用 2A50 铝合金摇臂模锻件的工序图如图 3-67 所示。2A50 合金为铝铜系（2×××系）铝合金；锻件质量 0.68kg；模锻斜度 7°，错移量不大于 0.5mm。这个模锻件的生产特点是生产过程中采用两种曲柄压力机，即机械压力机和偏心压力机。

下面对图 3-67 所示 2A50 铝合金摇臂模锻件的主要工序作一说明：

（1）毛坯和下料：直径 50mm 的棒材用圆盘锯切成 210mm±1mm 的毛坯；

（2）加热：在回转电炉中加热至 460℃，并保温 50min；

（3）弯曲：在 2.5MN 偏心压力机的弯曲模槽内弯曲 80°，并在该压力机的压扁平台上压扁至高度 26mm；终锻温度不低于 350℃，空冷；

（4）模锻：锻模预热至 100℃以上；预制坯加热至 460℃；在 25MN 机械压力机的模锻模槽中模锻，终锻温度不低于 350℃，空冷；

（5）切边：在2.5MN偏心压力机上冷切边；

（6）热处理、腐蚀、清除缺陷、检查。

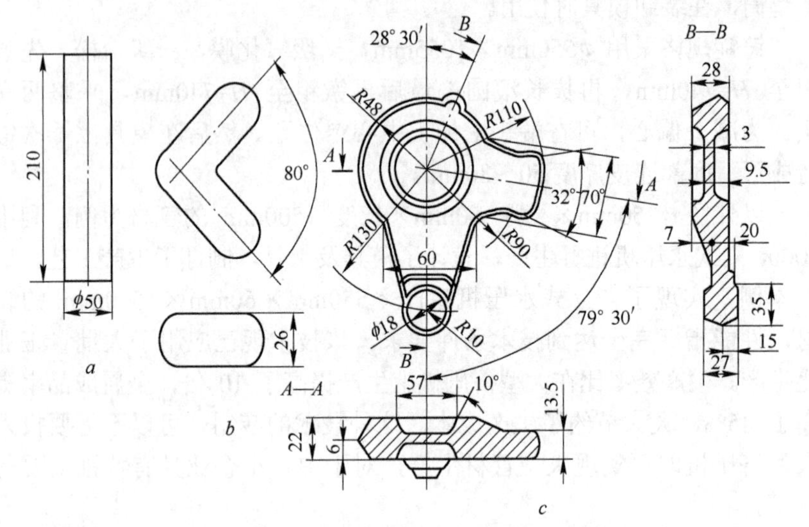

图3-67 2A50铝合金摇臂模锻件的工序图

a—毛坯；*b*—弯曲和压扁预制坯；*c*—摇臂锻件

3.5.3 航空发动机叶片的模锻技术

铝合金广泛用于制造早期航空发动机中压气机和风扇上的叶片，特别是工作温度较低的航空发动机和舰船、装甲车和发电机等相当部分的叶片仍然用铝合金制造。

铝合金叶片的模锻工序主要包括原材料准备、锻造加热、锻造（预锻、终锻、切边）、精压或矫正、热处理、清理和质量检查。这些工序的特点和操作注意事项如下：

（1）原材料准备。对于用过渡族元素强化的铝合金，尤其是铝-锰系合金，要注意检查挤压棒材上有无粗晶环，若有，则应车去。

（2）模锻加热。建议在炉气循环的转底式电炉中加热，毛坯应避免靠近加热元件；加热炉最好有超温报警装置。

（3）模锻。通常在机械压力机上进行，模具预热至 100～150℃或更高。当锻件出现分层或毛边桥部出现开裂时，应视情况采取以下措施：改用变形速度较低的设备锻造，减少变形程度，改善润滑条件和改进模槽粗糙度，以及检查上、下模具毛边槽形状和尺寸等。

（4）精压或矫正。精压的变形程度应小于 1%或压下量小于 0.3mm；当叶身出现毛边时，不允许存在开裂。

（5）润滑。模锻铝合金叶片的常用润滑剂有蜂蜡或地蜡、猪油、低黏度机油等；不得使用含铝粉的润滑剂。

（6）其他。铝合金叶片在模锻过程中要防止粉尘污染；固溶处理宜采用硝酸盐槽或强制循环的井式炉加热；叶片锻件在腐蚀处理厂房里的停留时间不得超过 24h。

应该指出，上述注意事项也适用于其他铝合金锻件的模锻，尤其是精锻。

3.5.4 小型构件的摩擦压力机模锻技术研发与举例

3.5.4.1 152mm 铝合金卡箍锻造实例

图 3-68 和图 3-69 所示分别为铝硅镁合金系 6082 铝合金 152mm 卡箍的锻件图和制坯图。

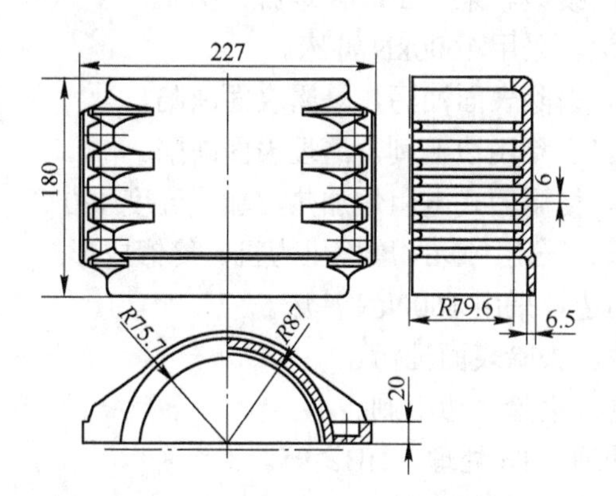

图 3-68 6082 铝合金 152mm 卡箍锻件图

6082 铝合金 152mm 卡箍锻造的主要工艺流程及其操作要点如下：

（1）下料。使用厚 28mm，宽 175mm 的挤压板料，在带锯床上截成长 168mm 的坯料。

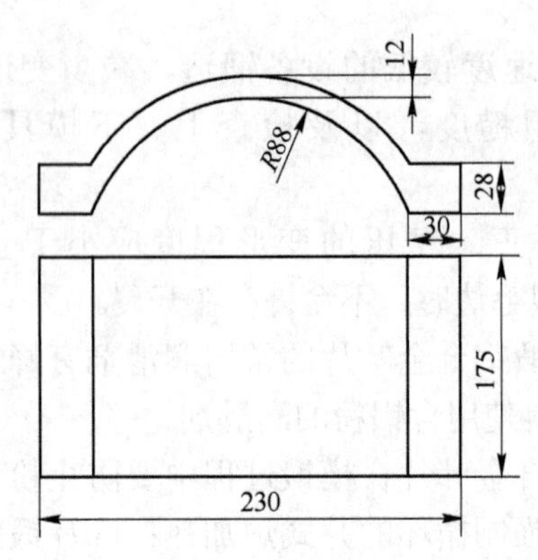

图 3-69　6082 铝合金 152mm 卡箍制坯图

（2）加热。在带强制空气循环装置的箱式电阻炉内加热，加热温度 470℃，保温 45min。

（3）制坯。在 560kg 空气锤上，先将板料中间部分压薄至厚度 12mm，宽度 175mm 不变，总长 280mm，再弯曲至图 3-69 所示的尺寸和形状。

（4）加热。使用箱式电阻炉加热，加热温度 470℃，保温 30min。

（5）第一次模锻。采用 10MN 摩擦压力机。

（6）冷切边。采用 1600kN 冲床。

（7）酸洗。去除表面油污，暴露表面缺陷。

（8）打磨。去除飞边毛刺，清理表面缺陷。

（9）加热。使用箱式电阻炉加热，加热温度 470℃，保温 30min。

（10）模锻。采用 10MN 摩擦压力机，终锻成形。

（11）冷切边。采用 1600kN 冲床。

（12）酸洗。去除表面油污。

（13）打磨。去除飞边毛刺。

（14）热处理。T6 处理，HB≥95。

（15）酸洗。使表面光亮。

（16）终检。

3.5.4.2　压缩机连杆锻造工艺

图 3-70 和图 3-71 所示分别为 2A14 铝合金汽车空调压缩机连杆的锻件图和制坯图。

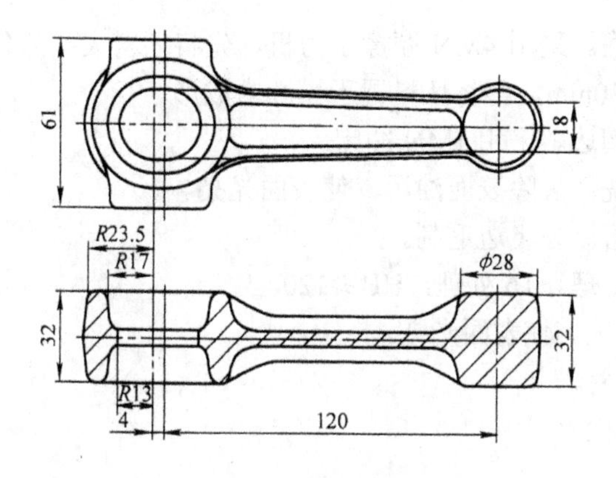

图 3-70 2A14 合金连杆锻件图

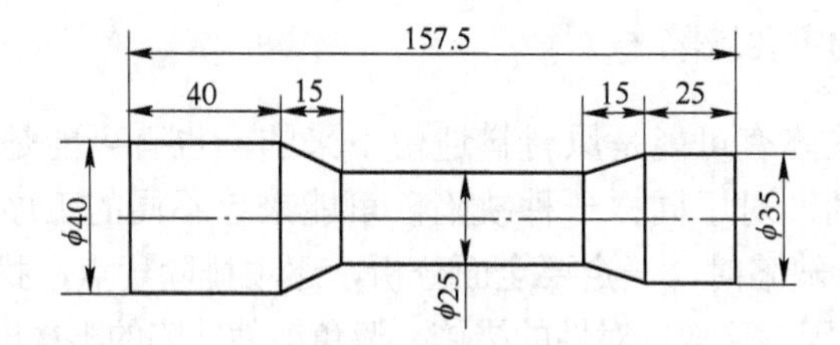

图 3-71 2A14 合金连杆的楔横轧制坯图

2A14 为铝铜合金系铝合金，属于固溶处理加人工强化的锻铝合金。适于制造截面较大的高载荷零件。

2A14 合金的工艺塑性图、应力-应变曲线和再结晶图分别见 1.4.2 节和 1.6.4 节。该合金在 300～450℃范围内的锻造工艺性较好，临界变形程度在 15%以下。

2A14 铝合金汽车空调压缩机连杆锻造工艺流程及其操作要点如下：

（1）下料。在带锯床上将圆棒截成ϕ40mm×207mm 的坯料。

（2）加热。在带强制空气循环装置的箱式电阻炉内加热，加热温度 450℃，保温 60min。

（3）制坯。在楔横轧机上将棒料轧制成如图 3-71 所示的形状和尺寸，一件坯料可供 2 个毛坯用。

（4）加热。加热温度 450℃，保温 45min。

（5）模锻。采用 4MN 摩擦压力机，先将坯料大头部分在压扁平台上压扁至厚 30mm，再将坯料置于模膛内成形。

（6）冷切边。采用 1MN 冲床。

（7）酸洗。去除表面油污，使表面光亮。

（8）打磨。去飞边毛刺。

（9）热处理。T6 处理，HB≥120。

（10）酸洗。使表面光亮。

（11）抛丸。

（12）终检。

3.6 铝合金锻件的主要缺陷及锻压过程的产品质量控制

3.6.1 锻件的主要缺陷

锻件的缺陷有可能是原材料遗留下来的，也有可能是锻造或热处理过程产生的。对于同样一种缺陷，可能来自不同的工序。因此，在分析具体锻件缺陷时，一定要全面分析，逐项排除疑点，找出产生锻件缺陷的直接原因，采取针对性的措施，避免锻件缺陷的再次出现。

3.6.1.1 *原材料产生的缺陷*

通常，原材料在出厂和入厂时都经过严格的质量检验和复验，但是由于缺陷的分散性、隐蔽性，仍然可能有一部分缺陷遗留下来，见表 3-48。

表 3-48 原材料遗留下来的锻件缺陷

缺陷名称	主要特征	产生原因及后果
非金属夹杂	锻件低倍凹下的、轮廓不清的、分布无规律的黑褐色点状或非定形缺陷。断口上有时可见夹杂物	原辅材料不干净；熔炼炉、流槽等不干净；溶体精炼温度低或精炼不彻底，使熔渣分离不干净。锻件中非金属夹杂正是应力集中处或疲劳裂纹源，它直接影响制成零件的寿命和强度，同时还破坏结构气密性。一般通过超声波探伤都可以发现
氧化膜	锻件低倍试片上呈短线状裂缝，多集中于最大变形部位，并沿金属流线方向分布。断口呈白色、灰色、黄褐色小平台，对称或对偶地分布在断裂面上	铝合金在熔铸过程中，铝及其他金属与氧作用生成细小的氧化物，混入铝锭中即成氧化膜。它对纵向性能无明显影响，但对高度方向性能影响较大（强度，特别是伸长率、冲击韧性和抗蚀性能降低），是零件破坏的裂纹源

续表 3-48

缺陷名称	主要特征	产生原因及后果
金属间化合物夹杂	金属间化合物夹杂的聚集物具有很高硬度，在锻件的宏观试片上可见局部成堆或拉长成链状，呈暗色。断口上有时仍保持其最初的针状结构	铝合金在熔铸过程中，铝与铁、镍、铬、钛、锰等金属形成化合物一次晶聚集物。一般铸锭在低倍检查发现有粗大的金属间化合物夹杂时，便将该熔次铸锭报废。所以，在锻件中一般发现较少，它的存在影响零件的强度和韧性
锻件上的表面裂纹	锻件表面呈破坏金属连续的不规则开裂	铸锭车皮不够，表面仍留有大量的缺陷（如偏析、冷隔、裂纹等），锻造过程中形成表面微细裂纹；铸锭钠含量过高或出现粗大的扇形树枝状晶体时，铸造过程中会出现较大、较深的表面裂纹。表面裂纹破坏了金属材料的连续性，不允许残存在零件上

3.6.1.2 锻造过程中产生的缺陷

铝合金锻造过程中产生的主要缺陷见表 3-49。

表 3-49 锻造过程中产生的锻件缺陷

缺陷名称	主要特征	产生原因及后果
形状和尺寸不符合图纸要求	主要表现在自由锻件缺陷，模锻件成形性不好：欠压、错移、尺寸不符等	工艺余料太小或锻工技术差；模锻时锻料放置不正、设备压力不够，上下模锁扣、导柱等导向或固定装置磨损太大。该缺陷的直接后果是加工不出零件
折 叠	锻件的表面向其深处扩展，造成锻件金属局部的不连接	拔长时送进量小于压下量；锻造过程中产生的尖角突起和较深凹坑没有及时修复，毛料模、预锻模、终锻模之间各结构要素配合不好。折叠破坏了金属的连续性，是零件的裂纹源和疲劳源
内部裂纹	锻件内部出现的横向或纵向裂纹，一般位于锻件的心部，低倍检查或超声波探伤可发现此类缺陷	拔长时，当相对送进量太小（$\frac{l}{H}<0.5$）时，坯料中心变形小，锻不透并受轴向拉应力，易产生横向内部裂纹。当相对送进量太大（$\frac{l}{H}>1$）时，坯料横断面对角线两侧的金属产生剧烈相对运动，容易产生横向对角线裂纹；圆断面坯料在平砧上拔长，若压下量较小、接触面较窄、较长，金属主要横向流动，轴心受到较大拉应力，锻件心部易产生纵向裂纹，尤其在温度过低时更容易出现。锻造操作不当造成的这种内部裂纹破坏了金属连续性，属废品

续表 3-49

缺陷名称	主要特征	产生原因及后果
毛边裂纹	在模锻时，沿模锻件毛边出现的裂纹，切边后就暴露出来	当坯料在高于锻造温度，低于合金固相线温度模锻时，模具表面与锻件表面存在较大摩擦，处于相对静止状态，发生流动的是距离模具表面一定深度的金属。在模锻时，大量的多余金属流向毛边，流动的金属和相对静止的金属间产生大量的热量，使得材料处于过热状态。同时，此处正处于剪应力区，加剧了毛边处的裂纹形成。另外，模具设计不当，在毛边相邻处的垂直肋根圆大小，模锻时肋根处相对静止的金属与以毛边挤压去的金属间存在较大的剪应力，促使形成水平直线状的裂纹，多位于毛边的边缘处。裂纹深入零件区将判锻件报废
金属或非金属压入	在锻件表面压入与锻件金属有明显界限的外来金属或非金属	坯料表面不干净，工模具不清洁，存有金属或非金属脏物，润滑剂不干净等。缺陷深度超过零件加工余量，该锻件报废； 铸造表面不干净，挤压坯料表面有气泡等缺陷，工模具表面太粗糙，锻造时又润滑不好，激烈变形时锻件表面粘在工模具上；起皮影响锻件外观质量
起 皮	锻件表面呈小的薄片状起层或脱落	铸锭表面不干净，挤压坯料表面有气泡等缺陷，工模具表面太粗糙，锻造时又润滑不好，激烈变形时锻件表面粘在工模具上； 起皮影响锻件外观质量
表面粗糙	锻件表面凹凸不平	模膛表面不光滑、润滑剂配制不当或涂抹过多，模锻后残存的锻件表面，经蚀洗后锻件表面粗糙； 模锻件非加工面上不允许存在该缺陷
粗大晶粒	锻件在低倍上出现满面粗晶组织；在锻件的横向低倍上出现十字交叉的粗晶组织；在模锻件腹板中心处出现粗晶；在模锻件整个外表面出现粗晶	产生粗晶的主要原因有工模具和坯料温度低，且变形程度小，并落入临界变形程度范围内；变形很不均匀，流动剧烈的部位极易出现粗晶；采用有粗晶环的挤压坯料，粗晶遗传到模锻件的表面上；

续表 3-49

缺陷名称	主要特征	产生原因及后果
粗大晶粒		粗大晶粒对锻件的疲劳性能、耐腐蚀性能、冲击韧性有影响。所以飞机机轮及螺旋桨叶片限制使用具有粗晶组织的模锻件；对于一般的结构件通常采用检查粗晶区的力学性能，如符合技术条件则合格，不符合技术条件则判废品
涡 流	模锻件低倍流线呈回流状、旋涡状、树木年轮状	具有人字形、U 形和 H 形截面的模锻件成形时，所用坯料过大，椽条（凸台和椽条）充满后，腹板仍有多余金属继续流向毛边，使椽条处的金属产生相对回流，形成涡流； 严重的涡流将使零件的疲劳强度大大降低，这是不允许的
穿 流	模锻件低倍流线穿透椽条（凸台和椽条）的根部	产生的原因与涡流的相同； 它破坏了流线的连续性，严重影响材料的耐腐蚀性和疲劳性能，属废品
沿分模线裂纹	模锻件沿分模线出现断裂或小裂纹	产生原因：飞边槽设计不合理；铸锭不合格，内部存在裂纹、氧化膜及夹杂。应严格检验原材料，合理统计飞边槽。这种裂纹如切不干净深入锻件会造成废品
表面气泡	常在锻造加热或淬火后表面出现凸起物	可能是原材料中存在气体或挤压时产生分层，残留有水分、润滑油，加热后膨胀产生气泡。气泡去除后应保证符合公差要求，否则报废
流线末端外露	高强铝合金锻件飞边上流线末端出现的应力腐蚀现象	模具设计时流线不顺，应改善设计，使流线顺畅，防止应力腐蚀产生

3.6.1.3 热处理过程中产生的缺陷

锻件热处理过程中产生的缺陷见表 3-50。

表 3-50 锻件热处理过程中产生的缺陷

缺陷名称	主要特征	产生原因及后果
翘 曲	锻件经淬火以后出现外形的不平，改变了锻件原来的形状	铝合金锻件在淬火加热和冷却中要发生相变，同时伴随体积变化，这种变化会使锻件产生内应力；另外由于锻件各处厚薄不均，淬火冷却过程中也会产生内应力，上述内应力都会使锻件出现翘曲；如果摆放不当，也会引起翘曲； 翘曲严重时会使锻件不符合图纸要求，影响使用。通常在铝合金锻件淬火后应立即安排矫正，以消除翘曲对模锻件形状的不良影响
淬火裂纹	一般在厚、大的锻件心部出现隐蔽性内部裂纹	厚、大锻件淬火时，由于温度梯度很大，内应力也大，当内应力值超过锻件材料的强度极限时，就会产生内部裂纹； 超声波探伤可以发现这种裂纹，发现后即报废
力学性能不合格	按技术条件要求进行最终力学性能检测时，出现强度、伸长率或硬度不合格	锻件材料的化学成分、变形程度、变形温度、热处理工艺（温度、保温、时间、冷却速度、淬火转移时间、淬火和人工时效的间隔时间）都影响锻件的力学性能，所以应具体问题具体分析，逐项排除； 力学性能不合格属废品
过 烧	过烧初期仅伸长率降低，后期锻件表面发暗，形成气泡或裂纹，高倍试片可看到晶界发毛、加粗、严重氧化并呈三角形，甚至形成共晶复熔球	过烧组织是由于加热温度超过了该合金中低熔点共晶的熔化温度，晶界处的低熔点共晶物发生局部氧化和熔化后形成的组织； 发现过烧，不但被检查件判为废品，而且同热处理炉次的锻件均判废品
应力腐蚀开裂	高强合金锻件易出现的拉应力腐蚀开裂现象	内应力过大；淬火水温过低。应尽量减小内应力，提高淬火水温（60～80℃），采用双级时效和进行喷丸处理等，可减少应力腐蚀开裂

3.6.2 锻件的质量控制

锻件生产过程的质量控制，应按人、机、料、法、环五大要素进行，下面仅就设备和材料两个方面的质量控制进行分析。

3.6.2.1 加热设备的控制

锻造过程所用设备较多，而加热炉、淬火炉、时效炉系统的测试和校验尤其需要重视，它是保证锻件生产在受控状态下进行的先决条件。表 3-51 和表 3-52 列出炉子主要的技术要求。

表 3-51 炉子分类及技术要求

类 别	有效加热区保温精度/℃	控温精度/℃	记录表指示精度（不低于）/%	记录纸刻度（不大于）/℃·mm^{-1}	炉子检测周期/月	仪表检定周期/月
硝盐淬火炉	±3	±1	0.2	2	1	3
空气淬火炉	±5	±1.5	0.5	4	6	6
时效炉	±5	±1.5	0.5	4	6	6
铝锻坯加热炉	±15	±8	0.5	6	6	6
工模具加热炉	±25	±10	0.5	10	12	12

注：炉子温度均匀性检查应为 9～40 个点，且均匀、对称分布。

表 3-52 炉子系统校验允许温度偏差

类 别	允许温度偏差/℃
淬火炉、时效炉	±1
铝锻坯加热炉、工模具加热炉	±3

3.6.2.2 锻件的控制

锻件的控制包括锻件生产原材料的控制、锻压生产过程的控制和锻件热处理的控制。

锻件生产前应对原材料进行复验，确保材料的成分、内部组织合乎要求，根据锻件类别不同确认毛坯的印记无误。

锻压生产过程的控制，应严格控制开锻温度、终锻温度、工步变形尺寸。由于铝合金变形温度范围窄、导热性好，一定要确保工模具均匀热透，应在专用的工模具加热炉内加热工模具。

锻件热处理的控制，应特别关注锻件加热温度的均匀性、淬火转移时间的控制和淬火与人工时效之间、间隔时间的控制，并应严格按照锻件试制大纲和工艺规程执行，对热处理后的锻件应打上热处理炉号。

为了有效控制锻件的质量，应在各个工序对锻件的化学成分、力学性能、内部组织、内外表面质量和尺寸精度等进行严格而科学的检测，应按工艺规程采取必要的技术措施和科学管理手段加以控制。

4　铝合金锻件热处理

4.1　概述

金属热处理是机械制造中的重要工艺之一，是在固态下，通过适当的加热、保温和冷却处理，借以改变金属材料的组织和性能，使它具有所要求的性能。这种将金属或合金材料在一定介质或空气中加热到一定温度并在此温度下保持一定时间，然后以某种冷却速度冷却到室温，从而改变金属材料的组织和性能的方法，称为热处理。与其他加工工艺相比，热处理一般不改变零件形状和整体的化学成分，而是通过改变零件内部的显微组织，或改变零件表面的化学成分，赋予或改善零件的使用性能。其特点是改善零件的内在质量，而这一般不是肉眼所能看到的。

4.1.1　热处理的目的

变形铝合金可分为不能热处理强化铝合金和可热处理强化铝合金。从图 4-1 中可看出，根据合金的成分范围，在室温下的饱和溶解度 *S* 点左边的成分是不能热处理强化铝合金，在室温下的饱和溶解度

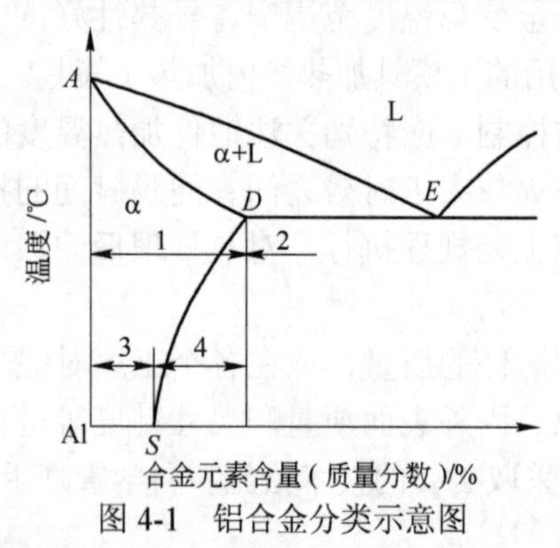

图 4-1　铝合金分类示意图

1—变形铝合金；2—铸造铝合金；3—不能热处理强化的铝合金；4—可热处理强化的变形铝合金

S 点至共晶温度时的饱和溶解度 *D* 点之间的成分是可热处理强化铝合金。不能热处理强化铝合金中还包括一些热处理强化效果不明显的合金。这类合金由于具备良好的抗蚀性，故称为防锈铝（主要是 Al-Mg 系和 Al-Mn 系铝合金）。可热处理强化铝合金通过热处理能显著提高力学性能。此类铝合金包括硬铝、锻铝和超硬铝（主要是 Al-Cu-Mg 系、Al-Cu-Si-Mg 系、Al-Cu-Mg-Fe-Ni 系、Al-Cu-Mg-Zn 系、Al-Mg-Zn 系和 Al-Cu-Si 系铝合金）。

变形铝合金的分类及性能特点列于表 4-1。

表 4-1　变形铝合金分类及性能特点

分类		合金系	性能特点	示例
变形铝合金	不能热处理强化铝合金	Al-Mg	抗腐蚀性能、压力加工性能和焊接性能好，但强度较低	5A02
		Al-Mn		3A21
	可热处理强化铝合金	Al-Cu-Mg	力学性能高	2A11
		Al-Mg-Zn	力学性能较高，可焊	7020
		Al-Cu-Mg-Zn	室温强度最高	7A04
		Al-Cu-Si-Mg	锻造性能好 耐热性能好	2A14
		Al-Cu-Mg-Fe-Ni		2A70
		Al-Cu-Mg-Si	锻造性能好，强度较低	6061

对于变形铝合金，热处理是改善其力学、物理和化学性能，以获得不同的使用性能，充分发挥材料潜力的一种重要手段。热处理是变形铝合金生产工艺中极为重要的组成部分。

变形铝合金热处理状态很多，以满足工程设计对零件力学性能、耐腐蚀性能、组织和尺寸稳定性、残余应力水平以及各种工艺性能的要求。铝合金各种热处理所要达到的目的见表 4-2。

表 4-2　铝合金各种热处理的目的

热处理工艺名称	目　的
均匀化退火	提高铸锭热加工工艺塑性； 提高铸态合金固溶线温度，从而提高固溶处理温度； 减轻制品的各向异性，改善组织和性能的均匀性； 便于某些变形铝合金制取细小晶粒制品

续表 4-2

热处理工艺名称	目　的
消除应力退火	全部或部分消除在压力加工、铸造、热处理、焊接和切削加工等工艺过程中，工件内部产生的残余应力，提高尺寸稳定性和合金的塑性
完全退火	消除变形铝合金在冷态压力加工或固溶处理时效的硬化，使之具有很高的塑性，以便进一步进行加工
不完全退火	使处于硬化状态的变形铝合金有一定程度的软化，以达到半硬化使用状态，或使已冷变形硬化的合金恢复部分塑性，便于进一步变形
固溶处理+自然时效	提高合金的性能，尤其是塑性和常温条件下的抗腐蚀性能
固溶处理+人工时效	获得高的拉伸强度，但塑性较自然时效的低
固溶处理+过时效	拉伸强度不如人工时效的高，但提高了耐应力腐蚀和其他腐蚀的性能
形变热处理	使变形铝合金制品具有优良的综合性能； 在保证力学性能的同时，极大地消除残余应力

4.1.2 热处理的分类

变形铝合金热处理在实际生产中是按生产过程、热处理目的和操作特点来分类的，一般情况下，最常用的热处理方法有退火、淬火、时效、回归和形变热处理五种基本形式。

（1）退火。将半成品加热到一定温度，并在此温度下保温一段时间，然后在空气中冷却或以规定速度冷却，使半成品变软的操作过程。退火属于软化处理，目的是获得稳定的组织或优良的工艺塑性，主要包括铸锭的均匀化退火、坯料退火、中间退火和成品退火。

（2）淬火。将半成品加热到接近共晶温度，并保温一段时间，然后以较快的速度冷却到室温，以得到过饱和固溶体的操作过程。

（3）时效。淬火后的铝合金半成品，在室温下或者在 100～200℃下停留一段时间后，自发发生组织结构与性能变化的过程。在室温下时效的称自然时效，在 100～200℃下时效的称人工时效。

（4）回归。经过自然时效强化的铝合金，在 200～250℃加热几秒至几分钟，使铝合金性能回复到刚刚淬火状态的操作过程。

（5）形变热处理。又称热机械处理，是把时效硬化和加工硬化结合起来的一种新的热处理方法，也是提高铝合金强度和耐热性的重要手段。

只有掌握各种热处理的基本原理和影响因素，才能正确制定生产工艺，解决生产过程中出现的有关问题。

4.1.3 变形铝合金主要强化方式

铝合金强化方式主要有固溶强化、沉淀强化、过剩相强化、细化组织强化和冷变形强化。

（1）固溶强化。合金元素（溶质）固溶到基体金属（溶剂）中形成固溶体时，合金的强度、硬度一般都会得到提高，称为固溶强化。合金元素融入基体金属后，使基体金属的位错密度增大，同时晶格发生畸变。畸变所产生的应力场与位错周围的弹性应力场交互作用，使合金元素的原子聚集到位错的附近，形成所谓“气团”。位错要运动就必须克服气团的钉扎作用，带着气团一起移动，或者从气团中挣脱出来，因而需要更大的切应力。另外，合金元素的原子还会改变固溶体的弹性常数、扩散系数、内聚力和原子排列缺陷，使位错线变弯，使位错运动阻力增大，从而使材料得到强化。

合金元素对基体金属的强化效果决定于多种因素，其中合金元素原子与基体金属原子的尺寸差别起着重要的作用。一般来说，原子尺寸差别越大，对置换式固溶体的强化效果亦越大。

在采用固溶强化的合金进行合金化时，先要挑选那些强化效果高的元素作为合金元素，但更重要的是要选那些在基体金属中固溶度大的元素作为合金元素，因为固溶体的强化效果随被固溶元素含量的增大而增加。只有那些在基体中固溶度大的元素才能大量加入。例如，铜、镁是铝合金的主要合金元素，就是因为这些元素在基体金属中固溶度较大的缘故。

在影响固溶强化效果的因素中，上述的合金元素与基体金属的原子尺寸差越大，固溶强化效果越大；合金元素在基体金属中的固溶度越大，固溶强化效果越大。除这两方面重要因素外，合金元素的负电性对固溶体的强化也有一定作用。合金元素与基体金属的价电子差越大，往往强化效果越好。合金元素与基体金属的弹性模量大小的差错度越大，往往强化效果越好。

（2）沉淀强化（时效强化）。单纯的固溶强化效果是较为有限的，对于变形铝合金要想获得高的强度，必须配合有效的沉淀强化处理。所谓沉淀强化就是在固溶度随温度降低而减小的合金中，当合金元素含量超过一定限度后，淬火可获得过饱和固溶体；对此过饱和固溶体在较低的温度下加热使之发生分解，析出弥散相，并引起合金强化的热处理过程。因此，要求合金组元在铝中要有较大的极限溶解度，而且其溶解度随温度的降低而急剧减小，在沉淀过程中能形成均匀、弥散分布的共格或半共格过渡相这种相在基体中能造成较强烈的应力场，提高对位错运动的阻力，从而提高合金的强度。在沉淀型强化铝合金中多选用复杂的多元合金系。当前可强化热处理铝合金大多属于这一类，如 Al-Cu-Mg、Al-Mg-Si、Al-Zn-Mg 和 Al-Zn-Mg-Cu 系。

（3）过剩相强化。在铝中加入的合金元素超过其极限溶解度的情况下，固溶加热时便有一部分不能溶入固溶体的第二相出现，称为过剩相。铝合金中过剩相多数为硬而脆的金属间化合物。这些化合物在合金中起阻碍位错滑移的作用，使强度和硬度升高，塑性和韧性下降。

（4）细化组织强化。在铝合金中添加微量合金元素细化组织是提高铝合金力学性能的另一种重要手段。细化组织包括细化铝合金固溶体和过剩相组织。

变形铝合金中添加微量 Ti、Zr、Be 以及稀土元素，能形成难熔化合物，在合金结晶过程作为非自发晶核，起到细化晶粒作用，提高合金的强度和塑性。

（5）冷变形强化。这是铝合金强化的一种重要方式。冷变形强化亦称冷加工硬化，即金属材料在再结晶温度以下的冷变形。冷变形后材料即被强化，强化的程度因变形程度、变形温度及材料本身的性质不同而异。同一种材料在同一温度下冷变形时，变形程度越大则强度越高。但塑性随变形程度的增加而降低。

冷变形强化是金属材料常用的强化方法之一，不能热处理强化的纯铝、防锈铝合金（Al-Mn 系和 Al-Mg 系合金）主要采用冷变形强化。冷变形时，金属内部位错密度增大，且相互缠结并形成胞状结构，阻碍位错运动。变形程度越大，位错缠结越严重，变形抗力越大，强度越高。

4.1.4 热处理的加热、保温和冷却

任何热处理过程都是由加热、保温和冷却三个阶段组成的。

（1）加热。加热包括升温速度和加热温度两个参数。由于变形铝合金的导热性和塑性都较好，可以采用较快的速度升温，而不会出现开裂。这不仅可提高生产效率，而且对产品质量提高有好处。热处理加热温度要严格控制，必须遵守工艺规程的规定，尤其是淬火和时效时的加热温度，要求更为严格。热处理加热温度，因热处理形式不同而相差很远，各种热处理加热温度的高低情况见图 4-2，其中自然时效的温度最低，淬火的加热温度最高。

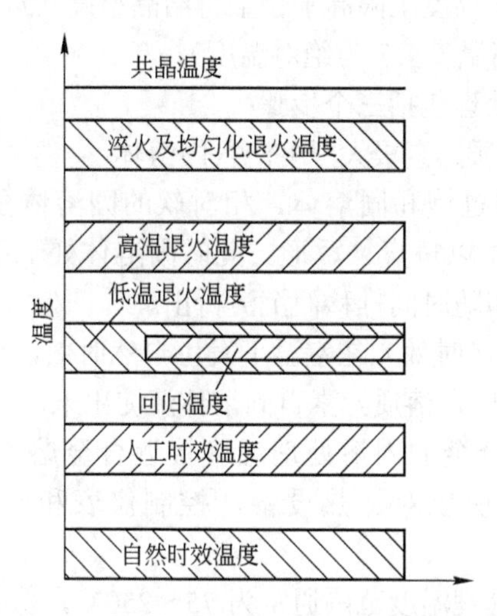

图 4-2　各种热处理加热温度的高低情况

（2）保温。保温是指金属材料在加热温度下停留的时间。热处理的制品，在加热温度下保温，是使制品的表面温度与中心部位温度一致以及合金的组织发生变化。保温时间的长短与很多因素有关，如制品的厚薄、堆放方式及紧密程度、加热方式（空气炉或盐浴槽）以及热处理前金属的变形程度等，都有直接影响。在变形铝合金生产中往往是根据实验来确定保温时间的。在工业化生产中通常根据实际情

况，靠实验来确定保温时间。

（3）冷却。冷却是指加热保温后，金属材料的冷却。不同热处理的冷却速度是不相同的，淬火时冷却速度要求最快，而具有相变的合金的退火，则要求较慢的冷却速度。常用的冷却介质（冷却剂）主要有水和空气。按照冷却速度快慢顺序排列如下：冰水、室温下的水、加热的水（或沸水）、空气。

4.1.5 铝合金热处理的特点

（1）除对锻件表面有特殊要求外，铝合金热处理时不需要采取保护措施，其表层氧化膜能起保护内部金属的作用。

（2）退火温度范围很广，因合金和用途不同而异，温度下限为晶格回复所需温度，温度上限高于合金再结晶温度（$T_{再结晶}$=0.4$T_{熔化}$），直到 0.95$T_{熔化}$或更高温度（T 为绝对温度）。

（3）强化热处理包括三个步骤：

1）固溶使溶质元素极大限度溶入固溶体。

2）淬火形成过饱和固溶体，相对软的固溶体在尚未分解变硬之前，可在常温下予以矫直、矫形。此时固溶体处于不稳定状态，它趋向于稳定状态，即随时间推移而沉淀析出。

3）沉淀处理（时效）在室温下发生自然时效，或升温下进行人工时效（沉淀热处理），溶质元素自固溶体沉淀出来。

（4）许多铝合金的固溶处理温度接近合金熔点，如控制不好，容易发生过烧，所以对加热设备、控制仪表和操作人员素质要求较高。

（5）沉淀热处理温度范围通常为 75～250℃，保温时间从几小时到数十小时。

（6）多数可热处理强化铝合金显示多阶段沉淀（G.P.区→中间相→稳定相），合金性能与停留在某一阶段的沉淀相有密切关系。

（7）对处于不平衡状态的铸态材料进行热处理，采用阶梯加热（均匀化或固溶处理），以达到最大的固溶程度。

（8）水广泛用作铝合金淬火介质。采用水基有机淬火剂可在保证力学性能的同时，减少翘曲变形。

4.2 铝合金均匀化退火

均匀化退火主要用于铸锭处理。铝合金板材、挤压材和锻件等是由铸锭经轧制、挤压及锻造加工而成。铸锭分扁锭、圆锭和空心锭，大多采用半连续铸造生产。在工业生产条件下，铝合金在铸造过程中，当熔融的金属凝固成铸锭时，其化学成分与组织是不均匀的，半连续铸造的铸锭尤其是这样。由于快速冷却和非平衡结晶的结果，凝固后的铸态组织通常偏离平衡状态，铸锭中存在晶内偏析及区域偏析。工业铝合金中的锰、镁、铜、锌等元素都会出现这种偏析，而其中以锰偏析最为明显。铸锭由于冷凝快，内部存在相当严重的内应力。各种偏析和晶界及枝晶网格间存在的低熔点共晶组织和金属间化合物，使铸锭的塑性较低，加工性能差，若直接进行压力加工，很容易发生开裂，同时铸锭内部的内应力也会加剧铸锭在加工过程中的开裂倾向。所以，为了减少和消除晶内偏析和内应力，应该采取均匀化退火措施，改善铸锭组织及成分的不均匀现象，提高其压力加工工艺塑性。均匀化退火的目的是为后续压力加工做组织准备，使铸锭中的非平衡共晶组织在基体中分布趋于均匀，过饱和固溶元素从固溶体中析出，以达到消除铸造应力，提高铸锭塑性，减小变形抗力，改善加工产品的组织和性能的目的。

4.2.1 铝合金均匀化退火的目的及作用

在工业生产条件下，铸锭组织是不平衡的，其特征是：

（1）基体固溶体成分不均匀，晶内有偏析，组织呈树枝状；

（2）平衡状态本为单相的合金，可能出现非平衡的第二相，而多相合金过剩相会增加；

（3）铸锭在快冷过程中，可能出现局部过饱和状态。因此，非平衡组织无疑对铸态合金的性能带来很大的影响，使塑性降低、耐蚀性下降、加工产品各向异性或晶间断裂可能增大、易产生局部过热、过烧等。

均匀化退火的目的是消除或减少铸锭组织的非平衡状态，使铸锭晶内化学成分均匀，改善第二相形状和分布，使组织达到或接近平衡状态，提高塑性，改善加工性能和最终性能。

除上述作用外，均匀化退火还可消除铸锭内的残余应力，改善铸锭的机械加工性能。因此，对于残余应力较大且需进行均匀化退火的合金铸锭（例如热处理强化铝合金半连续铸锭），分段、铣削等机械加工应在均匀化退火后进行。

4.2.2 铝合金均匀化退火过程及组织变化

产生非平衡结晶状态是由于结晶时扩散过程受阻，这种状态在热力学上是亚稳定的，有自动向平衡状态转化的趋势。若将其加热至一定温度，使金属原子的热运动增强，提高原子扩散能力，就可较快完成由非平衡向平衡状态转化的过程，不平衡的亚稳定组织逐渐趋于稳定组织。这种热处理工艺称为均匀化退火或扩散退火。

均匀化退火过程，实际上就是相的溶解和原子的扩散过程。所谓扩散就是原子在金属及合金中依靠热振动而进行的迁移运动过程。扩散可分为均质扩散和异质扩散两种。空位迁移是原子在金属及合金中的主要扩散方式，因为原子通过空位迁移而进行扩散所需的能量最小。图 4-3 为原子扩散机构（空位迁移）的示意图。

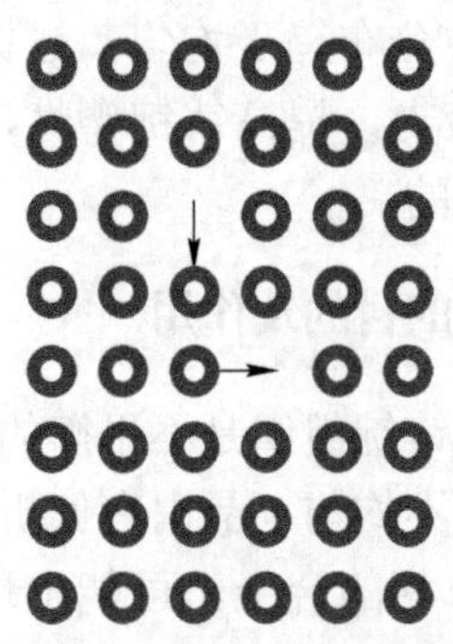

图 4-3 原子扩散机构（空位迁移）的示意图

均匀化退火时，原子的扩散主要是在晶内进行的，使晶粒内部化学成分不均匀的部分，通过扩散而逐步达到均匀。由于均匀化退火是在不平衡的固相线或共晶点以下的温度中进行的，分布在铸锭中各晶粒间晶界上的不溶相和非金属夹杂物，不能通过溶解和扩散过程来消除，它妨碍了晶粒间的扩散和晶粒的聚集，所以，均匀化退火不能使合金基体的晶粒和形状发生明显的改变。均匀化退火，只能减小或消除晶内偏析，而对区域偏析影响很小。

在铸锭均匀化退火过程中，除了原子在晶内扩散外，还伴随着组织的变化，即在均匀化过程中，由于偏析而富集在晶粒边界和枝晶网格上的可溶解的金属间化合物和强化相，将发生溶解和扩散，以及过饱和固溶体的析出及扩散，从而使铸锭组织的均匀程度得到了改善，加工性能得到了提高。

均匀化退火过程中的主要组织变化是枝晶偏析消除、非平衡相溶解和过饱和的过渡元素相沉淀，溶质的浓度逐渐均匀化。它是通过高温下长时间保温，原子充分扩散而使枝晶偏析消除达到成分均匀。在均匀化退火过程中，不溶的过剩相也会发生聚集、球化。均匀化退火保温后慢冷时，高温下溶入固溶体的溶质，将按溶解度随温度降低而减小的规律，在晶粒内部较均匀地沉淀析出。

均匀化退火后的组织变化，使室温下塑性提高并使变形工艺性能改善，降低铸锭锻造、轧制开裂的危险，提高挤压产品的挤压速度。同时，均匀化退火可降低变形抗力，减少变形功消耗，提高设备生产效率。均匀化退火还可消除铸锭残余应力，改善铸锭的机械加工性能及后续锻压加工及强化热处理的质量。所以，残余应力较大且需进行均匀化退火的硬合金铸锭，其锯切、车削等机械加工应在均匀化退火后进行。

另外，均匀化退火对改善压力加工后的制品组织和性能，提高塑性与耐蚀性也有益处。

4.2.3 铝合金均匀化退火制度

4.2.3.1 均匀化退火温度

在均匀化退火过程中起主要作用的是均匀化退火温度。温度稍有升高，扩散过程将大大加速。因此，为了加速均匀化过程，应尽可能提高均匀化温度。进行均匀化退火时，加热温度的上限不得超过合金中低熔点共晶的熔化温度；若高于此温度，则铸锭组织中的低熔点共晶体将被熔化而出现过烧现象。通常采用的均匀化退火温度为 0.9～0.95T_m。T_m 为铸锭实际开始的熔化温度。它低于平衡相图上的固相线。由于不同牌号的合金，它的低熔点共晶温度不同。所以，均匀化退火温度要根据合金来选定。均匀化温度的下限不能选得太低，因为原子的扩散速度是随加热温度的升高而强烈增加的。并且，金属必须加热到一定温度以上，其原子扩散过程才能开始显著升高。

在工业生产中，均匀化退火温度的选择，一般应低于不平衡固相线或合金中低熔点共晶温度5～40℃。合理的均匀化退火温度区间往往需要通过实验确定。可以先根据状态图和实际经验大致选择一个温度范围，然后在此范围内先取不同温度（相同时间）退火后观察显微组织（是否过烧）及性能的变化，最后确定合理的温度区间。均匀化退火是各类铝合金中，退火温度最高的一种。有的合金可在熔点附近进行长时间均匀化退火。

4.2.3.2 均匀化退火保温时间

均匀化退火保温时间基本上取决于非平衡相溶解及晶内偏析消除所需的时间。实验证明，铝合金固溶体成分充分均匀化的时间仅稍长于非平衡相完全溶解的时间。多数情况下，均匀化完成时间依均匀化温度及合金成分而改变，随着均匀化过程的进行，晶内浓度梯度不断减小；扩散的物质量也会不断减少，从而使均匀化过程有自动减缓的倾向。均匀化只是在退火的初期进行得最强烈，所以，过分延长均匀化退火时间不但效果不大，反而会降低炉子生产能力，增加热能消耗。均匀化退火时间一般为12～24h。

均匀化退火保温时间是根据均匀化退火温度、合金中元素的扩散速度、铸锭的尺寸和形状等因素来确定。它必须保证在一定的均匀化退火温度下，使非平衡结晶的低熔点共晶体和晶内偏析相获得较为充分的扩散。

保温时间的长短，除了与退火温度有关外，还与合金的性质、铸锭的组织和显微不均匀性有关，因为这些因素决定着固溶体浓度的均匀化和过剩相的溶解速度。铸态合金的组织愈弥散，枝晶结构愈细小和过剩相的质点愈细，扩散距离就愈短，均匀化过程也就愈快。

生产中，保温时间一般是从铸锭表面各部温度都达到加热温度的下限时算起。因此，它还与加热设备特性、铸锭尺寸、装料量及装料方式有关。最适宜的保温时间应依据具体条件由实验决定。一般在数小时至数十小时范围内。

4.2.3.3 加热速度及冷却速度

加热速度的大小以铸锭不产生裂纹和不发生大的变形为原则。冷却速度值得注意，例如，有些合金冷却太快会产生淬火效应，而过慢冷却又会析出较粗大第二相，使加工时易形成带状组织，固溶处理时难以完全溶解，因此减小了时效强化的效果。

4.2.3.4 铝合金铸锭均匀化退火制度

表 4-3 列出了工业常用的铝合金圆铸锭均匀化退火制度，以供生产中参考选用。

表 4-3 工业常用铝合金圆铸锭均匀化退火制度

合金牌号	铸锭种类	制品种类	金属温度/℃	保温时间/h
5A02、5A03、5A05、5A06、5B06、5A41、5083、5056、5086、5183、5456	5A03实心；5A05、5A06、5A41空心；其他所有	所有	460~475	20~24
5A03、5A05、5A06、5B06、5A41、5083、5056、5086、5183、5456	实心 ϕ< 400mm	所有	460~475	8~12
5A12、5A13、5A33	所有	空心及二次挤压制品	460~475	22~24
3A21	所有	空心及二次挤压制品	600~620	3~4
2A02	所有	管、棒	470~485	10~12
2A04、2A06	所有	所有	475~490	20~24
2A11、2A12、2A14、2017、2024、2014	空心	管	480~495	10~12
2011	实心	棒	480~495	10~12
2A11、2A12、2A14、2017、2024、2014	实心	锻件 变断面	480~495	10~12
2A16、2219	所有	型、棒、线、锻件	515~530	20~24
2A17	所有	型、棒、锻件	505~525	20~24
2A10	所有	线	500~515	18~20
6A02、6061	实心	锻件	525~560	12~16
6A02、6063	空心	管(退火状态)	525~570	10~12
2A50、2B50	实心	锻件	515~530	10~12
2A70、2A80、2A90、4A11、4032、2618、2218	实心	棒、锻件	485~500	12~16
7A03、7A04	实心	线、锻件	450~470	20~24
7A04	实心	变断面	450~470	30~36
7A04、7003、7020、7005	实心 空心	管、型、棒	450~470	10~12
7A09、7A10、7075	所有	管、棒、锻件	455~470	20~24
7A15	所有	锻件	465~480	10~12

铝合金铸锭均匀化退火前后的力学性能变化举例见表 4-4。由表 4-4 可以看出均匀化退火的必要性。

表 4-4 7A04 铝合金铸锭均匀化退火前后的力学性能

铸锭直径/mm	取样方向	取样部位	力学性能					
			未经均匀化		445℃均匀化		480℃均匀化	
			σ_b/MPa	δ/%	σ_b/MPa	δ/%	σ_b/MPa	δ/%
200	纵向	表层	240	0.6	191	4.1	196	6.7
		中心	274	1.8	197	4.9	219.5	7.1
	横向	中心	265.5	0.6	216.6	4.4	218.5	7.9
315	纵向	表层	219.5	0.7	202	4.2	201	6.0
		中心	197	1.0	192	3.8	196	5.6
	横向	中心	218.5	0.4	205	4.2	222	6.4

4.2.3.5 铸锭均匀化退火时的注意事项

（1）在工业生产中，铸锭均匀化退火最好采用带有强制热风循环系统的电阻炉，并且要设有灵敏的温度控制系统，确保炉膛温度均匀。

（2）为了有效地利用电炉，要求把均匀化退火的铸锭按合金种类、外形尺寸和均匀化退火温度进行分类装炉。炉温高于 150℃时可直接装炉，否则炉子要按电炉预热制度进行预热。在装炉时，铸锭在炉内的位置要留有间隙，保证热风畅通。

（3）均匀化铸锭的冷却速度，一般不加严格控制，在实际生产中可以随炉冷却或出炉堆放在一起在空气中冷却。但冷却太慢时，从固溶体中析出相的质点会长得很粗大。根据合金成分和规格可选用慢冷、快冷和高速冷等方式。

（4）均匀化退火时，先将加热炉定温到均匀化温度，铸锭装炉后，待铸锭表面温度升到均匀化温度后才开始计算保温时间。一般是大规格铸锭采用时间的上限，小规格铸锭采用时间的下限；温度高的采用时间的下限，温度低的采用时间的上限。

4.3 铝合金锻件退火工艺制度

退火工艺制度的选择，主要是根据压力加工工艺的需要和材料使用部门对产品性能的要求来确定的。

铝合金锻件退火工序一般用于在退火（O）状态下供货的成品锻件（例如 5×××系铝合金锻件的成品退火），或者用于压力加工工序之间如去除应力退火。锻件退火的主要目的是为了消除锻件中遗留的加工硬化和内应力，使锻件获得稳定的组织、性能和最软、延展性最好及最易加工的状态；或者为了提高铝合金锻件坯料的塑性，以利于进行变形程度较大的压力加工和便于后续的机械加工。在工业生产中铝合金锻件常采用的退火有坯料退火、中间退火或再结晶退火和成品退火。

4.3.1 坯料退火

坯料退火是指压力加工过程中第一次冷变形前的退火，目的是为了使坯料得到平衡组织和具有最大的塑性变形能力。

4.3.2 再结晶退火（中间退火）

再结晶退火是将锻件加热到再结晶温度以上，保温一段时间，随后在空气中冷却的工艺再结晶过程，是一个形核长大的过程。此工序常安排在锻件冷精压工序之前或冷锻工序之间，故又称为中间退火。目的是为了消除加工硬化，以利于继续冷加工变形。

为了获得性能良好的均匀细晶组织，再结晶退火应注意以下问题：

（1）必须正确控制退火温度和保温时间，否则可能发生聚集再结晶，形成粗晶组织，使合金性能恶化。

（2）应采用空冷或水冷，不采用炉冷。因为缓慢冷却时，5A02 等热处理不可强化铝合金，容易析出粗大的 β 相（$MgAl_2$），使合金塑性降低，抗蚀性变差。

（3）应注意变形与退火之间的配合，才能获得高质量退火材料，因为退火前的变形情况会对再结晶组织和性能产生影响。

（4）可将炉温提高到 600~700℃，采用快速退火新工艺。这样，加热速度快，高温下的保温时间短，锻件晶粒细小均匀，且表面氧化少。

铝合金锻件退火可在空气循环电炉或硝盐槽中进行。

4.3.3 成品退火

成品退火是根据产品技术条件的要求，给予材料以一定的组织和力学性能的最终热处理。

铝合金锻件成品退火一般用高温退火。高温退火应保证材料获得完全再结晶组织和良好的塑性。在保证材料获得良好的组织和性能的条件下，退火温度不宜过高，保温时间不宜过长。

影响退火后材料性能的因素很多，如合金的成分及其杂质、变形方式、变形程度、变形温度及保温时间等，对于可热处理强化的铝合金材料还要考虑退火后的冷却速度。为了防止产生空气淬火效应（如6061 和 6063 等合金），应严格控制冷却速度。退火采用的加热温度、保温时间、加热和冷却速度应根据合金的性质以及对合金力学性能和耐腐蚀性能的要求来选择。

表 4-5 列出了部分变形常用铝及铝合金的推荐退火工艺。

表 4-5　变形铝和铝合金①的推荐退火工艺

合金牌号	金属温度③/℃	保温时间/h
1070A、1060、1050A、1035、1100、1200、3004、3105、3A21、5005、5050、5052、5056、5083、5086、5154、5254、5454、5456、5457、5652、5A02、5A03、5A05、5A06、5B05	345	②
2036	385	2～3
3003	415	2～3
2014、2017、2024、2117、2219、2A01、2A02、2A04、2A06、2B11、2B12、2A10、2A11、2A12、2A16、2A17、2A50、2B50、2A70、2A80、2A90、2A14、6005、6053、6061、6063、6066、6A02	405④	2～3
7001、7075、7175、7178、7A03、7A04、7A09	405⑤	2～3

① 该表仅供参考。

② 考虑到金属坯料的厚度或直径，炉内的时间不应超过达到料中心所需温度必需的时间。冷却速度并不重要。

③ 退火炉内金属温度范围不应大于 10~15℃。

④ 退火消除固溶热处理的影响。从退火温度降到 260℃，冷却速度应小于 30℃/h，随后的冷却速度不重要。

⑤ 可不控制冷却速率，在空气中冷却至205℃或低于205℃，随后重新加热到230℃，保持4h，最后在室温下冷却，通过这种退火方式可消除固溶热处理的影响。

4.3.4 退火操作过程中注意事项

（1）一般来说，最好是采取最高的速度来加热零件和半成品，以免晶粒长大。但是，对于复杂形状的精致零件，在退火时加热速度应加以限制，以免加热不均匀而引起翘曲。

（2）退火后的冷却速度在下述情况下应当受到限制；一是必须防止合金局部淬火；二是激烈冷却能够引起半成品或零件的翘曲或产生很大的残余内应力。

（3）进行退火一般使用有强制空气循环的电炉，保证炉料能迅速加热。炉膛内的温度不应高于 20℃，炉子应装有 0.5 级精度、量程不大于 600℃的温度控制表，用于检验和控制温度。用热电偶测温，热电偶放置在气流进口处和气流出口处的料上。

（4）为了提高加热速度，允许炉子的预加热温度超过退火温度。但预加热温度应比合金淬火的下限温度低 40℃以上（对可热处理强化合金)，或比合金开始熔化的温度低 50℃以上（对不可热处理强化合金)。

4.4 固溶处理（淬火）

4.4.1 铝合金固溶处理的特点与目的

铝合金刚淬火后，强度与硬度并不立即升高，至于塑性非但没有下降，反而略有上升。但淬火后的铝合金，放置一段时间（如 4～6 昼夜）后，强度和硬度会显著提高，而塑性则明显降低。因此，铝合金固溶处理是一种使合金发生沉淀硬化的先行工序，其目的是为了将固溶热处理时形成的固溶体以快速冷却方式获得亚稳定的过饱和固溶体，给自然时效和人工时效创造必要的条件，以求在随后的时效时获得高的强度和足够的塑性。淬火与退火不同，铝合金中有随温度变化第二相溶解和析出的过程，必须快冷，淬火时无扩散过程发生。

4.4.2 淬火加热温度

4.4.2.1 淬火加热温度的选择

淬火前的加热是为了使合金中的强化相溶入基体，淬火后，获得过饱和的 α 固溶体，为随后的时效处理做好金相组织上的准备。淬火加热时，合金中的强化相溶入固溶体中越充分、固溶体的成分越均匀，则经淬火时效后的力学性能就越高。一般来说，加热温度越高，上述过程就进行得越快、越完全。为此，加热温度首先应高于合金的固溶温度（即相图中固溶线与合金成分线的交点）；另外，加热温度又必须低于合金的最低熔化温度，否则金属内部将开始熔化，即出现过烧现象。淬火加热温度不能偏低，否则使铝合金零件加热不足，强化相不能完全溶解，导致固溶体浓度大大降低和最终强度、硬度也相应显著降低。故淬火加热温度是固溶处理过程中一个很重要的工艺参数。选择铝合金淬火加热温度的原则是：

（1）必须防止过烧；

（2）使强化相最大限度地溶入固溶体。

铝合金的淬火加热温度范围很窄，在图 4-4 所示的简单二元合金中，高合金化的硬铝合金的化学组成（I—I）和相图中的极限溶解度曲线 *ab* 很接近，如果淬火加热温度 $t_{淬}$选择过高，超过了在非平衡结晶条件下合金中所含共晶的熔化温度 $t_{共}$时，就会引起过烧，造成废品。如果淬火温度太低（低于溶解度曲线 *ab*），合金元素和强化相不能完全固溶，则不仅得不到应有的强度，而且会降低合金的耐蚀性能。因此，淬火加热温度应恰当选择，严加控制，热处理加热炉的温度误差应很小，其温度波动范围一般不应超过±2～3℃。这样铝合金的力学性能和金相组织才能得到保证。

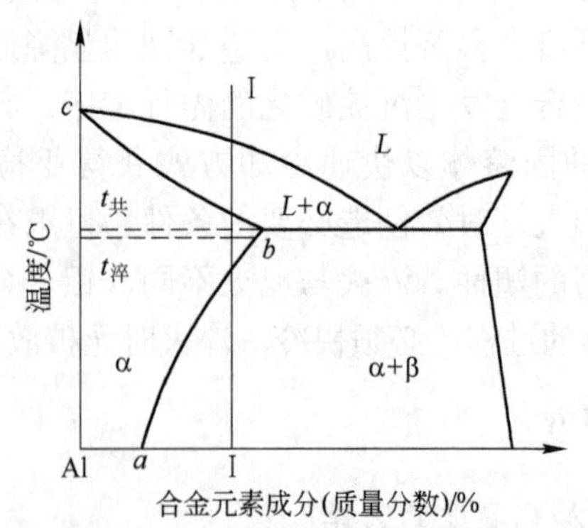

图 4-4 铝合金淬火加热温度与合金成分的关系

$t_{共}$ —共晶温度；$t_{淬}$ —淬火加热温度

工业上铝合金的淬火加热温度主要是根据合金中低熔点共晶的最低熔化温度来确定的。有些合金含量高、要求控制韧性的高强度铝合金，需要把温度控制在更为严格的范围内，但必须低于共晶转变温度。对于固溶线与共晶熔化温度之间具有较大温度范围的合金，可允许有较宽的温差范围。

另外，在选择淬火加热温度时，也要考虑生产工艺和其他方面的要求，如考虑锻件的尺寸规格、变形程度、晶粒度等因素。例如在生产大型锻件时，由于变形程度相对较小，可能会部分地保留着铸态组织，所以，对 2A12，2A14 和 7A04 等合金的大型锻件（厚度大于50mm），其淬火加热温度应采取规定淬火温度范围的下限。表 4-6 为不同制品的固溶热处理温度。

表 4-6　不同制品的固溶热处理温度

合　金	淬火温度/℃
7A09、7075	460^{+5}_{-2}
7A04、7A10、7A15	470^{+5}_{-1}
2A12	495±3
2A02、2A11、2A14	500^{+5}_{-1}
2A50、2B50	510^{+5}_{-1}
6A02、6061	525^{+3}_{-5}
2A70、2219	530^{+5}_{-1}
2A80、4032	520^{+5}_{-5}

注：在淬火加热或保温时间内，允许短时间内温度超过表 4-5 中的规定，对 2A11、2A12、2A14 合金为 1℃，其余合金为 2℃，并应立即将温度调回。

4.4.2.2 淬火加热温度对力学性能的影响

淬火加热温度越高，则强化相溶解越充分，合金元素在晶格中的分布也越均匀。同时，晶格中空位浓度增加也越多。当热处理零件或毛坯所达到的温度显著低于正常温度范围时，溶解是不完全的，必然导致多少低于正常强度。下列的数据说明了两种合金的固溶处理温度对强度的影响。图 4-5 所示为 2A16 合金棒材淬火温度对力学性能的影响，图 4-6 所示为 2A17 合金棒材淬火温度对力学性能的影响。表 4-7 所示为固溶温度对 2A12 合金性能的影响。

表 4-7 固溶温度对 2A12 合金性能的影响

淬火温度/℃	拉伸性能		晶间腐蚀				最大应力 σ_{max}/MPa	K (σ_{max}/σ_b)	至破坏的循环次数 N/次
	σ_b/MPa	δ/%	σ_b/MPa	δ/%	强度损失/%	伸长率损失/%			
500	487	21.6	487	20.6	0	45	304	0.7	8841
513	489	18.4	431	8.5	10	53	308	0.7	8983
517	478	18.1	348	4.1	27	77	304	0.7	8205

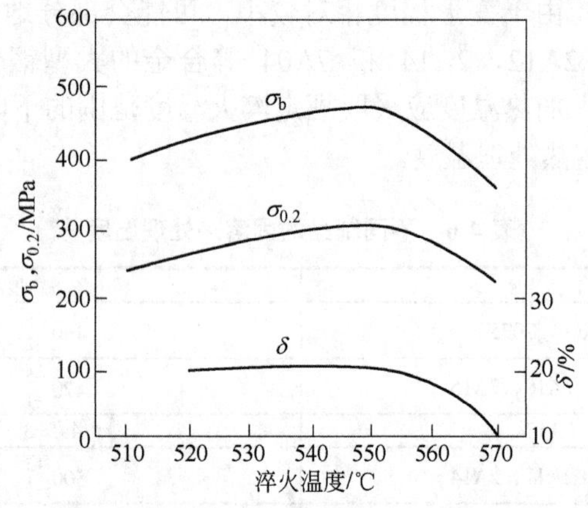

图 4-5 2A16 合金棒材（ϕ12mm）淬火温度对力学性能的影响

（盐浴加热，保温时间 40min；173℃/16h 时效）

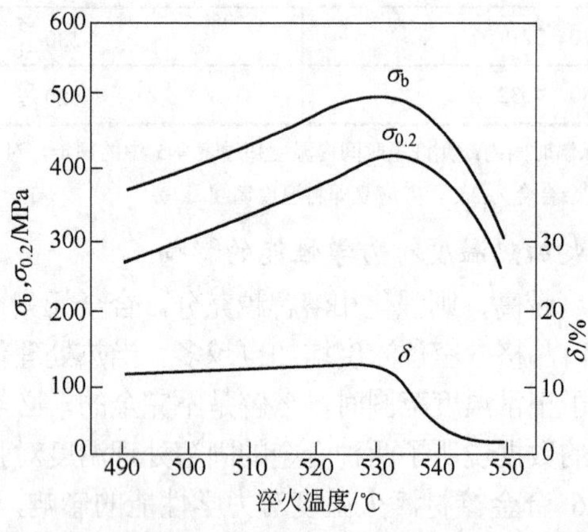

图 4-6 2A17 合金棒材（ϕ30mm）淬火温度对力学性能的影响

（盐浴加热，保温时间 30min；193℃/16h 时效）

4.4.3 铝合金过烧温度及其影响因素

4.4.3.1 铝合金的过烧温度

铝合金锻件在热处理的加热过程中可能发生过烧，即复熔现象。铝合金开始熔化温度不是恒定的，它受合金化学成分、相颗粒大小和加热速度的影响。对处于不平衡组织状态的合金，受其影响更大。

表4-8列出常用工业变形铝合金固溶处理温度和开始熔化温度。由于在生产实践中影响过烧温度的因素很多，因此，表中列出的数据与由相图查得的开始熔化温度是有差异的，仅供在使用中参考。

另外，从表4-8中所列数据还可以看出，对不同合金规定淬火温度与过烧温度间的差距有差别，差距愈大，过烧倾向也就愈低。一般硬铝的过烧倾向高于锻铝和超硬铝，其中2A12合金最突出。其他硬铝，如2A02、2A11的淬火温度与2A12相同，但因过烧温度稍高，因此过烧倾向也略低。这种情况在实际热处理操作中均应注意掌握。

表 4-8 变形铝合金的固溶处理温度和开始熔化温度

合　金	固溶处理温度/℃	开始熔化温度/℃
2A01	495～505	533
2A02	495～506	510～515
2A06	503～507	518
2A10	515～520	540
2A11	500～510	514～517
2A12	495～503	506～507
2A16	528～535	545
2A17	520～530	340
6A02	515～530	595
2A60	503～525	545
2B70	525～535	545
2A80	525～535	545
2A90	510～525	540
2A14	495～506	509
7A03	460～470	500
7A04	465～483	500

4.4.3.2 影响过烧温度的因素

A 合金元素的影响

热处理可强化的铝合金都存在一些二元或多元的低熔点共晶体，合金元素不同，其开始熔化的温度也不同。过烧温度的高低还受合金元素含量多少的影响，如硬铝合金，在铜含量相同的条件下，由于镁含量的不同，过烧温度也是变化的。当镁含量 0.6%时（如 2A11 合金），过烧温度为 514℃，当含镁量提高到 1.6%（如 2A12 合金）时，则过烧温度下降到 507℃。

B 变形程度的影响

变形程度越高，低熔点共晶组织被破碎得越严重，它们向固溶体中扩散的概率也就越大，其过烧温度也相对升高一些。例如，有人指出 2A12 合金板材冷变形量为 20%～30%时，过烧温度为 505℃，当冷变形量增加到 50%～70%时，过烧温度提高到 507℃。

因此，在铝合金锻件生产中，对于大型锻件，变形程度比较低，铸态组织不能彻底转变为变形组织，所以，其淬火加热温度应取下限。而对变形程度大的制品，其淬火温度可稍高些。

表 4-9 为变形铝合金制品实测过烧温度。

表 4-9 变形铝合金制品实测过烧温度

合金牌号	过烧温度/℃	备 注	合金牌号	过烧温度/℃	备 注
1060	645		2A14	509 515	不同资料介绍
1100	640		2014	505 510 513~515	不同资料介绍
1350	645		2A16	547 545	不同资料介绍
2A01	535		2A17	535 540	不同资料介绍
2A02	515 510~515	不同资料介绍	2017	510 513	
2A06	510 518	不同资料介绍	2117	510 550	不同资料介绍
2A10	540		2018	505	
2A11	514~517 512	不同资料介绍			
2011	540				
2A12	505 506~507	不同资料介绍			

续表 4-9

<table>
<tr><th>合金牌号</th><th>过烧温度/℃</th><th>备 注</th></tr>
<tr><td>2218</td><td>505</td><td></td></tr>
<tr><td>2219</td><td>543
545</td><td>不同资料介绍</td></tr>
<tr><td>2618</td><td>550</td><td></td></tr>
<tr><td>2A50</td><td>545
>525</td><td>不同资料介绍</td></tr>
<tr><td>2B50</td><td>550
>525</td><td>不同资料介绍</td></tr>
<tr><td>2A70</td><td>545</td><td></td></tr>
<tr><td>2A90</td><td>>520</td><td></td></tr>
<tr><td>2024</td><td>500
501</td><td>不同资料介绍</td></tr>
<tr><td>2025</td><td>520</td><td></td></tr>
<tr><td>2036</td><td>555</td><td></td></tr>
<tr><td>3003</td><td>640</td><td></td></tr>
<tr><td>3004</td><td>630</td><td></td></tr>
<tr><td>3105</td><td>638</td><td></td></tr>
<tr><td>4A11</td><td>536</td><td rowspan="8">均匀化</td></tr>
<tr><td>4032</td><td>530</td></tr>
<tr><td>4004</td><td>560</td></tr>
<tr><td>4043</td><td>575</td></tr>
<tr><td>4045</td><td>575</td></tr>
<tr><td>4343</td><td>575</td></tr>
<tr><td>5005</td><td>630</td></tr>
<tr><td>5050</td><td>625</td></tr>
<tr><td>5052</td><td>605</td><td></td></tr>
<tr><td>5056</td><td>565</td><td></td></tr>
<tr><td>5083</td><td>580</td><td></td></tr>
<tr><td>5086</td><td>585</td><td></td></tr>
<tr><td>5154</td><td>590</td><td></td></tr>
<tr><td>5252</td><td>605</td><td></td></tr>
<tr><td>5254</td><td>590</td><td></td></tr>
<tr><td>5356</td><td>575</td><td></td></tr>
<tr><td>5454</td><td>600</td><td></td></tr>
<tr><td>5456</td><td>570</td><td></td></tr>
<tr><td>5457</td><td>630</td><td></td></tr>
<tr><td>5652</td><td>605</td><td></td></tr>
<tr><td>5657</td><td>635</td><td></td></tr>
<tr><td rowspan="2">6A02</td><td>565</td><td rowspan="2">不同资料介绍</td></tr>
<tr><td>595</td></tr>
<tr><td>6005</td><td>605</td><td></td></tr>
<tr><td>6053</td><td>575</td><td></td></tr>
<tr><td rowspan="2">6061</td><td>580</td><td rowspan="2">不同资料介绍</td></tr>
<tr><td>582</td></tr>
<tr><td>6063</td><td>615</td><td></td></tr>
<tr><td rowspan="2">6066</td><td>560</td><td rowspan="2">不同资料介绍</td></tr>
<tr><td>566</td></tr>
<tr><td>6070</td><td>565</td><td></td></tr>
<tr><td>6101</td><td>620</td><td></td></tr>
<tr><td>6151</td><td>590</td><td></td></tr>
<tr><td>6201</td><td>610</td><td></td></tr>
<tr><td>6253</td><td>580</td><td></td></tr>
<tr><td>6262</td><td>580</td><td></td></tr>
<tr><td>6463</td><td>615</td><td></td></tr>
<tr><td>6951</td><td>615</td><td></td></tr>
<tr><td>7001</td><td>475</td><td></td></tr>
<tr><td>7003</td><td>620</td><td></td></tr>
<tr><td rowspan="4">7A04</td><td>490</td><td>第一过烧温度</td></tr>
<tr><td>525</td><td>第二过烧温度</td></tr>
<tr><td>475</td><td rowspan="2">不同资料介绍</td></tr>
<tr><td>477</td></tr>
<tr><td rowspan="2">7075</td><td>535</td><td rowspan="2"></td></tr>
<tr><td>525</td></tr>
<tr><td rowspan="2">7178</td><td>475</td><td rowspan="2"></td></tr>
<tr><td>477</td></tr>
<tr><td rowspan="2">7079</td><td>482</td><td rowspan="2"></td></tr>
<tr><td>480</td></tr>
<tr><td rowspan="2">7A31</td><td>580</td><td rowspan="2"></td></tr>
<tr><td>590</td></tr>
</table>

4.4.4 固溶处理保温时间的选择

固溶处理保温时间，是指在正常固溶热处理温度下，使未溶解或沉淀可溶相组成物达到满意的溶解程度和达到固溶体充分均匀所需的保持时间（保温时间），根据热处理前显微组织确定。

固溶处理保温的目的在于使工件热透，并使强化相充分溶解和固溶体均匀化。保温时间因热处理前显微组织、加热方式（盐浴炉及空气循环炉）及零件的加工状态、合金的成分、零件的尺寸等不同而异，主要取决于零件的厚度与加热温度。对于同一牌号的合金，确定保温时间应考虑以下因素：

（1）淬火加热时的保温时间与零件的形状（包括断面厚度的尺寸大小）有密切的关系。断面厚度越大，保温时间就相应越长。截面大的半成品及形变量小的工件，强化相较粗大，保温时间应适当延长，使强化相充分溶解。大型锻件和模锻件的保温时间比薄件的长好几倍。

（2）淬火加热时的保温时间与加热温度是紧密相关的，加热温度越高，强化相溶入固溶体的速度越大，其保温时间就相应短些。

（3）塑性变形程度。热处理前的压力加工可加速强化相的溶解。变形程度越大，强化相尺寸越小，保温时间可以缩短。经冷变形的工件在加热过程中要发生再结晶，应注意防止再结晶晶粒过分粗大。固溶处理前不应进行临界变形程度的加工。挤压制品的保温时间应当缩短，以保持挤压效应。对于采用挤压变形程度很大的挤压材做毛料的模锻件，如果淬火加热的保温时间过长，将由于再结晶过程的发生，而导致局部或全部挤压效应的消失，使制品的纵向强度降低。挤压时的变形程度越大，需要保温的时间就越短。

（4）原始组织。预先经过淬火的制品，再次进行淬火加热时，其保温时间可以显著缩短。而预先退火的制品与冷加工制品相比，其强化相的溶解速度显著变慢，所以，对经过预先退火的制品，其淬火保温时间就需要相应长些。

（5）在一定的淬火温度下，淬火保温时间将取决于强化相的溶解速度，并与合金的本性、材料的种类、组织状态（强化相分布特点和尺寸）、加热条件、加热介质以及装炉量等因素有关。可热处理强化铝合金，其各种强化相的溶解速度是不相同的，如 Mg_2Si 的溶解速度比 Mg_2Al_3 的快。淬火保温时间必须保证强化相能充分溶解，这样才能使合金获得最大的强化效应。但加热时间也不宜过长，在某些情况下，时间过长反而使合金性能降低。有些在加热温度下晶粒容易粗大的合金（如 6063、2A50 等）则在保证淬硬的条件下，应尽量缩短保温时间，避免出现晶粒长大。锻造变形程度大的，所需保温时间比变形程度小的要短些。退过火的合金其强化相的尺寸较粗大，保温时间要长些。装炉量多、尺寸大的零件保温时间长些，装炉量少、零件之间间隔大的，保温时间短些。盐浴炉加热迅速，故加热时间比普通空气炉的短，而且从工件入槽后，只要槽液温度不低于规定值下限，就可开始计算保温时间；而在空气炉中则需温度重新升到规定值，方可计时。

淬火保温时间的计算，应以金属表面温度或炉温恢复到淬火温度范围的下限时开始计算。在工业生产中，建议的变形铝合金淬火加热保温时间如表 4-10 所示。

表 4-10 固溶热处理时建议的保温时间

厚度/mm	时间/min			
	盐浴炉		空气炉	
	最小	最大（仅包铝产品）	最小	最大（仅包铝产品）
≤0.4	10	15	20	25
0.4～0.5	10	20	20	30
0.5～0.8	15	25	25	35
0.8～1.6	20	30	30	40
1.6～2.3	25	35	35	45
2.3～3.2	30	40	40	50
3.2～6.4	35	45	50	60
6.4～12.5	45	55	60	70
12.5～25.0	60	70	90	100
25.0～38.0	90	100	120	130
38.0～51.0	105	115	150	160
51.0～64.0	120	130	180	190
64.0～76.0	135	160	210	220
76.0～89.0	150	175	240	250
89.0～100	165	190	270	280

4.4.5　淬火冷却速度

淬火是以急冷方式，把固溶加热时所获得的溶质元素极大饱和溶解的固溶体，保持至室温，不仅使溶质原子留在固溶体里，还保留一定数量的晶格空位，以便促进形成 G.P.区所需的低温扩散。淬火时的冷却速度，应该确保过饱和固溶体被固定下来，它对合金的性能起决定性的作用。

4.4.5.1　冷却速度对性能的影响

在大多数情况下，为了避免那些不利于力学性能或抗腐蚀性类型的沉淀，固溶热处理时形成的固溶体，应以最快冷却速度淬火，抑制合金在慢冷时出现的次生相的析出，在室温下产生高浓度的过饱和固溶体，得到潜在的最高强度及强度与韧性的最佳配合，同时还可得到较好的耐蚀性能，这是沉淀硬化的最佳条件。然而，某些不含铜的 Al-Zn-Mg 系高强度铝合金则是例外，慢速淬火对这些合金的耐应力腐蚀性能有益。这类铝合金的抗应力腐蚀断裂的性能是以慢速淬火予以改进的。

淬火速度的下限通常是根据合金耐蚀性来确定的，2A11、2A12 和 7A04 等合金的耐蚀性对缓慢冷却最为敏感。图 4-7 所示是平均淬火速度对 2A12 和 7A04 合金力学性能的影响。

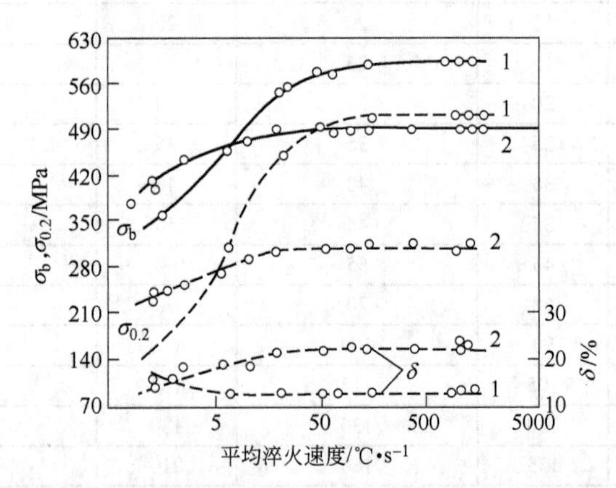

图 4-7　淬火速度对 2A12 和 7A04 合金力学性能的影响

1—2A12 合金；2—7A04 合金

淬火冷却速度与断裂韧度的关系，淬火过程中沉淀首先发生在大角晶界上。时效后出现的晶界沉淀和伴生的无沉淀带是率先断裂的途径。减小淬火冷速通常会增加晶界断裂的比例，降低高合金的断裂韧度。特别是在人工时效状态下是这样。如果再进一步降低淬火冷速或者进行过时效，会使晶内沉淀扩展，强度开始下降。当强度下降足够多时，韧性开始增高。实践证明，快速淬火并时效到峰值强度的材料具有最佳强度、韧性的综合性能。

4.4.5.2 冷却速度的选择

不同铝合金对淬火冷却速度的敏感性各异。7075 和 2014 等合金对淬火冷却速度比较敏感，为了达到或接近时效处理后的最大强度，需要约 300℃/s 以上的淬火冷却速度。对于其他合金，在淬火冷却速度低到 100℃/s 时，仍能保持它们的强度。但是，限制最低淬火冷却速度时，还要考虑韧性和耐腐蚀性能，以便在保持高的强度水平时，还兼有其他良好综合性能。淬火冷速太慢会使固溶体沉淀出粗大的平衡相质点，减少了溶质元素在固溶体中的过饱和程度，致使时效时的强度增加量减小。同时慢速冷却还使晶界上出现过多的沉淀相，使韧性和耐腐蚀性能降低，也使点阵中出现空穴，从而改变随后发生的沉淀动力学。

为了保证得到较高的强度及良好的耐腐蚀性能，2A11、2A12 合金淬火时的冷却速度应在 50℃/s 以上，7A04 合金的冷却速度要求在 170℃/s 以上。Al-Mg-Si 系合金则对冷却速度的敏感性较小。

需要说明，单纯追求最大的淬火冷却速度对零件机械加工和将来的使用未必有利。因为随着冷却速度增大，锻件的弯曲变形和残余应力增大，特别对于某些形状复杂的锻件、铸件，更应注意。实际上，当锻件厚度增大时，能够达到的最大淬火冷却速度必然减小。

要做到淬火时的快速冷却，首先需要把锻件快速从热处理炉转移到淬火介质中去，其次是淬火介质的品质、容积及其与锻件的相对运动速度都应有利于达到快速冷却的效果。

4.4.5.3 冷却速度的影响因素

要做到淬火时的快速冷却，首先需要把锻件快速从热处理炉转移到淬火介质中去，其次是淬火介质的品质、容积及其与锻件的相对运动速度都应有利于达到快速冷却的效果。

A 淬火转移时间

淬火转移时间即从固溶处理炉炉门打开或锻件从盐浴槽开始露出到锻件全部浸入淬火介质所经历的时间。零件从加热炉到淬火介质之间的转移，无论是手工操作还是机械操作，均必须在少于规定的最大时间限度内完成。最大允许转移时间因周围空气的温度和流速以及零件的质量和辐射能力不同而异。

延长淬火延迟时间所造成的后果导致淬火冷却速度减慢，对材料的性能影响很大。因为零件在转移到淬火槽过程中，与冷空气接触，相当于在空气中冷却。由于冷却速度慢，而铝合金，特别是硬铝和超硬铝的力学性能及抗蚀性对冷却速度十分敏感，固溶体的分解，降低时效强化效果，从而使产品力学性能和抗腐蚀性能下降。为了防止过饱和固溶体发生局部的分解和析出，导致淬火和时效效果降低，应当尽量缩短淬火转移时间，特别是在 400～360℃范围的温度敏感区，必须快冷。因为，此时过饱和固溶体的析出倾向最大，冷却不足会造成固溶体部分分解，从而降低时效后的力学性能及抗蚀性（强化相容易沿晶界首先析出，使晶间腐蚀倾向增加）。因此，生产中对转移时间作了规定，其依据是保证工件在不低于 412℃时完全浸入淬火介质。这就需要测定不同厚度铝合金制品的冷却曲线，并由此确定相应的转移时间值。锻件转移时的空冷速度很大程度上取决于锻件的质量、截面厚度及锻件之间的间距等因素，而空气温度、流动速度和辐射能力的影响较小。在铝合金淬火过程中要同时考虑锻件转移期间的空冷速度和锻件进入淬火介质后的淬火冷却速度。锻件在冷却速度低于冷水冷速的介质中淬火时，延迟时间要尽量缩短，以求得到较好的淬火质量。但对 Al-Mg-Si 系合金中的 6A02（LD2）合金来说，淬火转移时间对其力学性能和耐蚀性能的影响则不大。

可热处理强化的铝合金的淬火转移时间是根据合金成分、材料的形状和实际工艺操作的可能性来控制的。为了保证淬火的铝合金材料有最佳性能，淬火转移时间应尽量缩短。在生产中，小型材料的转移时间不应超过25s；大型的或成批淬火的材料，不应超过40s，超硬铝合金不应超过15s。

建议的铝合金最大淬火转移时间见表 4-11。表 4-12 为 7A04 合金板材淬火转移时间对力学性能的影响。

表 4-11 建议的最大淬火转移时间（浸入淬火时）

标准厚度/mm	最长时间/s	标准厚度/mm	最长时间/s
<0.4	5	≥2.31～6.5	15
≥0.4～0.8	7	>6.5	20
≥0.8～2.3	10		

注：1. 当炉门开始打开或材料的第一个角离开加热盐浴时，开始计算淬火转移时间，当炉料的最后一个角浸入淬火液时，淬火转移时间结束。2219合金除外，若测试结果显示，淬火时材料的每一部分均超过413℃，则淬火转移时间可超过最大极限（如材料相当大或较长）。就2219合金而言，若测试结果显示，淬火时材料每一部分均超过482℃，则淬火转移时间可超过最大极限。

2. 为保证 7178 合金淬火时的最低温度超过 413℃，有必要比建议的时间短些。

表 4-12 7A04 合金板材淬火转移时间对力学性能的影响

淬火转移时间/s	σ_b/MPa	$\sigma_{0.2}$/MPa	δ/%
3	522	493	11.2
10	515	475	10.7
20	507	452	10.3
30	480	377	11.0
40	418	347	11.0
60	396	310	11.0

B 淬火时的冷却介质及其温度

a 淬火介质对铝合金的冷却速度有很大的影响。

（1）水。由于水的蒸发热很高，黏度小，热容量大，冷却能力很强，也比较经济，因此，在工业生产中，水是铝合金淬火中使用最广泛的有效淬火介质。在室温水中淬火能得到大的冷却速度，但淬火残余应力也较大。提高淬火水温（高于 60℃，甚至沸水），则使锻件的冷却速度降低，残余应力减小。但它的缺点是在加热气化后冷却能力降低。

通常铝合金制品在水介质中淬火时，大致可观察到三个冷却阶段：1）膜状沸腾阶段，当制品与冷水刚接触时，在其表面上形成很薄的一层不均匀的过热蒸汽薄膜，它很牢固，导热性不好，使制品的冷却速度降低；2）气泡沸腾阶段，当蒸汽薄膜被破坏时，在靠近金属表面的液体剧烈的沸腾，产生最强烈的热交换；3）锻件表面与水介质的热对流交换阶段。

如在淬火过程中使水发生强制循环运动，或者使锻件在冷却介质中来回移动，就可破坏蒸汽膜的稳定性，缩短第一阶段，并延长第三阶段的效果，增大锻件的冷却速率。用喷射水流进行淬火，基本属于热对流性质。

（2）水基有机聚合物

冷却速率比水的低，但用于铝合金淬火可以获得性能合格、变形较小的锻件。它的冷却能力可通过改变其在水溶液中的浓度而得到调节。浓度越低，冷却能力越大。但可以淬透的锻件截面厚度与水中淬火的厚度相比总是有限的。常用的是聚乙醇水溶液。

水基有机聚合物淬火剂具有逆溶特性，即在较低温度下溶解于水，高于一定温度时，有机聚合物从水中分离出来。所以当锻件淬入这种淬火剂中时，锻件表面的液体温度迅速升到逆溶温度以上，从水溶液中可分离出来的有机聚合物附在锻件表面，形成连续的膜，可降低热传导速率，从而减小温度梯度，使锻件的残余应力明显降低。当锻件随后冷到逆溶温度以下时，有机聚合物重新溶于水中，膜也就消失了。

不管是水、水基有机聚合物还是其他淬火剂，都应有足够的容量，以防在淬火过程中温升过高，降低淬火冷速。

生产中，也曾采用过其他能减小淬火应力及变形的冷却方式，如沸水、水雾及吹风冷却。但现在沸水淬火只限于在铝合金铸件上应用。水雾及吹风冷却可用于那些对淬火速度不太敏感的合金，如 6061 合金。总之，改变淬火方式必须经过慎重周密的试验，方可选用，否则容易造成废品或使用中发生事故。

b 冷却介质温度

使用水聚合物溶液时，溶液的容积和循环均应保证任何时候水温不超过 55℃。水槽容积和水循环一般应保证完成淬火时的水槽温度一般不超过 40～60℃，具体淬火水温应根据锻件厚度选取，可参考表 4-13。

表 4-13　不同厚度锻件采用的淬火温度

锻件最大厚度/mm	淬火温度/℃	锻件最大厚度/mm	淬火温度/℃
≤30	30～40	76～100	50～60
31～50	30～40	101～150	60～80
51～75	40～50		

C　影响淬火冷速的其他因素

由于淬火过程中的热传导受工件表面与淬火介质所形成的阻力的限制，因此冷却速度受工件的表面积与体积之比的支配。

锻件表面状态对淬火冷却速度也有影响。新机械加工的表面、光亮蚀洗表面、清洁表面或涂上降低热传导涂层，都会减低淬火冷却速度。表面氧化膜或涂以不反光的黑色涂层会加快冷却速度，粗糙的机械加工表面也有类似作用，因为它削弱了蒸汽膜的稳定性。

4.4.6　热处理变形及其消除方法

大多数铝合金锻件最终要通过热处理强化（固溶处理+时效处理）获得所需要的力学性能。由于大型铝合金锻件尺寸大，壁厚不均匀，形状复杂，其热处理具有特殊性和复杂性，易产生力学性能不合格、变形、裂纹等热处理缺陷。其中热处理变形过大导致的锻件报废占了很大比例。

在铝合金锻件热处理加热、冷却过程中，由于存在热应力和组织应力，热处理变形不可避免，在实际生产中，热处理变形控制是以能够保证机械加工为标准，目标是将热处理变形量控制在预留的机械加工余量范围内。在加工余量已经确定的前提下，热处理的最大变形量不超过加工余量，才能保证零件的机械加工。

4.4.6.1　固溶处理加热过程的控制

锻件在加热升温过程中表面升温快，心部升温慢，表面和心部存在温差即存在热应力。加热速度越快，锻件壁厚越大，温差就越大、所产生的热应力也就越大。因此，可以通过降低加热速度减小热应力，有效减小锻件热处理加热过程中的变形。对一般尺寸小、形状简单的锻件，加热速度对锻件变形的影响不大，工艺上可以直接升温到规定的加热温度，加热速度由设备的加热能力确定。但对于大型铝合金锻件，尺寸大，形状复杂，壁厚差大，加热速度对锻件变形的影响作用就十分突出。为了减小加热时产生的热应力，就必须对固溶处理的加热过程进行校制，工艺上采取以下措施：

（1）控制升温速度，采用较低的升温速度对减小加热时的变形无疑是有益的。在低温阶段，升温速度可以大一些，高温阶段，升温速度就应该小一些。

（2）控制形状复杂锻件的入炉温度，在连续生产时，铝合金淬火炉如果在一炉锻件淬火后，下一炉锻件又马上入炉，此时炉内的温度实际上还是很高的（通常在 400℃以上），显然这对控制加热速度是不利的。一般来说，对于一般铝合金锻件入炉温度对其热处理变形影响不大，但是，对于形状极其复杂、壁厚差极大的铝合金锻件，必要时可在工艺上明确规定锻件的入炉温度，锻件必须在炉温降到规定温度以下锻件才能入炉。

4.4.6.2 淬火冷却过程的控制

淬火所形成的残余应力，是铝合金锻件热处理或机械加工后变形的最主要因素。锻件表面在热处理时形成的压应力，可以减少使用中产生应力腐蚀的可能性和造成疲劳破坏的机会。然而，在随后的机械加工时，残余应力会产生扭曲变形及尺寸变化，严重时甚至会导致破裂。不同合金的淬火残余应力值有相当大的差异。室温和高温弹性模量、比例极限、热膨胀系数较高、热扩散系数低的合金产生残余应力的倾向较大。

淬火残余应力与锻件温度梯度有直接关系，影响锻件温度梯度的因素包括淬火时的金属温度、淬火冷却速度和锻件截面形状尺寸等。对于一个特定形状、尺寸的锻件，降低淬火时的金属温度，减小淬火冷速将缩小温度梯度，从而减小残余应力。粗厚截面锻件的温度梯度比小截面锻件的要大。

生产实践证明，淬火时的冷却速度对锻件热处理变形大小的影响更大。淬火时的冷却速度越大，淬火后锻件的残余应力和热处理变形也越大。因此，对于形状简单的小型锻件，水温可稍低些，一般为 10～30℃，不应超过 40℃。对于形状复杂的锻件，为了减少淬火后的热处理变形和残余应力，降低冷却速度，在保证冷却过程中不析出第二相的前提下，水温可以升高到 40～50℃，有时可以把水温升高到80℃以至沸腾。也可采用水基有机聚合物淬火剂、鼓风空气、喷雾和喷水等冷却手段。

但必须指出，水的冷却能力受其温度的影响很大，图4-8所示是水温对水的冷却性能的影响，随着水温的升高，其冷却能力急剧下降，从而导致铝合金锻件的强度和耐腐蚀性能也相应降低。

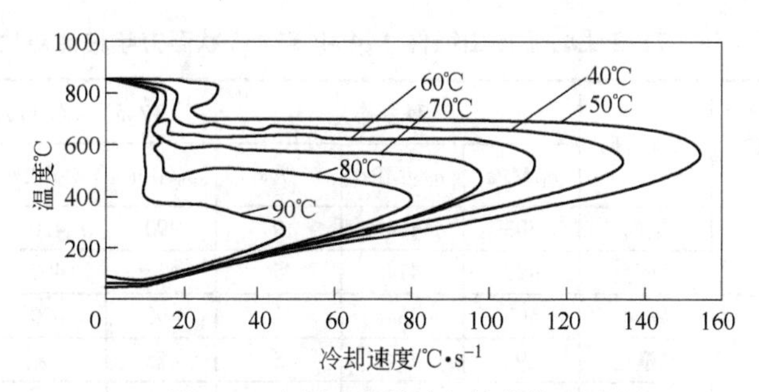

图 4-8 水温对水的冷却性能的影响

4.4.6.3 淬火后的冷塑性变形

铝合金锻件淬火后在室温下进行变形，可以减小或消除淬火残余应力。对具有恒等截面的板材和挤压件，通常采用永久变形量为 1%～3%的拉伸矫直。对于自由锻件，采用永久变形量为 1%～5%的压缩变形。而对具有一定形状的模锻件，则需另行设计一套模具，在淬火后进行压缩变形。

在淬火后时效前，利用铝合金新淬火状态的高塑性可进行零件的成形和矫正工作。或者通过施加一定变形量的冷压或冷拉，可生产出力学性能较高的材料。但经过力学方法消除残余应力的锻件不宜再进行重复热处理，防止产生过度长大的晶粒，特别是对于 2A14、2A50 等合金。

淬火后时效前的冷变形对不同铝合金时效后强度增高的幅度各异。许多铝合金随冷变形量增大，使时效过程中 GP 区或沉淀相粒子数量增多，尺寸减小，从而加大强度、增高幅度。通常这个冷变形量为 1%～10%。

自然时效前进行冷变形能明显提高 Al-Cu-Mg 系等硬铝合金的强度，但如果冷变形后进行人工时效，则降低合金的韧性和疲劳性能，只是耐蚀性能有所改善。

高强度 Al-Zn-Mg-Cu 系合金淬火后人工时效前进行冷变形，对其强度影响极小。需要指出，如果冷变形后进行过时效，由于位错造成粗大沉淀相不均匀成核，合金强度显著降低。7175 铝合金自由锻件 T74 和 T7452 状态力学性能对比见表 4-14。

表 4-14 7175 铝合金自由锻件 T74 和 T7452 状态力学性能对比

锻件热处理时的名义厚度/mm	取样方向	T74 状态			T7452 状态（冷压缩）		
		σ_b/MPa	$\sigma_{0.2}$/MPa	δ/%	σ_b/MPa	$\sigma_{0.2}$/MPa	δ/%
≤51	纵向	503	434	9	490	420	8
	长横向	490	414	5	475	400	4
>51～76	纵向	503	434	9	490	420	8
	长横向	490	414	5	475	400	4
	短横向	475	414	4	460	370	3
>76～102	纵向	490	421	9	470	395	8
	长横向	483	400	5	460	380	4
	短横向	469	393	4	450	350	3
>102～127	纵向	469	393	8	450	370	7
	长横向	462	386	5	440	350	4
	短横向	455	379	4	435	340	3
>127～152	纵向	448	372	8	435	350	7
	长横向	441	359	5	420	340	4
	短横向	434	359	4	415	315	3

4.4.6.4 减小或消除热处理变形的其他方法

A 先粗加工后热处理

对于一些粗厚复杂的锻件，可采用先粗机械加工后热处理的工艺流程。锻件厚度减小可使截面温度梯度减小，从而得到减小残余应力的效果。

B 深冷处理

将固溶淬火保持高塑性的锻件在零下温度（例如-73℃干冰和酒精

的混合剂）保持一定时间，再置于室温以上温度（例如沸水 100℃），如此多次循环。据报道，经过这种深冷处理后，可降低残余应力达25%。

C 锻件装夹及摆放方式

锻件的装夹摆放方式对热处理变形影响很大。铝合金锻件热处理的保温时间相对较长，大型铝合金锻件在固溶处理温度下长时间加热时，由于自重较大，如果摆放方式不当，加热过程中容易产生变形。另外，锻件的装夹摆放要考虑合理的淬火方向，否则会增大淬火变形。每一种锻件的情况各不相同，其装夹摆放方式不能统一规定。在考虑确定锻件的装夹摆放方式时，要根据锻件的具体形状、结构，具体分析，并通过工艺试验确定。

D 采用矫直方法减小变形

矫直是消除和减小锻件变形的有效手段之一。如果采用上述措施后热处理变形仍不能满足标准要求，可以利用铝合金具有在固溶处理前或固溶处理后人工时效前强度低、塑性好的特点进行矫直。

锻件矫直主要有三种方法：

（1）在模锻设备上用模具进行的冷矫直，适用于较为复杂且尺寸规格较大的模锻件。

（2）在矫直压力机上的弯曲冷矫直，适用于较为简单的模锻件。

（3）在模锻设备上用终锻模具的冷矫直，适用于较为复杂且尺寸规格较小的模锻件。

在个别情况下模锻件采用手工矫直（整形）。

大型模锻件矫直可在水压机上进行，利用垫块对其局部施以轻微变形。矫直前，测定实际翘曲量并将它记入测量卡片上。矫直工作要一直进行到模锻件的几何尺寸符合图纸要求为止。

E 人工时效

热处理强化铝合金在固溶处理后进行人工时效，能使淬火残余应力减小 20%~40%。

4.4.7 阶段淬火

为了降低锻件及模锻件在淬火时产生的残余应力及残余变形，也可采用阶段淬火的工艺方法。把淬火加热的锻件先在较高的温度下进行短时间的冷却（保证过饱和固溶体在不发生分解的情况下进行冷却），然后再在室温水中冷却。采用阶段淬火的铝合金锻件，其力学性能下降不多，但其残余应力及残余变形却大大减小。2A16 合金锻件采用一次淬火和阶段淬火后的力学性能如表 4-15 所示。试验条件是先把锻件从淬火加热炉中放到 160～200℃的熔盐槽或油中进行第一阶段的短时等温冷却，然后再投入 30℃水中进行第二阶段冷却。对采用一次淬火和阶段淬火的锻件都采用在 160℃16h 的制度进行人工时效。从表 4-15 中可以看出，阶段淬火对材料力学性能的影响不大。为了保证锻件的淬火质量，要求第一阶段淬火介质的容积应比同时投入冷却介质中进行淬火的锻件的总体积大 20 倍以上。

表 4-15　2A16 合金锻件在一次淬火和阶段淬火后的力学性能

力学性能	在水中一次淬火水温 30℃	在不同温度的熔盐中阶段淬火			
		160℃	170℃	180℃	200℃
抗拉强度/MPa	449	432	443	433	455
屈服强度/MPa	304	299	307	303	310
伸长率/%	14.3	9.8	11.4	13.4	15.0

4.4.8　强化固溶

超高强铝合金主要通过时效析出而强化，过饱和程度的提高将提高时效析出相的数量，增加强化效果。在现有合金的发展演变过程中，为保证或提高合金的强度，常提高合金元素的含量，在可溶结晶相未充分固溶的情况下，会对合金的综合性能产生不利影响。过饱和程度既与合金成分有关，也与固溶程度有关。因此，对时效强化效果而言，提高固溶程度与增加合金元素含量作用是类似的。对强化固溶进行的研究表明：通过逐步提高固溶温度（最终温度高于多相共晶温度）和延长固溶时间等强化固溶手段，提高合金的固溶程度，减少未溶结晶相。

强化固溶与一般固溶相比，在不提高合金元素总含量的前提下，提高了固溶体的过饱和度，同时减少了粗大未溶结晶相，对于提高时效析出程度和改善抗断裂性能具有积极意义，是提高高强铝合金综合性能的一个有效途径。

4.4.9 淬火与时效的间隔时间

对于需进行人工时效的铝合金，还需要注意热处理工序之间的协调。因为铝合金时效后的力学性能还取决于淬火与时效之间的间隔时间，淬火与时效之间的间隔时间愈短，强度愈好。因为大多数铝合金存在所谓停放效应，即淬火后在室温停放一段时间再进行人工时效处理，将使合金的时效强化效应降低，这种现象在 Al-Mg-Si 系合金中尤为明显。例如 Al-1.75Mg_2Si 合金淬火后，在室温下分别停留 3min、10min、30min 和 2h，再在 160℃进行人工时效，合金硬度变化如图 4-9 所示。其中，以淬火后放置 2h 的影响最大。目前对这种现象的一种解释是 Al-Mg-Si 系合金中镁在铝中的溶解度远大于硅的溶解度，在室温停留期间，过剩硅将首先形成偏聚，而镁、硅原子的 G.P.区是在硅核上形成的，如果停放时间很短，则只产生硅的偏聚，大部分溶质原子仍保留在固溶体内，随后进行人工时效，镁和硅原子继续向硅的偏聚团上迁移，形成大量稳定的晶核，继续成长，如果在室温下停留时间过长，合金内形成大量偏聚，因而固溶体中溶质元素浓度大大降低，这样，当温度一旦升高到人工时效的温度时，那些小于临界尺寸的 G.P.区，将重新溶入固溶体导致使稳定的晶核数目减少，从而形成粗大的过渡相，使强度下降。因此，对于有“停放效应”的合金制品来说，

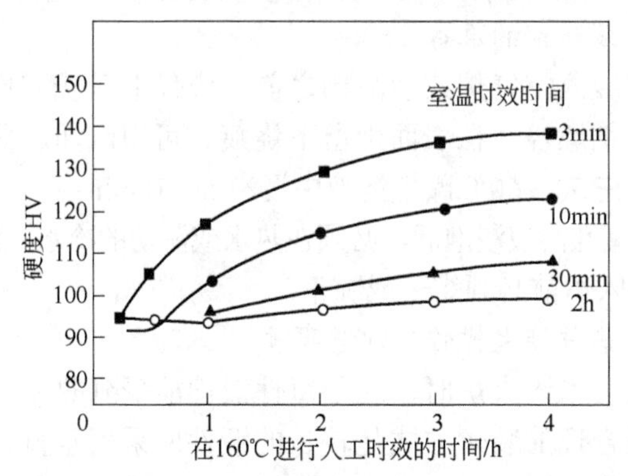

图 4-9 Al-1.75Mg_2Si 合金硬度随室温停放时间的变化

应尽可能缩短淬火与人工时效的间隔时间。具体可按表 4-16 中所规定的要求掌握间隔时间，以保证合金的力学性能。否则，当 2A02、6A02、2A14、7A04 合金锻件的固溶至人工时效时的间隔超过表 4-16 的规定时，时效后的强度会下降 15～20MPa。

表 4-16 铝合金淬火后能保持塑性的时间及淬火与人工时效处理允许的间隔时间

合金牌号	固溶后保持塑性时间/h	固溶至人工时效的间隔时间/h	合金牌号	固溶后保持塑性时间/h	固溶至人工时效的间隔时间/h
6A02、6061	2～3	<6	2A11	2～3	
2A50	2～3	<6	2A12	1.5	不限
2B50	2～3	<6	2A16		
2A70	2～3	不限	2A17	2～3	不限
2A80	2～3	不限	7A04	6	<4 或>2～10 昼夜
2A14	2～3	<3 或>48	7A09	6	不限
2A02	2～3	<3 或 15～100			

4.4.10 淬火过程中的注意事项

铝合金锻件淬火加热时一般采用带有强制热风循环装置的电阻炉或盐浴炉。炉膛温度一般要求能控制在±2～3℃范围内。炉温控制多采用测量范围不超过 600℃、精度为 0.5 级的控制仪表。对所使用的控制仪表要定期用 0.2 级精度的仪表进行检查和校对。

下面介绍铝合金锻件淬火工艺操作控制要点。

4.4.10.1 装炉前的准备

（1）锻件装入空气炉或盐浴槽之前，应仔细清洗零件表面上的油污，以免润滑剂燃烧，在表面上留下烧痕。可用汽油、丙酮、香蕉水等擦拭，也可在 50～60℃碱性溶液中浸泡 5～10min；

（2）采用碱性溶液浸泡后，必须在热水或流动的冷水中清洗干净；

（3）工件入炉前必须烘干或晾干。

4.4.10.2 锻件淬火操作的注意事项

（1）锻件装入淬火炉时，应使每件锻件能受到热空气或熔融盐的自由环流。最合理的装炉方式是较长的锻件应采用垂直自由吊挂。用立式淬火炉加热锻件时，装炉时先经过淬火水槽，必须使制品上的水流净后方能关闭炉门。

（2）使用空气炉时，最大加料量取决于炉子的技术性能（加热元件功率、空气流速、炉子的长度或高度等）和制品类型。

（3）采用断面小、挤压系数大的挤压型（棒）料生产的细长锻件，每炉一次装料量最好少些，以使空气能特别好地环流制品，而使炉料在炉内停留时间达到最短。这样可以达到防止挤压效应消失和力学性能下降的目的。

（4）在硝盐炉中加热时，锻件与槽底、槽壁及液面的距离要大于100mm，装的料应均匀分布在熔融盐内，保证熔融盐能自由环流锻件，且锻件之间有一定间隙（大于30～50mm）；

（5）对于厚大模锻件用料筐盛载进行淬火时，则应用隔框将其隔开，使锻件之间有一定的空隙，一般不应小于 50mm，以保证均匀冷却。

（6）炉温要均匀，控温精度在±(2～3)℃，最大不超过±5℃。

（7）形状简单的锻件可快速加热。形状复杂的锻件可阶梯升温，在 350℃左右可保温 1～2h，再加热到固溶处理温度。

（8）固溶处理转移时间根据锻件成分、形状和生产条件而定。一般小锻件转移时间不超过 25s，大锻件不超过 45s，超硬铝不超过 15s。

（9）工件加热可用铝丝、铝带或铁丝捆扎，不能用镀锌铁丝或铜丝捆扎，以防铜、锌扩散到锻件中，降低锻件的抗蚀性和局部熔化。

（10）在空气电炉中开始加热时，料的温度低于热空气温度，尤其是在工作炉膛空气出口处最明显。因此，应通过直接放在料上的热电偶来检测炉料温度，热电偶放在工作炉膛的空气入门处和出口处。热电偶应与制品接触牢靠。保温时间根据放置在工作炉膛空气出口处的热电偶所显示的温度（即按照炉料的最低温度）来确定。

（11）在空气炉中加热时，锻件离炉门 200mm 以上，离加热元件隔板 100mm 以上。

（12）锻件重新热处理加热时间为正常加热时间的 1/2，重复热处理次数不得超过 2 次。

（13）固溶处理后形状简单的锻件用清水冷却，水温一般为 10～30℃；形状复杂的锻件水温为 40～50℃；也可用聚醚作冷却介质，以减少变形。

（14）形状复杂的锻件固溶后冷却水温为 80～90℃；大型锻件可以在 160～200℃的硝盐中等温一段时间，然后放入流动的水中；冷却介质的容积要在锻件体积的 20 倍以上，并要循环或搅动。

（15）为了保证锻件有最好的力学性能和耐腐蚀性能，锻件由炉内加热出来到淬火槽的转移时间不得超过 15s。

（16）从盐浴槽出料时，如果挂料量很大，应在提起后停留 2～3s，使硝盐流掉，然后再迅速移到淬火槽中。

（17）为了保证锻件可靠和均匀地冷却，特别是厚大的锻件，淬火槽内的水应用压缩空气搅拌或不断抽换。

（18）为了提高空气炉淬火锻件的耐腐蚀性，在水中加入 0.02%～0.04%的重铬酸钾或重铬酸钠，或者铬酸钾或铬酸钠。

（19）为了保证淬火料激冷，淬火槽中的水温应保持在 10～40℃范围内。对于有些锻件，为了减少畸变和翘曲，淬火时采用沸水或 80～90℃的水进行冷却。

4.4.10.3 清洗

淬火工序中的最后一个环节是清洗，即从淬火槽中取出工件，再在流动的温水槽内把附着在工件表面上的盐迹清洗干净，以避免残留的硝盐对工件的腐蚀作用；工件在温水（40～60℃）槽内停留的时间不应超过 2min，否则可能影响产品的性能。

4.5 时效

铝合金和钢铁不同，仅在淬火状态下是不能达到合金强化目的的。新淬火状态的变形铝合金的强度仅比退火状态的稍高一点，而伸长率却相当高，具有良好的塑性，在这种情况下正好可进行矫正变形等工作。但是，铝合金淬火后所得到的亚稳定的过饱和固溶体，存在有自发分解的趋势，把它置于一定的温度下，保持一定的时间，过饱和固溶体便发生分解（有些合金在室温下就可分解），从而引起合金的强度和硬度的大幅度增高，这种室温保持或加热以使过饱和固溶体分解的热处理过程称为时效。时效处理是可热处理强化铝合金的最后一道工序，时效的目的是为了提高可热处理强化铝合金的力学性能，它决定着合金的最终性能，因此对时效工艺制度需认真选择。时效的基本工艺参数是加热温度与保温时间；加热速度与冷却速度的影响较小，一般不予考虑。

4.5.1 铝合金时效概述

4.5.1.1 铝合金时效的分类

铝合金时效分为两种：一是自然时效，即淬火后在室温下放置一定时间，以提高其强度的方法。某些铝合金淬火后在室温下放置若干小时，快速淬火保留下的空位导致了 G.P.区快速形成和强度迅速增加，在 4～5 天之后达到最大的稳定值。自然时效的时间一般不少于 4 昼夜。二是人工时效，即淬火后重新加热到高于室温的某一特定温度保持一定时间，以提高其力学性能的操作。

自然时效过程进行得比较缓慢，人工时效过程进行得比较迅速。如何选用，需要根据合金的性质、工件的使用温度及性能要求而定。

能够进行淬火和时效强化处理的铝合金，主要有下列五个合金系：

（1）Al-Cu-Mg 系硬铝合金，如 2A11、2A12、2A06、2A02 等；

（2）Al-Mg-Si 系和 Al-Mg-Si-Cu 系锻铝合金，如 6A02，2A50，2A14 等；

（3）Al-Zn-Mg-Cu 系超硬铝合金，如 7A04，7A09 等；

（4）Al-Cu-Mg-Fe-Ni 系耐热锻铝合金，如 2A70，2A80、2A90 等；

（5）Al-Cu-Mn 系耐热铝合金，如 2A16 和 2A17 等。

这五个合金系中，只有 Al-Cu-Mg 系硬铝合金在淬火及自然时效状态下使用，其他系的合金一般是在淬火及人工时效状态下使用。

大多数硬铝在自然时效状态下使用，这是由于自然时效状态的抗蚀性（晶间腐蚀）优于人工时效。2A02 和 2A11 合金自然时效时间为 96h。2A12 合金的工作温度如超过 150℃，则需进行人工时效处理。

锻铝可进行自然时效或人工时效处理，但因自然时效速度较慢，而且强化效果不如人工时效，故锻铝一般在人工时效状态下使用。

超硬铝一般只进行人工时效处理。其原因是自然时效过程常常延续数月才能达到稳定阶段。而且和人工时效相比，抗应力腐蚀能力较差。对于 7A04 之类的超硬铝合金通常采用 120～160℃的人工时效，时效时间为 12～24h，为了缩短时效时间，对于这类合金常采用分级人工时效。

铝合金的人工时效，一般在空气循环电炉中进行。时效温度和时间必须严格执行规范，才能得到满意的时效效果。

4.5.1.2 铝合金时效的特点

铝合金时效的前提是溶质原子溶解在过饱和固溶体中，然后在时效过程中发生下列组织转变:

（1）溶质原子的扩散;

（2）溶质原子沿着有利的晶格位置偏聚;

（3）在偏聚区的溶质原子按形成稳定金属间化合物所需要的原子比例进行排列，而形成共格沉淀相;

（4）共格沉淀相长大，当达到临界尺寸时则发生分离，释放新的自由能，从而形成非共格沉淀相;

（5）非共格沉淀相的长大。

时效过程的驱动力是固溶体过饱和的程度，它是温度的反函数。这种驱动力与扩散过程有关，而且扩散速率与温度之间呈指数关系。

4.5.2 铝合金的时效过程

铝合金时效过程是第二相从过饱和固溶体中沉淀的过程，也是固态相变的一种。通过新相的形核和长大的方式完成转变，这种形核长大首先取决于系统的自由能变化。只有在系统自由能降低条件下，才能形成新相。

时效硬化是铝合金的主要强化手段，铝合金的时效硬化是一个相当复杂的过程。它不仅取决于合金的组成、时效工艺，还取决于合金在生产过程中所造成的缺陷，特别是空位、位错的数量和分布等，造成此种硬化的原因一般应用位错理论解释。目前普遍认为时效硬化是溶质原子偏聚形成硬化区的结果。

铝合金在固溶处理加热时，合金中形成了空位，在淬火时，由于冷却快，这些空位来不及移出，便被“固定”在晶体内。这些在过饱和固溶体内的空位大多与溶质原子结合在一起。由于过饱和固溶体处于不稳定状态，必然向平衡状态转变，空位的存在，加速了溶质原子的扩散速度，因而加速了溶质原子的偏聚。

硬化区的大小和数量取决于淬火温度与淬火冷却速度。淬火温度越高，空位浓度越大，硬化区的数量也就越多，硬化区的尺寸减小。淬火冷却速度越大，固溶体内所固定的空位越多，有利于增加硬化区的数量，减小硬化区的尺寸。

沉淀硬化合金系的一个基本特征是随温度而变化的平衡固溶度，即随温度增加而固溶度增加，大多数可热处理强化铝合金都符合这一条件。沉淀硬化所要求的溶解度-温度关系，可用铝-铜系的 Al-4Cu 合金说明合金时效的组成和结构的变化。图 4-10 为铝-铜系富铝部分的二元相图，在 548℃进行共晶转变 L→α+θ（Al_2Cu）。铜在 α 相中的极限溶解度 5.65%（548℃），随着温度的下降，固溶度急剧减小，室温下约为 0.05%。

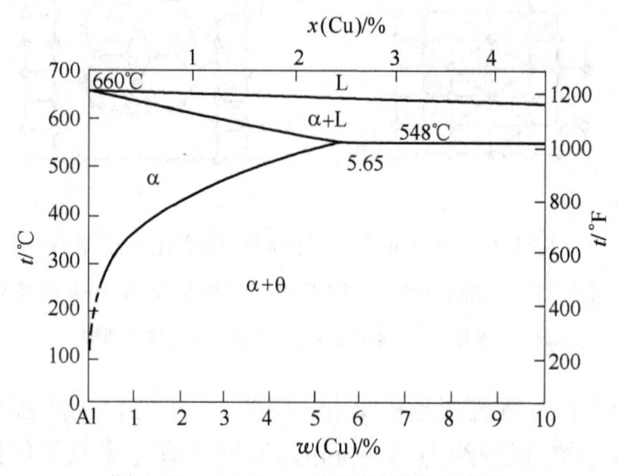

图 4-10 Al-Cu 二元相图的富铝部分

在时效热处理过程中，该合金组织有以下几个变化过程。

4.5.2.1 形成溶质原子富集区——G.P.（Ⅰ）区

在新淬火状态的过饱和固溶体中，铜原子在铝晶格中的分布是任意的、无序的，如图 4-11 所示。时效初期，即时效温度低或时效时间短时，铜原子在铝基体上的某些晶面上聚集，形成溶质原子富集区，称 G.P.（Ⅰ）区，见图 4-11*b*。G.P.（Ⅰ）区与基体 α 保持共格关系，这

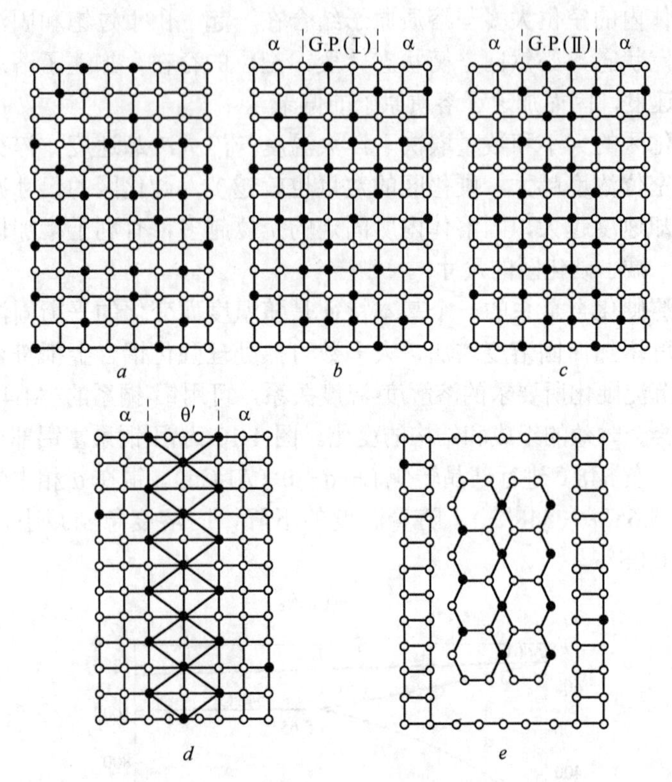

图 4-11　Al-Cu 合金时效时结构变化示意图

a—新淬火状态的过饱和固溶体；*b*—G.P.(Ⅰ)区结构；*c*—G.P.(Ⅱ)区结构；*d*—过渡相 θ′形成后结构；*e*—平衡相 θ 形成后结构

些聚合体构成了提高抗变形的共格应变区，故使合金的强度、硬度升高。G.P.（I）区的直径约为 4～5nm，厚度只有几个原子间距。它们仍保留在母相晶格中，与母相没有界面，只是由于铜原子富集，使 G.P.区附近的晶格发生很大的畸变，引起了合金的强化。

4.5.2.2　G.P.区有序化——形成 G.P.（Ⅱ）区（θ″相）

随着时效温度升高或时效时间延长，铜原子继续富集并发生有序化，即形成 G.P.（Ⅱ）区，见图 4-11*c*。它与基体 α 仍保持共格关系，但尺寸较 G.P.（Ⅰ）区的大。它比 G.P.（Ⅰ）区周围的畸变更大，对位错运动的阻碍进一步增大，因此时效强化作用更大，G.P.(Ⅱ)区的直径约为 10～40nm，厚度 1～4nm，它们与母相仍然保持同类型晶格，没有明显界面，只是晶格畸变更大些，使合金进一步强化。

4.5.2.3 形成过渡相 θ′

随着时效温度进一步升高，或时效时间进一步延长，铜原子在 G.P.（Ⅱ）区继续富集，当铜原子与铝原子比为 1:2 时，形成过渡相 θ′。θ′相的化学成分与稳定相 θ（$CuAl_2$）的相同。θ′相具有正方晶格，其两棱 *a* 和 *b* 与母相的晶格常数相等，但在 *c* 轴方向略显收缩。θ′相与母相保持有共格关系。过渡相 θ′的｛100｝面与母相的｛100｝面原子排列和晶格常数最相近，因此，沿这两个面相共格。但由于 θ′相的点阵常数发生较大的变化，与基体共格关系由完全共格变为局部共格，因此 θ′相周围基体的共格畸变减弱，对位错运动的阻碍作用亦减小，表现在合金性能上硬度开始下降。由此可见，共格畸变的存在是造成合金时效强化的重要因素。形成过渡相 θ′后的结构示意图如图 4-11*d* 所示。

4.5.2.4 形成稳定的 θ 相

随着时效温度再升高或时效时间再延长，过渡相 θ′继续长大，共格面附近的畸变也随之增加，达到一定程度后，共格被破坏，过渡相 θ′变成了平衡相 θ（$CuAl_2$）。过渡相从铝基固溶体中完全脱溶，形成与基体有明显界面的独立的稳定相 $CuAl_2$，称为 θ 相。此时 θ 相与基体的共格关系完全破坏，并有自己独立的晶格，其畸变也随之消失。在高倍光学显微镜下，可看到第二相质点。这时合金强度已达到极大值，并随时效温度的提高或时间的延长，θ 相的质点聚集长大，合金的强度、硬度进一步下降，合金就软化并称为“过时效”。如果时效温度再升高或时间再延长，第二相 θ 质点将发生聚集而变得粗大。平衡相 θ 形成后的结构示意图如图 4-11*e* 所示。

4.5.3 过饱和固溶体的分解过程及析出相的形成序列

铝-铜二元合金的时效原理及其一般规律对于其他工业铝合金也适用。各个铝合金系时效过程的基本规律是相同的，都是先由淬火获得双重过饱和的空位和固溶体，时效初期由于空位的作用，使溶质原子以极大的速度进行聚积形成 G.P.区。随着提高温度和增加时效时间，G.P.区转变为过渡相，最后形成稳定相。此外，在晶体内的某些缺陷地带也会直接由过饱和固溶体形成过渡相或稳定相。这种时效过程也称为时效序列或沉淀序列。

淬火的过饱和固溶体在时效过程中的分解或组织结构的变化序列，一般可以分成下述几个不同阶段：固溶体→淬火后形成过饱和固溶体→溶质原子富集→过渡相→平衡沉淀相。

根据过饱和固溶体的浓度、时效的温度和时间的不同，析出相一般是按照上面序列进行的。但由于合金的种类不同，所形成的 G.P. 区、过渡相以及最后析出相的稳定性各不相同，时效强化效果也不一样。上述序列并不一定是连续发生的，按照具体条件的不同，有时则不同。

表 4-17 所示为几种常见铝合金系时效的沉淀顺序及稳定沉淀相。从表中可以看出，不同合金系时效过程亦不完全都经历上述四个阶段，有的合金不经过 G.P.（Ⅱ）区，直接形成过渡相。就是同一合金因时效的温度和时间不同，亦不完全依次经历时效全过程，例如有的合金在自然时效时只进行到 G.P.（Ⅰ）区至 G.P.（Ⅱ）区即告终了。而人工时效，若时效温度过高，则可以不经过 G.P.区，直接从过饱和固溶体中析出过渡相，合金时效进行的程度，直接关系到时效后合金的结构和性能。

表 4-17 几种铝合金系时效的沉淀顺序及稳定沉淀相

合金系	脱溶序列及平衡脱溶相	稳定沉淀相
Al-Cu	过饱和固溶体→G.P.(I)（片状）→G.P.(Ⅱ)（片状）→θ′相→θ($CuAl_2$)相	θ($CuAl_2$)
Al-Mg	过饱和固溶体→β′相（片状）→β（Al_2Mg_3）相	β（Al_2Mg_3）
Al-Mg-Si	过饱和固溶体→针状 G.P.区→棒状 β′相→片状 β（Mg_2Si）相	β（Mg_2Si）
Al-Cu-Mg	过饱和固溶体→G.P.(I)区→G.P.(Ⅱ)→S′相→S（Al_2CuMg）相	S（Al_2CuMg）
Al-Zn-Mg	过饱和固溶体→G.P.(I)区→G.P.(Ⅱ)→η′相→η（$MgZn_2$）相	η（$MgZn_2$）
	过饱和固溶体→G.P.(I) 区→G.P.(Ⅱ)→T′相→T($Al_2Mg_3Zn_3$) 相	T（$Al_2Mg_3Zn_3$）

上述各合金系，在时效初期多数都能形成 G.P.区。G.P.区的形状取决于铝原子和溶质原子半径差的大小，半径差大的 Al-Cu 和 Al-Cu-Mg

系合金，G.P.区是片状的。半径差比较小的 Al-Zn-Mg 系，时效初期是球形的。Al-Mg-Si 系是针状或棒状的。

沉淀相的形状和分布与合金的成分及相界面的性质有直接关系。对于 G.P.区，由于与基体完全共格，晶格是连续的，故表面能极低，可以忽略不计，而且 G.P.区尺寸又很小，弹性能不高，所以 G.P.区的形核功很低，故在基体内各处均可形成，即均匀生核。另外，形核速度也相当快，甚至在淬火过程中即可能发生。G.P.区的形状取决于溶质原子和铝原子的直径差异。差值小于 3%时，为降低表面能，G.P.区一般呈球形。差值超过 5%，弹性能起主导作用，故常呈薄片状或针状。

对半共格或完全不共格的过渡相和平衡相属不均匀生核，因为此时沉淀相和基体之间表面能已较高，成分差异也较大。弹性能则视两相晶格错配度及比容差值而定。总之，形核比较困难，需要比较大的能量起伏和成分起伏。实验表明，过渡相一般在位错、小角度晶界（位错壁）、层错和空位聚合体处优先形成，G.P.区也可作为过渡相的晶核平衡相则容易在大角度晶界及空位聚合体处生核。在这些晶体缺陷处生核，不仅可以降低表面能和弹性能，而且在这些晶体缺陷附近常常发生溶质元素的偏聚，因此，从成分上也是有利的。

从上面的讨论中可以看到，影响合金性能的主要组织特征参数的是沉淀相结构、质点尺寸、形态和分布。因此必须对时效过程予以充分了解，以便在热处理中制定出合理的热处理规程。

不同铝合金系的 G.P.区溶解温度范围见表 4-18。

表 4-18 不同铝合金系的 G.P.区溶解温度范围

合 金 系	G.P.区溶解温度范围/℃
Al-Cu-Mg	177～210
Al-Mg-Si	177～218
Al-Zn-Mg-Cu	110～163

4.5.4 时效理论的应用

在实际生产中，广泛利用时效硬化现象来提高铝合金的强度。根据合金性质和使用要求，可采用不同的时效工艺，其中主要包括有自然时效和人工时效。

4.5.4.1 自然时效

大多数热处理强化铝合金淬火后在室温显示时效硬化特性。不同铝合金的硬化速率和程度差异很大。以2A12合金为代表的硬铝合金，在室温下经过四昼夜可基本达到力学性能稳定的状态。6A02、6061 等 Al-Mg-Si 系合金的室温时效要慢得多，而 7A04、7A09 等高强度铝合金的自然时效过程则为不定期的长时间延续。所以这类高强度铝合金很少采用自然时效状态。不同铸造铝合金的自然时效速率也不一样。有些铸造合金，即使没有经过固溶处理，也有自然时效倾向，这是由于熔液凝固速度较快，结晶后仍有相当数量溶质留在固溶体中，为自然时效强化准备了条件。

大多数热处理强化合金的电导率和导热系数随自然时效的延续而减小。这和人工时效（沉淀处理）时的变化相反。人工时效时固溶体内溶质元素含量的减小会使电导率、导热系数增大。自然时效时这两种系数的减小正是形成 G.P.区而不是有沉淀析出物存在的证明。这些系数的减小归因于晶体点阵周期性受到损害的缘故。

4.5.4.2 人工时效（沉淀处理）

人工时效使时效强化速度大为加快。铝合金人工时效温度一般为75～250℃。人工时效与自然时效在物理本质上并无绝对的界限，前者以 G.P.区强化为主，后者以过渡沉淀强化为主。这一区别反映在力学性能和某些物理性能上就是铝合金自然时效后的性能特点是塑性较高（δ>10%～15%），抗拉强度和屈服强度的差值较大（$\sigma_{0.2}/\sigma_b$=0.7~0.8），冲击韧性和抗蚀性良好。人工时效则相反，强度较高，特别是屈服强度增加得更为明显（可达$\sigma_{0.2}/\sigma_b$=0.8～0.9），但塑性、韧性和抗蚀性一般较差。最明显的差别就是人工时效后屈服强度的增加幅度大于拉伸强度。塑性和韧性减小。同一合金人工时效后的强度比自然时效后高些，而塑性则低些。

人工时效可分为峰值时效、欠时效、过时效及稳定化时效等。峰值时效获得的强度最高，可达到时效强化的峰值。欠时效的时效温度稍低或时效时间较短，以保留较高的塑性。过时效则相反，时效程度超过强化峰值，相应综合性能较好，特别是抗蚀性能较高。稳定化时效的温度比过时效温度更高，其目的是稳定合金的性能和零件尺寸。

A 单级时效

单级时效是一种最简单也最普遍的时效工艺制度。在固溶处理后，只进行一次时效处理，可以是自然时效，也可以是人工时效，大多时效到最大硬化状态。有时，为了消除应力、稳定组织和零件尺寸或改善抗蚀性，也可采用过时效状态。

B 分级时效

单级时效的优点是生产工艺比较简单，也能获得很高的强度，但是显微组织的均匀性较差，在拉伸性能、疲劳和断裂性能及应力腐蚀抗力之间难以得到良好的配合。分级时效则恰好可以弥补这方面的缺点，特别是在 Al-Zn-Mg 和 Al-Zn-Mg-Cu 系合金研究方面收到很好的效果，并且能缩短生产周期。因此分级时效得到了广泛应用。

分级时效是近一二十年来才研究发展起来的一种新的时效方法，又称为阶段时效。它是把淬火后的工件放在不同温度下进行两次或多次加热（即双级或多级时效）的一种时效方法。与单级时效相比，分级时效不仅可以显著地缩短时效时间，而且可改善 Al-Zn-Mg 和 Al-Zn-Mg-Cu 等系合金的显微结构，在基本上不降低其力学性能的条件下，可明显地提高合金的耐应力腐蚀能力、疲劳强度和断裂韧性，对高温下的尺寸稳定性也有好处。

分级时效需要在不同温度进行两次或多次时效处理，按其作用可分为预时效（又称为核处理）和最终时效两个阶段。预时效处理采用较低温时效的目的是加速形成高密度和均匀的 G.P.区。因在较低温度下时效，可使过饱和固溶体内形成大量的微细的 G.P.区。由于 G.P.区通常是均匀生核，当其达到一定尺寸时，就可成为随后时效沉淀相的核心，借以控制基体析出相的弥散度、晶界析出相的尺寸以及晶间无析出带的宽度。随着 G.P.区密度的增加，也就增大了中间相的弥散程度，从而大大提高组织的均匀性。最终时效阶段采用较高温度时效，其目的是使在较低温度时效时所形成的 G.P.区继续长大，得到密度较大的中间相，借以引起充分的强化作用。最终时效通过调整沉淀相的结构及尺寸和弥散度，可以达到预期的性能要求，保证在强度保持或下降甚小的情况下，显著提高抗应力腐蚀性能和断裂韧度。两种常用铝合金的分级时效制度见表 4-19，合金单级时效与分级时效对应力腐蚀的影响列于表 4-20。由表 4-20 可知 7A04 合金单级时效有明显的应力腐蚀倾向，而分级时效则显著提高了抗应力腐蚀性能。实践证明，分级时效可获得较好的综合性能。

表 4-19 两种常用铝合金的分级时效制度

合金牌号	制品类型	时效温度/℃	时效时间/h
7A03（LC3）	模锻件或其他半成品	115～125 160～170	2～4 3～5
7A04（LC4）	板材	115～125 165～175	8 8

表 4-20 时效制度对 7A04 铝合金性能的影响

合金牌号	品种	时效制度	σ_b/MPa	$\sigma_{0.2}$/MPa	δ/%	应力腐蚀断裂时间/h
7A04(LC4)	板材	120℃/24h	600	547	12	58
7A04(LC4)	板材	120℃/8h+170℃/8h	574	518	10	1500 未断

分级时效的温度及保温时间应根据合金的具体特点来选择，在第一阶段中尽量保证 G.P.区的形成在短时间内完成，主要取决于 G.P.区溶解线的温度，如果时效时间太短，或者时效温度低于 G.P.区溶解线太多，或者加热速度太快，则 G.P.区将在 150℃以上温度溶解，形成粗大而广泛分布的沉淀物，使强度降低过多；第二阶段的时效是保证合金得到较高的强度和其他良好的性能。第二阶段强度变化较快，要严格控制时间、温度和第一阶段到第二阶段的升温速度。

Al-Zn-Mg-Cu 系变形铝合金具有多种分级时效状态。如美国的 T73（耐应力腐蚀状态），T76（耐剥落腐蚀状态）和 T74（以前标记为 T736，兼有优良的耐应力腐蚀性能和峰值强度水平）等状态。

4.5.5 铝合金时效的影响因素

4.5.5.1 合金化学成分的影响

一种合金能否通过时效强化，首先取决于组成合金的元素能否溶解于固溶体以及固溶度随温度变化的程度。如硅、锰在铝中的固溶度比较小，且随温度变化不大，而镁、锌虽然在铝基固溶体中有较大的固溶度，但它们与铝形成的化合物的结构与基体差异不大，强化效果甚微。因此，二元合金 Al-Si、Al-Mn、Al-Mg、Al-Zn 通常都不采用时效强化处理。而有些二元合金，如 Al-Cu 合金、三元合金或多元合金，Al-Mg-Si、Al-Cu-Mg-Si 合金等，它们在热处理过程中有溶解度和固态相变，则可通过热处理进行强化。

4.5.5.2 固溶处理工艺的影响

为充分利用沉淀硬化反应获得良好的时效强化效果，在不发生过热、过烧及晶粒长大的条件下，淬火加热温度高些，保温时间长些，其目的是把合金最大量实际可溶解的硬化元素溶于固溶体中。同时，在淬火冷却过程不析出第二相，否则在随后时效处理时，已析出相将起晶核作用，造成局部不均匀析出而降低时效强化效果。

4.5.5.3 时效温度及时间对材料性能的影响

合金的强化效果与时效温度和时间有着密切的关系，如图 4-12 所示。提高时效温度可以加快时效过程，但使强化效果降低，并使软化开始时间提前。时效温度过高，例如高于 200℃时，将由于强化相质点的聚集和稳定相的形成，造成合金软化。较低的时效温度可以获得较大的时效效果，但所需时效时间较长。一定的时效温度要与一定的时效时间相配合，才能得到满意的强化效果。时效时间过长，将使合金时效过度，降低强化效果，甚至产生软化。这种影响，在时效温度较高时更为明显。时间过短，将使合金时效不足，也会降低强化效果。

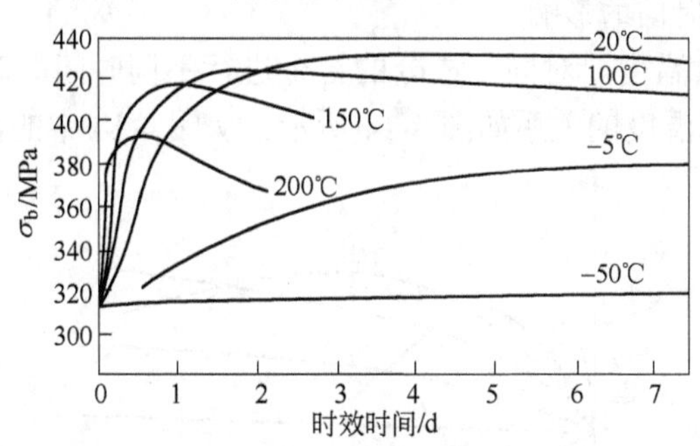

图 4-12 硬铝合金时效制度对合金强度的影响

时效的温度与时间，对合金耐蚀性的影响也很大。由于在自然时效或低于 100℃的人工时效时，合金中不析出强化相质点，因此，合金在自然时效和较低温度下人工时效后，具有较高的抗晶间腐蚀能力。

但较高温度下的人工时效，可以提高合金的抗应力腐蚀能力。

时效的温度与时间，主要取决于合金的成分与性质。

A 时效温度的影响

在不同时效温度时效时，析出相的临界晶核大小、数量、成分以及聚集长大的速度不同，若温度过低，由于扩散困难，G.P.区不易形成，时效后强度、硬度低，即产生欠时效。当时效温度过高时，扩散易进行，过饱和固溶体中析出相的临界晶核尺寸大，时效后强度、硬度偏低，即产生过时效。合金硬化与时效温度的关系如图 4-13 所示。可见，各种合金都有最适宜的时效温度。

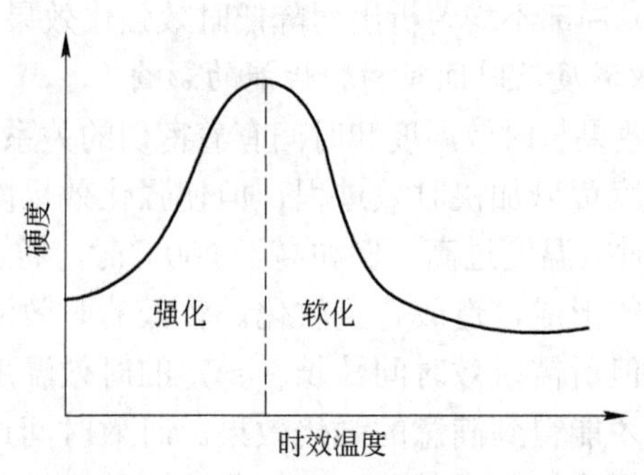

图 4-13 合金硬化与时效温度的关系

B 时效时间的影响

固定时效温度，对同一成分的合金进行不同时间的时效，其硬度与时效时间和温度的关系如图 4-14 所示。从图 4-14 中的曲线变化可看

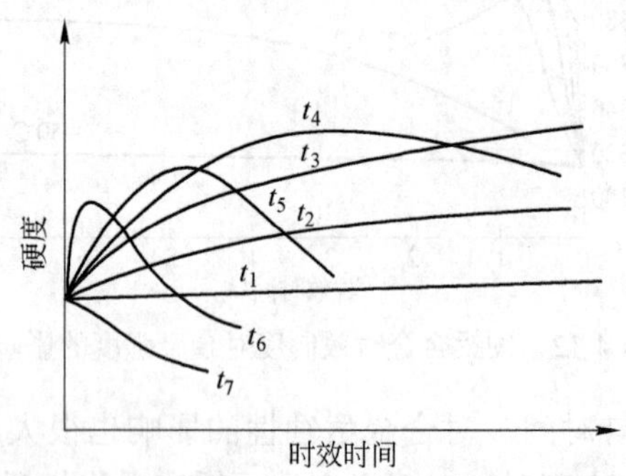

图 4-14 不同时效温度下时效时间与合金硬度的关系

（$t_7>t_6>t_5>t_4>t_3>t_2>t_1$）

出，在较低的温度下，随时效时间的增加，硬度逐渐上升。当温度上升到 0.5～0.6T_m 后曲线 t_4 出现极大值，并获得最佳的硬化效果。进一步提高时效温度，则合金在较早的时间内即开始软化。而且硬化效果随温度的升高而降低，达不到最佳的硬化效果。图 4-14 中的曲线称为时效曲线，其变化规律可用过饱和固溶体的分解过程解释。

4.5.5.4 从淬火到人工时效之间停留时间的影响

研究发现，某些铝合金如 Al-Mg-Si 系合金在室温停留后再进行人工时效，合金的强度指标达不到最大值，而塑性有所上升。如 6061 材料，淬火后必须立即人工时效，否则强度极限降低，但塑性会有所提高。又如 7A04 超硬铝合金，淬火后停留 2～48h 再人工时效，σ_b 和 $\sigma_{0.2}$ 约降低 15～30MPa。为避免这一强度损失，应避免在上述时间范围内停留，淬火后立即人工时效；对所有铝合金都限定在 2h 内进行人工时效。

4.5.5.5 冷塑性变形

铝合金淬火后进行冷塑性变形，将强烈影响过饱和固溶体的分解过程。合金淬火后进行冷塑性变形，其作用与高温快速淬火的作用相似，是增加过饱和固溶体的晶格缺陷，从而提供更多的非自发晶核，提高固溶体的分解速度和析出物密度，得到更为弥散的析出物质点，使合金的硬化效果增大。图 4-15 所示为淬火冷却速度及冷塑性变形对 Al-4%Cu 合金 200℃时效硬化速率及硬化效果的影响。

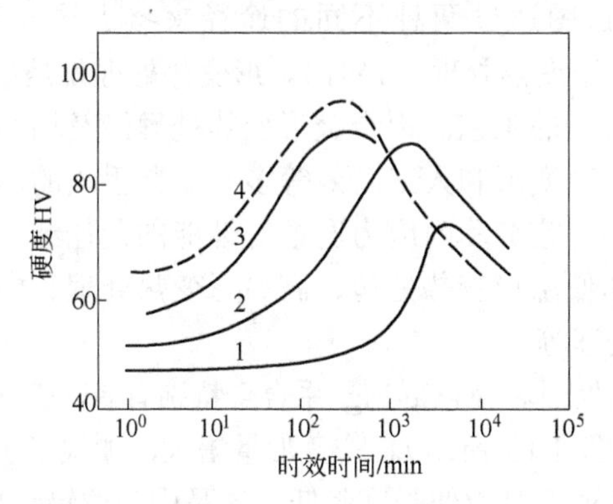

图 4-15 淬火冷却速度、冷塑性变形对 Al-4%Cu 合金 200℃时效硬度的影响

1—空冷；2—水冷；3—水冷+淬火后压下 10%；4—空冷+淬火后压下 10%

4.5.6 其他时效热处理方式

4.5.6.1 铝合金的回归现象

经淬火自然时效后的铝合金（如铝-铜）重新加热到200～250℃，保温数分钟，然后快冷到室温，则合金强度下降，塑性大为提高，性能恢复到刚淬火状态；不过这个效应是暂时的，合金如在室温下放置，则与新淬火合金一样，仍能进行正常的自然时效，这种现象称为回归现象。关于回归现象的解释是合金在室温自然时效时，形成G.P.区尺寸较小，加热到较高温度时，这些小的G.P.区不再稳定而重新溶入固溶体中，此时将合金快冷到室温，则合金又恢复到新淬火状态，仍可重新自然时效。在理论上回归处理不受处理次数的限制，但实际上，回归处理时很难使析出相完全重熔，造成以后时效过程呈局部析出，使时效强化效果逐次减弱。同时在反复加热过程中，固溶体晶粒有越来越大的趋势，这对性能不利。因此回归处理适用于修理飞机用的铆钉合金，即可利用这一现象，随时进行铆接，也有利于钣金件进一步成形。由于这种回归处理会降低硬铝合金的耐蚀性，制件成形后应接着进行人工时效，以便取得满意的抗腐蚀性能。

4.5.6.2 形变热处理

在铝合金发展过程中，强度、韧性及抗腐蚀能力往往不能兼顾。为发展既有高强度同时又有可接受的断裂韧性和抗腐蚀性能的铝合金，人们曾经试图通过两种不同的途径来接近这一目标，一种为RRA，另一种为形变热处理（TMT）。形变热处理就是塑性变形与热处理同时作用于合金的工艺。铝合金形变热处理涉及均匀化退火、固溶处理、热变形、冷变形和人工时效等多种工艺手段的综合应用，以获得强度、韧性、耐疲劳和耐应力腐蚀等性能的最佳结合。形变热处理有很多类型，如低温形变热处理、高温形变热处理、中间形变热处理及最终形变热处理等。

低温形变热处理对Al-Cu-Mg系合金特别有效，但对Al-Zn-Mg-Cu系合金不利（如图4-16所示）。冷变形量增大，加快了沉淀并提高了硬度，但合金冷变形后时效使强度降低，这是因为位错造成η相不均匀形核所致。

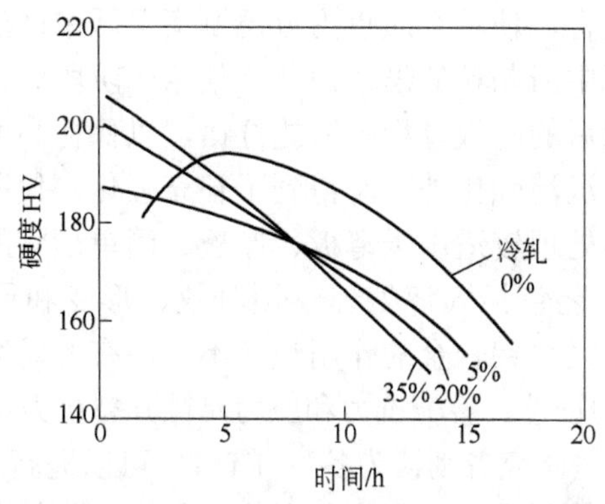

图 4-16 冷加工对 7×××系合金时效动力学的影响

高温形变热处理把热加工作为固溶处理，而加工后的产品迅速淬火。这种工艺对 Al-Cu 系（2××系）及 Al-Mg-Si 系（6×××系）合金可以得到相当满意的结果，但是一般情况下不适用于 Al-Zn-Mg-Cu 系合金。原因包括三个方面：首先通过热加工完成固溶处理，其加热时间长短与加热温度的准确性难以保证；其次，成形过程的速度不够快，难以满足淬火冷却速度的要求；最后，沉淀物在位错上的非均匀形核，替代了细小均匀及部分共格沉淀物的形成。

自 20 世纪 70 年代初到 80 年代，美国 Alcoa 公司先后推出了如 ITMT、FTMT 等形变热处理工艺来改善合金综合性能。对 7×××系合金来说，用常规方法处理工业合金，使晶粒被严重拉长，产生力学性能的方向性。长期以来，短横向低断裂抗力一直是 7×××系厚板材存在的问题。

ITMT 即中间形变热处理，是利用均匀化、热加工和高温再结晶各工序的组合，达到深入均匀化的目的，使含铬等元素的弥散相沉淀量增加，改变晶粒形貌，减小晶粒尺寸，显著减少晶粒纤维状程度，使再结晶细小晶粒的晶界难以移动。这种组织变化使它适用于厚板和锻件。包括一系列热处理和形变工序，以便通过不连续再结晶造成细晶粒并改变晶粒形貌和组成相质点分布，达到改善短横向的塑性和韧性的目的。由 ITMT 引起的晶粒尺寸的变化是由 Zn、Mg、Cu 溶质元素分布上的差别，以及细小的含 Cr 沉淀物的不同数量及分布引起的。此外 ITMT 引起的性能改善对 7×××系合金成分很敏感。

FTMT 即最终形变热处理，是利用冷变形或较高温度变形与各人工时效工序的组合，使较大质点附近急剧变形区中产生的小位错胞，成为再结晶过程中新晶粒的形核部位，使第一阶段时效处理形成的沉淀物，足以在随后的时效过程中钉扎位错，以保持高而稳定的位错密度，这样，除了沉淀强化外，又得到了补充强化，使所需性能有了提高。最终形变热处理较适用于薄板、厚板、简单形状的挤压型材和小型锻件。这种工艺包括固溶处理、预时效、形变和最终时效。关于FTMT 对 7×××系铝合金的作用说法不一，有的研究者认为高强度7×××铝合金的韧性、疲劳抗力和应力腐蚀开裂抗力可通过 FTMT 工艺来改善。另一些研究者则认为各种 FTMT 可以提高 7×××系合金的强度，但对改善断裂韧性和疲劳裂纹扩展抗力收效不大。还有一些研究者认为，FTMT 并不一定能产生比改变合金成分纯度和热处理方法更有吸引力的综合力学性能。前苏联学者指出，Al-Zn-Mg 系合金进行淬火-短时间人工时效-冷变形-在同一温度下重复时效后，合金具有较高的抗应力腐蚀开裂能力，而强度降低不多。因此，这种处理工艺有进一步研究的必要。

4.5.6.3 回归再时效（RRA 处理）

时效后的铝合金，在较低温度下短时保温，使硬度和强度下降，恢复到接近淬火水平，然后再进行时效处理，获得具有人工时效态的强度和分级时效态的应力腐蚀抗力的最佳配合，这种工艺称为回归再时效（RRA 处理）。它是 B.M.Cina 于 1974 年发明的一种热处理工艺。RRA 处理具有 T6 处理和 T7X 处理的综合结果，使合金在保持 T6 状态强度的同时获得 T7X 状态的抗应力腐蚀性能，可保证获得希望的综合性能。RRA 包括 4 个基本的步骤：

（1）正常状态的固溶处理和淬火；

（2）进行 T6 状态的峰值时效；

（3）在高于 T6 状态处理温度而低于固溶处理的温度下进行短时（几分钟至几十分钟）加热后快冷，即回归处理；

（4）再进行 T6 状态时效。

经过 RRA 处理后，合金在保持 T6 状态强度的同时拥有 T73 状态的抗 SCC 性能。这是因为 RRA 处理实质上是三级时效处理工艺，其中第一级和第三级为 T6 状态时效，第二级为高温短时加热后速冷。

RRA 关键步骤为第二步的短时高温处理。经过 T6 状态时效后的组织是，晶粒内部形成大量的 G.P.区及少量的弥散的 η′相共格析出物，同时沿晶界形成较大的链状的非共格的 η 相（见图 4-17*a*），正是这种晶界组织决定了 Al-Zn-Mg-Cu 系合金对应力腐蚀开裂和剥落腐蚀有较高的敏感性。在随后的回归加热（第二级高温时效）时晶内析出的 η′相在回归温度下不稳定，溶解，合金的强度大大降低，而晶界的部分 η 相合并聚集，不再连续分布，晶界组织变成类似 T73 状态的组织（见图 4-17*b*），这种晶界组织改善了抗应力腐蚀性能和抗剥落腐蚀性能。同时由于合金的晶界区域，原子偏离平衡位置，能位较高，析出相成核的自由能障碍小，溶质偏析浓度高，成核速度快，无论在大角度晶界还是小角度晶界上，析出相成核后迅速长大，且在此阶段已经形成较稳定的 η′和 η 相，在高温下不会回溶，还会朝更稳定的方向发展，即析出物的尺寸加大，并开始聚集，彼此失去联系，成为断续结构，进入严重的过时效状态，晶界组织变成类似 T73 状态的组织。回归以后最终时效到最大强度，使晶粒内部再析出弥散质点，而晶界变化很小（见图 4-17*c*）。因此经过完整的 RRA 处理后，晶粒内部形成了类似时效到最大强度（T6 状态）的组织，而晶界组织与过时效（T73 状态）的晶界组织相似。这种组织综合了峰值时效和过时效的优点，使合金具备了高强度、高抗应力腐蚀开裂性和高抗剥落腐蚀性。如对超硬铝系 7050 合金（淬火+人工时效）在 200～280℃进行短时再加热（回归），然后按原时效工艺进行再时效处理，其性能与淬火+人工时效及分级时效态对比，列于表 4-21。由表 4-21 可知，RRA 处理后抗拉强度比淬火+人工时效状态下降了 4%，而屈服强度却上升了 2.6%，应力腐蚀抗力与分级时效状态的相当。

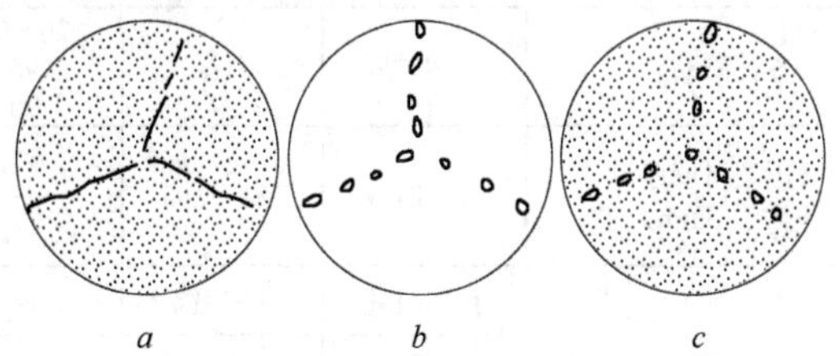

图 4-17　7×××系铝合金在 RRA 处理过程中的显微组织变化示意图

a—峰值时效；*b*—回归处理；*c*—二次峰值时效

表 4-21 7050 铝合金三种热处理工艺处理后性能对比

热处理制度	σ_b/MPa	$\sigma_{0.2}$/MPa	δ/%	应力腐蚀断裂时间/h
477℃/30min+120℃/24h	565.46	509.60	13.3	83
477℃/30min+120℃/6h+177℃/8h	446.8	371.42	15.4	720 未断
477℃/30min+120℃/24h+200℃/8min（油冷）+120℃/24h	541.94	523.32	14.8	720 未断

RRA 工艺需要被处理件在高温下短时（几十秒到几分钟）暴露，因而只能应用于小零件。一些资料也指出，Al-Zn-Mg-Cu 系合金的回归处理不仅可在 200～270℃下短时加热并迅速冷却，也可在更低一些温度（165～180℃）下进行，而保温时间有所增加，需要几十分钟或数小时。对经过不同温度回归后再时效的合金性能进行了比较，结果表明低温较长时间回归后的强度要比高温短时间回归的强度高，而伸长率大致相当。因此，RRA 工艺有希望应用于大件产品的生产。

4.5.7 常用铝合金锻件时效工艺

4.5.7.1 时效工艺制度

常用铝合金锻件时效工艺制度见表 4-22。

表 4-22 常用铝合金锻件时效工艺制度

合 金	制品种类	时效种类	时 效 规 范		时效后状态
			温度/℃	时间/h	
2A02	各种制品	人工时效Ⅰ	165～175	16	T6
		人工时效Ⅱ	185～195	24	T6
2A02 2A02 2A12	各种制品	自然时效	室温	120～240 96 96	T4
2A12	挤压型材壁厚（不大于 5mm）	人工时效	185～195	12	T62
				6～12	T4
2A16	各种制品	自然时效	室温	96	T4
		人工时效Ⅰ	160～170	10～16	T6
		人工时效Ⅱ	205～215	12	T6

续表 4-22

合 金	制品种类	时效种类	时效规范		时效后状态
			温度/℃	时间/h	
2A17	各种制品	人工时效	180～190	16	T6
2219	各种制品	人工时效	160～170	18	T6
6A02	各种制品	自然时效	室温	96	T4
		人工时效	155～165	8～15	T6
2A50	各种制品	自然时效	室温	96	T4
		人工时效	150～160	6～15	T6
2B50	各种制品	人工时效	150～160	6～15	T6
2A70	各种制品	人工时效	185～195	8～12	T6
2A80	各种制品	人工时效	165～175	10～16	T6
2A90	挤压棒材	人工时效	155～165	4～15	T6
2A14	各种制品	自然时效	室温	96	T4
		人工时效	155～165	4～15	T6
4A11	各种制品	人工时效	165～175	8～12	T6
6061	各种制品	人工时效	160～170	8～12	T6
6063	各种制品	人工时效	195～205	8～12	T6
7A04	各种制品	分段时效	115～125 155～165	3 3	T6
	挤压件、锻件及非包铝板材	人工时效	135～145	16	T6
7A09	挤压件、锻件	人工时效	125～135	8～16	T6
			135～145	16	T6

4.5.7.2 铝合金锻件时效工艺控制要点

（1）装炉前，冷炉要进行预热，预热定温应与时效第一次定温相同，达到定温后保持 30min 方可装炉。

（2）查看仪表、测温热电偶接线是否牢固。测温料装炉前应处于室温。

（3）停炉 24h 以上再装炉时，靠近工作室空气循环出口和入口处的锻件，要绑好测温热电偶。操作者应在装炉后每 30min 测温一次，其结果要记录在随行卡片上，并签字。

（4）装炉时，时效料架与料垛应正确摆放在推料小车上，不得偏斜，否则不准装炉。

（5）为了保证炉内锻件在热空气中具有最大的暴露面积，在堆放锻件时，应保证热空气能够自由通过，并且在空气和锻件表面之间具有最大的接触面积。尽可能沿着垂直于气流的流动方向堆放，使得气流穿过零件之间通过。

（6）不同热处理制度的锻件，不能同炉时效。

（7）为保证时效料温度均匀，热处理工可在±10℃范围内调整仪表定温。

（8）时效出炉后的热料上不允许压料（尤其是热料）。

（9）热处理工应将时效产品的合金、状态、批号、装炉时间、时效日期及生产班组等填写在生产卡片上。

（10）热处理工每隔 30min 检查一次仪表及各控制开关是否运行正常。

（11）在时效加热过程中，因炉子故障停电时，总加热时间按各段加热保温时间累计，并要求符合该合金总加热时间的规定。

（12）仪表工对测温用热电偶、仪器仪表，按检定周期及时送检，保证温控系统误差不大于±5℃，达不到使用要求的热电偶、仪器仪表严禁使用。

（13）时效完的锻件应打上合金、状态、批号等以示区分。

4.6 铝合金锻件的热处理设备简述

4.6.1 热处理加热设备

铝合金热处理时，由于其处理温度低（650℃以下），故采用强制空气循环炉最合理，其应用也最广泛。

铝合金热处理炉按工艺用途可分为均匀化炉、退火炉、淬火炉、时效炉。

4.6.1.1 均匀化炉

铝及铝合金的均匀化温度在 430～650℃范围内，周期为 20～50h，在均匀化温度下的保温时间为 10～40h。考虑到均匀化时间很长，故一般采用周期作业炉：井式炉和箱式炉。

均匀化时，要求沿装炉的整个断面上均匀加热金属，因此，主要采用强制空气循环炉。

4.6.1.2 退火炉

处理各种不同合金时，每种合金都有自己的加热制度，在这种情况下，最好采用周期作业炉，如井式（坑式）炉或者罩式炉。

4.6.1.3 淬火加热炉

进行半成品淬火前加热时，广泛使用立式空气循环电炉。这类炉子比盐浴槽要安全。淬火水槽直接设在炉子下面，这使半成品从炉中出来到进入淬火槽的转移时间最短，减少淬火半成品的晶间腐蚀。在立式炉中垂直吊挂制品和使其垂直浸入淬火槽都比较容易实现。用这种加热和淬火方法，制品产生的翘曲很小。近年来发展起来的连续式卧式淬火炉，可实现连续生产，生产效率也高，但要注意控制温度和转移时间。

铝合金制品淬火加热除使用空气循环炉外，还使用盐浴槽。等温淬火制品的加热可在盐浴槽内进行。盐浴槽的主要优点是加热速度快和加热均匀。但盐浴槽有爆炸的危险，因此使用受到限制。

4.6.1.4 时效炉

由于时效周期很长，一般采用周期作业炉：井式炉或抽底箱式炉。为了保证加热均匀，炉子采用强制空气循环。时效炉的工作温度为 80～300℃。所以，这类炉子的绝热层不要求很厚，炉子构架和鼓风机也可以用结构钢来制造。

4.6.2 热处理辅助设备

4.6.2.1 淬火装置

应配备以水或“聚合物水溶液”为介质的淬火装置。如果实验证明材料性能可达到技术条件的要求，则对于连续淬火的薄截面材料可采用空气淬火。

A 淬火槽

（1）淬火槽的大小要适应连续淬火工艺要求或锻件在槽中适当运

动的需要；

（2）为保持水的纯度，淬火槽应有进水和排水装置；

（3）盐浴加热淬火用水槽，应供给新鲜流动水，防止水中盐浓度增高。

B 喷雾淬火装置

为保证得到均匀而满意的效果，从喷嘴中喷出的冷却介质要保证足够的流量和压力，应该有校正过的记录仪，监测淬火介质的压力和温度，以便提供资料和控制工艺。

C 淬火装置的位置

淬火装置应放置在操作方便的地方，以便尽快把加热介质中的制品转移到淬火介质中。

4.6.2.2 洗涤槽

（1）洗涤槽用于清洗在硝盐槽内固溶热处理的制品，应保证洗净制品上的残余盐迹；

（2）洗涤槽水温宜保持在 30～60℃范围内；

（3）为保持水的纯度，洗涤槽应有进水和排水装置。

4.7 变形铝合金热处理状态代号及其表示方法

4.7.1 基本状态代号

根据 GB/T16475—1996 标准规定，中国铝及铝合金基础状态代号用一个英文大写字母表示，基础状态分为以下 5 种：

（1）F——自由加工状态。用于变形铝合金或铸造铝合金制品。指热态或应变硬化时不采用特殊控制的成形加工制品。对于变形合金制品不作力学性能及成形性能的规定。

（2）O——退火状态。仅适用于变形合金制品。指完全退火达到最软的制品或经消除应力退火的制品。

（3）H——应变硬化状态。仅适用于变形合金制品。这种制品可经过或不经过降低部分强度的补充热处理。在“H”后面有二位数或三位数。

（4）W——固溶处理状态。这是一种不稳定的状态，仅适用于固溶处理后自然时效的合金。这种状态标记仅规定用于自然时效周期指明的情况，例如：W1/2h。

（5）T——通过热处理而形成的不同于 F、O 或 H 状态的稳定状态。可附加或不附加补充变形硬化。在“T”后面经常有一位或多位数字。

4.7.2 细分状态代号

根据 GB/T16475—1996 标准规定，细分状态代号采用基础状态代号后有一位或多位阿拉伯数字表示方法。

4.7.2.1 关于 H 状态的说明

在字母 H 后面添加两位阿拉伯数字（称作 HXX 状态），或三位阿拉伯数字（称作 HXXX 状态）表示 H 的细分状态。

H 后面的第一位数字表示基本工序或联合工序。第一位数字由 1～4，共 4 种。具体含义如下：

（1）H1——单纯加工硬化状态。适用于未经附加热处理，只经加工硬化即获得所需强度的状态。

（2）H2——加工硬化及不完全退火的状态。适用于加工硬化程度超过成品规定要求后，经不完全退火，使强度降低到规定指标的产品。对于室温下自然时效软化的合金，H2 与对应的 H3 具有相同的最小极限抗拉强度值；对于其他合金，H2 与对应的 H1 具有相同的最小极限抗拉强度值，但伸长率比 H1 稍高。

（3）H3——加工硬化及稳定化处理的状态。适用于加工硬化后经低温热处理或由于加工过程中的受热作用，其力学性能达到稳定的产品。H3 状态仅适用于在室温下逐渐时效软化（除非经稳定化处理）的合金。

（4）H4——加工硬化及涂漆处理的状态。适用于加工硬化后，经涂漆处理导致不完全退火的产品。

H 后面的第二位数字表示产品的加工硬化程度。数字由 1～9，数字越大，硬化程度越高。数字 8 表示硬状态。通常采用 O 状态的最小抗拉强度与表 4-23 规定的强度差值之和来规定 HX8 状态的最小抗拉强度值。对于 O（退火）和 HX8 状态之间的状态，应在 HX 代号后分别添加从 1～7 的数字来表示，在 HX 后添加数字 9 表示比 HX8 加工硬化程度更大的超硬状态。各种 HXX 细分状态代号及对应的加工硬化程度如表 4-23、表 4-24 所示。

表 4-23　HX8 状态与 O 状态的最小抗拉强度的差值

O 状态的最小抗拉强度 /MPa	HX8 状态与 O 状态的最小抗拉强度差值 /MPa	O 状态的最小抗拉强度 /MPa	HX8 状态与 O 状态的最小抗拉强度差值 /MPa
≤40	55	165～200	100
45～60	65	205～240	105
65～80	75	245～280	110
85～100	85	285～320	115
105～120	90	≥325	120
125～160	95		

表 4-24　HXY 细分状态代号与加工硬化程度

细分状态代号	加工硬化程度
HXl	抗拉强度极限为 O 与 HX2 状态的中间值
HX2	抗拉强度极限为 O 与 HX4 状态的中间值
HX3	抗拉强度极限为 HX2 与 HX4 状态的中间值
HX4	抗拉强度极限为 O 与 HX8 状态的中间值
HX5	抗拉强度极限为 HX4 与 HX6 状态的中间值
HX6	抗拉强度极限为 HX4 与 HX8 状态的中间值
HX7	抗拉强度极限为 HX6 与 HX8 状态的中间值
HX8	硬状态
HX9	超硬状态，最小抗拉强度极限值超 HX8 状态至少 10MPa

注：当按表中确定的 HX1～HX9 状态抗拉强度极限值不是以 0 或 5 结尾时，应修正至以 0 或 5 结尾的相邻较大值。

如在 H 后面采用第三位数时。则表示状态有所不同，但接近二位数所标记的状态。

4.7.2.2　HXXX 状态

HXXX 状态代号如下所示：

H111——适用于最终退火后又进行了适量的加工硬化，但加工硬化程度又不及 H11 状态的产品。

H112——适用于热加工成形的产品。该状态产品的力学性能有规定要求。

H116——适用于镁含量不小于 4.0%的 5XXX 系合金制成的产品。这些产品具有规定的力学性能和抗剥落腐蚀性能要求。

4.7.2.3 关于T状态的说明

在字母T后面添加一位或多位阿拉伯数字，表示T的细分状态。

A TX状态

在T后面添加0～10的阿拉伯数字，表示的细分状态（称为TX状态），如表4-25所示。T后面的数字表示对产品的基本处理程序。

表4-25 TX细分状态代号说明与应用

状态代号	说明与应用
T0	固溶热处理后，经自然时效再通过冷加工的状态； 适用于经冷加工提高强度的产品
T1	由高温成形过程冷却，然后自然时效至基本稳定的状态； 适用于由高温成形过程冷却后，不再进行冷加工（可进行矫直、矫平，但不影响力学性能极限）的产品
T2	由高温成形过程冷却，经冷加工后自然时效至基本稳定的状态； 适用于由高温成形过程冷却后，进行冷加工或矫直、矫平以提高强度的产品
T3	固溶热处理后进行冷加工，再经自然时效至基本稳定的状态； 适用于在固溶热处理后，进行冷加工或矫直、矫平以提高强度的产品
T4	固溶热处理后自然时效至基本稳定的状态； 适用于固溶热处理后，不再进行冷加工（可进行矫直、矫平，但不影响力学性能极限）的产品
T5	由高温成形过程冷却，然后进行人工时效的状态； 适用于由高温成形过程冷却后，不经过冷加工（可进行矫直、矫平，但不影响力学性能极限），予以人工时效的产品
T6	固溶热处理后进行人工时效的状态； 适用于固溶热处理后，不再进行冷加工（可进行矫直、矫平，但不影响力学性能极限）的产品
T7	固溶热处理后进行过时效的状态； 适用于固溶热处理后，为获取某些重要特性，在人工时效时，强度在时效曲线上越过了最高峰点的产品
T8	固溶热处理后经冷加工，然后进行人工时效的状态； 适用于经冷加工或矫直、矫平以提高强度的产品
T9	固溶热处理后人工时效，然后进行冷加工的状态； 适用于经冷加工提高强度的产品
T10	由高温成形过程冷却后，进行冷加工，然后人工时效的状态； 适用于经冷加工或矫直、矫平以提高强度的产品

注：某些6XXX系的合金，无论是炉内固溶热处理，还是从高温成形过程急冷以保留可溶性组分在固溶体中，均能达到相同的固溶热处理效果，这些合金的T3、T4、T6、T7、T8和T9状态可采用上述两种处理方法中的任一种。

B TXX 状态及 TXXX 状态（消除应力状态除外）

在 TX 状态代号后面再添加一位阿拉伯数字（称为 TXX 状态），或添加两位阿拉伯数字（称为 TXXX 状态），表示经过了明显改变产品特性（如力学性能、抗腐蚀性能等）的特定工艺处理的状态，如表 4-26 所示。

表 4-26 TXX 及 TXXX 细分代号说明与应用

状态代号	说明与应用
T42	适用于自 O 或 F 状态固溶热处理后，自然时效到充分稳定状态的产品，也适用于需方任何状态的加工产品热处理后，力学性能达到 T42 状态的产品
T62	适用于自 O 或 F 状态固溶热处理后，进行人工时效的产品，也适用于需方对任何状态的加工产品热处理后，力学性能达到 T62 状态的产品
T73	适用于固溶热处理后，经过时效以达到规定的力学性能和抗应力腐蚀性能指标的产品
T74	与 T73 状态定义相同。该状态的抗拉强度大于 T73 状态，但小于 T76 状态
T76	与 T73 状态定义相同。该状态的抗拉强度分别高于 T73、T74 状态，抗应力腐蚀断裂性能分别低于 T73、T74 状态，但其抗剥落腐蚀性能仍较好
T7X2	适用于自 O 或 F 状态固溶热处理后，进行人工过时效处理，力学性能及抗腐蚀性能达到 T7X 状态的产品
T81	适用于固溶热处理后，经 1%左右的冷加工变形提高强度，然后进行人工时效的产品
T87	适用于固溶热处理后，经 7%左右的冷加工变形提高强度，然后进行人工时效的产品

C 消除应力状态

在上述 TX 或 TXX 或 TXXX 状态代号后面再添加“51”、或“510”、或“511”、或“52”、或“54”表示经历了消除应力处理的产品状态代号，如表 4-27 所示。

表 4-27 消除应力状态代号说明与应用

状态代号	说明与应用
TX51 TXX51 TXXX51	适用于固溶热处理或自高温成形过程冷却后，按规定量进行拉伸的厚板、轧制或冷精整的棒材以及模锻件、锻环或轧制环，这些产品拉伸后不再进行矫直； 厚板的永久变形量为 1.5%～3%；轧制或冷精整棒材的永久变形量为 1%～3%；模锻件、锻环或轧制环的永久变形量为 1%～5%

续表 4-27

状态代号	说明与应用
TX510 TXX510 TXXX510	适用于固溶热处理或自高温成形过程冷却后，按规定量进行拉伸的挤制棒、型和管材，以及拉制管材，这些产品拉伸后不再进行矫直； 挤制棒、型和管材的永久变形量为1%～3%；拉制管材的永久变形量为1.5%～3%
TX511 TXX511 TXXX511	适用于固溶热处理或自高温成形过程冷却后，按规定量进行拉伸的挤制棒、管和管材，以及拉制管材，这些产品拉伸后略微矫直以符合标准公差； 挤制棒、型和管材的永久变形量为1%～3%；拉制管材的永久变形量为1.5%～3%
TX52 TXX52 TXXX52	适用于固溶热处理或高温成形过程冷却后，通过压缩来消除应力，以产生1%～5%的永久变形量的产品
TX54 TXX54 TXXX54	适用于在终锻模内通过冷整形来消除应力的模锻件

4.7.2.4 W的消除应力状态

如同T的消除应力状态代号表示方法，可在W状态代号后面添加相同的数字（如51、52、54），以表示不稳定的固溶热处理及消除应力状态。

4.7.3 原状态代号与新状态代号的对照

原状态代号与新状态代号的对照如表4-28所示。

表4-28 原状态代号与相应的新状态代号

旧 代 号	新 代 号	旧 代 号	新 代 号
M	O	CYS	TX5l、TX52等
R	H112或F	CZY	T0
Y	HX8	CSY	T9
Y1	HX6	MCS	T62
Y2	HX4	MCZ	T42
Y4	HX2	CGS1	T73
T	HX9	CGS2	T76
CZ	T4	CGS3	T74
CS	T6	RCS	T5

注：原以R状态交货的并提供CZ、CS试样性能的产品，其状态可分别对应新代号T62、T42。

5 常用铝合金锻压设备

5.1 概述

锻压设备（机械）主要用于金属成型，所以又称为金属成型机械。其基本特点是压力大，故多为重型设备。

锻压设备最初是用人力、畜力转动轮子来举起重锤锻打工件。到14 世纪出现了水力落锤，随着 15~16 世纪航海业的快速发展，为了锻造铁锚，出现了水力驱动的杠杆锤。1795 年，英国的布拉默发明水压机，直到 19 世纪中叶，由于大锻件的需要才应用于锻造工业。1842年，英国工程师内史密斯创制第一台蒸汽锤，开始了蒸汽动力锻压机械的时代。

随着电动机的发明，19 世纪末出现了以电为动力的机械压力机和空气锤，并获得迅速发展。自第二次世界大战以来，750MN 模锻水压机、1500kJ 对击锤、60MN 板料冲压压力机和 160MN 热模锻压力机等重型锻压机械，以及一些自动冷镦机相继问世，逐渐形成了门类齐全的锻压机械体系。

20 世纪 60 年代以后，锻压机械改变了从 19 世纪开始的、朝重型和大型方向发展的趋势，转而朝高速、高效、自动、精密、专用、多品种生产等方向发展。于是出现了每分钟行程 2000 次的高速压力机、60MN 三坐标多工位压力机、25MN 精密冲裁压力机、能冷镦直径为 48mm 钢材的多工位自动冷镦机和多种自动锻压机，自动锻压生产线等。各种机械和电气控制的、数字控制的、材料控制的自动锻压机械和与之配套的操作机、机械手、工业机器人以及其他配套装置也相继研制成功。现代化的锻压机械可实现多材料、多品种、不同规格、复杂的、尺寸精确度高的制品，有良好的劳动条件，而且污染小。

锻压机械主要包括各种锻锤、各种压力机和其他辅助机械。

5.2 锻压设备的分类

按照工作部分的运动方式不同，锻压设备可分为直线往复运动和相对旋转运动两大类。

5.2.1 直线往复运动的锻压设备

机器运转时，滑块做直线往复运动。模具分别安装在滑块和工作台上。滑块的运动在行程范围内，改变模具模膛两部分之间的相对距离，使放在模膛内的金属坯料在外力作用下压缩而发生塑性变形。根据外作用力方式不同，又可分为四类：

（1）动载撞击。包括空气锤、蒸汽锤、模锻锤、无砧锤、夹板锤、弹簧锤、摩擦压力机、螺旋压力机等。

（2）静载加压。包括热模锻压力机、平锻机、液压机、精密锻轴机、旋转锻机、剪床等。

（3）动静联合。包括气动液压锤等。

（4）高能量冲击。包括高速锤、爆炸成形装置、电磁成形装置等。

5.2.2 旋转运动的锻压设备

模具分别安装在两个以上做相对旋转运动的轧辊上。由摩擦力或专门的送料装置将坯料送入轧辊之间的空隙内，在轧辊压力和表面摩擦力的联合作用下，使坯料高度缩小而产生塑性变形，轧锻出各种锻压件，变形是连续进行的。按照坯料送进方向和轧辊轴向之间的关系不同，轧锻分为纵轧和横轧两类。纵轧时，坯料的送进方向和轧辊轴线相垂直，如辊锻机、轧齿机、花键冷打机、轧环机、旋压机、摆动碾压机等。横轧时，坯料的送进方向和轧辊轴线平行或呈一斜角，如楔横轧机、斜轧机、三辊轧机等。

5.3 几种主要锻压设备的特性

5.3.1 锻锤

以蒸汽、压缩空气或压力液体为动力，推动汽缸内活塞上下活动，带动锤头做直线往复运动。用锤头、锤杆和活塞组成落下部分，在很高的速度下打击放置在锤砧上的坯料，落下部分释放出来的动能转变成很大的压力，使坯料发生塑性变形。

优点：通用性好，能适应镦粗、拔长、弯曲等多种工步的需要，可锻造各种锻件，结构简单。

缺点：锤头运动由气体带动时，行程控制困难，不易实现机械化操作；没有顶料装置，出料不便，锻件尺寸精度不高；振动和噪声大，劳动条件差；锤砧和地基大，厂房要求高。

5.3.1.1 空气锻锤

利用气压为传动机构使落下部分（活塞、锤杆、锤头、上砧或上模块），产生运动并积累动能，在极短的时间施加给锻件，使之获得塑性变形能，完成各种锻压工艺的锻压机械称为空气锻锤。锤头打击固定砧座的为有砧座锤；上、下锤头对击的对击锤为无砧座锤。锻锤是以很大的砧座或可动的下锤头作为打击的支撑面，在工作行程时，锤头的打击速度瞬间降至零，工作是冲击性的，能产生很大的打击力，通常会引起很大振动和噪声。空气锻锤的规格通常以落下部分的质量来表示。锻件在锤上的成形过程是打击过程，可利用力学上的弹性正碰撞理论分析其打击过程的特性。由此可见，空气锻锤是一种冲击成形设备，工作过程中各主要零部件承受冲击载荷，并有振动传向基础和周围环境。

自由锻造的一个主要设备就是空气锻锤，它主要用于延伸、锻粗、冲孔、弯曲、锻接、扭转和胎模锻造成形过程。图 5-1 为空气锻锤外观示意图。其基本结构由工作部分、传动部分、操纵部分和机身等四部分组成。

5.3.1.2 蒸汽-空气锻锤

蒸汽-空气锻锤是生产中小型自由锻件的主要设备。它的落下部分质量一般为 0.5~5t。蒸汽或压缩空气的压力通常为 700~900kPa。

蒸汽-空气锻锤是以来自动力站的蒸汽或压缩空气作为工作介质，通过滑阀配汽机构和汽缸驱动落下部分做上下往复运动。工作介质通过滑阀配汽机构在工作汽缸内进行各种热力过程，将热力能转换成锻锤落下部分的动能，从而完成锻件变形。

为保证模锻件的形状和尺寸精度，模锻锤在结构上主要采取了下列措施。

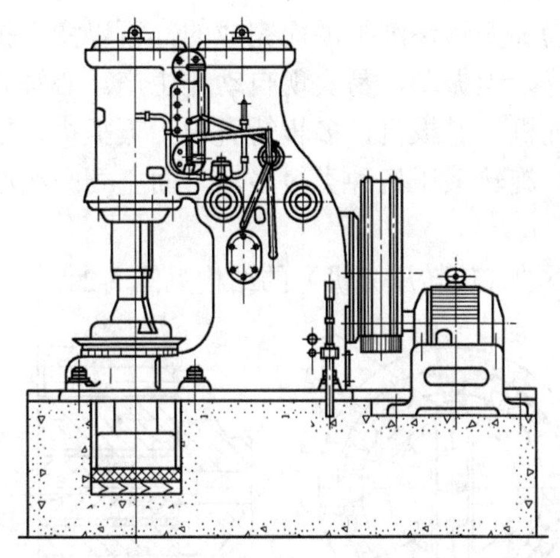

图 5-1 空气锻锤外观示意图

（1）模锻锤的立柱直接安放在砧座上，用 8 根带弹簧的强力拉紧螺栓连接在一起，与汽缸底板构成一个封闭框架，保证一旦砧座发生移动及倾斜时，上下模仍能对中，并提高锻锤的刚性；

（2）为了提高打击刚性，模锻锤砧座质量为其落下部分质量的 20~30 倍；

（3）模锻锤立柱采用较长的导轨，以提高锤头运动的导向精度。

5.3.2 热模锻压力机

由电动机带动曲柄连杆机构使滑块做上下往复运动。安装在滑块上的上模，在滑块推动下，用静载压力压缩放在下模内的坯料，下模安装在工作台上，上模的巨大压力使坯料发生塑性变形。压力吨位为 10~120MN，滑块行程次数为 30~80 次/min。

优点：上下滑块可以安装顶料机构，容易实现机械化和自动化生产；滑块的导向机构较好，锻件尺寸精度高。

缺点：结构复杂，造价昂贵；不便进行拔长和滚压等工步；一般要有辊锻机、楔横轧机等配套设备。

5.3.3 旋转锻压机

旋转锻压机是锻造与轧制相结合的锻压机械。在旋转锻压机上，变形过程是由局部变形逐渐扩展而完成的，所以变形抗力小、机器质量轻、工作平稳、无振动，易实现自动化生产。心轴式旋转压力机、辊锻机、成形轧机、卷板机、多辊矫直机、辗扩机、旋压机等都属于旋转锻压机械。旋转锻压机种类很多，下面主要介绍心轴式旋转压力机（简称旋锻机）。

旋锻机（心轴式旋转压力机）的结构见图 5-2。

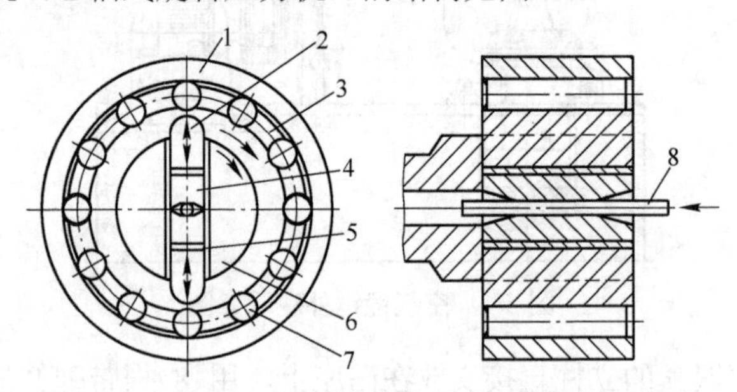

图 5-2 旋锻机（心轴式旋转压力机）结构示意图

1—鼓轮；2—滑块；3—保持器；4—锻模；5—调节垫板；6—心轴；7—圆柱滚子；8—坯料

5.3.4 平锻机

由电动机和曲柄连杆机构分别带动两个滑块做往复运动。一个滑块安装冲头作锻压用，另一滑块安装凹模作夹紧棒料用。适用于在长棒料镦头或局部镦粗，如汽车的半轴等，吨位为 2.5~31.5MN。

优点：能锻造形状复杂的锻件，如汽车的倒车齿轮等。水平分模平锻机容易实现机械化生产。

缺点：通用性差，不宜用于拔长等工步。

平锻机的主要结构与曲柄压力机相似，因滑块沿水平方向运动，带动模具对坯料水平施压，故称为平锻机，其工作原理见图 5-3。

平锻机是曲柄压力机的一种，又称卧式锻造机。它沿水平方向对坯料施加锻造压力。按照分模面的位置可分为垂直分模平锻机和水平分模平锻机。

平锻机的结构如图 5-4 所示，它主要由传动部分、给料架、输送系统组成。配套设备有感应加热炉、模具预热和温控系统、毛坯长度和曲率控制装置以及棒料端头加热温度控制机构。

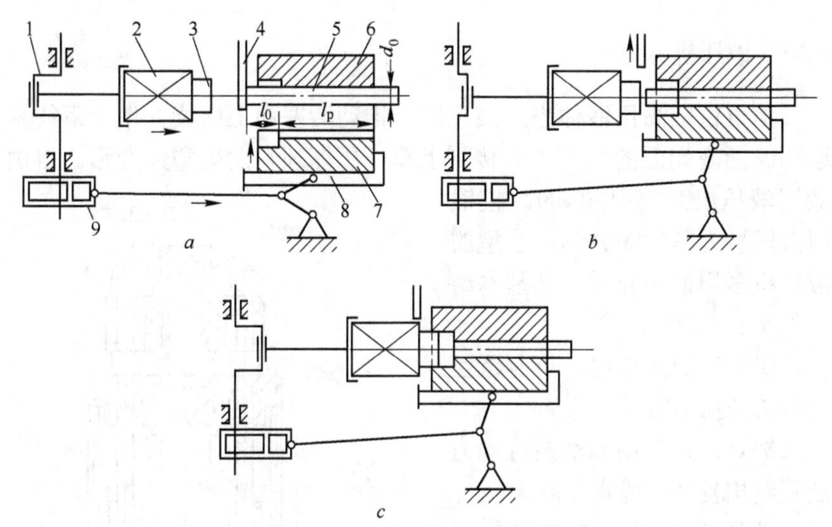

图 5-3 平锻机工作原理示意图

a—状态Ⅰ；*b*—状态Ⅱ；*c*—状态Ⅲ

1—曲柄；2—主滑块；3—凸模；4—前挡料板；5—坯料；6—固定凹模；
7—活动凹模；8—夹紧滑块；9—侧滑块

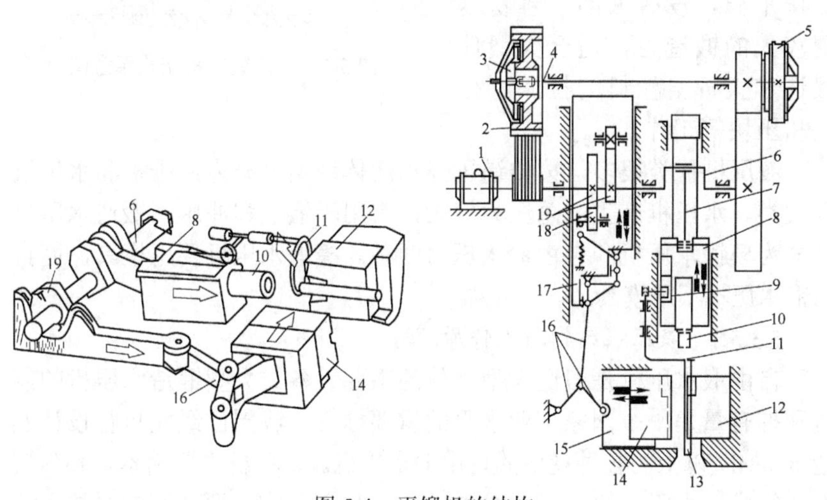

图 5-4 平锻机的结构

1—电动机；2—飞轮；3—离合器；4—传动轴；5—制动器；6—曲轴；7—连杆；8—主滑块；
9，18—滚轮；10—凸模；11—挡板；12—固定凹模；13—坯料；14—活动凹模；15—横滑块；
16—杠杆系统；17—侧滑块； 19—凸轮

5.3.5 液压机

由泵供应高压液体进入液压缸，推动活塞和上横梁，做上下往复运动。活塞端面的巨大压力传到上模，压缩坯料发生塑性变形。自由锻用液压机为 5~180MN。模锻用液压机为 30~800MN。小型的液压机多用油作介质，其基本结构如图 5-5 所示。

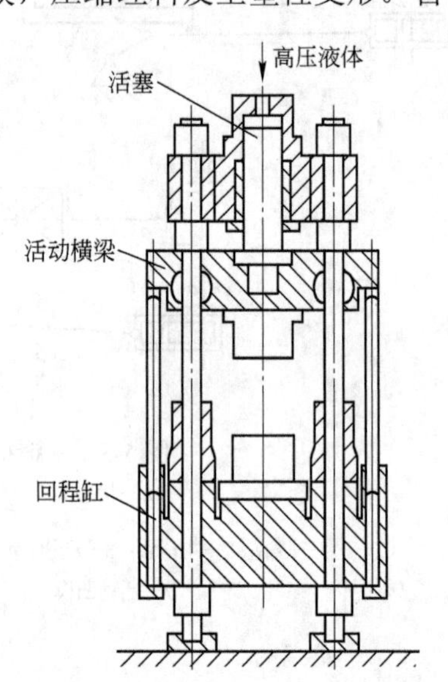

图 5-5 液压锻压机结构示意图

优点：通用性好，可制造巨大压力的压力机。

缺点：水泵站和油泵等动力装置结构复杂，成本较高。

液压机是采用液态为传力介质进行工作的机械。液压机行程是可变的，能够在任意位置发出最大的工作力。液压机工作平稳，没有振动，容易达到较大的锻造力，适合大锻件锻造和大规格板料的拉深、打包和压块等工作。

液压机种类很多，按传递压强和液体种类可分为油压机和水压机两大类。水压机产生的总压力较大，常用于锻造和冲压。锻造水压机又分为模锻水压机和自由锻水压力两种。模锻水压机要用模具，而自由锻水压机不用模具。

5.3.5.1 液压机结构与工作原理

自由锻水压机是锻造大型锻件的主要设备。大型锻造水压机的制造和拥有量是一个国家工业水平的重要标志。我国已经能自行设计制造 800MN 以上的各种规格的自由锻水压机。水压机主要由本体和附属设备组成。水压机的典型结构如图 5-6 所示，它主要由固定系统和活动系统两部分组成：

（1）固定系统主要由下横梁 1、立柱 3、上横梁 6、工作缸 9 和回程缸 10 等组成，下横梁固定在基础上。

（2）活动系统主要由活动横梁 5、工作柱塞 8、回程柱塞 11、回程横梁 14 和回程拉杆 15 等组成。

水压机的附属设备主要有水泵、蓄压器、充水罐和水箱等。

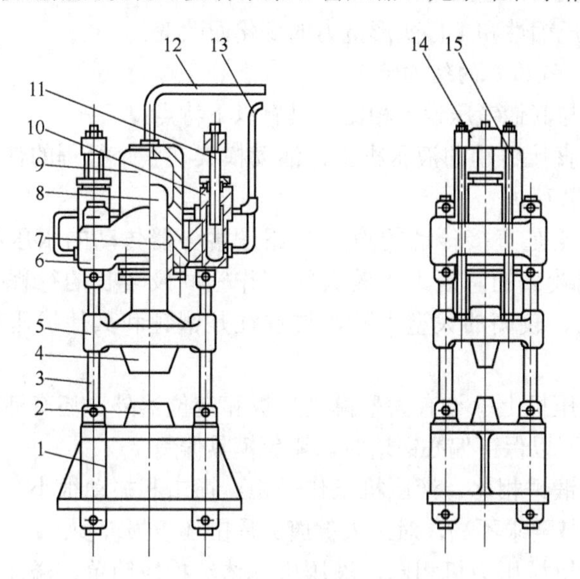

图 5-6 水压机本体的典型结构

1—下横梁；2—下砧；3—立柱；4—上砧；5—活动横梁；6—上横梁；7—密封圈；8—工作柱塞；9—工作缸；10—回程缸；11—回程柱塞；12，13—管道；14—回程横梁；15—回程拉杆

水压机锻造时，是以压力代替锤锻时的冲击力。大型水压机能够产生数万千牛甚至更大的锻造压力，坯料变形的压下量大，锻透深度大，从而可改善锻件内部的质量，这对于以铸锭为坯料的大型锻件是很必要的。此外，水压机在锻造时振动和噪声小，工作条件好。

液压机的传动形式有直接传动和蓄势器传动两种。直接传动的液压机通常以液压油为工作介质，向下行程时通过卸压阀在回程缸或回程管道中维持着一定的剩余压力，因此，要在压力作用下强迫活动横梁向下。当完成压力机的锻造行程时，即当活动横梁达到预定位置或当压力达到一定值时，工作缸中的压力油溢流并换向以提升活动横梁。

蓄势器传动的水压机通常以油水乳化液为工作介质，并用氮气、水蒸气或空气给蓄势器回载，以保持介质压力。借助蓄势器中的油-水乳化液产生压力，其工作过程基本上与直接传动的压力机相似。因此，压下速度并不直接取决于泵的特性，同时它还随蓄势器的压力、工作介质的压缩性和工件变形抗力的变化而改变。

5.3.5.2 液压机的结构特点

液压机与其他锻压设备相比，具有以下特点；

（1）在直接传动的液压机上，活动横梁在整个行程的任一位置都可获得最大载荷；

（2）无论是直接传动的液压机还是蓄势器传动的水压机在结构上易于得到较大的总压力、较大的工作空间及较长的行程，因此便于锻造较长、较高的大型工件，这往往是锻锤和其他锻压设备难以做到的；

（3）液压机上除设有大型模具垫板和定位器外，还有活动横梁同步平衡系统，以保证偏心锻造时，避免模具偏斜；

（4）与锻锤相比，液压机工作平稳，撞击和振动很小、噪声小；对厂房、地基要求不高，对工人健康、周围环境损害少；

（5）与机械压力机相比，液压机本体结构较简单，溢流阀可限制作用在柱塞上的液体压力，最大载荷可受到限制，保护模具，也不会造成闷车；

（6）液压机活动横梁速度可以控制，工作行程时活动横梁最大速度约为 50mm/s，载荷可视为静载荷，适用于等温模锻、超塑性模锻；

（7）有些液压机装有侧缸，从而能完成多向模锻工序。液压机一般都设有顶出器和装出料机械化装置。

但液压机的最大缺点是生产效率低，占地面积较大。

5.3.5.3 液压机上模锻成形的特点

液压机主要用于模锻对应变速率敏感的有色合金大型锻件，其特点如下：

（1）液压机的工作速度低，在静压条件下金属变形均匀，再结晶充分，锻件组织均匀。

（2）模锻时，毛坯与工具接触时间长，如润滑不好，模具预热温度又偏低，在变形毛坯上下端面，会由于温降造成变形死区。

（3）锻造大型薄壁结构件时，由于金属流动惯性比锤上模锻和机械压力机上模锻小得多，对于复杂的、窄而深的型槽，金属不容易充填饱满。与锤上模锻相比，不容易出现回流、折叠、穿肋等缺陷。

（4）可在模具上安装加热、保温装置，使模具能保持在较高温度下工作（视模具材料而定），这对铝合金、钛合金和高温合金的等温（或热模）锻造成形有利。

（5）如同曲柄压力机上模锻一样，金属坯料在一次压下行程中连续变形直至充满型槽，变形深透而且均匀。多向模锻液压机可以几个方向上同时对毛坯进行锻造，使锻件流线更能合理分布，各处的力学性能更均匀，锻件的尺寸精度更高。

（6）液压机是静载荷，模具可以用铸造加少量机械加工制造，缩短制模周期，降低生产成本。

5.3.6 螺旋压力机

螺旋压力机靠打击能量、靠电动或液压作为动力进行工作，其工作特性与模锻锤相似，压力机滑块行程不固定，可允许在最低位置前任意位置回程，根据锻件所需变形功的大小，可控制打击能量和打击次数。但螺旋压力机模锻时，锻件成形的变形抗力是由床身封闭系统的弹性变形来平衡的，它的结构特点又与热模锻压力机相似。所以它是介于锻锤和热模锻压力机之间的一种模锻设备，有一定的超载能力。根据螺旋压力机的结构特点，可以分为摩擦压力机和液压螺旋锤。

图5-7为螺旋压力机结构原理图，依靠电动或液压作动力，推动螺杆转动，使滑块做上下运动。螺杆上安装有飞轮，飞轮积蓄的动能在滑块和上模撞击坯料时释放出来，产生很大压力，使坯料发生塑性变形。吨位为630kN~125MN，滑块撞击时速度为0.5~2.5m/min。

优点：利用飞轮能量提高打击力；与吨位相同的热模锻压力机比较，结构简单，成本较低；滑块导向结构好，锻件精度高；可装顶料装置，能够实现机械化生产。

缺点：生产率较热模锻压力机略低。

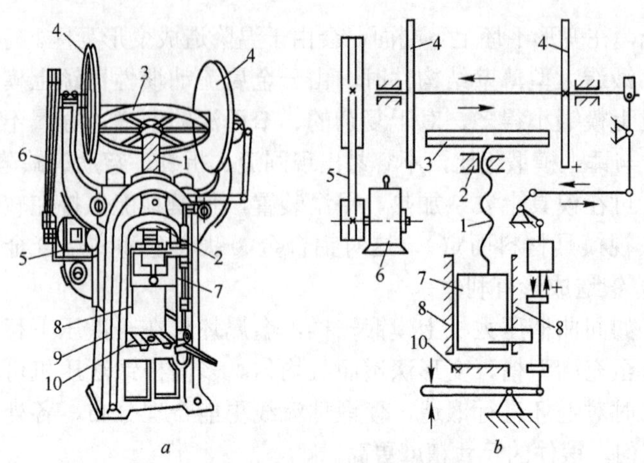

图 5-7　螺旋压力机结构原理图

a—外形图；*b*—传动图

1—螺杆；2—螺母；3—飞轮；4—圆轮；5—传动带；6—电动机；7—滑块；
8—导轨；9—机架；10—机座

5.3.7　曲柄压力机

5.3.7.1　曲柄压力机结构

曲柄压力机的结构和工作原理如图 5-8 所示。电动机通过飞轮释放能量，曲柄连杆机构带动滑块沿导轨做上下往复运动，进行锻压工作。锻模分别安装在滑块的下端和工作台上。

5.3.7.2　曲柄压力机的特点

A　曲柄压力机模锻的主要优点（与锤上模锻相比）

（1）作用于坯料上的锻造力是压力，不是冲击力，因此工作时振动和噪声小，劳动条件较好。

（2）坯料的变形速度较低。这对于低塑性材料的锻造有利，某些不适于在锤上锻造的材料，如耐热合金、铝合金、镁合金等，可在曲柄压力机上锻造。

（3）锻造时滑块的行程不变，每个变形工步在滑块的一次行程中即可完成，并且便于实现机械化和自动化，具有很高的生产率。

（4）滑块运动精度高，并有锻件顶出装置，使锻件的模锻斜度、加工余量和锻造公差大大减小，因而锻件精度比锤上模锻件高。

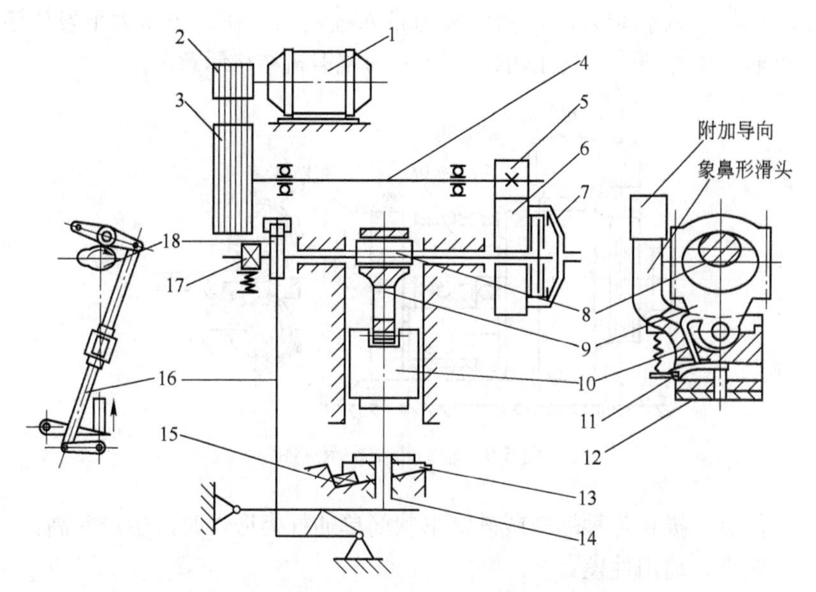

图 5-8 曲柄压力机的结构及传动原理简图

1—电动机；2—小皮带轮；3—飞轮；4—传动轴；5—小齿轮；6—大齿轮；7—圆盘摩擦离合器；8—曲柄；9—连杆；10—滑块；11—上顶出机构；12—上顶杆；13—楔形工作台；14—下顶杆；15—斜楔；16—下顶出机构；17—带式制动器；18—凸轮

B 曲柄压力机模锻的主要缺点

（1）由于曲柄压力机滑块行程固定不变，且坯料在静压力下一次成形，金属不易充填较深的模膛，不宜用于拔长、滚挤等变形工序，需先进行制坯或采用多模膛锻造。此外，坯料的氧化皮也不易去除，必须严格控制加热质量。

（2）设备费用高，模具结构也比一般锤上锻模复杂，仅适用于大批量生产的条件。

（3）对坯料的加热质量要求高，不允许有过多的氧化皮。

（4）由于滑块的行程和压力不能在锻造过程中调节，因而，不能进行拔长、滚挤等工步的操作。

5.3.8 辊锻机

由电动机和齿轮带动一对轧辊做相对的旋转，轧辊上安装扇形模，坯料放入轧辊之间，由摩擦力带入模具间，在轧辊压力下发生塑性变形。压力吨位可达 1MN。图 5-9 为辊锻机结构示意图。

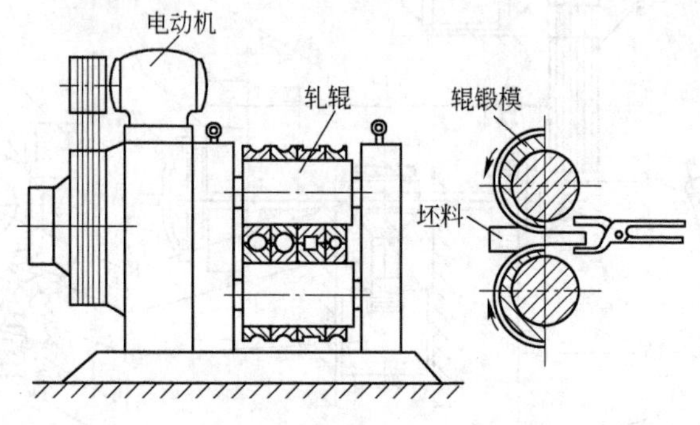

图 5-9　辊锻机结构示意图

优点：拔长各种坯料或轧锻形状简单的杆类锻件时，生产率高。

缺点：通用性差。

5.3.9　其他锻压机

其他锻压机有精密锻轴机、快锻机、横轧机、轧环机等，它们是适用于某一类形状锻件的专用锻机，生产率高，通用性差，在大批量生产中采用。

5.4　铝合金锻压设备的发展概况

5.4.1　概述

锻压设备朝大型化、精密化、机械化和自动化方向发展。目前世界上已装备各种锻压设备数万台，其中 100MN 以上的液压锻压机 30 余台，如美国的 100MN、180MN、315MN、360MN、450MN 立式液压机等，法国的 150MN、650MN 液压机等，德国的 150MN、300MN 液压机等，俄罗斯的 100MN、300MN 立式模锻机及目前世界上最大的 750MN 立式锻压液压机等。这些设备在结构设计、选材、机械、液压、电气控制系统等方面都达到了相当高的水平，可生产如下范围的铝、镁合金模锻件：

最大投影面积 2.5~5m^2

最大长度 8~12m

最大宽度 2~3.5m

腹板最小厚度 2.5~10mm

质量范围 0.5~4000kg

我国目前有数千台不同型号、不同规格的锻压设备，如 250kN 模锻锤、1000kN 无砧座锤、2MN 平锻锤、16MN 水平模平锻锤、80MN 机械压力机、20MN 高能高速锤、63MN 螺旋压力机、125MN 和 180MN 自由锻水压机、100MN 多向模锻机和 300MN 立式模锻液压机等，并正式设计与制造 450MN 和 800MN 特大型立式模压液压机，基本上能满足我国各工业部门的需要。但是与世界先进国家相比仍有很大差距，需要加快发展步伐，迎头赶上。

图 5-10～图 5-12 为国产部分自由锻造和模锻造液压机，图 5-13 为德国潘克工程公司制造的 40MN 快速自由锻造液压机。

图 5-10 国产 120MN 自由锻造水压机（二重）

图 5-11 国产 300MN 立式模锻水压机（西南铝业集团）

图 5-12 国产 31.5MN 锻压水压机（太重）

图 5-13 德国潘克工程公司制造的 40MN 快速自由锻造液压机

5.4.2 铝合金常用的锻压设备

5.4.2.1 概述

铝材锻压设备可分为两大基本类型：主要锻压设备和辅助设备。在主要锻压设备上，直接完成锻造和模锻工序；在辅助设备上，完成锻压生产工艺过程的辅助工序。

生产铝合金的主要锻压设备有空气锤、蒸气-空气锤、无砧座锤、摩擦压力机、热模锻曲柄压力机、平锻机、辊锻机、轧环机、液压机和其他专用锻压机。但由于铝合金对于变形速度比较敏感，所以不适于在锤上高速锻造，最好在液压压力机上锻造和模锻。因此，下面主要讨论铝合金用液压锻压设备。

5.4.2.2 液压锻压机的分类、结构特点与技术参数

A 自由锻造液压机

铝合金自由锻造液压机的吨位一般为 3~180MN，常用的为 15~50MN。国内外典型的自由锻造液压机的技术参数见表 5-1，最常见的自由锻造液压机本体结构如图 5-6 和图 5-14 所示。

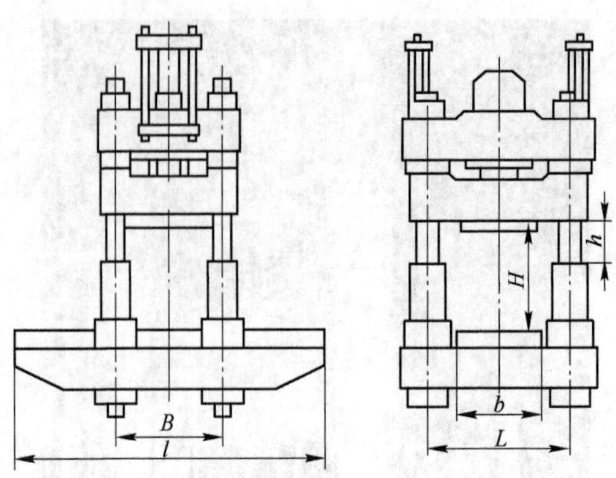

图 5-14 锻压液压机本体结构示意图

表 5-1 国内外典型的自由锻造液压机的技术参数

公称压力/MN		10	12.5	16	25	30	31.5	40	60	84	120	120	125
工作液体压力/MPa		20	32	32	32	32	32	41.5	32	32	35	35	35
各级压力/MN	第一级	10	6	8	8	15	15	13	20	28	40	40	48
	第二级		12.5	16	16	32	31.5	27	40	56	80	80	83.6
	第三级				25			40	60	84	120	120	125
行程次数/次·min^{-1}	正常		16	16	8~10		8~10		5~7	8	5~6	5	
	快锻		60	60	35~45		35~45					20	
活动横梁移动速度/mm·s^{-1}	空程			300	300	300	300		300	300	250	250	
	工作		100	150	150	150	150		100	100	100	100	
活动横梁最大行程/mm		2200	1250	1400	1800	2000	2000	2400	2600	2500	3000	3000	3000
行程次数	正常				200								
	快锻				50								
立柱中心距(净距)/mm×mm			2400×1200	2400×1200	3400×1600	3500×2000	2000×3500	4570×2130 3750×1200	4000×2600	2600×5200	6300×3200	6000×2850	3450×6300
工作台面尺寸/mm×mm		1250×2500	1500×3000	1500×4000	5000×2100	6050×2100	6000×2100		7000×2800		4000×12000	10000×4000	
工作台最大行程/mm			2000	1500	4000	4500	4500		3000	6000	4000	7000	7000
上砧与台面净空高/mm		1100	1250	2800	3500	3800	3800	4200	4500	6000	6500	6500	

续表 5-1

顶出器有效顶出力/kN		600	650	1600				2000		3000		3500
顶出器伸出台面高度/mm		300	300	1000				830		750		
提升缸数量/个		2	2	2	2	2	2	2	2	4	2	2
提升力/kN		1250	1300	2400	2400	2400	2800	4000		8600	9000	
锻造时允许最大偏心距/mm			120	200	150			200	200	250	250	250
设备本体质量/t	115	138		385	468			136				
设备总质量/t		196	220	534	643	595			2096		3000	
外形尺寸(长×宽)/mm×mm	8010×8060	17800×10600		26760×13760	29870×13770		23200×9650	31600×2050	53230×19590			
地面上高度/mm	7700	10270	8374	9810	9600		12000	14557	16312	16760	18460	18310
地下深度/mm				5500	6200			7800			7000	6000

B 模锻液压机

随着零件轮廓尺寸的扩大和复杂程度的增加，模锻坯料尺寸和复杂程度也势必增加，这就促使模锻液压机不断改进，其功率不断增大。目前，国内外已制造并投产使用的模锻液压机有 10~800MN，可生产最大模锻件投影面积 5.5m^2。表 5-2~表 5-5 列出了国内外自由锻和模锻液压机的主要技术参数。

表 5-2 自由锻造水压机性能参数

序号	项目		单位	参数							
1	公称压力		MN	5	8	12.5	16	25	31.5	60	125
2	压机形式			下拉式		上传动					
3	传动形式			水泵—蓄热器站							
4	压力分级	第一级 第二级 第三级	MN	5	4 8	6.5 12.5	8 16	8 16 25	16 31.5	20 40 60	41.8 83.6 125
5	工作介质			乳化水							
6	介质压力	高压	MPa	32							
		低压	MPa	0.6~0.9							
7	回程力		MN			1.25	1.3	3.1	3.4	6.5	10.8

续表 5-2

序号	项目			单位	参数							
8	净空距			mm	650	2000	2680	2800	3900	4000	6000	7000
9	立柱	中心距		mm		1760×900	2200×1100	2400×1200	3400×1600	3500×1800	5200×2300	6300×3450
		直径		mm			φ300	φ330	φ470	φ520	φ690	φ890
10	工作台尺寸			mm	900×1800	1200×2400	3000×1500	4000×1500	5000×2000	6000×2000	9000×3400	6300×3450
11	最大行程			mm	1600	1000	1250	1400	1800	2000	2600	3000
12	动梁速度	空降		mm/min			300	300	300	300	250	250
		加压		mm/min			约 150	约 150	约 150	约 150	约 75	约 70
		回程		mm/min			300	300	300	300	250	250
13	锻造次数	正常锻		行程			165	165	200	200	300	275
				次数			约 16	约 16	8～10	8～10	5～7	5～6
		快锻		行程			40	30	50	50	50	50
				次数			约 60	约 60	35～45	约 40	约 25	约 20
14	最大偏心距			mm			100	120	200	200	200	250
15	工作台移动力			kN			250	350	600	1000	2250	3000
16	工作台行程			(左) mm		1600	1500	1500	2000	2000	6000	7000
				(右) mm		1600	1500	1500	2000	2000	6000	7000
17	工作台移动速度			mm/s			约 200	约 200	约 200	约 200	约 150	约 150
18	工具提升形式								有工具提升缸		剁刀操作机	
19	外形尺寸(本体)	地面上高度		mm			约 7730	约 8350	约 11200	约 11200	约 15700	约 18310
		地下深度		mm			约 3640	约 4000	约 5650	约 5000	约 7000	约 6130
		平面尺寸	最宽	mm			约 9500	约 12600	约 14760	约 17000	约 38950	约 52200
			最长	mm			约 15200	约 15200	约 26360	约 21760	约 49600	约 76000
20	最大件质量			t			30	35	43	49	120	96（立柱）
21	设备总质量(不包括泵站)			t			约 130	约 230	约 511	约 560	约 1860	约 2764
22	锻造能力	镦粗最大钢锭		t		2	4	6	24	30	80	150
		拔长最大钢锭		t		6	10	12	45	50	150	300

表 5-3 国内外通用模锻水压机主要技术参数

公称压力/MN		30	50	100	300	300	300	300	315	315	450	450	700
结构形式		4柱3缸上传动	4柱3缸上传动	4柱3缸上传动	8柱8缸上传动	8柱8缸上传动	8柱8缸上传动	单缸框架上传动	4柱6缸下传动	8柱8缸上传动	6柱9缸下传动	8柱8缸上传动	8柱12缸上传动
工作液体压力/MPa		32	32	32	32/45	21/31.5/47.3	32/45		47.2	31.5	47.5	31.5	20/32
各级压力/MN	第一级	15	20	35	100	100	220	300		78.75			100
	第二级	30	30	70	210	200	300			157.5			570
	第三级		50	100	300	300				236.25			700
	第四级									315			
活动横梁移动速度/mm·s^{-1}	空程			150	150								150
	工作			40	30								0~60
活动横梁最大行程/mm		1000	1250	1500	1800	1830	1800	1220	1830	1830	2000	1830	2000
闭合高度/mm		1850	2050	3500	3900	2750	3000		3580	4575	4575	4572	4500
工作台面尺寸/mm×mm		2200×1600	2300×2000	5000×1900	10000×3300	10000×3350	10000×3300	2000×5000	9300×3660	7320×3660	7900×3660	7900×3660	16000×3500
地上高度/mm		7675	8260	10600	16100	16420	13000	16000	14000	15850	15000	15500	21900
地下深度/mm		4095	4205	8000	10400	81800	8500		20000	10360	20000	11000	12800
压机总质量/t		376	587	1090	8067	5200	7850	1500	7180	5850	10606	7164	26000

表 5-4 国内外多向模锻水压机主要技术参数

公称压力/MN			8	20	36	45	72	100	100	180	300
工作液体压力/MPa			32	31.5	31.5			32	38.5~56		42.2
各缸的公称压力/MN	垂直缸	一级		2.7							
		二级		5.4							
		三级		8							
	水平缸		2×5		2×18	2×18	2×9	2×35.5/50	2×55	2×45/68	2×60
	穿孔缸							2. 4	27	38	60
最大行程/mm	垂直缸		800	1500	1140			1600		2380	3048
	水平缸		500	850	610			900	610		1067
	穿孔缸							210	610		1067
顶出器压力/kN			500	750			4500	5000	5800	5900	12000
顶出器行程/mm			200					500			2133
闭合高度/mm		垂直			2100	2300			3660	4580	
		水平							4730		
工作台面尺寸/mm×mm			1000×1300	1500×1500	2300×1800		2430×1830	3000×3500	3050×3050	3660×3360	
地面上高度/mm			6760	10925	11700			12800	总高18600	总高15200	总高14600

表 5-5 大型多向模锻液压机主要技术参数

名 称	液压机					
	100MN(中国)	100MN(美国)	180MN(美国)	300MN(英国)	300MN(德国)	650MN(法国)
公称压力(主柱塞压力)/MN	100	100	180	300（垂直锻压力）	300	670
侧柱塞压力/MN	2×50	2×55	2×45	2×80	180(侧缸压力)	2×70
穿孔柱塞压力/MN		27	38	68		75

续表 5-5

名 称	液压机					
	100MN (中国)	100MN (美国)	180MN (美国)	300MN (英国)	300MN (德国)	650MN (法国)
顶出器压力/MN	中央顶出器：5 侧顶出器：2.7 上顶出器：2.25	6.8	5.9	12		
主柱塞行程/mm	1600(活动横梁行程)	1525				
侧柱塞行程/mm	900	610				
穿孔柱塞行程/mm		610		1867		
闭合高度/mm 垂直方向 水平方向	2900 5800	2135~3600 1730	4580			
工作台尺寸/mm×mm	3000×3500	3050×3050	3660×3600	2000×5000		3500×6800
外形尺寸/mm×mm	32.95×29.50×20.3		(宽)9.4×(高)15.25	(高)19.8	(高)16 (地上 14.6)	(高)36 (地上 24)
液压机质量/t	2117	1400	1500	1550	1600	1476

通用的模锻液压机的结构特点是压力大，因此往往为多缸结构，工作台比较大，刚度好，具有自动平衡偏心载荷的同步平衡系统，如美国的 31.5MN、450MN 模锻液压机，前苏联的 300MN 模锻液压机，以及我国建造的 300MN 模锻液压机（见图 5-15）均为八缸八柱的结构，立柱有圆截面的，也有矩形截面的（用锻制钢板组合而成），两端呈双钩形，以连接上、下梁。美国另有一种 450MN 模锻液压机采用六柱九缸下传动结构。

这些通用模锻水压机有一个在垂直面内运动的活动横梁，压力通过横梁作用到位于水平分模面模具的变形坯料上，这种模锻液压机，不能生产带侧孔的模锻件。

在空心零件生产中，占很大数量的是发动机桨毂、起落架零件、阀体以及其他带侧孔和侧部突缘的零件。为了获得侧孔和侧部突缘，最大限度接近成品零件的形状和尺寸的复杂外形的模锻件，近年来采用带侧向水平柱塞和垂直冲孔系统的模锻液压机，此种模锻液压机又

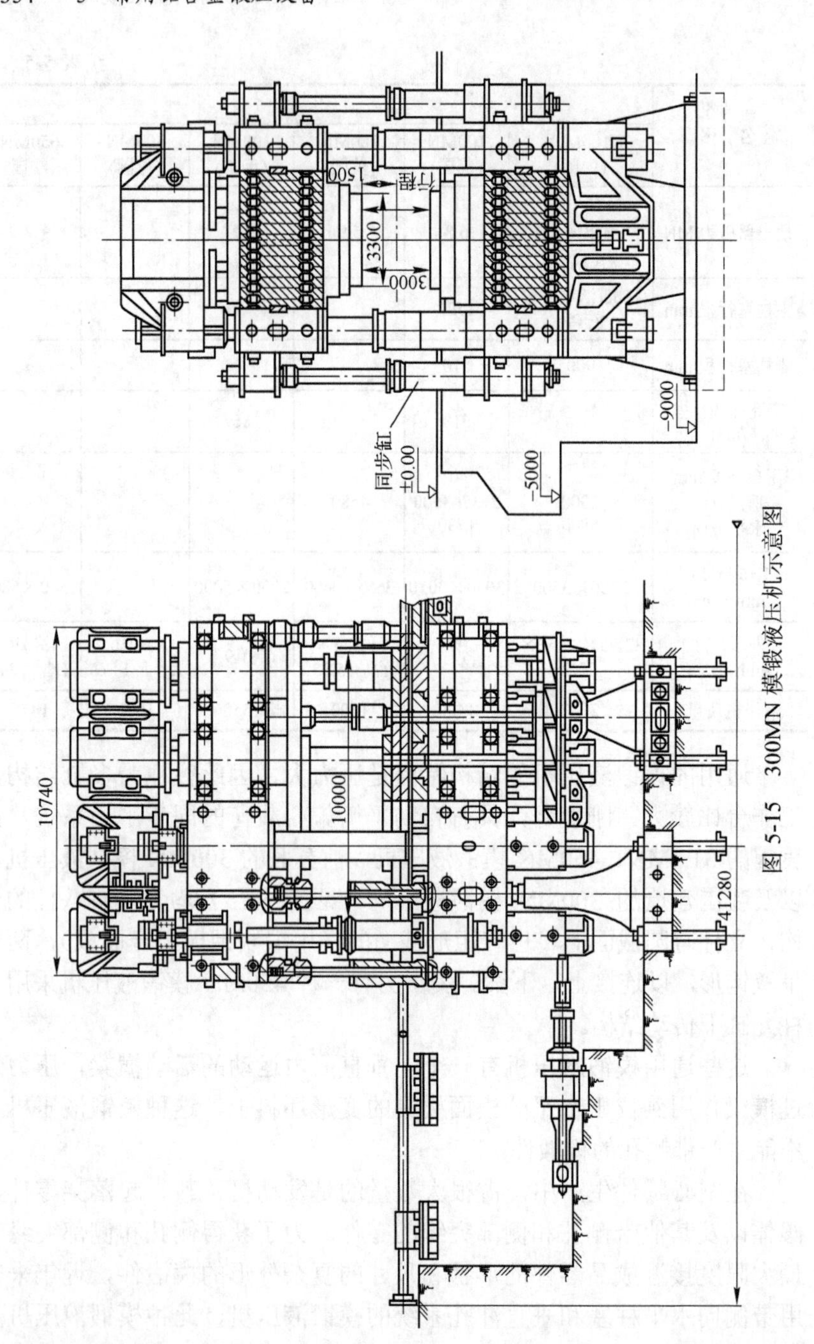

图 5-15　300MN 模锻液压机示意图

称为多向模锻液压机。图 5-16 为这种模锻液压机的示意图。用有水平分模面的锻模工作时，同在普通水压机上一样，下半模固定在压力机的工作平台上，上半模固定在活动横梁上。在侧柱塞和垂直冲孔柱塞上，按一定形状和尺寸装有冲头，坯料（必要时经先预变形）装入模具后，压下横梁下降，上、下半模闭合，此时坯料还可能发生变形，随后根据零件形状的要求，侧向和垂直冲头同时或先后或单独地进入相应的模孔中，进行坯料冲孔，被压缩金属则充满模膛。

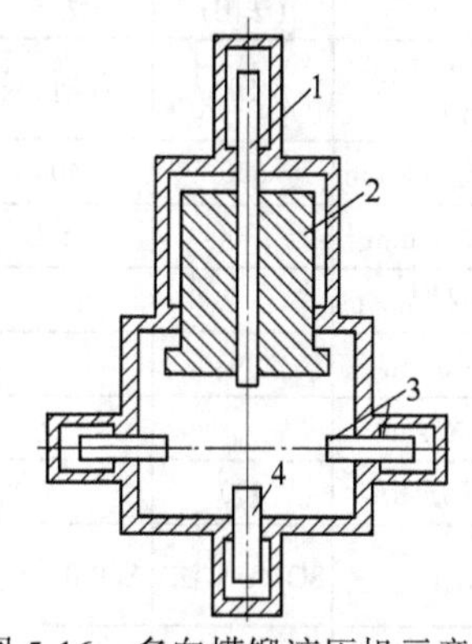

图 5-16 多向模锻液压机示意图

1—垂直冲孔柱塞；2—主压下横梁；3—水平柱塞；4—顶出器或下部冲孔柱塞

有垂直分模面的模具，其两半模块固定在水平柱塞上，并由柱塞带动随工作台移动。当坯料置于模具中时，模具处于夹紧状态。用上横梁镦粗或冲孔时对模具的楔力由侧柱塞的压力来使模具夹紧。模锻终了后，模具分开，把成品从中取出。

冲头冲入金属时，将使变形不充分的坯料内部发生变形，从而大大提高其力学性能和组织均匀性。

近年来，多向模锻水压机有了迅速的发展，主要有：美国建造的 300MN 和 315MN 多向模锻液压机、前苏联为法国设计制造并于 1977 年投产使用的 650MN 多向模锻液压机，以及我国第二重型机器厂设计制造的 100MN 多向模锻液压机（图 5-17）等。多向模锻液压机为了进行模锻，除装有水平机架和水平工作缸外，还装有中间穿孔缸进行穿孔操作。

表 5-6 列出了国外专用模锻水压机的主要技术参数。

表 5-6 国外专用模锻水压机主要技术参数

公称压力/MN	20 模锻（法国）	20 精压（法国）	300（前苏联）	300（前苏联）	150（前苏联）	150（前苏联）	160（前苏联）
结构形式	8 柱 8 缸缸柱同轴线	8 柱 8 缸缸柱同轴线	4 柱 4 缸缸柱同轴线	单缸、预应力组合框架	单缸筒式超高压	单缸筒式超高压	预应力钢带框架
工作液体压力/MPa	40	20/50	32	32/64/100	63		

续表 5-6

公称压力/MN	20 模锻 (法国)	20 精压 (法国)	300 (前苏联)	300 (前苏联)	150 (前苏联)	150 (前苏联)	160 (前苏联)
工作行程速度 /mm·s^{-1}	50	周期 15s	1~50		周期 30s		
活动横梁行程/mm	600	400	800	350	350		
闭合高度/mm	2300	1500	3900	1550			
工作台面尺寸/m×m			2.5×1.5	3×1.8	2.5×1.5		
地上高度/m			7.3	5.0	总高 9.5		
地下深度/m			6.0				
水压机质量/t	500	500	1500	1368	410	346	
制造厂	SOMUA(法)	SOMUA(法)	НЗТСГ (俄罗斯)	НКМЗ (俄罗斯)		НКМЗ (俄罗斯)	
使用厂	PAMLERS 厂	PAMLERSJ 厂					
投产年份	1953	1953	1962	1961	1959	1960	1971

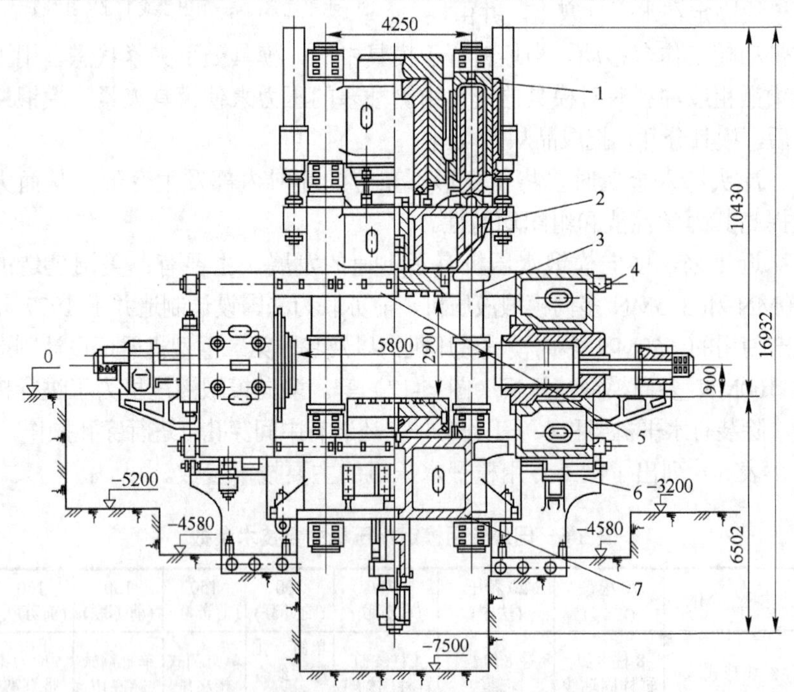

图 5-17　我国制造的 100MN 多向模锻液压机示意图

1—上横梁；2—活动横梁；3—立柱；4—水平梁；5—水平柱；6—支撑；7—底座

5.4.2.3 主要辅助设备

A 加热设备

铝合金的锻造加热炉主要采用电阻炉。我国生产的电阻炉已经标准化了，其产品种类较多。表 5-7 列出了锻压车间常用电阻炉的主要技术规格。如果现有系列产品不能满足要求时，可委托电炉厂设计或自行设计制造。表 5-8 列出了液压机车间铝合金加热专用的带强制空气循环的电阻炉的主要技术规格，表 5-9 列出了液压机车间锻造和模锻铝、镁合金用的模具加热电阻炉的主要技术规格。

表 5-7 锻压车间常用电阻炉的型号及主要技术规格

产品名称	型 号	主要技术规格						炉重/kg
		额定功率/kW	电源电压/V	相数	最高工作温度/℃	最大生产率/kg·h^{-1}	炉膛尺寸（长×宽×高）/mm×mm×mm	
高温箱式电阻炉	RJX-30-13	30	380	3	1300	50	40×300×250	2600
高温箱式电阻炉	RJX-50-13	50	380	3	1300	100	700×450×350	3000
高温箱式电阻炉	RJX-14-13	14	380	3	1350		520×220×220	700
高温箱式电阻炉	RJX-25-13	25	380	3	1350		600×280×300	1500
高温箱式电阻炉	RJX-37-13	37	380	3	1350		810×550×375	3000
中温箱式电阻炉	RJX-15-9	15	380/220	1/3	950	50	50×200×250	1050
中温箱式电阻炉	RJX-30-9	30	380	3	950	125	50×450×450	2200
中温箱式电阻炉	RJX-45-9	45	280	3	950	200	1200×600×500	3200
中温箱式电阻炉	RJX-60-9	60	380	3	950	275	1500×750×550	4100
中温箱式电阻炉	RJX-75-9	75	380	3	950	350	1800×900×600	6000
滚球炉底式中温箱式炉	RJX-100-8	100	380		860		1825×910×600	

表 5-8 液压机车间铝合金加热专用的带强制空气循环的电阻炉及主要技术规格

产品名称	主要技术规格							
	额定功率/kW	电源电压/V	相数	工作温度/℃	最大生产效率/$kg\cdot h^{-1}$	炉膛尺寸(长×宽×高)/mm×mm×mm	通风机能力/$m^3\cdot h^{-1}$	加热到480±10℃所需要的时间/h
带强制空气循环的推料机式的箱式电阻炉	240	380/220	3	500	410~170	7600×1200×550	10000	1.2
带强制空气循环的推料机式的箱式电阻炉	700	380	3	500	2500	10800×2198×750		1.5
带强制空气循环的推料机式的箱式电阻炉	940	380	3	500	2500	12000×3000×1000	40000	
带强制空气循环的推料机式的箱式电阻炉	1200	380	3	500	2300	13608×3200×700	36000	

表 5-9 液压机车间锻造和模锻铝合金用的模具加热电阻炉及主要技术规格

产品名称	主要技术规格					
	额定功率/kW	电源电压/V	相数	工作温度/℃	最大载重/t	炉膛有效尺寸(长×宽×高)/mm×mm×mm
活底箱式电阻炉	240	380	3	500	10	3600×1100×1000
活底箱式电阻炉	250	380	3	500	20	3450×1700×1335
活底箱式电阻炉	300	380	3	500	20	3600×1100×900
活底箱式电阻炉	400	380	3	500	40	6000×1800×1150
活底箱式电阻炉	500	380	3	500	58	8200×2130×1335
活底箱式电阻炉	500	380	3	500	120	8200×2700×1100

B 热处理设备

铝合金锻件的热处理设备主要有立式淬火炉和人工时效炉。其炉型和主要技术参数见表 5-10 和表 5-11。

表 5-10 HL88 铝合金模锻件立式空气淬火炉技术参数

序 号	项 目 名 称		规格或型号
1	炉子形式		立式、电炉
2	功率/kW	电热元件功率	540
		附属装置功率	304.9
		总功率	844.9
3	工作温度/℃		465~530
4	工作室尺寸/mm	直径	ϕ1250
		长度	13830
5	电源	电压/V	380
		相数	3
6	工作最大温差/℃		±3
7	最大装炉量/t		1.5~2
8	炉子外形尺寸/mm	高	24360
		长	13200
		宽	2400
9	电炉总质量/t		100
10	淬火水槽尺寸/m×m		ϕ4.0×17.0
11	卷扬机	卷筒直径/mm	ϕ500
		上升速度/m·s^{-1}	0.6

表 5-11 HL13 铝合金模锻件人工时效炉技术参数

序 号	项 目 名 称		规格或型号
1	炉子形式		卧式（箱式）电阻炉
2	功率/kW	加热器	300
		总功率	393.1
3	电源	电压/V	380
		接线方式	Δ/Y
		频率/Hz	50
4	工作温度/℃		115~185
5	加热区数		4
6	炉膛尺寸/mm	高	8390
		长	2110
		宽	1400
7	炉子外形尺寸/mm	高	14700
		长	7000
		宽	3470
8	最大装炉量/t		8.5
9	生产效率/kg·h^{-1}		600
10	炉子总重/t		40

C 精整矫直设备

铝合金锻件生产的主要精整矫直设备有压力矫直机、切边机、蚀洗槽和通风装置等。3MN 压力矫直机技术参数见表 5-12。

表 5-12 3MN 压力矫直机技术参数

名称	形 式	公称压力/MN	最大行程/mm	液体压力/MPa
参数	立式油压	3	650	20

名称	主柱塞直径/mm	回程柱塞直径/mm	工作台面 $l\times B$/mm×mm
参数	ϕ450	ϕ140	3500×900

名称	制品最大规格	外形尺寸/mm×mm	设备质量/kg
参数	ϕ600mm，高 600mm,长 8m,重 200kg	3500×2800	115396

6　铝合金锻压新技术及信息化技术

6.1　铝合金锻压新技术和新工艺的研发

随着现代工业尤其是汽车制造业的发展，对锻件生产提出了高效、精密、低成本、环保和轻量化的要求，为实现这一要求，发展了许多锻造新工艺，其中铝合金的冷锻技术、半固态模锻（触变模锻）和粉末铝合金等温锻造技术是极具发展远景的。

6.1.1　铝合金的冷锻技术

与热锻相比，冷锻技术具有工件精度高、强度好、材料消耗少、能耗低、加工总成本较低、生产效率高、易于实现自动化等优点。但也有一些缺点：要求设备吨位大、刚性和精度高，要求模具材料的强度和韧性高，模具结构复杂而难以制造，材料的适用范围窄，很多材料因塑性差、变形抗力大而不能进行冷锻，且材料的前处理工艺复杂，多数冷锻材料需进行退火软化、磷化-皂化处理。尽管这些问题在一定程度上限制了铝合金冷锻技术的推广应用，但随着科学技术的发展，解决这些技术难题的措施越来越多。

纯铝的冷锻技术开发较早，因为纯铝在室温下变形抗力小和塑性好，而且变形时加工硬化不强烈，所以冷锻性能很好，是一种理想的冷锻材料。纯铝冷锻件已得到广泛应用。

合金化程度低的防锈铝（如 5A02、3A21 等）也具有良好的冷锻性能，但与纯铝相比，防锈铝具有较高的硬化倾向，需要更大的设备进行冷锻，目前应用范围正在扩大。

其他系列的铝合金中，冷锻技术应用较多的主要有 2A11、2A12、2A14、2A50、6061、6082 等合金。与退火状态的钢相比，这些合金在退火状态下的变形抗力略小，但塑性略差，易于产生裂纹。但在毛坯进行退火和磷化-皂化处理后，摩擦条件有所改善，也能顺利成形。

铝合金冷锻的主要技术措施有：

（1）铝合金在冷锻前进行退火处理，以便降低冷锻力，提高材料塑性。对硬铝合金而言，退火后的硬度并非越低越好。一般正挤压时毛坯的硬度应为 HBS49～50，反挤压时硬度应为 HBS46～50。

（2）硬铝在冷锻前应进行氧化-皂化处理，将坯料置于 50～70℃的 NaOH 溶液（每升溶液含 NaOH40～60g）中处理 1～3 min，使表面生成一层结晶氧化膜。然后在工业肥皂或硬脂酸钠中加热至 60～70℃，处理 20～30 min，随即自然干燥或烘干。纯铝及防锈铝在冷锻时一般不进行这种表面处理。

（3）铝合金在冷锻时可使用豆油或工业菜籽油润滑模具，也可使用工业猪油。随着润滑剂的发展，现在很多公司都生产出专用的铝合金冷锻用润滑剂，润滑效果更佳。

6.1.2 铝合金半固态模锻技术

半固态加工技术是 21 世纪前沿性金属加工技术。半固态加工是金属在凝固过程中，进行强烈搅拌或通过控制凝固条件，抑制树枝晶的生成或破碎所生成的树枝晶，形成具有等轴、均匀、细小的初生相，均匀分布于液相中的悬浮半固态浆料，这种浆料在外力的作用下，即使固相率达到 60%也具有较好的流动性。可以利用压铸、挤压、模锻等常规工艺进行加工成形，也可以用其他特殊的加工方法成形为零件。这种既非完全液态，又非完全固态的金属浆料加工成形的方法，称为半固态金属加工技术（Semi-Solid Metal Forming or Semi-Solid Metal Process，SSM）。

6.1.2.1 半固态成形的特点

与普通的加工方法相比，半固态成形具有以下优点：

（1）应用范围广泛，凡具有固液两相区的合金均可实现半固态成形。可适用于多种成形工艺，如铸造、挤压、锻压和焊接。

（2）SSM 充形平稳、无湍流和喷溅、加工温度低，凝固收缩小，因而铸件尺寸精度高。SSM 成形件尺寸与成品零件几乎相同，极大地减少了机械加工量，可以做到少切削或无切削加工，从而节约了资源。同时 SSM 凝固时间短，从而有利于提高生产效率。

（3）半固态合金已释放了部分结晶潜热，因而减轻了对成形装置，尤其是模具的热冲击，使其寿命大幅度提高。

（4）SSM 成形件表面平整光滑，铸件内部组织致密，内部气孔、偏析等缺陷少，晶粒细小，力学性能高，可接近或达到变形材料的性能。

（5）应用半固态成形工艺可解决制备复合材料时非金属增强相的漂浮、偏析以及与金属基体不润湿的技术难题，为复合材料的制备和成形提供了有利条件。

（6）与固态金属模锻相比，SSM 的流动应力显著降低，因此 SSM 模锻成形速度更高，而且可以成形十分复杂的零件。

6.1.2.2 半固态加工的组织特点

常规铸造组织与半固态加工组织的比较如图 6-1 所示。采用常规铸造方法，在合金熔体凝固早期，形核和长大的晶粒是可以自由移动的。但是，如果晶粒进一步长大成为大的枝晶后，它们将形成相互交错的枝晶网，那么晶粒间的相互移动就变得困难了，从而得到典型的枝晶组织，如图 6-1*a* 所示。在半固态加工的金属凝固过程中，由于进行了强烈搅拌，破碎所生成的树枝晶，或通过控制凝固条件，抑制树枝晶的生成，从而凝固组织中的一次相具有等轴、均匀、细小的近球形，如图 6-1*b* 所示。

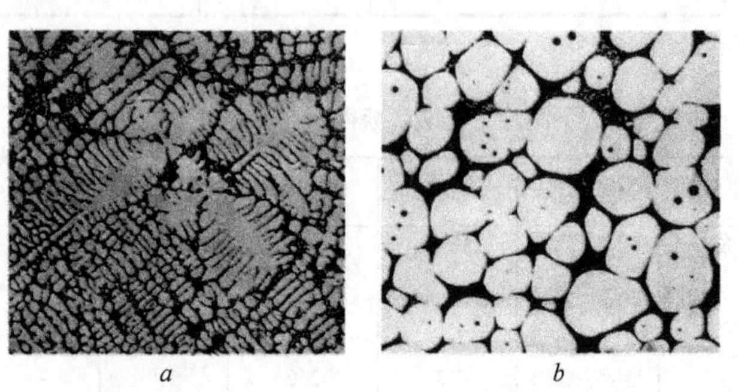

图 6-1 常规铸造组织与半固态加工组织的比较

a—常规铸造组织；*b*—半固态加工组织

6.1.2.3 半固态铝合金加工成形后的力学性能

由于半固态加工成形零件的组织与常规铸造组织有明显的不同，即初生一次相具有均匀、细小、近球形，因此，成形后的零件力学性能也高。表 6-1 所示为典型半固态模锻铝合金的力学性能，表 6-2 所示为几种铝合金在半固态成形后与其他成形方法后的力学性能比较。从表中可以清晰地看出，半固态加工成形技术的优越性，例如，经过触变成形的 A356 合金，在 T6 热处理状态下，比经过普通砂型铸造所得的铝合金具有更优良的力学性能，其力学性能相近于锻件的力学性能。

表 6-1 典型半固态模锻合金的力学性能

合 金	状态	σ_b/MPa	$\sigma_{0.2}$/MPa	δ/%	HBS
206[①]	T7	386	317	6.0	103
2017	T4	386	276	8.8	89
2219	T8	352	310	5.0	89
6061	T6	330	290	8.2	104
6262	T6	365	330	10.0	82
7075	T6	496	421	7.0	135
356	T5	234	172	11.0	98
356	T6	296	193	12.0	90
357	T5	296	207	11.0	90
357	T6	358	290	10.0	100

①美国铸造铝合金牌号。

表 6-2 不同加工方法所获得铝合金的力学性能比较

合 金	加工方法	热处理状态	屈服应力/MPa	抗拉强度/MPa	伸长率/%	硬度 HB
铸造合金	半固态成形	铸造	110	220	14	60
	半固态成形	T4	130	250	20	70
	半固态成形	T5	180	255	5~10	80
A356	半固态成形	T6	240	320	12	105
(Al7Si0.3Mg)	半固态成形	T7	260	310	9	100
	金属模铸造	T6	186	262	5	80
	金属模铸造	T51	138	186	2	
	闭模锻造	T6	280	340	9	

续表 6-2

合 金	加工方法	热处理状态	屈服应力/MPa	抗拉强度/MPa	伸长率/%	硬度 HB
A357(Al7Si0.6Mg)	半固态成形	铸造	115	220	7	75
	半固态成形	T4	150	275	15	85
	半固态成形	T5	200	285	5~10	90
	半固态成形	T6	260	330	9	115
	半固态成形	T7	290	330	7	110
	金属模铸造	T6	296	359	5	100
	金属模铸造	T51	145	200	4	
锻造合金 2017(Al4CuMg)	半固态成形	T4	276	386	8.8	89
	锻造加工	T4	275	427	22	105
2024 (Al4Cu1Mg)	半固态成形	T6	277	366	9．2	
	闭模锻造	T6	230	420	8	
	锻造加工	T6	393	476	10	
	锻造加工	T4	324	469	19	120
2219 (Al6Cu)	半固态成形	T8	310	352	5	89
	锻造加工	T6	260	400	8	
6061 (Al1MgSi)	半固态成形	T6	290	330	8.2	104
	锻造加工	T6	275	310	12	95
7075 (Al6ZnMgCu)	半固态成形	T6	361	405	6.6	
	闭模锻造	T6	420	560	6	
	锻造加工	T6	505	570	11	150

6.1.2.4 半固态金属加工的主要工艺过程

半固态金属加工技术适用于有较宽液固共存区的合金体系。研究和生产证明，适用于半固态加工的金属有铝合金、镁合金、锌合金、镍合金、铜合金以及钢铁合金。其中铝合金、镁合金因其密度低，在交通运输、航空航天工业上有特别的应用意义。同时，它们熔点低，易于实现工业生产。因此，半固态金属加工技术在铝合金、镁合金加工方面已得到一定的应用。

半固态加工的主要成形手段有压铸和锻造，此外也有人试验用挤压和轧制等方法。其工艺路线主要有两条：一条是将搅拌获得的半固态浆料在保持其半固态温度的条件下直接成形，通常称为流变铸造（rheocasting）；另一条是将半固态浆料制备成坯料，根据产品尺寸下料，再重新加热到半固态温度成形，通常称为触变成形（thixoforming），如图 6-2 所示。对触变成形，由于半固态坯料便于输送，易于实现自动化，因而在工业中较早得到了广泛应用。对于流变铸造，由于将搅拌后的半固态浆料直接成形，具有高效、节能、短流程的特点，近年来发展很快。

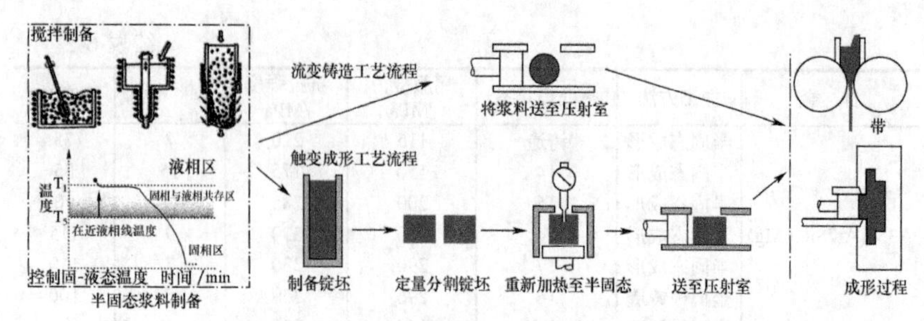

图 6-2 半固态金属加工的两种工艺流程

6.1.2.5 半固态加工技术的关键制备技术

半固态加工技术的关键是制备具有非枝晶组织的坯料（浆料）。因此，半固态加工的第一步是如何高效、方便地获得半固态金属浆料。流变铸造法是直接将半固态金属浆料成形，具有高效、节能、短流程的特点。采用先进的获得半固态金属浆料方法与流变铸造法相结合，是今后半固态加工技术的发展方向。

由于这些新工艺和新技术具有生产成本低、能耗低、生产效率高、设备简单、操作方便、可以生产尺寸较大的半固态坯料等优点，已引起国内外学者的关注，将有可能成为今后半固态加工技术的主要方法。

A 新 MIT 工艺

新 MIT 工艺方法是 2000 年由麻省理工学院（Massachusetts Institute of Technology，MIT）的 Flemings 等提出，Idraprince 有限公司获得这项技术专利。由于其设备简单，操作方便，这项技术在流变铸造中得到应用。

MIT 最近的实验研究认为，影响形成非枝晶半固态浆料的重要因素是合金的快速冷却和热传导。在一定的搅拌速度下，能获得半固态组织，进一步提高搅拌速度对产生球形晶粒没有太大影响，而且当搅拌时间为 2s 时就能产生非枝晶半固态浆料。当合金温度低于液相线温度时，搅拌对最终的微观组织没有太大影响，只是利用搅拌消除过热，引起合金形核固化，而容器壁和浇注热传导（对流）起很大作用。基于这一点，MIT 改进的流变铸造是在快速热释放的同时进行搅拌。

图 6-3 所示为新 MIT 工艺过程：将容器内合金保持在液相线温度以上几摄氏度范围内；将一个带有冷却作用的镀铜棒搅拌器伸入到熔体内进行短时间搅拌，使合金温度降低到液相线温度，熔融合金内固相体积分数很小；取出搅拌器，将合金静止在半固态区间，进行短时间缓慢冷却或保持在绝热状态，然后将合金冷却到指定成形温度。在液相线温度附近的搅拌-冷却会使合金熔体内产生大量晶核。

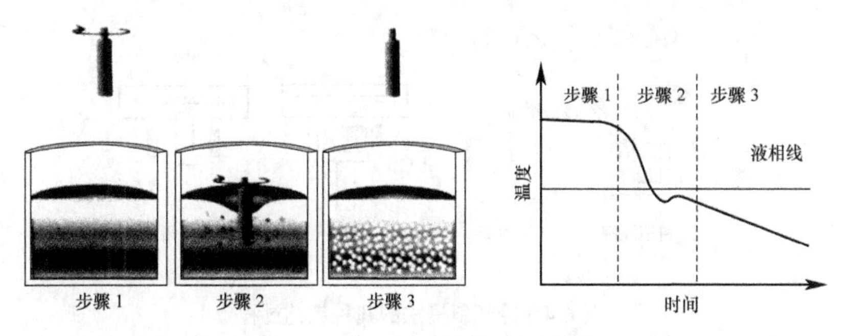

图 6-3 新 MIT 工艺的工艺过程

B 冷却斜槽法

冷却斜槽法（Cooling Slope）是在 1998 年由日本宇部株式会社发明用于制备铝合金和镁合金的半固态坯料的新工艺，已在欧洲申请了专利。同时，该方法在欧洲和美国正在进行商业化运作。冷却斜槽法的原理为：将略高于液相线温度的熔融金属倒在冷却斜槽上，由于斜槽的冷却作用，在斜槽壁上有细小的晶粒形核长大，金属流体的冲击和材料的自重作用使晶粒从斜槽壁上脱落并翻转，以达到搅拌效果。通过冷却斜槽的金属浆料落入容器，控制容器温度，即缓慢冷却，冷却到一定的半固态温度后保温，达到要求的固相体积分数，随后可进行流变成形和触变成形。图 6-4 所示是冷却斜槽法的几种工艺过程，图 6-4*a* 和图 6-4*b* 是将制备的半固态浆料直接铸轧成板带坯，图 6-4*c* 是将制备的半固态浆料铸造成坯锭后，再二次加热，重熔后触变成形的工艺过程。

冷却斜槽一般是由合金钢制成，其内部采用水冷却，表面涂镀一层氮化硼（BN），以防止半固态金属黏附在冷却斜槽表面上。其生产工序为：

(1) 将金属加热到熔融状态，保持其温度略高于液相线温度；

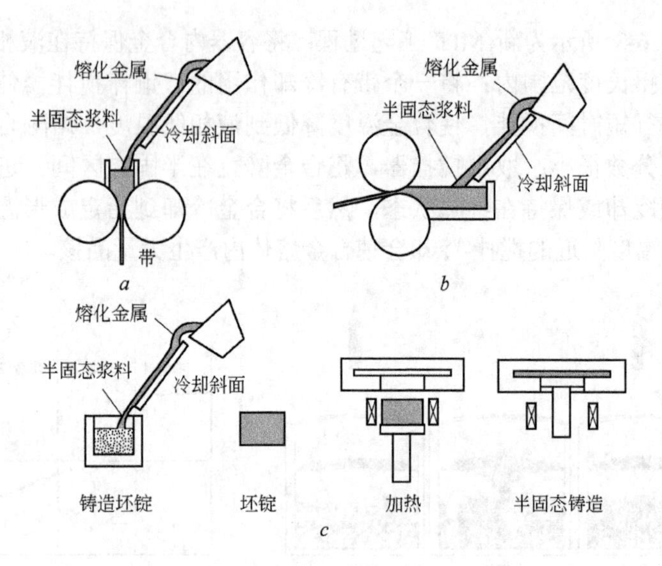

图 6-4 冷却斜槽法的几种工艺过程

a~*c*—工艺过程

(2) 将熔融金属倒在冷却斜槽上，并在斜槽内部通水冷却，保持斜槽处于低温状态；

(3) 由于冷却斜槽的冷却作用，处在斜槽表面的熔融金属内部开始形成晶核；

(4) 载有大量晶核的熔融金属流过冷却斜槽进入容器；

(5) 控制容器温度，缓慢冷却，可形成近球形组织浆料；

(6) 进一步冷却，调整金属固相体积分数使其达到流变成形的要求，同时将容器盖上，以避免成形浆料表面上形成氧化物。

在冷却斜槽方法中，影响熔融金属转变为半固态浆料的主要因素有三个：一是浇注条件，熔融金属倒入冷却斜槽，逐步凝固形核，很多细小固相颗粒随液相流入容器，只有在浇注温度高于液相线温度时，才可能在斜槽上形成晶核，同时斜槽温度要尽可能低；二是斜槽长度，如果斜槽过长，会在斜槽底部凝固形成金属壳，阻碍金属的流动，降低冷却效率，如果斜槽过短，熔融金属内没有产生大量细小晶粒，达不到半固态浆料要求；三是斜槽的倾斜角度，倾斜角度的大小直接影响熔融金属的流动速度。

采用冷却斜槽法制备的半固态浆料的固相体积分数为 3%~10%，其流动性同熔融金属一样。在流变铸造中，固相体积分数越低，越容易铸造。因此，冷却斜槽法能应用于流变铸造成形很薄的铸件。

C 双螺旋半固态金属流变注射成形法

双螺旋半固态金属流变注射成形法是英国 Brunel 大学的 Z.Fan 等借鉴聚合物注射成形原理，开发出双螺旋半固态金属流变注射机，用于从液态金属直接制备出近净成形产品。双螺旋流变注射机由坩埚、双螺旋剪切装置和中央控制器等组成。双螺旋剪切装置是由筒体和一对相互紧密啮合的同向旋转螺旋组成，如图 6-5 所示。螺旋轴的齿形经过特殊设计，能使金属熔体得到较高的剪切速率和较高的湍流强度。在挤压筒外沿着挤压机轴线方向分布着加热单元和冷却单元，形成一组加热-冷却带，温度控制精度可达到±1℃，能准确地控制半固态金属浆料固相体积分数。

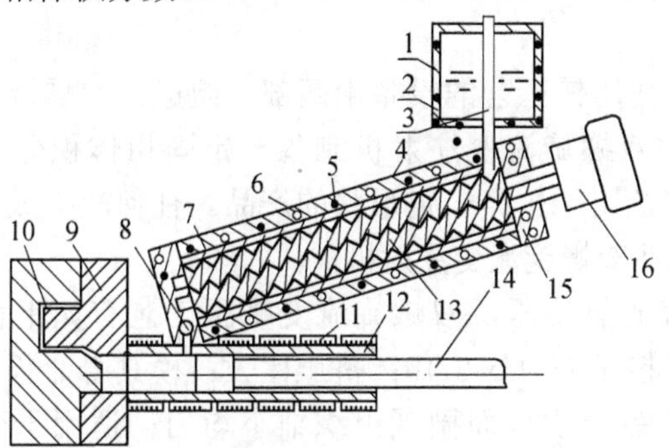

图 6-5 双螺旋流变注射成形和流变挤压工艺示意图

1—保温炉加热器；2—保温炉；3—进料塞杆；4—搅拌筒体；5—筒体加热器；6—冷却孔；7—衬套；8—出口阀；9—模具；10—成形零件；11—加热器；12—挤压筒体；13—螺旋轴；14—柱塞；15—筒体端盖；16—驱动装置

该装置的工作原理是，熔融金属在坩埚中熔炼，达到比液相线温度高出约 50℃的预定温度，将熔融金属保温 15min，获得均匀的化学成分。当熔融金属为镁合金时，坩埚采用氩气保护。熔融金属以一定的速度进入双螺旋剪切装置，调整其温度，同时受到双螺杆的剪切作用，获得一定固相体积分数的理想的半固态浆料。用 Sn-15%Pb 和 Mg-30%Zn 合金进行试验表明，它比单螺旋的机构能获得更细小、更不容易凝聚在一起的球形晶粒。半固态浆料通过剪切装置下端的出料口流出。

金属在双螺旋剪切装置中的流动非常独特，研究表明金属在螺旋外以“8”字形方式流动，而且金属从一个斜面到达另一个斜面，形成“8”字形螺旋前进，从而推动金属沿螺旋轴向流动，金属从一个螺旋到另一个螺旋，经历了拉伸、折叠和调整的循环过程。另外，螺旋和圆筒间隙的周期性变化，造成金属受到周期性变化的剪切速率，最小剪切速率出现在螺纹根部，最大剪切速率出现在双螺旋的啮合区间。所有金属都要经历剪切速率周期性变化的剪切变形。

采用双螺旋流变注射机，半固态金属可以得到较高的周期性变化的剪切变形和较高的湍流强度。在强制对流条件下，金属充分过冷，即金属熔体在远低于普通凝固的温度下形核。由于剧烈的搅拌作用，分散了潜在的形核的高熔点金属熔体，增大了潜在的形核点，导致形核率增大，同时细化初始晶粒，随着剪切速率和湍流强度的增加，晶粒由蔷薇状晶经过等轴晶形成球状晶，从而获得细小均匀球状晶的半固态组织。

双螺旋流变压铸工艺的设备由两部分组成：双螺旋流变注射机和冷室压铸机。双螺旋流变注射机制备一定固相体积分数的半固态浆料，冷室压铸机用于生产一定形状的产品。任何流变成形设备都可以很方便地连接在双螺旋流变注射机上。

相对于普通热挤压，双螺旋流变挤压工艺有如下优点：挤压力小，是传统热挤压的 1/5~1/10；挤压比大；模具寿命长；能制备复杂断面形状的产品；横截面微观组织细小均匀；适用于变形性不好的合金。

D 剪切-冷却-轧制法

剪切-冷却-轧制法（shear-cooling roll，SCR），该工艺是由日本的 Mitruo、Uchimura 等开发的，于 1996 年申请了美国专利。SCR 法具有冷却速率高、结构紧凑、操作方便、生产效率高和制备产品性能好等特点，同时 SCR 法能制备高熔点和高固相率的半固态金属，可以实现半固态合金制备与连续成形的一体化，能应用于生产大尺寸的金属制品。

图 6-6 为 SCR 法的示意图，主要包括剪切/冷却轧辊、由耐火材料制造的靴形座与剥离器，轧辊内通水冷却，轧辊的转动引导熔融金属

沿着靴形座流动。靴形座需要预热到一定温度，防止金属在靴形座上凝固。在金属浆料出口处安装一个剥离器，将可能黏附在轧辊上的金属刮去。其工作原理是：将加热到一定温度的熔融金属经喷嘴注入辊缝上方的导向槽中，轧辊与靴形座之间留有一定的间隙，同时轧辊表面具有一定的粗糙度，轧辊内通水冷却。由于轧辊与靴形座的冷却作用，合金液发生凝固，转动的轧辊对部分凝固的合金产生剪切搅拌作用，使合金液转化为半固态浆料，并通过轧辊施加的摩擦力将半固态浆料从轧辊与靴形座间隙中拖出，通过安装在出料口的剥离器引导半固态浆料流动。可直接进行流变成形，也可制成所需尺寸的半固态坯料，然后进行触变成形。

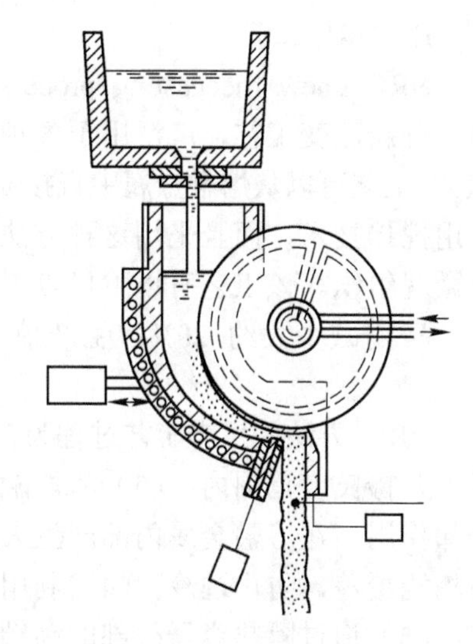

图 6-6　SCR 原理图

影响熔融金属转变为半固态浆料的主要因素有两个：一是辊-靴间隙。辊-靴间隙过大，合金液得不到轧辊的剪切作用，合金液将直接沿着靴形座表面从出料口流出。也有可能，合金熔体凝固时得不到有效剪切，从而枝晶发达，组织结构粗大，此时合金的凝固与常规铸造过程无太大的差异。反之，当辊-靴间隙过小时，由于辊-靴间隙容纳的合金液量较少，合金液体层较薄，合金散热速度很快，合金液进入辊-靴间隙后，立即形成凝固壳，并紧紧覆盖在轧辊表面，即使浇注温度较高，合金在出料口也会发生完全凝固，从而得不到半固态浆料。而且，凝固在轧辊表面的合金难以清除，甚至造成“死机”。通过实验，确定出有效辊-靴间隙宽度为 2~3mm。二是浇注温度。随浇注温度降低，合金内部晶粒由大变小。在较高浇注温度下这种变化不明显，但如果浇注温度太低，树枝晶开始生长，温度越低，树枝晶越发达。因此，只有在一定温度范围内，可得到细小、均匀的球状或椭球状晶粒组织。

E NRC 工艺

NRC（new rheocasting processing）工艺是日本宇部株式会社开发的一种新流变工艺，广泛用于各种轻金属合金，尤其是镁合金。采用 NRC 工艺可以从熔融金属中直接制备出含有球状晶的半固态浆料而不采用搅拌技术，而且采用这种方法制备出的产品具有良好的力学性能和微观组织。该工艺有以下优点：生产成本低，相对于传统的触变成形，费用减少大约 20%；生产效率高，工具寿命长；产品力学性能好。

NRC 方法的生产工艺过程为：（1）将熔融金属控制在液相线温度以上几摄氏度范围内；（2）将熔融金属倒入隔热容器中，由于容器的冷却作用，在熔融金属内部产生大量的初生相晶粒；（3）在容器上下用陶瓷覆盖，防止过冷；（4）利用风冷将金属冷却到设定的半固态温度；（5）通过隔热容器外部的高频感应加热器调整浆料的温度，调整金属浆料的固相体积分数，形成球形浆料，满足成形需要，这个过程需要 3~5min；（6）翻转隔热容器，将半固态浆料倒入套筒。同时，上表面的氧化层沉到套筒底部，可防止氧化层进入产品；（7）将浆料直接倒入模腔中，并成形。如图 6-7 所示。

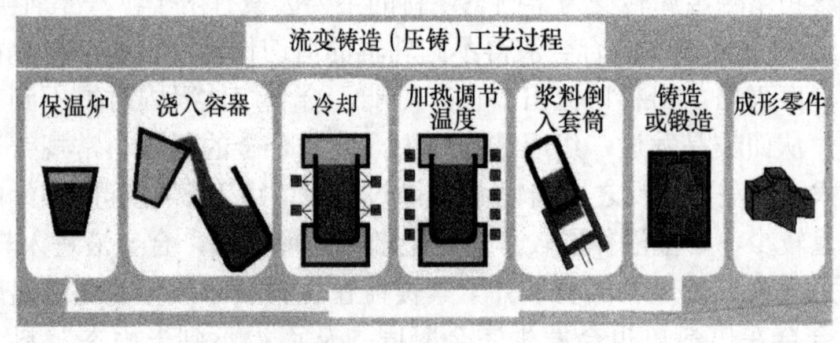

图 6-7 NRC 方法的工艺过程

NRC 方法制备出的浆料微观组织特征：初始 α 相分布非常均匀；不存在残余共晶体，但存在残余金属间化合物；初始 α 相颗粒近似球形。

F 不同液体混合法

不同液体混合法（liquid mixing process）是将两种或三种亚共晶成

分的熔融金属混合，或将亚共晶和过共晶成分的熔融金属混合，将要混合的熔融金属均保持在液相线以上，熔融金属内没有晶核或者晶核很少。混合是在绝热容器中进行，或者在一个通过向绝热容器的表面涂镀石墨的静止混合槽中进行，混合槽要预热，保证熔体流过混合槽时，其温度保持在液相线温度以上。熔体在混合槽上以湍流方式流动，使其混合程度良好。两种熔体的混合导致自发的热传导（热释放），亚共晶吸收过共晶热量，混合后得到的新合金温度在液相线温度上下，含有大量的晶核，进一步热处理可以形成具有细小、球状组织的半固态浆料，如图 6-8 所示。图 6-8*a* 所示为两种不同金属熔体混合的工艺过程，图 6-8*b* 所示为两种不同金属熔体在混合前和混合后的温度变化情况。

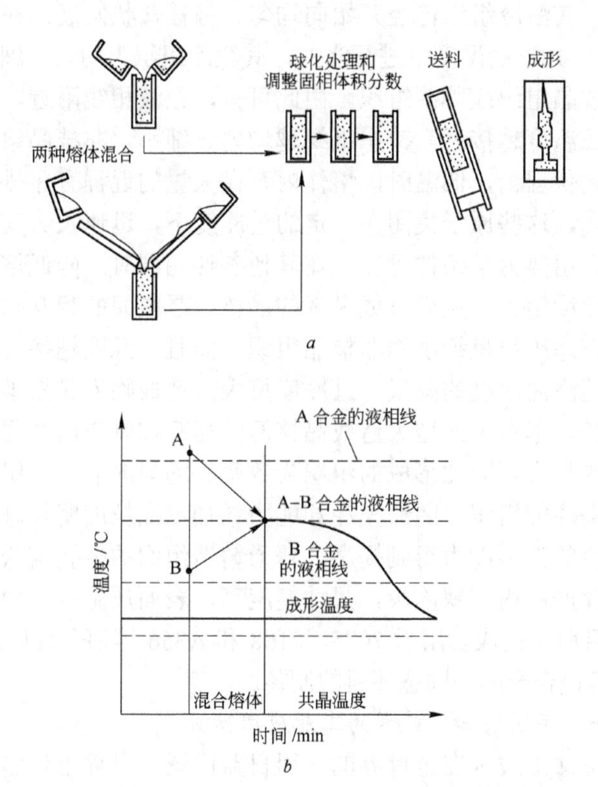

图 6-8　两种不同金属熔体混合的工艺过程及温度变化图

通过控制不同熔体的成分和质量，能获得所需半固态浆料。如果两种将要混合的熔体是不同成分，通过控制热和质量传递（或扩散）获得含有大量初始 α 相颗粒。亚共晶合金温度、对流强度和初始相颗粒尺寸对半固态浆料最终微观组织有很大影响。

G 近液相线铸造法

近液相线铸造法（near-liquidus cast）主要采用控制铸造的温度、静置时间、铸造速度及冷却强度等因素，将熔融温度在液相线温度以上或接近于液相线温度经保温静置后，并在一定的冷速下浇注，从而获得细小、近球形、非枝晶半固态组织。

实验研究表明：将合金在高出其液相线温度 20~30℃的温度下进行浇注，其铸态组织的晶粒度均较大且有部分枝晶存在；随着浇注温度的降低，其激冷组织已经开始向均匀、呈蔷薇状发展；在略高出液相线温度 5~10℃的温度下进行浇注，其激冷组织为均匀、细小、近似球形的非枝晶组织或蔷薇组织。由此可见，在液相线附近，铸造温度距离液相线温度越接近，铸态组织越均匀、细小，非枝晶组织越多。根据结构起伏理论，低温时，熔体内存在大量的近程有序排列的准固态原子集团，这些原子集团在一定的过冷度下，迅速长大变成稳定的结晶核心。由热力学条件可知，在其他条件相同时，降低熔体的温度能够使过冷度增大，从而形成大量的晶核，晶核间的相互抑制长大作用，使得铸态组织呈细小的非枝晶组织。而且，温度越接近于液相线温度时，随浇注温度的降低，过冷度增大，造成临界晶核半径变小。更主要的是，形核率的增大造成晶核间的相互抑制作用增强，更能够抑制晶粒的长大，因此形成的组织为致密、均匀的非枝晶组织。近液相线温度浇注的组织，随铸模冷却能力增加，晶粒度明显减小，而且半固态浆料的充型能力得到提高，普通铸造组织的多孔疏松现象基本消除，因此产品内部缺陷少，尺寸精度高，表面质量好，力学性能接近锻件。目前，已成功用于 7075、2168 和 A356 等铝合金以及 AZ91D 和 ZK60 等镁合金的半固态坯料的制备。

6.1.2.6 半固态加工技术的工业应用情况

半固态加工技术在全世界的应用日益广泛。世界上许多国家都已经开始了这项技术的研究和开发应用。目前，美国、意大利、瑞士、法国、英国、德国、日本等国家处于领先地位。

在美国，Alumax 公司的 Engineered Metal Process 分部率先将此技术转化为生产力。1978 年，该公司使用电磁搅拌技术生产出供触变成形用的圆锭，并建成了世界上第一条高度自动化的触变生产线，用于汽车零部件的生产。1988~1998 年，Alumax 公司为 Bendix 牌小轿车生产了 200 万件铝合金主汽缸，为福特汽车公司生产了 1500 万件铝合金压缩机活塞，其成品率几乎为 100%。1992 年，Alumax 公司与 Superior 工业公司在美国阿肯色州 Bentonville 合资新建了一家工厂，采用触变成形工艺生产汽车零件。该厂拥有 24 台压力机，能用直径为 110~150mm 的圆棒料生产大尺寸零件。1997 年其生产能力达到 230t，零件达 250 万件。

在欧洲，意大利是最早将半固态加工技术商业化的国家之一。意大利 Stampal 公司是一家从事铝合金触变成形的欧洲厂商，能生产直径为 90~110mm、长度可达 4000mm 的圆坯锭。它采用该技术为福特汽车公司生产 Zeta 发动机油料注射挡块，生产效率为 160 件/h。此外还生产齿轮箱盖和摇臂等零件。瑞士的 Buhler 公司于 1993 年初设计制造了第一台适用于半固态金属压铸的 SC 卧式压铸机，该设备配有压射的实时液压控制及新型的型腔传感系统来检测和确保工艺的稳定性。另外，瑞士的 Alusuisse 公司和几个欧洲汽车制造商合作开发生产汽车零件，1997~1998 年开始全面投产，产品主要是汽车悬挂系统，如控制臂和操纵转向节。

法国 Pechiney 公司是主要生产坯料的厂商，目前能生产直径为 76.2mm(3in)、127mm(5in)、152.4mm(6in)的 A356 和 A357 系列铝合金棒料。英国 Sheffield 大学的 P.Kapranos 等在 100kN 锻压机上进行半固态模锻成形，成功地制出尺寸精度极高的 A357 铝合金锻件和 M2 工具钢齿轮等零件。在德国，EFU 公司已采用了半固态加工技术。1996 年开始，由德国研究协会（German Research Association）资助，德国在亚琛工业大学（Aachen University of Technology）加紧进行全面系统的基础研究和工业开发。

日本于 20 世纪 80 年代后期成立了一家由 18 名成员组成的 Rheotech 公司，其成员包括三菱重工、神户制钢、川崎制铁、古河电器等 14 家钢铁企业和 4 家有色金属公司。该公司对半固态加工技术进行系统研究，同时加强与欧美著名大学和公司的联合研究开发，并正向工业应用转化。

当前半固态加工技术应用得最成功和最广泛的领域是汽车行业。表 6-3 列出了可用半固态加工的铝合金汽车零件替换铸铁零件的减重效果。图 6-9 所示为利用半固态加工方法成形的汽车零件。图 6-9*a* 所示为 Alcan 公司应用半固态加工生产的铝合金刹车轮毂。图 6-9*b* 是意大利 Stampal 公司生产的汽车转向节。若采用铸铁制造，质量为 3kg，采用半固态加工的铝合金质量为 1.4kg，减重 114%。图 6-9*c* 所示为 Alfa-Romeo 汽车的悬挂支架，材料为 AlSi7Mg0.6(A357)合金，T5 状态，质量达 7.5kg，是目前最重的半固态加工零件。

表 6-3 已用于汽车前悬挂系统的半固态成形零件与原铸铁零件质量比较

零件名称	铸铁零件质量/kg	半固态铝零件质量/kg	质量减小/kg	质量减小百分比/%
上控制臂：前端	0.73710	0.25515	0.48195	65
后端	0.79380	0.31185	0.48195	61
悬臂	1.84275	0.70785	1.13400	62
驾驶控制杆	2.09790	1.10565	0.99225	47
支撑	0.19845	0.11340	0.08505	43
悬挂支架	0.31185	0.14175	0.17010	55
减振器支架梁	0.19845	0.14175	0.05670	29
驾驶控制杆支撑架	0.36855	0.28350	0.08505	23
转向节	6.95575	3.88395	3.06180	44

a *b* *c*

图 6-9 半固态加工成形的汽车零件

我国从20世纪80年代后期开始，在国家自然科学基金和“863”计划等的支持下，先后有不少高校和科研单位开展了这方面的研究，如东南大学、北京有色金属研究总院、北京科技大学、哈尔滨工业大学、东北大学、清华大学、沈阳金属所、南昌大学、重庆大学等单位。在半固态加工成形技术的基础理论研究方面，取得了可喜进展，并自行设计和开发了不同类型的试验设备，如自行设计建成了100t/a铝合金半固态材料生产试验线，研制成功6工位中频感应二次加热设备。北京有色金属研究总院与东风汽车公司合作，采用半固态压铸生产铝合金汽车空调器零件，见图6-10。

图6-10 我国生产的半固态零件

6.1.3 铝合金精密模锻技术

精密模锻是一种效率高而又精密的压力加工方法，模锻件尺寸与成品零件的尺寸很接近，因而可以实现少切削或无切削加工。这样就可节约大量金属材料。它的工艺流程与热模锻比较，通常要增加精压工序，并且需要有制造精密锻模、无氧化或少氧化加热和冷却的手段；对坯料制备和后续切削加工常有特殊要求；一般用于难于切削加工或费工时的零件，以及对使用性能有较高要求的零件，例如齿轮、涡轮扭曲叶片、航空零件、电器零件等。

精密模锻可采用模锻锤、高速锤、热模锻压力机、摩擦压力机和无砧座锤等。在模锻锤上精密模锻叶片时，模具应做适当导向，以提高上、下模的对中性；为减小模锻时的侧推力，模膛要与水平面倾斜适当角度。当用高速锤模锻时，锻坯表面润滑是个很重要的问题，必要时对坯料表面还得电镀很薄一层减摩金属，再涂以高效润滑剂。精密模锻前的坯料表面清理工作是保证最后锻件质量的重要因素，清理后的坯料表面不允许有油污、氧化皮、夹渣点、碰伤和大的凹坑等缺陷。精密模锻的模膛和普通锻模的形式一样，只是模膛表面粗糙度较高，尺寸精确一些。精密模锻的余量要适当：余量太大，模具寿命低；余量太小，精锻后锻件表面不光滑。一般比较合适的精锻余量为0.5～1.2mm。

6.1.3.1 精密模的特点及工艺要点

A 精密模锻的特点

精密模锻件具有下列优点：

(1) 可节约大量金属材料。与自由锻件相比，材料利用率提高80%以上，与普通模锻件相比，材料利用率提高60%以上。

(2) 可节省大量机械加工工时。精密模锻件一般不需机械加工或只需少量机械加工就可装配使用。与自由锻件相比，机械加工量减少80%以上。

(3) 生产效率高。对于某些形状复杂和难以用机械加工方法成批生产的零件（如轮毂、叶片、高肋薄膜板零件等），采用精密模锻更能显示其优越性。它不仅生产效率高，而且在一定条件下，精度也能与机械加工匹敌。

(4) 金属流线能沿零件外形合理分布而不被切断，有利于提高锻件疲劳性能及抗应力腐蚀性能。

精密模锻虽然优点很多，但并不是在任何条件下都是经济的。因为精密模锻要求高质量的毛坯，精确的模具，少、无氧化的加热条件，良好的润滑和较复杂的工序间清理等。所以只有在一定的批量下才能大幅度地降低成品零件的总成本。根据技术经济分析，零件的批量在2000件以上时，精密模锻将显示其优越性。如果现有的锻造设备和加热设备均能满足精密模锻工艺要求，则零件批量在500件以上，便可采用精密模锻技术进行生产。

B 精密模锻工艺流程要点

(1) 在设计精锻件图时，选择分模面一般不允许选在精锻部位上。另外，精密模锻一般都设有顶出装置，所以出模斜度很小。圆角半径按零件图确定。同时不应当要求所有部位尺寸都精确，而只需保证主要部位尺寸的精度，其余部位尺寸精度可低些。

(2) 下料准确，一般应采用锯切方法下料，长度偏差±0.2mm，端口平直，不歪斜。同时坯料需经表面清理，如打磨和抛光，去除氧化皮、油污、夹渣等。

(3) 坯料的加热，要求采用少、无氧化加热。尽可能采用工频或中频感应电炉快速加热。

(4) 模锻，精密模锻工艺有一火或多火两种。一火精密模锻是将坯料进行无氧化加热后，经制坯和预锻，最后精锻。多火精密模锻是先将坯料进行普通模锻，留出 1～2mm 的压下量。锻件经酸洗和表面清理后，喷涂一层防氧剂，再加热到 500℃左右，在精确的锻模内进行精密模锻后，然后切去毛边。多火精密模锻一般在锻件形状复杂且没有无氧化加热设备和多模膛设备的情况下，采用这种工艺。

(5) 锻件冷却，精锻后的零件需要在保护介质中冷却，或者在有机介质中进行淬火等。

(6) 精密模锻，可在大型液压锻压机、摩擦压力机、热模锻压力机、高速锤及液压螺旋压力机等设备上进行，但设备要有足够的刚度，并采用大一些吨位的锻压设备，以保证高度尺寸充分压靠，获得尺寸温度的精密锻件。

(7) 精锻模具，精锻模具通常采用组合锻模，并设有预锻、精锻两个工序及两套或两套以上锻模模具。精锻模膛尺寸精度要高于锻件二级，且表面粗糙度要小。一般预锻模膛在高度方向上要比精锻模膛大 0.5～1.2mm，以保证精锻时以镦粗方式充满模膛。

6.1.3.2 精密模锻工艺

A 毛坯准备

闭式精密模锻时，坯料体积的偏差将引起锻件高度的变化。因此，要提高锻件精度，首先要提高下料精度。毛坯尺寸误差应严格控制在±2%左右，用于闭式模锻的毛坯，其尺寸偏差应控制在±1%左右。

依据外形定位的镦粗毛坯，尺寸和形状也要严格控制在一定的精度范围内。

毛坯应采用吹砂或酸洗进行清理，清理后的毛坯表面应无氧化皮、夹杂物、裂纹、折叠、凹坑等缺陷。

B 毛坯加热

精密模锻时，应采用少、无氧化快速加热的方法加热坯料。在加热毛坯的过程中，要有良好的清洁条件，防止各种杂物、氧化皮、熔渣等粘在坯料表面。

C 润滑

在精密模锻过程中，采取良好的润滑措施，可使金属易于充满型槽，易于脱模，减小变形抗力，防止表面缺陷和延长模具寿命等。精密模锻常用的润滑剂见表6-4。

表6-4 精密模锻常用润滑剂

状态	锻件材料	选用润滑剂
中温	铝镁合金	动物油；水基或油基石墨；液化处理石蜡
高温	碳钢、低合金结构钢	水基石墨（石墨 7%，粒度 20～25μm）；MoS_2；油基石墨（20%～25%石墨+矿物油+稀释油）
	高温合金	FR21，FR22，FR30，FR35
	不锈钢	FR41，FR42
	钛合金	FR2，FR3，FR4，FR5，FR6；水基石墨（石墨 18%+少量硅酸钠）
中温	钢、不锈钢	低温玻璃润滑剂（石英砂 23%、硼酸 41%、红丹 30%、三氧化二铝 1.8%、硝酸钠 4.2%）+MoS_2；油酸 57%+$MoS_2$17%+石墨 26%
室温	钢 不锈钢	磷化处理+皂化液或 MoS_2 草酸处理；氯化石蜡 85%+$MoS_2$15%
	铝、铝合金	磷化处理+粉状硬脂酸锌；硬铝用氧化处理+MoS_2
	铜、铜合金	钝化处理+粉状硬脂酸锌

D 工序间表面清理

为获得表面高质量和尺寸精度合格的模锻件，从备料开始到生产出精锻件成品的整个过程，每道工序之间均要严格清理和控制表面质量。清理方法和普遍模锻相似，如喷砂、喷丸、滚筒清理和酸洗、碱腐蚀等。但表面清理的要求较普通模锻高，除一般清理外，还要进行光饰加工。

E 锻件冷却

精密模锻后，因温度高，热锻后锻件应迅速放在保护介质中冷却，或在有机介质中淬火，以防止锻件在冷却过程中产生挠曲和变形。

F 工艺过程与检测技术

精密模锻的工艺过程一般是：首先粗模锻成形，获得近似精锻件的形状，但应具有一定的精锻余量，随后将此锻件进行严格清理，排除表面脏物和缺陷。最后，进行少、无氧化加热并精锻成形。对个别要求高的锻件，还要增加精压或冷校正等工序。

精密模锻各工序之间，要进行严格的检验，才能保证随后获得高精度的锻件。常规检验使用的量具、样板等已不能满足全部精锻的需要，现代先进检测仪器是保证精锻工艺得以实现的重要条件。

目前，精密模锻采用的方法有高温精密模锻、中温精密模锻、室温精密模锻三种。精密模锻主要应用于两个方面：

(1) 精化坯料，用精锻工序代替粗切削工序，即将精锻件直接进行精切削加工得到成品零件。随着数控加工设备的大量采用，对坯料精化的需求愈来愈迫切。

(2) 精锻零件，一般用于精密成形零件上难切削加工的部位，而其他部位仍需进行少量切削加工。

6.1.4 等温锻造

在常规锻造条件下，一些难成形金属材料，如钛合金、铝合金、镁合金、镍合金、合金钢等，锻造温度范围比较窄，尤其是在锻造具有薄的腹板、高筋和薄壁的零件，毛坯的热量很快地从模具散失，温度迅速降低，变形抗力迅速增加，塑性性能急剧降低，需要大幅度提高设备吨位，还容易造成锻件开裂。因此不得不增加锻件厚度，增加机械加工余量，从而降低了材料利用率，提高了制件成本。自 20 世纪 70 年代以来，得到迅速发展的等温锻造为解决上述问题提供了强有力的方法。

6.1.4.1 等温锻造的特点及分类

A 等温锻造的特点

(1) 为防止毛坯的温度散失，等温锻造的温度范围介于热锻温度和冷锻温度之间，或对某些材料而言，等于热锻温度。

(2) 考虑到材料在等温锻造时具有一定的黏性，即应变速率敏感性，等温锻造的变形速率很低，一般等温锻造要求液压机活动横梁的工作速度为0.2～2mm/s。

在上述两个条件下，等温锻造坯料所需的变形力很低。如用5MN液压机等温锻造，可替代常规锻造时的20MN水压机。航空航天工业应用的钛合金和铝合金及一些叶片和翼板类零件，适合采用这种工艺。如美国依利诺斯研究所为军用飞机F15生产的隔框钛合金锻件，零件成品质量为10kg，原采用常规锻造，锻件质量为154kg，而采用等温锻造后，锻件质量为16.3kg，只是常规锻造的1/10左右，使材料的利用率由原来的6.5%提高到61%。

等温锻造与常规锻造不同之处在于，它解决了毛坯与模具之间的温度差带来的塑性急剧变化，使热毛坯在被加热到锻造温度的恒温模具中，以较低的应变速率成形。从而解决了在常规锻造时由变形金属表面激冷所引起的流动阻力和变形抗力的增加，以及由变形金属内部变形不均匀而引起的组织性能的差异问题，使得变形抗力降低到常规模锻时的1/10～1/5，实现了在现有设备上完成较大锻件的成形，也使复杂程度较高的锻件精锻成形成为可能。

等温锻造温度通常是指毛坯加热的温度，它不包含毛坯在变形过程产生热效应引起的温升所造成的温差。由于热效应与金属成形时的应变速率有关，所以在考虑到这一影响时，一般在等温成形条件下，尽可能选用运动速度低的设备，如液压机。

热模锻造是等温锻造前期的工艺方法，实质上是将模具加热到比变形金属的始锻温度低110～225℃的温度。模具温度的降低，可以较广泛地选用模具材料，但成形很薄、几何形状复杂工件的能力稍差。

等温锻造与热模锻造的原理相似，而等温锻造比热模锻造有更大的难度。因此，只要掌握了等温锻造工艺方法，实现热模锻造就更容易些。等温锻造的锻件具有以下特点：

(1) 锻件纤维连续、力学性能好，各向异性不明显。由于等温锻造毛坯一次变形量大而金属流动均匀，锻件可获得等轴细晶组织，使锻件的屈服强度、低周疲劳性能及抗应力腐蚀能力有显著提高。

(2) 锻件无残余应力。由于毛坯在高温下以极慢的应变速率进行塑性变形，金属充分软化，内部组织均匀，不存在常规锻造时变形不均匀所产生的内外应力差，消除了残余变形，热处理后尺寸稳定。

(3) 材料利用率高。由于采用了小余量或无余量锻件尺寸精密化设计，使常规锻造时的锻件材料利用率由 10%～30%提高到等温锻造时的 60%～90%。

(4) 金属材料的塑性提高。在等温慢速变形条件下，变形金属中的位错来得及回复，并发生动态再结晶，使得难变形金属也具有较好的塑性。

B 等温锻造的分类

从等温锻造技术的研究与发展看，等温锻造可分为三类。

a 等温精密模锻

金属在等温条件下锻造得到小斜度或无斜度、小余量或无余量的锻件。这种方法可以生产一些形状复杂、尺寸精度要求一般，受力条件要求较高、外形接近零件形状的结构锻件。

b 等温超塑性模锻

金属不但在等温条件下，而且在极低的变形速率（$10^{-4}s^{-1}$）条件下呈现出异常高的塑性状态，从而使难变形金属获得所需形状和尺寸。

c 粉末坯等温锻造

这类工艺方法是以粉末冶金预制坯（通过热等静压或冷等静压）为等温锻原始坯料，在等温超塑条件下，使坯料产生较大变形、压实，从而获得锻件。这种方法可以改善粉末冶金传统方法制件的密度低、使用性能不理想等问题，为等温锻造工艺与其他压力加工新工艺的结合树立了典范。

上述三类等温锻造工艺方法，可根据锻件选材及使用性能要求选用，同时还应考虑工艺的经济性和可行性等。

6.1.4.2 等温锻造工艺的工艺特点与应用

A 等温锻造的工艺特点

等温锻造与常规锻造相比，具有以下特点：

(1) 等温锻造一般在运动速度较低的液压机上进行。根据锻件外形特点、复杂程度、变形特点和生产效率要求，以及不同工艺类型，选择合理的运动速度。一般等温锻造要求液压机活动横梁的工作速度为0.2～2.0mm/s 或更低，在这种条件下，坯料获得的应变速率低于$1\times10^{-2}s^{-1}$，坯料在这种应变速率下，具有超塑性趋势。应变速率的降低，不仅使流动应力降低，而且还改善了模具的受力状况。

(2) 可提高设备的使用能力。由于变形金属在极低的应变速率下成形，即使没有超塑性的金属，也可以在蠕变条件下成形，这时坯料所需的变形力是相当低的。因此，在吨位较小的设备上可以锻造较大的工件。

(3) 由于等温锻造时，坯料一次变形程度很大，如再配合适当的热处理或形变热处理，锻件就能获得非常细小而均匀的组织，不仅避免了锻件缺陷的产生，还可保证锻件的力学性能，减小锻件的各向异性。

等温锻造方法能使形状复杂、壁薄、筋高和薄腹板类锻件一次模锻成形，不仅改变了模锻设计方法，还实现了组合件整体锻造成形。通过简化零件外形结构及结构合理化设计，等温精锻能达到净形、降低材料消耗、缩短制造周期和降低总制造费用的目的。

B　等温锻造的应用

等温锻造应用范围，参见表 6-5。

表 6-5　等温锻造的分类与应用

分 类	应　用	工 艺 特 点
开式模锻	形状复杂零件，薄壁件，难变形材料零件，如钛合金叶片等	余量小、弹性恢复小、可一次成形
闭式模锻	机械加工复杂、力学性能要求高和无斜度的锻件	无飞边、无斜度、需顶出、模具成本高、锻件性能好、精度高、余量小

6.1.5　超塑性锻造

A　概述

超塑性是指在特定的条件下，即在低的应变速率（$\varepsilon=10^{-2}\sim10^{-4}s^{-1}$）、

一定的变形温度（约为热力学熔化温度的一半）和稳定而细小的晶粒度（0.5～5μm）的条件下，某些金属或合金呈现低强度和大伸长率的一种特性。其伸长率可超过 100%以上，如钢的伸长率超过 500%，纯钛超过 300%，铝锌合金超过 1000%，微细晶 Ti-6Al-4V 合金的伸长率可超过 1600%。超塑性锻造就是利用某些金属或合金的上述特性进行低应变速率的等温模锻。

超塑性锻造可分为微细晶超塑性锻造和相变超塑性锻造两大类。微细晶超塑性锻造用的毛坯必须经过超细晶处理，相变超塑性锻造用的毛坯则须进行温度循环处理。

微细晶超塑性属静态超塑性，它是金属材料通过变形和热处理细化方法，使晶粒超细化和等轴化。微细晶粒超塑性具有三个条件，即材料等轴细晶组织（通常晶粒尺寸小于 10μm）；温度 $T \geqslant 0.5T_m$，T_m 为材料熔点的绝对温度；应变速率 $\dot{\varepsilon}$=0.1~10s^{-1} 时呈现塑性，即材料具有低的流动应力，较高的伸长率，良好的流动性。

超塑性模锻必须保证坯料在成形过程中保持恒温，即所谓的“等温模锻”，同时保证变形速度较低（每件约需 2～8min），因此模具结构采用闭式模锻，成形部分的尺寸应考虑收缩率，一般取 0.3%～0.4%，模具冷尺寸应小于锻件冷尺寸。设备选用可调的慢速水压机或液压机。

超塑性变形时，金属加工硬化极微小，甚至可忽略不计。变形后的晶粒基本保持等轴状，也没有明显的织构。即使原来存在织构，经超塑性变形破碎后，也会变成等轴状组织。超塑性变形机理涉及的面很广，要建立一个描述其变形过程中内部结构变化和力学特性的模型和表达式是困难的。各国学者积极开展了金属超塑性及其变形机理的研究，从不同角度提出了一系列的理论，如溶解-沉淀理论、亚稳态理论、扩散蠕变理论-位错攀移机理、动态再结晶理论、晶界滑动（滑移、迁移、转动）理论、原子定向扩散的晶界滑移机理等。

目前，常用的超塑性锻造的材料主要有铝合金、镁合金、低碳钢、不锈钢及高温合金等。

B 超塑性锻造工艺特点

a 金属的变形抗力小

超塑性变形进入稳定阶段后，几乎不存在应变硬化，金属材料的流动应力非常小，只相当于普通模锻的几分之一到几十分之一，适合于在中小型液压机上生产大锻件。

b　流动应力对应变速率的变化非常敏感

超塑性材料拉伸时，随着应变速率的增大，流动应力急剧上升。超塑性变形时，由于金属的加工硬化极小，应变硬化指数近似等于零。

c　形状复杂的锻件可以一次成形

在超塑性状态下，金属的流动性好。它适合于薄壁高肋锻件的一次成形，如飞机的框架和大型壁板等，也适合于成形复杂的钛合金叶轮和高温合金的整体涡轮。有的超塑性精密锻件只需加工装配面，其余为非加工表面，可达很高的精度。超塑性可使金属塑性大为提高，过去认为只能采用铸造成形而不能锻造成形的镍基合金，也可进行超塑性模锻成形，扩大了可锻金属的种类。

d　超塑性模锻件的组织细小、均匀，且性能良好、稳定

超塑性锻造的变形程度大，而且变形温度比普通锻造的低，因此锻件始终保持均匀、细小的晶粒。根据使用性能的要求，可采用不同热处理规范调整晶粒尺寸。由于超塑性锻造是在等温条件下进行，因此锻件的组织与性能比普通锻件更稳定。

e　超塑性模锻件的精度高

由于超塑性锻造变形温度稳定、变形速度缓慢，所以锻件基本上没有残余应力，翘曲度也很小，尺寸精度较高。可利用超塑性锻造制备尺寸精密、形状复杂、晶粒组织均匀细小的薄壁制件，其力学性能均匀一致，机械加工余量小，甚至不需切削加工即可使用。因此，超塑性成形是实现少或无切削加工和精密成形的新途径。此外，应当指出，超塑性锻造需要使用高温合金模具及其加热装置，投资较大，而且只适用于中、小批量锻件的生产。

C　超塑性锻造的分类与应用

a　超塑性锻造分类

超塑性锻造分类和应用范围参见表 6-6。

表 6-6 超塑性锻造的分类与应用

分 类	应 用	工 艺 特 点
超塑性开式模锻	铝、镁、钛合金的叶片、翼板等薄腹板带筋件或形状复杂零件	充模好，变形力低，组织性能好，变形道次少，弹复小
超塑性闭式模锻	难变形复杂形状零件模锻，如钛合金涡轮盘	减少机械加工余量，成形件精度高

b 超塑性成形的应用领域

超塑性成形的应用领域主要有：

(1) 板料成形。其成形方法主要有真空成形法和吹塑成形法。真空成形法有凹模法和凸模法。将超塑性板料放在模具中，并把板料和模具都加热到预定的温度，向模具内吹入压缩空气或将模具内的空气抽出形成负压，使板料贴紧在凹模或凸模上，从而获得所需形状的工件。在制件外形尺寸精度要求较高时或浅腔件成形时采用凹模法，而在制件内侧尺寸精度要求较高时或深腔件成形时，则采用凸模法。

真空成形法所需的最大气压为 0.1MPa，其成形时间根据材料和形状的不同，一般只需 20～30s。它仅适于厚度为 0.4～4mm 的薄板零件的成形。

(2) 板料深冲。在超塑性板料的法兰部分加热，并在外围加油压，一次能拉出非常深的容器。深冲比 H/d_0 可为普通拉深的 15 倍左右。

(3) 挤压和模锻。超塑性模锻高温合金和钛合金不仅可以节省原材料，降低成本，而且大幅度提高成品率。所以，对那些可锻性非常差的合金的锻造加工，超塑性模锻是很有前途的一种工艺。

6.1.6 粉末锻造

6.1.6.1 概述

粉末锻造是将粉末冶金和精密模锻结合在一起的工艺。它是以金属粉末为原料，经过冷压成形、烧结，热锻成形或由粉末经热等静压、等温模锻，或直接由粉末热等静压及后续处理等工序制成所需形状的精密锻件。它的工艺流程见图 6-11。为将各种金属粉末按一定比例配出所需的化学成分，在模具中冷压（或热等静压）出近似零件形状的坯料，并放在加热炉内加热到使粉末黏结，然后冷却到一定温度后，进行闭式模锻，得到紧密的内部组织（相对密度在 98%以上）、尺寸精度较高的锻件。图 6-12 所示为阻尼粉末铝合金飞机炮梁锻件的主要生产工序及工艺流程。

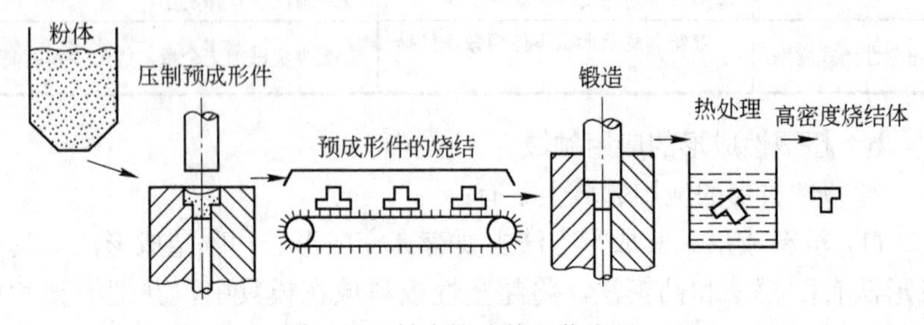

图 6-11 粉末锻造的工艺流程

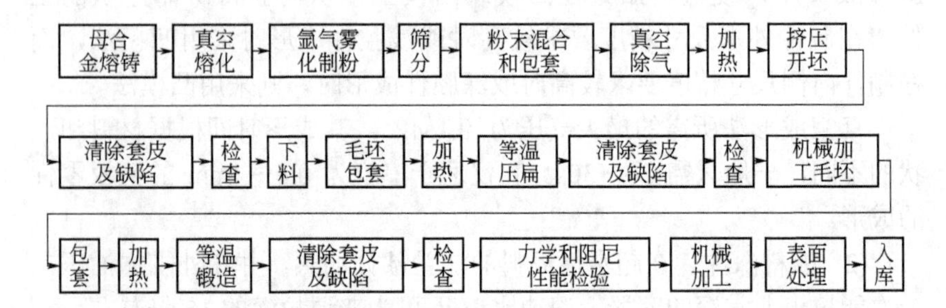

图 6-12 阻尼粉末铝合金飞机炮梁锻件的主要生产工序及工艺流程

6.1.6.2 粉末锻造的特点与工艺

A 粉末锻造的特点

一般的粉末冶金制件，含有大量的孔隙，致密度差，普通钢件的密度通常为 6.2～6.8g/cm^3，经过热等静压或加热锻造后，可使制件的相对密度提高至 98%以上。

粉末锻造的毛坯为烧结体或挤压坯，或经热等静压的毛坯。与采用普通钢坯锻造相比，粉末锻造的优点如下：

(1) 材料利用率高。预制坯锻造时无材料耗损，最终机械加工余量小，从粉末原材料到成品零件总的材料利用率可达 90%以上。

(2) 锻件尺寸精度高，表面粗糙度低，容易获得形状复杂的锻件。粉末锻造预制坯采用少、无氧化保护加热，锻后精度和表面粗糙度可达到精密模锻和精铸的水平。可采用最佳预制坯形状，以便最终成形形状复杂的锻件。

(3) 有利于提高锻件力学性能。由于粉末颗粒都是由微量液体金属快速冷凝而成，而且金属液滴的成分与母合金几乎完全相同，偏析就被限制在粉末颗粒的尺寸之内。因此可消除普通金属材料中的铸造偏析及晶粒粗大不均（尤其是对无固态相变金属材料及一些新型材料）等缺陷，使材质均匀无各向异性，有利于提高锻件力学性能。但当粉末锻件中残留有一定量的孔隙和夹杂时，将使锻件的塑性和韧性降低。

(4) 锻件成本低，生产率高，容易实现自动化。粉末锻件的原材料费用、锻造费用与一般模锻差不多，但与普通模锻件相比，尺寸精度高、表面粗糙度低，可少加工或不加工，从而节省大量工时。对形状复杂、批量大的小零件，如车轮、花键轴套、连杆等难加工件，节约效果尤其明显。

由于金属粉末合金化容易，因此有可能根据产品的服役条件和性能要求，设计和制备原材料，从而改变传统的锻压加工都是“来料加工”模式，有利于实现产品、工艺、材料的“一体化”。

粉末锻造多用于各种合金粉末制件。目前所用的材料不下几十种。目前，粉末耐热铝合金已在燃气轮机锻件上和重型卡车车轮上获得广泛应用。近年来大型飞机的车轮和铝合金飞机大梁接头等也用粉末锻造法生产。

B 粉末锻造主要工序分析

a 粉末原材料制备

粉末原材料对粉末锻件性能有重要影响，但是优质粉末成本较高。所以应针对粉末锻件的不同要求，合理选用粉末原材料。

粉末原材料中往往含有各种夹杂，包括异类金属颗粒和非金属颗粒，多是由粉末原料和工艺过程带入的，尤其是脆性的陶瓷夹杂对力学性能影响很大。因此，应对粉末原材料的夹杂含量加以限制，可采用磁选法或真空双电极电弧重熔、电子束水冷坩埚精炼母合金和其他方法，使其降低到规定限度以下。

粉末的粒度及组成等直接影响粉末的物理性能和工艺性能，应列入质量控制项目。

粉末中的气体含量主要是指氧含量。氧在各种粉末合金中以氧化物形式存在。氧化物的形态不同，对粉末锻件性能的影响也不同。多数金属粉末在储存和运输期间被氧化，在配料前通常要进行还原处理。尽量减少粉末中的残留氧含量。

b 预制坯的制备

在预制坯设计时，要认真分析关键部位的应力应变状态，调整预制坯的几何形状和尺寸，防止出现锻造裂纹。

用冷压模压制预制坯时，要控制粉末装料的容积或质量，以减小预制坯压制件间的质量偏差。预制坯超重将造成粉末锻件高度超差，质量不足将造成粉末锻件高度不足或密度不足。冷压时也要注意模壁的润滑。

烧结的目的是增大预制坯的强度和可锻性，避免锻造时产生裂纹，使合金成分均匀化，有时还可降低氧含量。烧结是在保护气氛或真空中进行。

预制坯烧结时体积有所收缩，但内部仍含有大量孔隙。烧结致密机理有体积扩散、晶界移动、扩散蠕变等。

c 锻造

粉末锻造一般采用闭式模锻。开式模锻效果较差。锻模型槽尺寸按锻件尺寸加锻件收缩率确定。锻模型槽表面粗糙度要低，也应注意选择适当的润滑剂。

锻前加热一般都在保护气氛中进行。也可采用高频快速加热，并在预制坯表面涂保护剂。

粉末锻造的锻造温度、保温时间及锻压力等工艺参数可参照普通模锻来选定，以保证预制坯顺利变形，同时使锻件各部位具有高密度。

粉末锻压件的致密发生在烧结挤压、热等静压和塑性成形过程中。塑性成形时粉末颗粒发生变形，使孔隙缩小以至消失，从而使材料致密。压下量对致密效果的影响与温度有关，在相同变形程度条件下，冷变形的致密效果不如热变形，所以加热温度是粉末锻造的一个重要参数。

粉末锻造时，锻模应预热到一定温度，否则由于模壁的激冷作用，会影响坯料表层的致密度和力学性能。粉末锻件锻后应在保护气氛中冷却，以防表面及内部残留孔隙氧化。

d 后续处理和加工

锻造时由于保压时间短，坯料内部孔隙虽被锻合，但其中有一部分还未能充分扩散结合，可经过退火、再次烧结或热等静压处理，以便充分扩散结合。

粉末锻件可同普通锻件一样进行各种热处理。为保证粉末锻件的装配精度，有时还需进行少量的机械加工。

6.1.6.3 粉末锻造种类及应用

A 粉末锻造种类

粉末锻造工艺通常分为粉末热锻、粉末冷锻、粉末等温与超塑性锻造、粉末热等静压、粉末准等静压、粉末喷射锻造等。粉末锻造工艺发展非常迅速，新的工艺方法不断涌现，如松装锻法、球团锻造法、喷雾锻造法、粉末包套自由锻法、粉末等温锻造法、粉末超塑性模锻。此外，还有粉末热挤压、粉末摆动辗压、粉末旋压、粉末连续挤压、粉末轧制、粉末注射成形、粉末爆炸成形等。

a 粉末热锻（又称直接法）

与烧结锻造不同，粉末热锻采用预合金粉、预成形坯成形后直接加热锻造成形。由于直接法比烧结锻造方法减少了二次加热，可节省能源 15%左右。因此烧结锻造朝粉末热锻的方向发展。

b 粉末冷锻

这是指粉末预成形坯烧结后冷锻。粉末冷锻与粉末热锻相比，有许多优点：制品表面光洁，容易控制制品质量和尺寸精度，不需要保护气氛加热，节约能源。但粉末冷锻要求烧结后预成形坯必须具有足够的塑性，这对粉末原材料提出了更高的要求。

c 粉末高温合金的等温与超塑性锻造

粉末高温合金是制造飞机发动机涡轮盘和叶片的理想材料，粉末高温合金晶粒细小，很容易实现超塑性。高温合金粉末致密化成形工艺可采用热等静压、热挤压、热等静压+锻造三种方法，其中热挤压方法最好。经致密化处理后，制成预成形坯，然后采用等温或超塑性锻造方法生产锻件。

d 粉末热等静压

粉末热等静压（HIP）是一种净粉末体在高温压下致密成形技术。典型 HIP 工艺如图 6-13 所示。HIP 是将粉末在静水压力下，高温压下的固结过程，没有宏观塑性流动（只有微观粉末的塑性变形充填孔隙），仅有体积变化，属压实致密的成形方法。

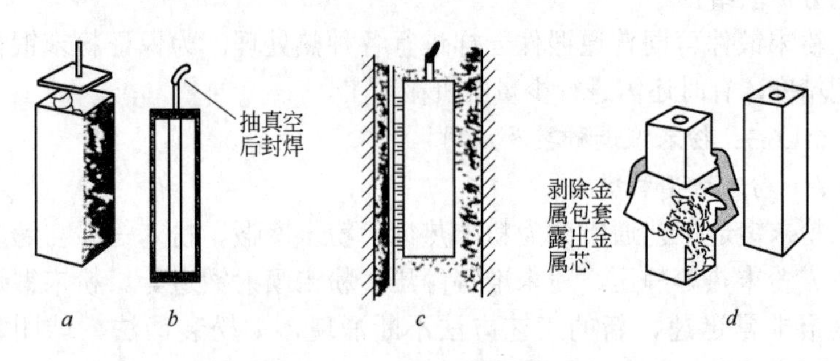

图 6-13　热等静压过程示意图

a—成形件组装的金属包套；*b*—装粉和密封后的包套；
c—高温气体压侧；*d*—剥除金属包套和致密锭

粉末热等静压分为有包套的热等静压和无包套的热等静压两种。有包套的热等静压主要用于生产高性能材料，不需要活化烧结的添加剂，几乎达到完全致密。包套材料一般选择金属、玻璃和陶瓷。其主要方法是采用雾化的预合金粉末，直接装入包套内，抽成真空并封焊，再进行冷等静压，然后热等静压成形即可。无包套的热等静压主要用于成形复杂形状、高性能金属零件和结构陶瓷制品。其主要方法是将烧结至一定密度的预成形坯，经热等静压成形。这种方法消除了包套材料选择和加工的困难，可降低成本，提高生产效率。

e　粉末喷射锻造

粉末喷射锻造工艺过程如图 6-14 所示。该方法是采用高速氮气喷射金属液流，雾化的粉末落下，沉积到预成形的模具中。沉积的预成形坯的密度很高，相对密度可达 99%，将预成形坯从雾化室中取出，放在保温加热炉内，在预成形坯加热到锻造温度后，立即进行锻造，得到近于完全致密的锻件，然后送切边压力机切边获得成品锻件。

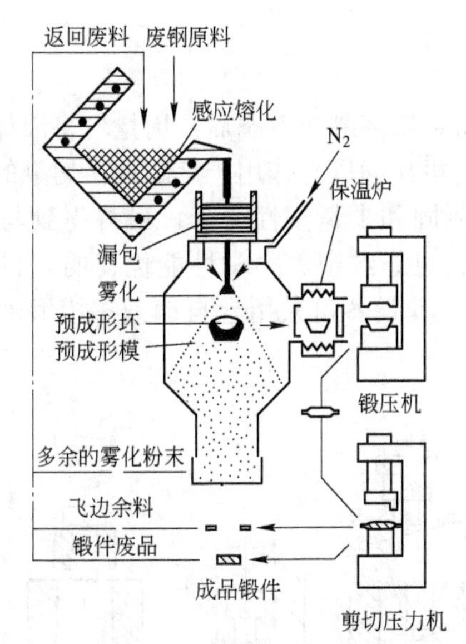

图 6-14 喷射锻造过程示意图

喷射成形和塑性加工方法相结合，使雾化方法生产金属粉末与铸压成形有机结合，从熔融金属到锻件材料利用率达 90%以上。该方法比较适合大型锻件的成形。在这种方法的基础上，现在已发展为喷射轧制、喷射挤压，以及采用离心喷射沉积方法制造板材、型材和大型薄壁筒形件等先进方法。

B 粉末锻造的应用

目前粉末锻造已在许多领域中得到应用，主要用来制造高性能的粉末制品，特别是在汽车制造业中表现更为突出。表 6-7 列出适合于粉末锻造生产的汽车零件，其中齿轮和连杆是最能发挥粉末锻造优点的两大类零件。它们均要求有良好的动平衡性能，要求零件具有均匀的材质分布，这正是粉末锻造特有的优点。

表 6-7 适用于粉末锻造工艺生产的汽车零件

发动机	连杆、齿轮、气门挺杆、交流电机转子、阀门、启动机齿轮、环形齿轮
变速器（手动）	毂套、倒车空套齿轮、离合器、轴承座圈、同步器中各种齿轮
变速器（自动）	内座圈、压板、外座圈、停车自动齿轮、离合器、凸轮、差动齿轮
底盘	后轴承端盖、扇形齿轮、万向轴节、侧齿轮、轮毂、伞齿及环形齿轮

6.1.7 液态模锻

液态模锻是将金属熔融成液态后，用量勺将液体金属浇入锻模模膛，然后以一定的机械静压力作用于熔融或半熔融的金属上，使之产生流动、结晶、凝固和少量塑性变形，最终得到与模膛形状尺寸相对应、表面光洁、组织致密、力学性能优良的坯料或零件的热加工方法，见图 6-15，其设备可采用全自动液态模锻液压机或通用型液压机。

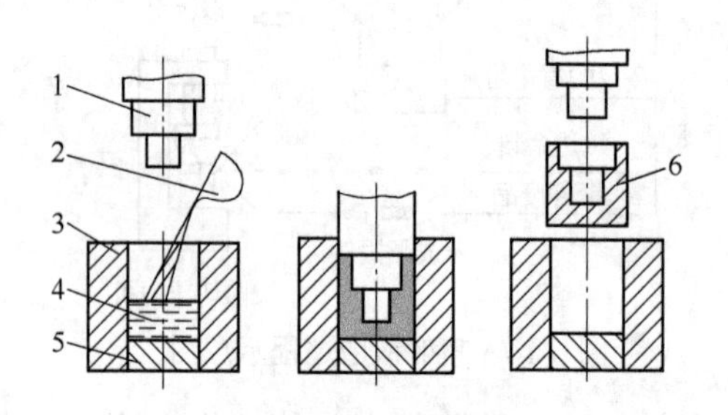

图 6-15 液态模锻过程

1—压头；2—定量勺；3—凹模；4—液态金属；5—热板；6—液态件

6.1.7.1 液态模锻工艺特点

液态模锻是借鉴压力铸造和模锻工艺而发展起来的工艺方法。它不仅具有铸造和锻造的若干特点，而且形成了自身工艺的独特性。液态模锻采用了铸造的熔化、浇注并与锻造中的高压模具相结合的技术加工方法。其工艺特点有以下几个方面：

(1) 与铸造相比，采用的工艺流程短，金属利用率高，并节约能源，经济效益好；

(2) 液态模锻的结晶组织和力学性能比压铸好，甚至超过轧材；

(3) 适用于生产复杂形状的零件，特别适合于有色金属件。

液态模锻工艺方法成形锻件的凝固特点是：液态金属浇入凹模后冲头对其直接加压或由下柱塞（下平冲头）将其推入模腔间接加压，当金属液充满型腔时，与模壁紧密贴合，表面先形成锻件外壳，然后由表及里向内凝固，而凝固过程始终在一个恒定的静压力下完成。一定的压力可使先凝固的外壳产生塑性变形，并将压力始终作用于液态金属上，直到凝固结束。这不仅可以避免任何铸造方法所产生的缩孔类缺陷，同时可以使液态金属的凝固温度提高，改变合金的熔点和合金状态图。

液态模锻由于被加工金属处于高温状态，因此，对于黑色金属的加工，模具寿命问题不好解决，现在还处于研究阶段。

液态模锻的工艺流程如图 6-16 所示。

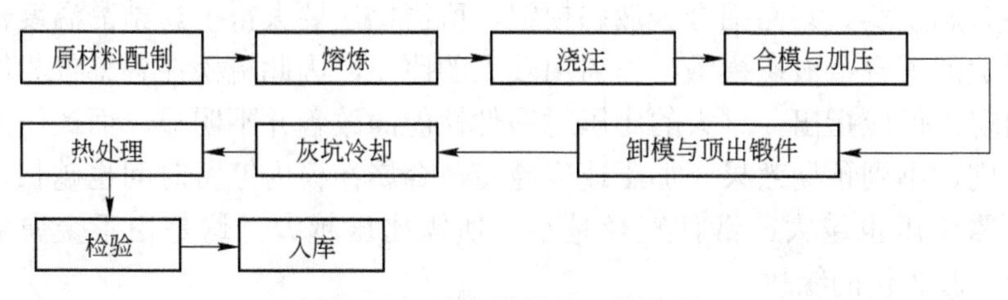

图 6-16 液态模锻的工艺流程

6.1.7.2 液态模锻工艺方法

根据液态金属的流动、充模和受力情况的不同，液态模锻工艺有以下三种基本方式：

A 静压液态模锻

其原理是把定量液态金属浇注到液态模锻型槽内，然后压力机施加静压力，使液态金属结晶并发生少量塑性变形，以获得锻件。静压液态模锻可分为结壳、压力下结晶、压力下结晶+塑性变形和塑性变形四个阶段。

B 挤压液态模锻

挤压液态模锻，首先是液态金属在压力下充模，然后其过程与静压液态模锻基本相似。其特点是依靠压力充模，液态金属产生剧烈的流动，液态金属流动过程中形成较多晶核，能获得晶粒细小的组织；可以得到薄壁（壁厚度小于 6mm）、形状复杂、轮廓清晰和表面光洁的锻件。

C 间接液态模锻

与压铸相似，不同的是间接液态模锻的浇口截面大、浇道短，液态金属充模速度比挤压液态模锻大而比压铸慢（间接液态模锻的充模速度为 1～9mm/s），不产生卷气。间接液态模锻可生产薄壁为 1～3mm，并能获得表面光洁、组织致密的表层。

6.1.7.3 液态模锻工艺参数

A 比压

为了使金属液在静压下去除气体，避免气孔、缩孔和疏松，要求一定的比压，以达到提高力学性能的目的，因此，选择比压时必须考虑锻件内部质量要求。具有固溶体的铝合金液态模锻，比压不大就能使金属压实。共晶铝合金液态模锻，所需比压要大得多。结晶温度范围宽的铜合金液态模锻，也需用较大的比压，因此疏松在各部位相继出现。但应指出，过大的比压对锻件性能的改善并不明显，而比压太小则达不到预期效果。加压速度越慢，金属在模内停留时间也越长，所需比压也越大。锻件直径越小，所需比压越大，这是由于金属量少，凝固快的缘故。

B 加压开始时间

一般在熔融状态时开始加压，以不低于固相线温度为准。

C 加压速度

加压速度要快，以便模具及时地将压力作用于金属上，促使结晶、塑性变形和最终成形。但不能太快，以防止速度过快，使液态金属在上模产生涡流和通过上、下模使金属流失过多。一般控制在 0.2～2.4m/s，对于大工件取 0.1m/s。

D 保压时间

由于液态模锻时金属结晶与流动成形都需一定时间，因此在整个成形过程中都必须保压。延长保压时间不仅没有必要，而且还会降低生产效率和缩短模具的使用寿命。保压时间取决于工件厚度。对于钢件按每 10mm 厚度为 5s 计算保压时间；对于铝件，当直径小于 50mm 时，按每 10mm 厚度为 5s 计算；当大于 100mm 时，则按每 10mm 厚度为 10～15s 计算。

E 浇注温度

浇注温度应尽可能低一些，以便金属内部的气体排出。若浇注温度太低，由于凝固快而使比压增大。浇注温度太高，所需的比压也大，因为缩孔在最厚处生成，比压小则不易使之消除。

F 模具预热温度

预热温度要合适，过高容易产生粘模，致使脱模困难；过低容易出现冷隔和表面裂纹等缺陷。预热模具温度一般为200～400℃。

G 润滑剂

液态模锻润滑有一定要求，不仅要耐高温、高压，而且要具有良好的黏附性能。对于铝合金，可选用 1∶1 的石墨加猪油或 4∶1 的蜂蜡加二硫化钼。对于铜合金，可选用 3∶7 的石墨加猪油或 1∶1 的植物油加肥皂水。

6.1.7.4 液态模锻对设备的要求

液态模锻工艺要求液态金属在静压力下流动凝固，因此，最适合这种工艺的设备是液压机。液态模锻用液压机分为通用液压机和专用液压机两类。在通用液压机上进行液态模锻时，对模具结构要求较高，模具上应设计有保证制件成形的辅助装置和开合模装置等；在专用液压机上进行液态模锻时，应根据工艺特点，要求专用液压机能实现各种液态模锻工艺方法。

6.1.7.5 液态模锻模具基本结构与设计原则

A 模具的基本结构

a 简单模

它主要用于简单制件，采用上冲头直接加压成形，如图 6-17 所示。

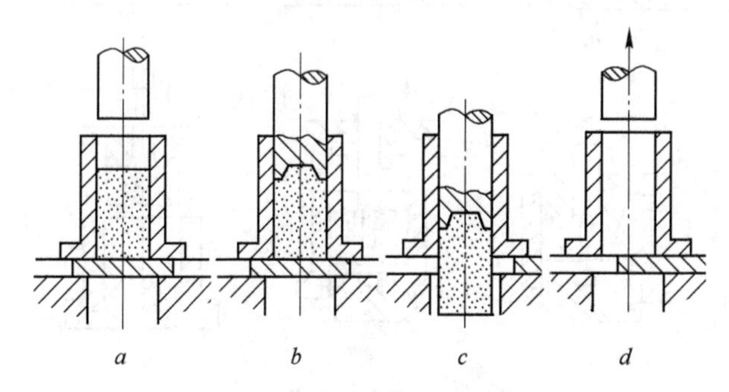

图 6-17 简单模工作过程

a—浇注；*b*—加压；*c*—顶出锻件；*d*—复位

b 可分凹模

它主要用于带有侧凹或侧凸、形状较为复杂的制件，通常采用直接加压法成形，如图 6-18 所示。

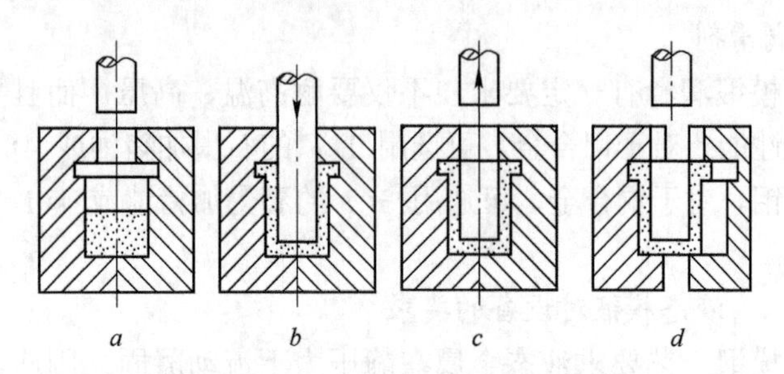

图 6-18 可分凹模工作过程

a—浇注；*b*—加压；*c*—凸模退出；*d*—复合

c 组合模

这种模具结构根据制件的外形和复杂程度确定，多数采用间接液态模锻方法成形，如图 6-19 所示。

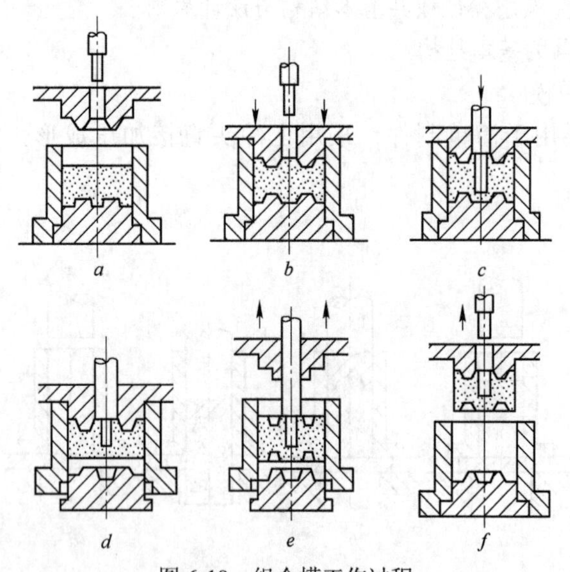

图 6-19 组合模工作过程

a—浇注；*b*—加压；*c*—冲孔；*d*—垫块下行；*e*—下模退出；*f*—凸模上行

B 模具设计原则

液态模锻模具的设计依据是锻件图。液态模锻锻件类型有许多种，但由于工艺的特殊性，无论哪种类型的锻件，均无需制坯，因此，模具结构特点是一模一锻。为了使制件成形后顺利出模，在锻件图设计时应结合模具结构的要求，掌握以下设计原则：

(1) 分模位置选择。尽可能减少分模面，这主要是取决于锻件的复杂程度和成形后锻件出模的难易程度。

(2) 加工余量。非加工表面不放余量，加工表面可加放 3～6mm 余量，易形成表面缺陷处可增大余量。

(3) 模锻斜度。与顶出装置平行的侧面可考虑较小的出模斜度，一般取 1°～3°。

(4) 圆角半径。锻件的尖角与模具对应凹角处，考虑排气和模具制造及热处理等要求，一般设计成圆角，根据尺寸可选圆角半径为 3～10mm。

(5) 收缩量。对于简单形状锻件，收缩量由材料性质、成形温度和模具材料确定；对于复杂形状锻件，应考虑收缩不均匀问题。

(6) 锻件最小孔径。孔径与锻件材质有关，有色金属最小孔径一般为ϕ25～35mm；黑色金属则为ϕ35～50mm。

(7) 排气孔和排气槽。在金属液最后充填的盲腔底部应开排气孔，排气孔应小于ϕ2mm；有时考虑气体能顺利排出，可在分模面或镶块配合面局部开设排气沟槽，槽深为 0.1～0.15mm，宽度应根据锻件具体尺寸确定。

(8) 凸凹模间隙。凸凹模间隙与成形金属材料有关，按表 6-8 选用。

表 6-8 凸凹模间隙选择

锻件材料	铝	铜	镍黄铜	钢
间隙/mm	0.05~0.2	0.1~0.3	0.3~0.4	0.075~0.13

C 模具材料

液态模锻模具使用前应预热到 250～350℃，在生产过程中，模具始终处在较高温度和较大压力下，并受交变温度和载荷的作用。因此，要选用能承受热应力和交变应力的模具材料。对于铝合金锻件，可选用 3Cr2W8V，4W2CrSiV，3W4Cr2V 等热作模具钢或碳素工具钢。

6.1.8 高速锤锻造

高速锤锻造是在高速锤上完成的锻造工艺方法。高速锤是利用高压气体（通常是 14MPa 的空气或氮气），在极短的时间内突然膨胀来推动锤头高速锻打工件的一种新型锻压设备。利用高速锤可以挤压铝合金、钛合金、不锈钢、合金结构钢等材料叶片，精锻各种回转体零件（如环形件、齿轮、叶轮等），并适用于一些高强度、低塑性、难变形金属的锻造。

高速锤的结构如图 6-20 所示，高压气体及锤头自重，使锤头向下运动。高速锤在打击之前，回程缸先把锤头顶起，然后锤杆下部的高压缸内充入高压气体，将锤头悬住。打击时先引入高压油启动打击阀，向高压缸上部引入高压气体，锤头开始向下运动，随后，高压气体在高压缸上部急剧膨胀，推动锤头高速向下运动，同时高压缸带动床身系统向上运动，完成打击动作。锤击之后，回程缸将锤头顶起，顶出机构顶出锻件。

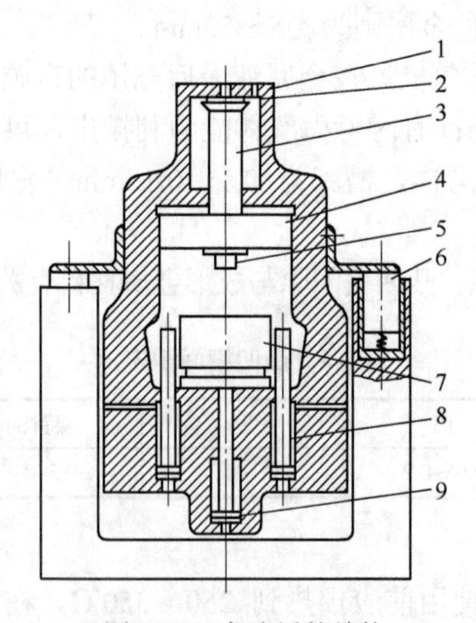

图 6-20 高速锤的结构

1—高压缸；2—端面密封圈；3—锤杆；4—锤头；5—冲头；6—支承缸；7—凹模；8—回程缸；9—顶出缸

6.1.8.1 锻件分类

高速锤由于能量调节比较困难，打击频率又低，所以多作为终锻成形使用，且以轴对称为主。根据锻件成形的主要变形方法，大致可分为模锻件和挤压件两大类。其中因为金属流动方式不同，模锻又分为开式与闭式两种，而挤压分正挤、反挤和径向挤三种。挤压是高速锤模锻用得比较广泛的一种工艺方法。高速镦粗时，金属在径向的惯性流动，为实现径向挤压提供有利的条件，一般齿形、侧面带筋的锻件都可用此方式成形。

6.1.8.2 高速锤锻造的特点

由于高速锤锻造时变形速度快，所以填充性能好，惯性力大，热效应低，摩擦系数小。高速锤打击坯料使金属在极短的时间（0.001～0.002s）内完全变形，而且在锻件上要产生径向及轴向的惯性力，这样可近似认为金属无热量散失或热量散失很小，热效应低，在变形过程中有较高的塑性及较低的抗力。另外，惯性力的存在使得在径向的惯性流动有利于塑性变形，单位变形力有所降低，这种高速镦粗时的金属流动特点，为锻造径向成形的大面积薄腹板类齿轮、叶轮创造了有利的条件。但在高速挤压时，它往往使挤压件受破坏。所以在设计正挤压件时，应预先计算金属在挤压时的流动速度，使它小于许可临界速度，避免产生惯性断裂。

另外，高速锤打击速度越快，金属与模具之间的相对滑移速度也就越快，而相应的摩擦系数越小，这样金属变形较均匀，附加应力小，对低塑性材料锻造较为有利。

6.1.8.3 高速锤锻造用模具

高速锤用模具如图 6-21 所示。高速锤上的模具一般都是单型槽（模膛），坯料在单型槽内只需一次打击成形，变形时间短，无法用飞边槽来促进金属充满型槽，而且高速锤锻造时金属成形性能好，即使留有飞边槽意义也不大，所以高速锤锻造时一般采用镶块式组合模进行闭式模锻。由于利用过盈配合和施加预应力将一个或多个套圈把凹模紧套起来，这种多层组合凹模不仅显著提高了凹模的承载能力，而且使组合凹模的应力分布均匀，模具材料充分利用。

图 6-21　高速锤凹模形式

a—两层组合凹模；*b*—三层组合凹模

6.1.9　多向模锻技术

它是在模具内，用几个冲头自不同方向同时或依次对坯料加压以获得形状复杂的精密锻件（图 6-22）。多向模锻是近十年来迅速发展起来的，它综合了模锻和挤压的优点，克服了模锻锤及其他老式锻压设备加工的局限性和生产、劳动条件较差等一系列的弱点，改变了一般锻件余块大、余量大、公差大的落后状况。更重要的是，可加工出其他锻压方法无法或较难生产的形状复杂的锻件。多向模锻为实现坯料精化、少切削或无切削加工，开辟了一条新的途径。目前国外已可锻出长 1.5m、宽 1.2m、圆筒直径 0.3m、质量 907kg 的锻件。采用多向模锻工艺加工曲轴具有操作简单、金属纤维能够连续分布与加工余量减小等明显的优点（图 6-23）。

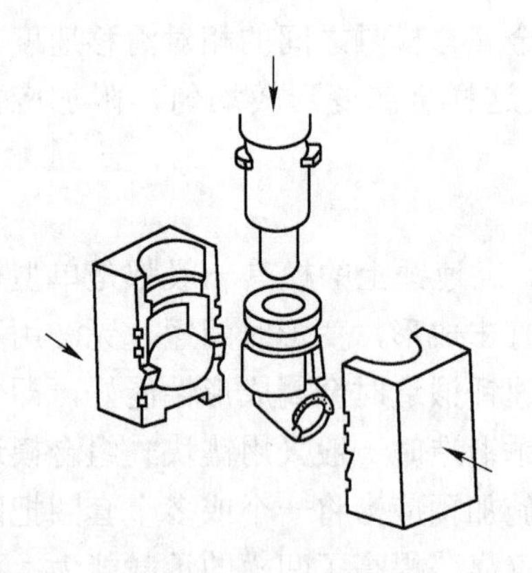

图 6-22　多向模锻示意图

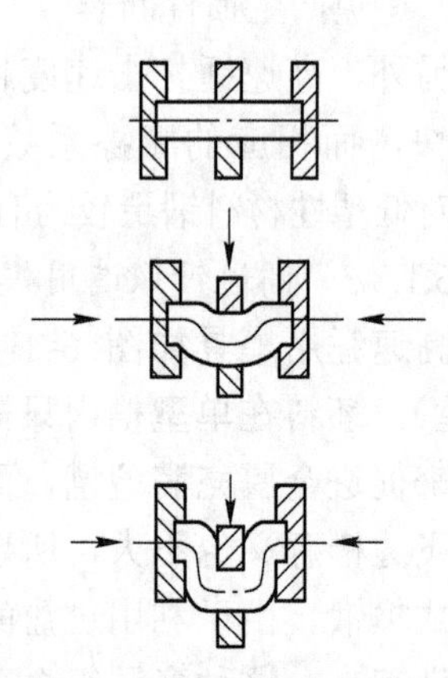

图 6-23　曲轴的多向锻压

6.1.10 旋锻

旋锻实际上是模锻的特殊锻打形式。它的工作原理是：两块锻模一方面环绕锻坯纵向轴线高速旋转，同时另一方面又对锻坯进行高速锻打（它的锻打频率可达 6000～10000 次/min），从而使锻坯变形（图 6-24）。

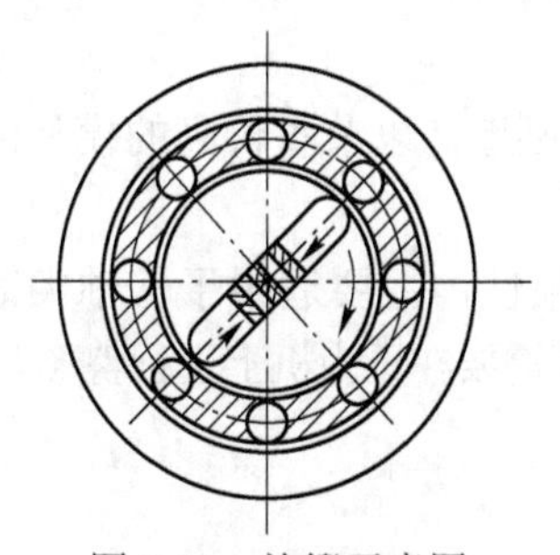

图 6-24 旋锻示意图

旋锻时变形区的主应力状态是三向压应力，主变形状态是二向压缩一向延伸。这种变形力学状态图有利于提高金属的塑性。旋锻过程中金属做多头螺线式延伸，在工艺上则兼有脉冲锻打和多向锻打的特性。由于脉冲锻打具有频率（它等于滚子对数乘每分钟旋转次数）高，每次变形量较小的特点，因此使金属变形时摩擦阻力降低，减小变形功；同时，脉冲加载对提高锻件精度也是有利的。所以旋锻也很适用于低塑性的稀有金属加工（每次旋锻的变形程度可达 11%～25%）。

旋锻可进行热锻、温锻及冷锻。锻件的表面质量和内部质量都较好。目前旋锻的锻件，尺寸范围很广，实心件可小到ϕ0.15mm，空心件（管子）可大到ϕ320mm。

6.1.11 辊锻

辊锻是近几十年发展起来的，它既可作为模锻前的制坯工序，亦可直接辊制锻件。辊锻是使毛坯（冷态的或热态的金属）在装有圆弧形模块的一对旋转的锻辊中通过时，借助模槽使其产生塑性变形，从而获得所需要的锻件或锻坯（图 6-25）。目前已有许多种锻件或锻坯采用辊锻工艺来生产，如各类扳手、剪刀、锄板、麻花钻、柴油机连杆、履带

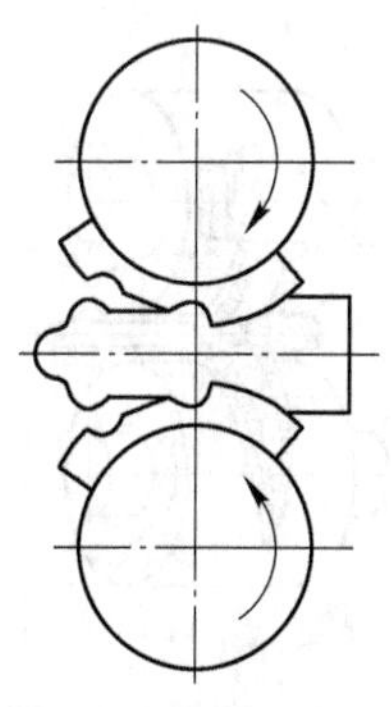

图 6-25 辊锻示意图

拖拉机链轨节、涡轮机叶片等。辊锻变形过程是一个连续的静压过程，没有冲击和振动。它与一般锻压和模锻相比有以下特点：

(1) 所用设备吨位小。因为辊锻过程是逐步的、连续的变形过程，变形的每一瞬间，模具只与坯料一部分接触，所以只需要吨位小的设备；

(2) 劳动条件好，易于实现机械化和自动化；

(3) 设备结构简单，对厂房和地基要求低；

(4) 生产效率高；

(5) 辊锻模具可用球墨铸铁或冷硬铸铁制造，以节省价高的模具钢和减少模具机械加工量。

辊锻除有上述特点外，还有其工艺局限性，主要适用于长轴类锻件。对于断面变化复杂的锻件，成形辊锻后还需要在压力机上进行整形。

6.1.12 楔横轧

楔横轧是楔形模横轧的简称，它工作的原理见图 6-26，它的产品如图 6-27 所示。

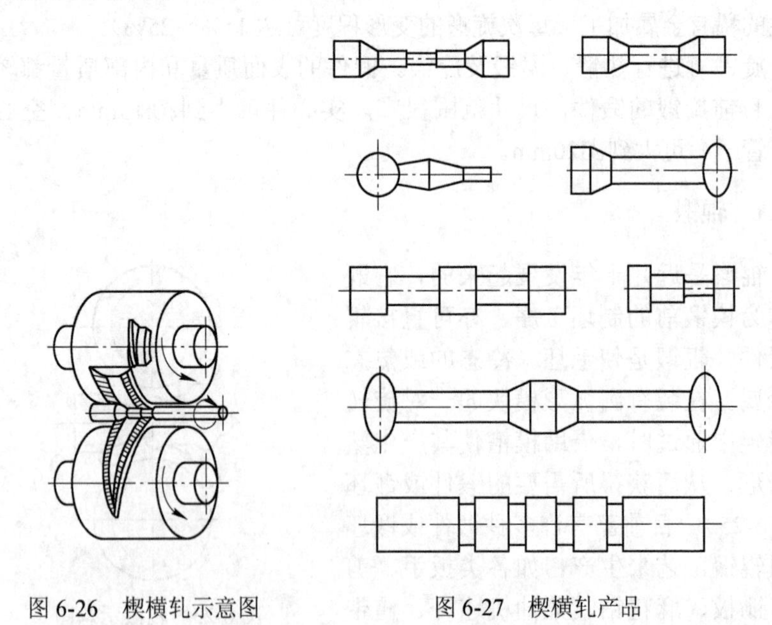

图 6-26 楔横轧示意图　　图 6-27 楔横轧产品

它在热轧时最大断面收缩率可达 60%～75%，采用多级楔形模具时收缩率还可提高。在采用感应加热和轧件直径小于 40mm 时，径向公差一般为±0.2～0.5mm，长度小于 400mm 时，长度公差为±0.2～0.5mm。轧辊每转一周，就能轧出一个零件。两辊式楔横轧时用夹头和顶尖支承坯料，使其回转轴线在轧制过程中保持不变。楔形模具形状和轧制条件对轧件质量影响很大。工艺设计不合理时，不仅影响轧件形状和尺寸精度，并且引起轧件中心部分出现疏松或孔洞。三辊式楔横轧有利于防止中心缺陷。

6.1.13 旋压加工技术

6.1.13.1 旋压的分类和工艺特点

旋压是用于成形薄壁空心回转体工件的一种金属压力加工方法。它是借助旋轮等工具做进给运动，加压于随芯模沿同一轴线旋转的金属毛坯，使其产生连续的局部塑性变形而成为所需空心回转体零件。旋压包括普通旋压和强力旋压两大类。

A 普通旋压

普通旋压的变形特征是金属板坯在变形中主要产生直径上的收缩或扩张，由此带来的壁厚变化是从属的。由于直径上的变化容易引起失稳或局部减薄，故普通旋压过程一般是分多道次进给逐步完成的。根据现代化的旋压机针对不同规格工件的不同技术特点，普通旋压可分为拉旋、缩旋、扩旋三种基本形式。拉深旋压成形如图 6-28 所示。

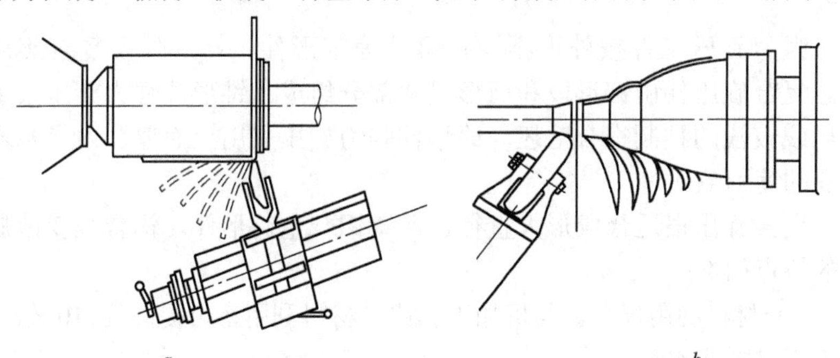

图 6-28 拉深旋压成形

a—筒形拉深成形；*b*—异形拉深成形

普通旋压优点主要有：

(1) 模具制造周期较短，费用低于成套冲压模 50%～80%；

(2) 普通旋压为点变形，旋压力可比冲压力低 80%～90%；

(3) 可在一次装卡中完成成形、切边、咬接等工序；

(4) 热旋成形时，旋压工件的加热比其他加工方法方便。

B 强力旋压

强力旋压又称变薄旋压，强力旋压可分为流动旋压和剪切旋压。流动旋压成形筒形件，剪切旋压成形异形件，参见图 6-29。

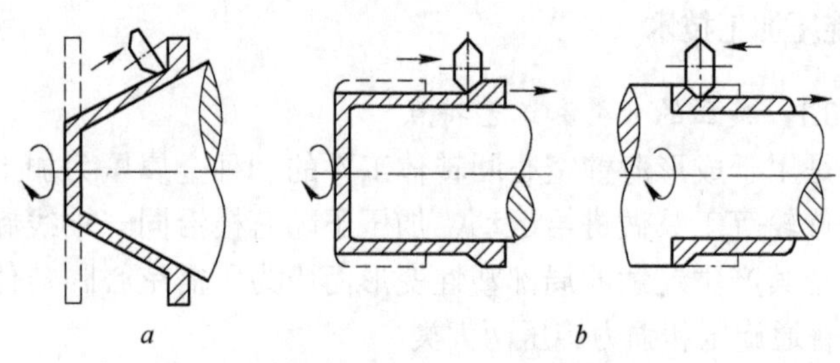

图 6-29 剪切旋压和流动旋压

a—剪切旋压；*b*—流动旋压

强力旋压是在普通旋压的基础上发展起来的，其成形过程为：芯模带动坯料旋转，旋轮做进给运动，使毛坯连续地逐点变薄，并贴靠芯模而成为所需要的工件。旋轮的运动轨迹是由靠模板或导轨来确定的。

强力旋压工件按外形不同，可分为锥形件、筒形件及复合旋压件。复合旋压件由锥形段和筒形段两部分组成。锥形件强力旋压采用板坯或较浅的预制空心毛坯。筒形件强力旋压采用短而厚、内径基本不变的筒形毛坯。

变薄旋压很适合成形大直径、薄壁铝合金筒形件。铝合金变薄旋压的特点如下：

(1) 材料利用率高。与机加工相比，材料利用率可提高约 10 倍，加工工时降低 40%。

(2) 产品质量高。强力旋压后，工件组织致密，纤维连续，晶粒细化，产品强度高，尺寸精度高和表面光洁。

(3) 由于工件是在旋轮逐点连续接触挤压变形，金属具有更高、更好的工艺塑性，成形性好。同时，对设备吨位要求较小，生产成本低，适用于小批量的生产。

(4) 模具磨损小、寿命长、费用低。与拉深成形同类制件相比，旋压的模具费仅是拉深模具费的 1/10。

变薄旋压，按旋轮进给方向与坯料流动方向的异同，可分为正旋与反旋。正旋指坯料的延伸方向与旋轮进给方向相同，反旋指坯料的延伸方向与旋轮进给方向相反，如图 6-29*b* 和图 6-33 所示。

按旋压时加热与否，可分为冷旋和热旋，常见铝及其合金的热旋温度见表 6-9。

表 6-9 常见铝及其合金的热旋温度

坯料材质	旋压温度/℃	工件类型	坯料来源
1A90	250～300	筒形件	离心铸坯
5A06	300～400	筒形件、锥形件	挤压管材
6A02	350～400	封口与收嘴	旋压管材
5A02	300～380	筒形件	离心铸坯

按旋轮及芯模与毛坯的相对位置，可分为外旋和内旋。内旋如图 6-30 所示。按旋压工具不同又可分为旋轮旋压和滚珠旋压。滚珠旋压见图 6-31。按旋轮数量不同，可分为单轮和多轮旋压。

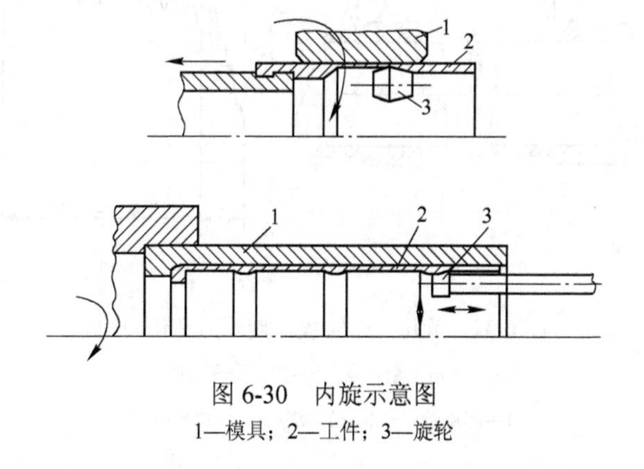

图 6-30 内旋示意图

1—模具；2—工件；3—旋轮

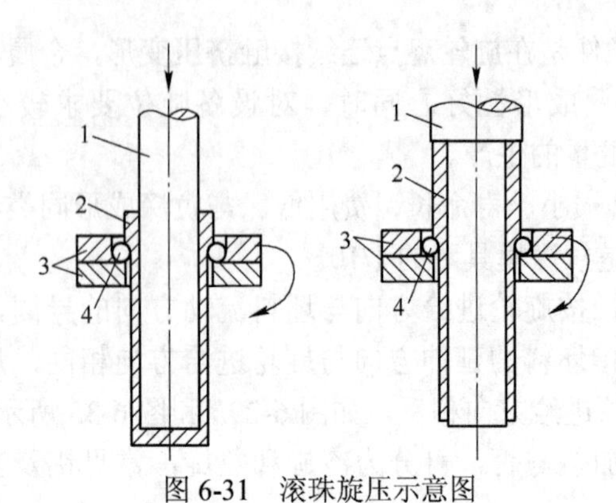

图 6-31 滚珠旋压示意图

1—芯轴；2—工件；3—滚珠座；4—滚珠

变薄旋压的变形过程可分为起旋、稳定旋压和终旋三个阶段：起旋阶段是从旋轮接触毛坯旋至达到所要求的壁厚减薄率，该阶段壁厚减薄率逐渐增大，旋压力相应递增，直至达到极大值；旋轮旋压毛坯达到所要求的壁厚减薄率后，旋压变形进入稳定阶段，该阶段的旋压力和变形区的应力状态基本保持不变；终旋阶段是从距毛坯末端 5 倍毛坯厚度处开始至旋压终了，该阶段毛坯刚性显著下降，旋压件内径扩大，旋压力逐渐下降。筒形件三个阶段的旋压状态和旋压力变化曲线见图 6-32 所示。

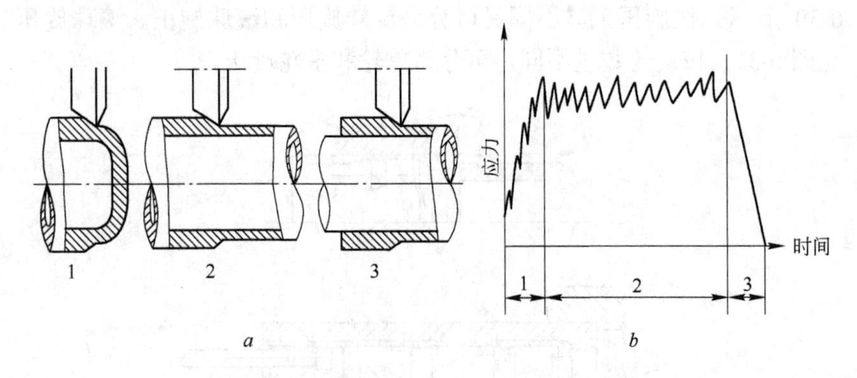

图 6-32 旋压三个阶段与旋压力变化曲线

a—旋压三个阶段；*b*—旋压力变化曲线

1—起旋阶段；2—稳定旋压；3—终旋阶段

强力旋压的主体运动是芯模带动工件的旋转运动，工件的成形主要是依靠旋轮逐点连续挤压旋转运动的工件变形来完成的。工件在旋转时，受到旋轮的阻碍而产生变形。同时，借助于摩擦力使旋轮旋转。因此，旋轮的旋转运动是被动的，其转速大小决定于工件的转速和工件与旋轮的直径比。在锥形件旋压时，由于随着旋压的进行，工件变形的直径不断增大，而旋轮的直径是不变的，因而旋轮的转速随之不断地同步变化。由于旋轮与工件的接触面上各点的半径比是不同的，因此旋轮与工件间不仅有滚动摩擦，而且有滑动摩擦，这将产生一定热量，使旋轮的温度升高。为此，需要对旋轮进行充分的冷却与润滑。

筒形件变薄旋压过程示意图见图6-33。

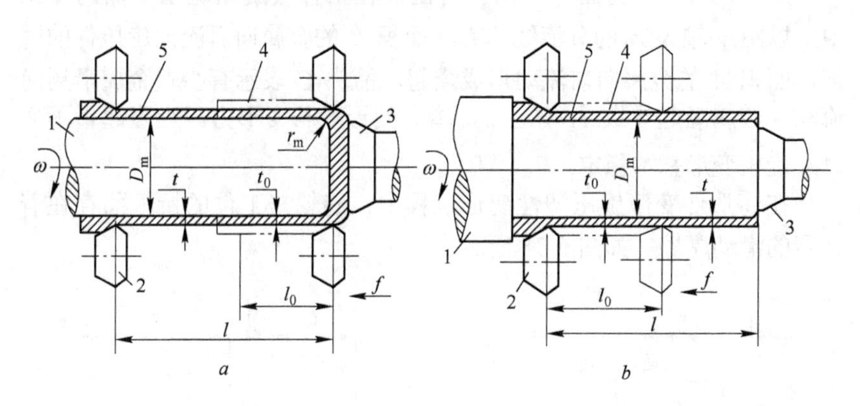

图6-33 典型变薄旋压过程

a—正旋；*b*—反旋

1—芯模；2—旋轮；3—尾顶；4—坯料；5—旋压件

旋压变形是沿螺旋线逐步推进，完成整个工件的成形过程。强力旋压的壁厚变形示意图见图6-34。图中，t_0为坯厚，z_0为分流距，t_0'为含堆积量的厚坯。

旋轮和工件都是旋转体，两者互相接触加压时，作为刚体的旋轮将压入工件，其接触面为旋轮工件表面的一部分，三向投影接触面的轮廓是旋轮形体与工件形体的相贯线。

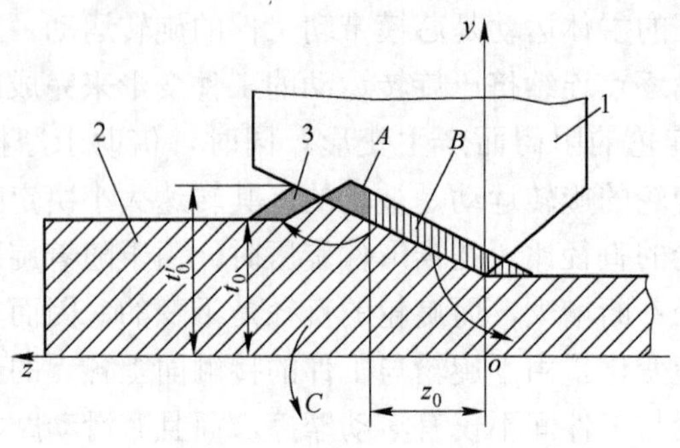

图 6-34 壁厚变形示意图

1—旋轮；2—坯料；3—堆积

从图 6-34 纵剖面分流图可看出，在工件被旋轮碾压一圈的体积中，以距 y 轴为 z_0 的分流线为界，面积 B 的金属向后流向旋压件的壁部，面积 A 的金属向前流动形成隆起。箭头 C 表示有少量金属沿周向流动。金属隆起导致 t_0 增至 t_0'，增大变形量与变形力。当隆起量不变时，旋压变形基本稳定。

在筒形件变薄旋压塑性变形过程中，旋轮与工件的接触面存在着强烈的滑动摩擦，如图 6-35 所示。

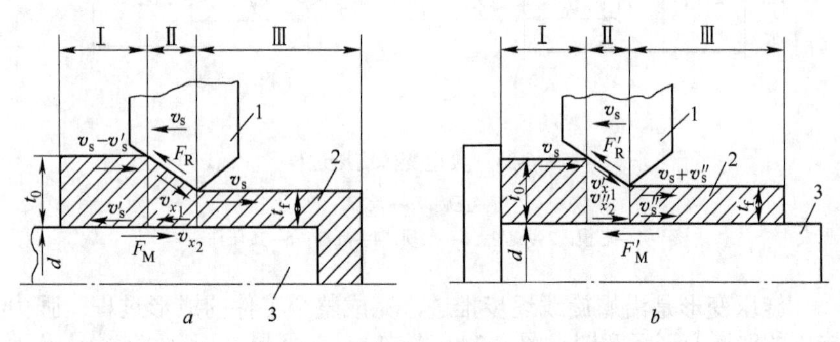

图 6-35 旋轮与工件接触面及摩擦

a—正旋；*b*—反旋

1—旋轮；2—工件；3—芯模

正旋时，变形区流速为 v_s，相对旋轮的流速 v_{x_1} 与相对芯模的流速 v_{x_2} 方向不同。未变形区流速为 v_s-v_s'，已变形区流速为 v_s，与变形区流速相同。

反旋时，变形区流速 v_s 与未变形区流速相同，相对旋轮的流速 v'_{x_1} 与相对芯模的流速 v'_{x_2} 方向相同。已变形区流速为 $v_s + v''_s$。

在变形区，金属塑性流动的摩擦阻力为 F_R 与 F_R'，就旋轮而言，均朝着床头方向。就芯模而言，金属塑性流动的摩擦阻力 F_M 与 F_M' 在正旋与反旋不同过程中方向相反。

变薄旋压时，材料的变形分别有压缩、拉伸和剪切，是一个综合的变形。金属畸变量，随变形量增大而递增，靠近旋轮处变形量较大，靠近芯模处变形量较小。

用于旋压成形的铝及其合金有纯铝、耐热铝、防锈铝、硬铝、超硬铝及锻铝等 10 余种，其产品约 50 种规格。纯铝强度低，塑性变形性能好，加工硬化是其唯一的强化途径。大直径无缝高纯铝筒是采用离心铸坯，热开坯旋压及冷旋压成形，用于化工行业，耐蚀效果良好。

5A06 是高镁铝合金，通常采用加热旋压成形；对于铸坯组织，其加热温度和道次变薄率必须严格控制。应在 350℃的温度下，采用小压下量、多道次的变薄加工，逐渐将铸态组织变为热加工组织后，才能在室温旋压成形。5A06 合金挤压坯室温旋压前，充分退火是必要的，其变薄旋压的极限变薄率应小于 60%。5A06 合金热开坯温旋累计变薄率大于 70%。

5A02 室温旋压性能优于 5A06，其卷焊坯变薄旋压时，焊缝的累计变薄率大于 65%，基体的累计变薄率为 70%时，成形效果很好，合金旋压极限变薄率约为 73%。

3A21 是 Al-Mn 系铝合金。该合金的旋压性能优于 5A02 和 5A06。其卷焊筒坯退火后，当变薄旋压累计变薄率为 65%时，可成形大直径薄壁筒体，合金旋压极限变薄率近 80%。

2A12 为 Al-Cu-Mg 系热处理强化合金，是典型的硬铝合金，综合性能较好。该合金加工硬化较严重，适用于较小道次变薄率，多道次的旋压过程。退火间的累计变薄率应不大于 40%。旋压时道次变薄率约为 25%，工件尺寸精度较好。温旋时极限变薄率约 70%。

7A04 属于 Al-Zn-Mg-Cu 系热处理强化超硬铝合金，高温时合金生成 $MgZn_2$ 相，有极高的强化效应。当选择固溶或高温处理后旋压时，因受自然时效的影响，合金硬化快、塑性低而不易成形。采用预热 300℃，出炉后立即旋压，成形效果较好。温旋时极限变薄率约 70%。

6A02 是 Al-Mg-Si-Cu 系锻铝合金。具有中等强度及良好的塑性，在室温和热态都易于成形。其室温旋压总变薄率达 75%，可旋压管材，高精度管材采用该合金变薄旋压是满意的。几种铝合金变薄旋压的极限减薄率见表 6-10。几种铝合金不同状态与不同温度的旋压性能列于表 6-11。表 6-12 和表 6-13 所列为铝合金筒体旋压时的工艺参数。

表 6-10 几种铝合金变薄旋压的极限减薄率

合金	2014	2A12-0	2024	3A21-0	5A02-0	5A04-0	5256	5086	6061	7A04-0	7075
极限减薄率/%	70	70(温旋)	70	80	73	64	75	60	75	70(温旋)	75

表 6-11 几种铝合金不同状态与不同温度的旋压性能

材 料	坯 料 状 态	累计减薄率/%	工 件
5A06	挤压管坯	60	冷旋管材
5A06	环轧坯	75	热开坯温旋
5A02	挤压管坯	70	冷旋管材
5A02	离心铸坯	85	热开坯温旋
3A21	挤压管坯	80	冷旋管材
2A12	挤压管坯	40	冷旋管材
6A02	挤压管坯	80	冷旋管材
7A04	挤压管坯	60	温旋管材

表 6-12 铝合金筒体旋压进给比与转速

合 金	旋轮结构参数	转速/r·min^{-1}	进给比/mm·r^{-1}	线速度/m·min^{-1}
1A85 热旋	α=20°，R=10mm	18～22	5～7	57
5A02 热旋	α=25°，R=50mm	30	1～2	40
3A21 冷旋	α=20°，R=6mm	800	0.5	100

表 6-13 铝合金筒形件热旋减薄率与道次

合金	规格 /mm×mm×mm	坯厚/mm	压下量/ mm	变薄率/%	道次
5A06	ϕ534×20×2000	80	8～12	15～30	6
1A85	ϕ806×16×3000	76	10～17	20～35	5
6063	ϕ237×10×1100	38	5	15～30	6
5A02	ϕ406×8×3000	58	3～18	20～35	6

6.1.13.2 旋压工艺举例

A 漂白塔和高压釜筒体旋压工艺

a 产品规格

漂白塔和高压釜是直硝法生产硝酸的化工设备。漂白塔和高压釜用材为 1A90，所需筒体规格为$\phi_{外}$ 840mm×16mm×2770mm 和$\phi_{内}$ 990mm×25mm×3000mm。采用离心浇铸空心锭，加热变薄旋压。离心铸坯经热开坯旋压，能充分细化晶粒，消除铸态组织；再经冷旋强化组织与性能，筒体加工组织流线连续，组织致密，提高了大直径薄壁筒体的使用性能。

b 工艺流程及参数

漂白塔用大直径无缝铝筒旋压工艺流程如表 6-14 所示，变薄旋压成形圆筒尺寸见表 6-15。

表 6-14 漂白塔用大直径无缝铝筒旋压工艺流程

序号	工序名称	主要参数
1	离心铸坯	$\phi_{外}$970mm/$\phi_{内}$780mm×800mm
2	旋压坯料	铸坯机加工后为$\phi_{内}$806mm×80mm×790mm
3	加热旋压	加热温度 350～400℃，减壁（从 80mm 减到 34mm），变薄率 57.5%
4	切上下口	定尺规格$\phi_{内}$806mm×34mm×1550mm
5	室温旋压	减壁（从 34mm 减到 17mm），变薄率 50%，定尺规格$\phi_{内}$806mm×17mm×3000mm
6	产品定尺	定尺规格$\phi_{内}$806mm×17mm×2700mm
7	成品退火	250～300℃，1h 空冷

表 6-15 旋压无缝铝筒尺寸公差 (mm)

项 目	技术指标	实际尺寸	平均数值
内径	$\phi808_{-3}^{+2}$	805～810	807.5
壁厚	16_{-2}^{+3}	14～18	16
长度	2700_{-00}^{+10}	2700～2715	2707.5
不直度	≤2	≤2	≤2

高压釜用大直径无缝铝筒旋压工艺流程如表 6-16 所示，旋压工艺参数见表 6-17。

表 6-16 高压釜用大直径无缝铝筒旋压工艺流程

序号	工序名称	主 要 参 数
1	离心铸坯	$\phi_{外}$ 1190mm/$\phi_{内}$ 940mm×990mm
2	旋压坯料	铸坯机加工后为$\phi_{内}$ 990mm×90mm×970mm
3	加热旋压	加热 350～400℃，减壁（从 90mm 减到 45mm），变薄率 50%
4	切上下口	定尺规格$\phi_{内}$ 990mm×45mm×1550mm
5	室温旋压	减壁（从 45mm 减到 25mm），变薄率 45%，$\phi_{内}$ 990mm×25mm×3020mm
6	产品定尺	定尺规格$\phi_{内}$ 990mm×25mm×3000mm
7	成品退火	250～300℃，1h 空冷

表 6-17 高压釜用大直径无缝铝筒旋压工艺参数

道次	压下量/mm	变薄率/%	转速/r·min^{-1}	进给比/mm·r^{-1}	温度/℃	备注
1	4	5	18	5	400	减壁
2	10	11	16	3	390	减壁
3	整形		20	7	380	收径
4	10	13	16	3	360	减壁
5	整形		20	7	340	收径
6	10	15	18	2～3	340	减壁
7	整形		20	5～7	320	收径
8	10	18	18	2～3	320	减壁
9	5	12	20	1	室温	减壁
10	15	30	20	1	室温	减壁
11	整形		22	1	室温	收径

B 耐热铝合金 2618 管材旋压工艺

耐热铝合金铸造管坯内部气孔较多，致密度差，需经挤压变形使气孔弥合，使析出相细化，有助于变薄旋压成形。采用喷射沉积耐热铝合金铸坯，经挤压变形致密组织后，热旋成形管材是可行的。

喷射沉积铸坯规格为$\phi_{外}$630mm×$\phi_{内}$370mm×750mm，挤压成形规格为$\phi_{外}$416mm×$\phi_{内}$380mm×1500mm。机加旋压坯料尺寸为$\phi_{外}$410mm×$\phi_{内}$380mm×300mm，可热旋成形$\phi_{外}$387mm×$\phi_{内}$380mm×1200mm管材。

旋压管材退火前后道次变薄率应小于20%，累计变薄率约50%后，需进行消除应力退火。旋压筒体工艺参数见表6-18。

表6-18 典型工艺参数

道次	间隙/mm	减壁/mm	变薄率（道次）/%	变薄率（累计）/%	旋温/℃	终温/℃	进给/mm·r^{-1}
1	13.5	1.5	10	10	380	300	2.5
2	11.5	2.0	15	23	350	280	2.5
3	9.0	2.0	17	40	350	260	2.5
4	7.0	2.0	20	53	350	250	2.5
5	6.0	1.0	14	60	350	280	2.5
6	5.0	1.0	17	66	350	270	3.0
7	4.0	1.0	20	73	320	260	3.5
8	3.5	0.5	13	76	300	250	1.5

C 5A06防锈铝合金管材旋压工艺

5A06合金挤压坯的组织致密度优于离心铸坯。大直径厚壁管材旋压成形，其热容量较大，保温性能好，选择热旋变形抗力低，有利于塑性变形。

5A06薄壁管$\phi_{内}$524mm×8mm×1500mm、厚壁管$\phi_{内}$493mm×20mm×2000mm和$\phi_{内}$349mm×15mm×1500mm的热旋参数见表6-19。

表6-19 5A06热旋参数

项　目	薄壁工件	厚壁工件	
产品尺寸/mm	$\phi_{内}$(524±0.2)×8×1500	$\phi_{内}$494×20×2000	$\phi_{内}$349×15×1500
坯料尺寸/mm	$\phi_{内}$(523±0.2)×27×600	$\phi_{内}$493×80×650	$\phi_{内}$349×30×1000
芯模尺寸/mm	ϕ(522±0.2)×200	ϕ494×1700	ϕ349×3000
旋轮工作角α/（°）	20	20	20
旋轮圆角半径R/mm	10	55	15
旋轮压下量H/mm	6	28	7
旋压温度/℃	350	350～400	350～400

$\phi_{内}$(524mm±0.2mm)×8mm×1500mm 薄壁筒体热旋的总减薄厚度为19mm，分四道次成形，道次变薄率约为 25%，进给量控制在 1.0～3.0mm/r，主要工艺参数见表 6-20。$\phi_{内}$ 494mm×20mm×2000mm 厚壁筒体热旋过程稳定性不及薄壁筒体，厚壁工件的旋压减薄量见表 6-21。

表 6-20 主要工艺参数

道次	减薄率/%	间隙/mm	转速/r·min^{-1}	进给比/mm·r^{-1}	旋轮参数	温度/℃
1	26	20	45	1.3	α=20°～25°，R=5～7mm，H=5～7mm	350～300
2	28	14	45	1.5	α=20°～25°，R=5～7mm，H=5～7mm	320～300
3	28	10	45	3.0	α=20°～25°，R=5～7mm，H=5～7mm	250～200
4	25	8	45	2.5	α=20°～25°，R=5～7mm，H=5～7mm	约 150

表 6-21 厚壁坯料热旋稳定变形的减薄量

道 次	1	2	3	4	5	6	7	8
减薄量/mm	5	6	7	7	8	8	9	10
间隙/mm	75	69	62	55	47	39	30	20
变薄率/%	6.2	8.0	10	11.3	14.5	17	23	33

D 5A02 防锈铝合金管材旋压工艺

5A02 室温旋压性能优于 5A06，采用离心浇铸管坯进行旋压加工，管坯尺寸为$\phi_{内}$ 230mm×138mm×970mm。5A02 铝合金筒体离心铸坯变薄旋压成形工艺过程如下：离心铸坯，机加旋压坯料$\phi_{内}$ 390mm×58mm×960mm，经两道次热旋开坯后再四道次温旋至成品。变薄旋压温度为 300～350℃。开坯旋压改善了铸坯组织，成品温旋细化了晶粒。变薄旋压工艺参数见表 6-22。

表 6-22 5A02 合金变薄旋压工艺参数

道 次	变薄率/%	间隙/mm	温度/℃	进给比/mm·r^{-1}	备 注
1	22	45	350	1.0	开坯旋压
2	33	30	300	1.0	开坯旋压
3	26	22	250	1.0	温旋
4	27	16	200	1.0	温旋
5	31	11	150	1.0	温旋
6	27	8	100	1.0	温旋

6.2 铝合金锻压过程的信息化技术

6.2.1 概述

随着计算机软硬件技术的迅猛发展，以及网络技术的广泛应用，计算机与网络技术引发了材料成形过程的计算机虚拟生产和辅助制造的热潮，其中在锻造领域内发展最为迅猛的就是锻造过程中的模具CAD/CAM/CAE 技术、计算机辅助设计与制造及工程、模拟仿真和工艺优化，还包括锻造过程多维模拟计算、专家系统、实时监测与控制等新技术。

目前，锻造领域已有很多数值模拟商业化软件在应用，包括专业的 DynaForm、Deform 软件和 SuperForge 软件，通用商业化软件Abaqus、Ansys、Marc 等。利用软件模拟材料加工过程突破了传统解析方法只能分析稳态的平面或轴对称等简单问题的局限，很多三维非稳态的问题已经可以得到分析。与实验研究方法相比，数值模拟技术具有成本低、效率高、不受实验条件限制、模拟结果可重复性好的优点；与传统的解析方法相比，数值模拟技术不仅可以针对稳态、非稳态问题求解，而且对多场耦合的非稳态问题同样能得到数值解，这大大超出了目前解析方法的适用范围。因此，数值模拟技术可以实现对产品缺陷的预测，进而实现工艺参数的优化，指导实际生产。

由于材料塑性成形过程涉及热量的传导、形状的改变、相变、应力与应变、微观结构等材料物理化学方面的变化，而且这些变化通常是同时发生，而又相互影响，因此材料塑性成形过程是一个非常复杂的物理化学过程。要准确地模拟材料在塑性成形过程中的变化，就必须掌握这些变化的准确数学物理模型，以及相应的数学算法，同时应依靠大型数据库、专家库并准确选择边界条件。目前，这些理论模型和计算算法在不断发展和完善，已经能在一定的程度上应用于优化生产工艺，但是还需要进一步的深入研究。

CAD/CAM/CAE 技术在锻造工艺和模具生产流程中非常重要。现代企业和企业之间的信息传递要摆脱图样而代之以网络之间的电子信息，这要借助于 CAD/CAM/CAE 技术，锻造工艺和模具设计的

CAD/CAM/CAE 系统可以通过网络接收到产品设计部门设计的零部件图形。CAD/CAM/CAE 技术还有助于锻造工艺和模具设计的优化。作为 CAD/CAM/CAE 技术支撑的数据库，可以存储大量的经验、标准、图标、零部件，使工艺和模具设计的质量和速度大大提高。锻造过程中常见的复杂三维曲面采用 CAD 技术容易表达清楚。CAD/CAM/CAE 集成技术可以使设计的数据直接传输到数控加工中心，大幅度提高模具制造的可靠性和精度。

6.2.2 锻造工艺计算机辅助设计（CAD）

锻造工艺 CAD 主要涉及零件图设计、坯料尺寸设计、锻压过程模具设计等方面。

6.2.2.1 锻造工艺设计 CAD 相关的国内外软件

A 国外主要 CAD 软件

a AutoCAD 及 MDT AutoCAD

它是美国 Autodesk 公司开发的二维工程绘图软件，具有较强的绘图、编辑、剖面线和图案绘制、尺寸标注及方便用户的二次开发功能，也具有部分的三维作图造型功能。MDT 是 Autodesk 公司在机械行业推出的基于参数化特征实体造型和曲面造型的微机 CAD/CAM/CAE 软件。

b Pro/Engineer

它是美国参数技术公司的产品，以其先进的参数化设计、基于特征设计的实体造型深受用户欢迎，在中小企业中有广泛应用。适合于通用化、系列化和标准化的产品设计。

c I-DEAS MasterSeries

它是美国 SDRC 公司的产品，其特点为高度一体化，工程分析能力强。该版本还增强了复杂零件设计、高级曲面造型及有限元建模和耐用性分析等模块的功能。

d Unigraphics（UG）

它是美国 MD 公司的产品，采用基于特征的实体造型，具有尺寸驱动编辑功能和统一的数据库，以及很强的数控加工能力，可以进行复杂曲面加工和镗铣。它广泛应用于汽车、飞机、模具制造业和其他机械类行业企业。

B 国内开发的 CAD 软件

a CAXA 电子图板和 CAXA-ME

它是由北京北航海尔软件有限公司开发的。CAXA 电子图板是一套高效、方便、智能化的通用中文设计绘图软件，可帮助设计人员进行零件图、装配图、工艺图表、平面包装的设计，适合所有需要二维绘图的场合。CAXA-ME 是面向机械制造业自主开发的一种中文界面、三维复杂形面 CAD/CAM 软件。

b 高华 CAD

它是由清华大学和广东科龙集团联合创建的高技术企业，其系列产品包括计算机辅助绘图支撑系统、机械设计及绘图系统、工艺设计系统、三维几何造型系统、产品数据管理系统及自动数控编程系统。

c 清华 XTMCAD

它是由清华大学机械 CAD 中心和北京清华艾克斯特 CIMS 技术公司共同开发的 CAD 软件。具有动态导航、参数化设计及图库建立与管理功能，还具有常用零件优化设计、工艺模块及工程图纸管理等模块。

d 开目 CAD

它是由华中理工大学机械学院开发的具有自主版权的基于微机平台的 CAD 和图样管理软件。它支持多种几何约束及多视图同时驱动，具有局部参数化的功能，能够处理设计中的过约束和欠约束的情况。

6.2.2.2 零件造型及锻件输入

零件造型是指利用计算机系统描述零件几何形状及其相关信息，建立零件计算机模型的技术。自 20 世纪 60 年代几何造型技术出现以来，造型理论和方法得到不断丰富和发展。

模具工作部分是根据产品零件的形状设计的。模具 CAD/CAM 的第一步就是输入产品零件形状信息，在计算机内建立产品零件的几何模型。模具 CAD/CAM 涉及确定工艺方案、设计模具结构和编制 NC 程序等内容。产品零件的工艺性分析和工艺方案的确定，是以零件的几何形状和工艺特征为依据完成的。模具结构设计特别是模具工作零件的设计，有赖于产品零件的形状。在模具结构设计时，根据几何造型系统所建立的产品几何模型，可以完成凹模型腔和凸模形状的设计，产生的模具型面为模具的 NC 加工提供了基础。除了工作部分形状的设计外，模具结构零件的形状设计还同样要用到几何造型技术。编制模具零件的 NC 加工程序，确定加工的走刀轨迹，也需要建立模具零件的几何模型。因此几何造型是模具 CAD/CAM 的一个关键问题，是实现模具 CAD/CAM 的基础。

A　几种几何造型方法

a　线框造型

线框造型就是利用产品形体的棱边和顶点表示产品几何形状的一种造型方法。线框造型可以生成、修改、处理二维和三维线框几何体，可以生成点、直线、圆、二次曲线、样条曲线等，还可以对这些基本线框元素进行修剪、延伸、分段、连接等处理，生成更复杂的曲线。线框造型的另一种方法是通过三维曲面的处理来进行，即利用曲面与曲面的求交、曲面的等参数线、曲面边界线、曲线在曲面上的投影、曲面在某一方向的分模线等方法来生成复杂曲线。实际上，线框功能是进一步构造曲面和实件模型的基础工具。在复杂的产品设计中，往往是先用线条勾画出基本轮廓，然后逐步细化，在此基础上构造出曲面和实体模型。在计算机内，形体采用线框模型表示，即采用顶点和棱边来表示。

线框造型的方法及其模型都较简单，便于处理，具有图形显示速度快、容易修改等优点。目前，线框造型主要用于二维绘图或作为其他造型方法的一种辅助工具。

b　表面造型

它又称曲面造型。表面造型结构的产生，应该归功于航空和汽车制造业的需求，因为用线段、圆弧等这样简单的图形元素来描绘飞机、汽车的外形已经很不现实，必须用更先进的描述手段——光滑的曲面来描绘。表面造型是在线框造型基础上发展起来的、利用形体表面描述物体形状的造型方法，它通过有向棱边构成形体的表面，用面的集合表达相应的形体。在表面造型中，一个重要的方面是自由曲面的造型。自由曲面造型主要用于飞机、汽车、船舶和模具等复杂曲面的设计。常采用的曲面有贝塞尔曲面和B样条曲面等。

c 实体造型

要完整全面地描述一形体，除了描述其几何信息外，还应描述其他各部分之间的联系信息以及表面的哪一侧存在实体等信息。一般所研究的形体可用一个具有边界子集和内部子集的封闭点集来定义。在实体造型中，常定义一些基本体素（如立方体、圆柱体、球体、锥体和环状体等）为单位元素，通过集合运算生成所需要的几何形体，并通过集合运算，将它们组合成复杂的几何形体。这些形体具有完整的几何信息，是真实而唯一的三维物体。实体造型可全面完整地描述形体，具有完备的信息，可自动地计算物性、检测干涉、消除隐藏线（面）和剖切形体等，因此实体造型可较好地满足 CAD/CAM 的要求，并得到了广泛应用。在实体模型中，为表示实体的存在，可用定义面的正法向的方法实现。为了使实体造型技术能够有效全面地表达形体，人们研究多种形体表示模式。目前，常用的形体表示模式有体素调用、空间点列、单元分解、扫动表示、构造体素和边界表示等六种，其中后两种模式的使用最为普遍。

d 特征造型

特征造型是面向 CAD/CAM 集成的、向生产过程提供全面的产品信息的造型方法。它不仅包含产品的几何信息，还包含了产品的特征信息。所谓特征主要包括形状特征、精度特征、技术特征和材料特征。特征造型主要有赋值法、辨识法和特征库造型法等三种方法。

e 参数化造型

参数化造型是新一代智能化、集成化 CAD 系统的核心内容。参数化设计技术以其强有力的草图设计、尺寸驱动成为初始设计、产品建模及修改、系列化设计、多种方案比较和动态设计的有效手段。

(1) 参数化建模方法。可以分为三种方法：基于几何约束的变量几何法、基于几何推理的人工智能法和基于生成历程的过程构造法。

(2) 基于特征的参数化建模。关键是特征及其相关尺寸、公差的变量化描述。包括几何约束和拓扑约束的混合建模、约束建模和约束求解。

(3) 面向对象的参数建模。面向对象的方法既是一种程序设计方法，又是一种认知方法。面向对象的约束方法不仅要表示零件的几何信息，而且还要表示零件的拓扑信息。

通常，几何造型系统是作为模具 CAD/CAM 系统的一个子系统使用的。几何造型子系统提供了输入、存储和编辑零件几何形状的功能，用于描述和定义零件的形状。所建立的几何模型可用于模具 CAD 和 CAM，为二者的集成创造了条件。

B 模具 CAD/CAM 理想几何造型系统特点

由于模具自身的特点，用于模具 CAD/CAM 理想的几何造型系统，应具有以下特点：

(1) 便于提取信息。在模具设计和制造过程中，特别是成形工艺的设计中，经常需要从零件几何模型中提取有关信息，加以分析处理，因此信息的提取应方便。

(2) 造型的覆盖面广。用模具生产的产品零件千差万别，有的形状非常复杂，除包括解析面外，还包括自由曲面，因此几何造型系统应有很强的造型功能，覆盖面要广。

(3) 便于形状的修改。当零件采用多道工序成形时，需要定义中间毛坯的形状。另外，由于工件成形后会产生收缩、回弹等变形，所以需要改变模具相应部位的形状加以补偿，这些都要求几何造型系统具有便于修改形状的特点。

(4) 参数化设计模具的装配结构和模具零件是在设计过程中逐步确定的。模具结构的改变会引起模具零件的修改：反之，模具零件的变化，也将会影响模具的装配结构，参数化设计功能可以较好地满足模具设计的这一特点。

6.2.3 有限元分析概述

对于一般的工程受力问题，通过平衡微分方程、变形协调方程、几何方程和本构方程联立求解而获得整个问题的解析解是十分困难的，一般是不可能的。随着计算机技术的出现和快速发展，以及工程实践中对数值分析要求的日益增长，有限元的分析方法发展起来了。有限元法自 1960 年由 Clough 首次提出后，获得了迅速的发展，目前已广泛应用于求解热传导、电磁场、流体力学、塑性变形等问题。

6.2.3.1 有限元法的基本概念

对于连续体的受力问题，作为一个整体获得精确解是十分困难的。为近似求解，可以将整个求解区域离散化，分解成为一定形状有限数量的小区域，彼此之间只在一定数量的指定点处相互连接，组成一个单元的集合体以替代原来的连续体；只要先求得各节点的位移，即能根据相应的数值方法近似求得区域内的其他各场量的分布，这就是有限元法的基本思想。

从物理的角度理解，将一个连续的凹模截面分割成有限数量的小三角形单元，而单元之间只在节点处以铰链相连接，由单元组合成的结构可近似代替原来的连续结构。如果能合理地求得各单元的力学特性，就可以求出组合结构的力学特性。于是该结构在一定的约束条件下，在给定的载荷作用下，各节点的位移即可以求得，进而求出单元内的其他物理场量。

从数学角度理解，是将求解区域剖分成许多子区域，子域内位移可以由相应各节点的特定位移合理插值来表示。根据控制方程和约束条件，可求解出各节点的待定位移，进而求得其他场量。推广到其他连续域问题，节点未知量可以是压力、温度、速度等物理量。

从有限元法的解释可得，有限元法的实质就是将一个无限的连续体，离散化为有限个单元的组合体，使复杂问题简化为适合于数值解法的结构型问题；且在一定的条件下，问题简化后求得的近似解能够趋近于真实解。

由于对整个连续体进行离散，分解成为小的单元，因此有限元法适用于任意复杂的几何结构，也容易处理不同的边界条件。在满足计算条件下，如果单元越小、节点越多，有限元数值解的精度就越高。但随着单元的细分，需处理的数据量非常庞大，手工方式难以完成，必须借助计算机。计算机拥有大存储量和高计算速度等优势，同时由单元计算到集合成整体区域的有限元分析，很适合于计算机的程序设计，可由计算机自动完成。因此，随着计算机技术的发展，有限元分析才得以迅速的发展。

6.2.3.2 有限元法分析的基本过程

有限元法分析包含大量的数值计算，靠人工难以实现，只能借助于计算机。有限元软件一般只是根据相应的功能分为前处理、分析计算和后处理三大部分。

前处理模块的主要功能是构建分析对象的几何模型、定义属性以及进行结构的离散划分单元；分析计算模块则对单元进行分析与集成，并最终求解得到各种场量；后处理则将计算结果以各种形式输出，以便于了解结构的状态，对结构进行数值分析。

6.2.3.3 几种通用有限元软件简介

A 有限元软件 MSC.NASTRAN

NASTRAN 有限元分析系统是由美国宇航局在 20 世纪 60 年代中期委托 MSC 公司和贝尔航空系统公司开发的。作为世界最流行的大型通用结构有限元分析软件之一，NASTRAN 的分析功能覆盖了绝大多数工程应用领域，并为用户提供了方便的模块化功能选项。主要分析功能模块有基本分析模块（含静力、模态、热应力、流固耦合及数据库管理等）、动力学分析模块、热传导模块、非线性分析模块、设计灵敏度分析及优化模块、超单元分析模块、气动弹性分析模块、DMAP 用户开发工具模块及高级对称分析模块。

NASTRAN 的前后处理采用 MSC 公司的 PATRAN 程序，PATRAN 是一种并行框架式的有限元前后处理及分析系统，具有开放式、多功能的体系结构，采用交互图形界面，可实现工程设计、工程分析、结果评估，是一个完整 CAE 集成环境。前处理通过采用直接几何访问技术可直接从 CAD/CAM 系统中获取几何模型，甚至参数和特征；还提供了完善的独立几何建模和编辑工具，使用户更灵活的完成模型准备。运用多种网格处理器实现分析结构有限元网格的快速生成。其分析模型定义功能可将各种分析信息（单元、材料、载荷、边界条件等）直接加到有限元网格或任何 CAD 几何模型上。后处理提供等值图、彩色云图等多种计算分析结果可视化工具，帮助用户灵活、快速地理解结构在载荷作用下复杂的行为，如结构受力、变形、温度场、疲劳寿命等。

B 有限元软件 ANSYS

ANSYS 软件是由世界上最大的有限元分析软件公司之一的美国 ANSYS 开发的，是集结构、流体、电场、磁场、声场分析于一体的大型通用有限元分析软件。

ANSYS 前处理模块提供了一个强大的实体建模及网格划分工具，可以方便地构造有限元模型。ANSYS Workbench Environment (AWE)是ANSYS 公司开发的新一代前后处理环境，AWE 通过独特的插件构架与 CAD 系统中的实体及面模型双向相关，具有很高的 CAD 几何导入成功率。当 CAD 模型变化时，不需对所施加的载荷和支撑重新施加；AWE 与 CAD 系统的双向相关性还意味着可通过 AWE 的参数管理器可方便地控制 CAD 模型的参数，从而将设计效率更加向前推进一步。AWE 在分析软件中率先引入参数化技术，可同时控制 CAD 几何参数和材料、力方向、温度等分析参数，使得 AWE 与多种 CAD 软件具有真正的双向相关性，通过交互式的参数管理器可方便地输入多种设计方案，并将相关参数自动传回 CAD 软件，自动修改几何模型。模型一旦重新生成，修改后的模型即可自动无缝地返回 AWE 中。同时ANSYS 还提供方便灵活的实体建模方法，协助用户进行几何模型的建立。ANSYS 软件提供了丰富的材料库和单元库，单元类型共有 200 多种，用来模拟工程中的各种结构和材料。AWE 智能化网格划分能生成形状特性较好的单元，以保证网格的高质量，尽可能提高分析精度。此外，AWE 还能实现智能化的载荷和边界条件的自动处理，根据所求解问题的类型自动选择适合的求解器求解。

分析计算模块包括结构分析、流体动力学分析、电磁场分析、声场分析、压电分析以及多物理场的耦合分析，可模拟多种物理介质的相互作用，具有灵敏度分析及优化分析能力。

结构静力分析用来求解外载荷引起的位移、应力和力。静力分析很适合于求解惯性和阻尼对结构的影响并不显著的问题。ANSYS 程序中的静力分析不仅可以进行线性分析，而且也可以进行非线性分析，如塑性、蠕变、膨胀、大变形、大应变及接触分析。结构非线性导致结构或部件的响应随外载荷不成比例变化。ANSYS 程序可求解静态和瞬态非线性问题，包括材料非线性、几何非线性和单元非线性三种。

结构动力学分析用来求解随时间变化的载荷对结构或部件的影响。动力分析要考虑随时间变化的力载荷以及它对阻尼和惯性的影响。ANSYS 进行结构动力学分析类型包括瞬态动力学分析、模态分析、谐波响应分析及随机振动响应分析。在动力学分析中，ANSYS 程序可以分析大型三维柔体运动；当运动的积累影响起主要作用时，可使用这些功能分析复杂结构在空间中的运动特性，并确定结构中由此产生的应力、应变和变形。

6.2.4 金属塑性成形模拟

6.2.4.1 塑性有限元的基本概念

金属塑性变形过程非常复杂，是一种典型的非线性问题，不仅包含材料非线性，也有几何非线性和接触非线性。因此塑性有限元与线弹性有限元相比要复杂得多，这主要体现在：

(1) 由于塑性变形区中的应力与应变关系为非线性的，为了便于求解非线性问题，必须用适当的方法将问题进行线性化处理；一般采用增量法，即将物体屈服后所需加的载荷分成若干步施加，在每个加载步的每个迭代计算步中，把问题看成是线性的。

(2) 塑性问题的应力与应变关系不一定是一一对应的；塑性变形的大小，不仅取决于当时的应力状态，而且还决定于加载历史；而加载与卸载的路线不同，应变关系也不一样；因此，在每一加载步计算时，一般应检查塑性区内各单元是处于加载状态，还是处于卸载状态。

(3) 塑性变形中，金属与模具的接触面不断变化；必须考虑非线性接触与动态摩擦问题。

(4) 塑性理论中关于塑性应力应变关系与硬化模型有多种理论，材料属性有的与时间无关，有的则是随时间变化的黏塑性问题；于是，采用不同的本构关系，所得到的有限元计算公式也不一样。

(5) 对于一些大变形弹塑性问题，一般包含材料和几何两个方面的非线性，进行有限元计算时必须同时考虑单元的形状和位置的变化，即需采用有限变形理论。而对于一些弹性变形很小可以忽略的情况，则必须考虑塑性变形体积不变条件，采用刚塑性理论。

在塑性变形过程中，如果弹性变形不能忽略并对成形过程有较大的影响时，则为弹塑性变形问题，如典型的板料成形。在弹塑性变形中，变形体内质点的位移和转动较小，应变与位移基本成线性关系时，可认为是小变形弹塑性问题；而当质点的位移或转动较大，应变与位移为非线性关系时，则属于大变形弹塑性问题；相应地，有小变形弹塑性有限元或大变形弹塑性有限元。由于在弹塑性变形中，应力应变关系为非线性的，变形体的最终形状变化通常不能如线弹性问题一样可一次计算得到。因此，在有限元分析时，一般只能按增量理论进行求解，即将整个载荷分解成为若干增量步，逐渐施加在变形体上。

在塑性加工的体积成形工艺中，变形体产生了较大的塑性变形，而弹性变形相对很小，可以忽略不计，此时可认为是刚塑性问题，如锻造、挤压等；相应地，则可以用刚塑性有限元法分析。刚塑性有限元法是在马尔可夫变分原理的基础上，引入体积不可压缩条件后建立的。

6.2.4.2 金属塑性成形有限元模拟软件简介

非线性有限元分析软件一般都可应用于塑性成形过程的模拟。但由于塑性成形工艺的特殊性，一般非线性有限元软件在分析时，对一些边界条件、载荷和相关的工艺结构等的处理非常困难。因此，国内外都先后开发了用于塑性成形工艺分析的专用有限元软件。专用有限元软件根据相关工艺对分析过程进行了优化处理，用户能更方便地运用，同时提供了适合于成形工艺的后置处理。金属塑性成形一般可分为体积成形和板料成形两大类。在板料成形模拟方面，主要有美国的DYNAFORM、德国的AUTOFORM、法国的PAM系列软件；在体积成形方面，有美国的DEFORM、MSC.SUPERFORGE，法国的FORGE3等。国内在塑性成形模拟软件方面与国际上相比还存在较大差距，但也相继开发一些软件，如板料成形方面有吉林金网格模具工程公司的KMAS、北航的SHEETFORM、华中科技大学的VFORM等，体积成形方面有北京机电研究所的MAFAP等。

DEFORM软件是基于工艺过程模拟的有限元系统，可用于分析各种塑性体积成形过程中的金属流动以及应变应力温度等物理场量的分布，提供材料流动、模具充填、成形载荷、模具应力、纤维流向、缺陷形成、韧性破裂和金属微结构等信息，并提供模具仿真及其他相关的工艺分析数据。

DEFORM源自有限元程序ALPID（Analysis of Large Plastic Incremental Deformation），由美国SFTC（Scientific Forming Technologies

Corporation）公司推广应用。DEFORM 是一个模块化、集成化的有限元模拟系统，它包括前处理器，后处理器、有限元模拟器和用户处理器四个功能模块。

DEFORM 具有强大而灵活的图形界面，使用户能有效地进行前后处理。在前处理中，模具与坯料几何信息可由其他 CAD 软件生成的 STL 或 SLA 格式的文件输入，并提供 3D 几何操纵修正工具，方便几何模型的建立；网格生成器可自动对成形工件进行有限元网格的划分和变形过程中的重新划分，并自动生成边界条件，确保数据准备快速可靠；DEFORM 的材料数据库提供了 146 种材料的数据，材料模型有弹性、刚塑性、热弹塑性、热刚（黏）塑性、粉末材料、刚性材料及自定义类型，为不同材料的成形仿真提供有力的保障；DEFORM 集成典型的成形设备模型，包括液压压力机、锤锻机、螺旋压力机、机械压力机、轧机、摆辗机和用户自定义类型等，帮助用户处理各种不同工艺条件。

DEFORM 的求解器是集弹性、弹塑性、刚（黏）塑性和热传导于一体的有限元求解器。可进行冷、温、热锻成形和热传导耦合分析；其应用包括锻造、挤压、镦头、轧制、自由锻、弯曲和其他成形工艺的模拟；而运用不同的材料模型可分析残余应力、回弹问题以及粉末冶金成形等；基于损伤因子的裂纹萌生及扩展模型，可以分析剪切、冲裁和机加工过程；其单步模具应力分析方便快捷，可实现多个变形体、组合模具、带有预应力时的成形过程分析。

6.2.5 锻造工艺 CAD/CAM

6.2.5.1 模具 CAD/CAM 技术的应用

A CAD/CAM 技术在模具行业的应用概况

随着工业技术的发展，产品对模具的要求愈来愈高，传统模具设计与制造方法无法适应工业产品及时更新换代和提高质量的要求。因此，工业发达国家对模具 CAD/CAM 技术的开发非常重视，各大公司都先后建立了自己的 CAD/CAM 系统，并将其应用于模具的设计与制造。采用模具 CAD/CAM 技术的主要理由是：

(1) 利用几何造型技术获得的几何模型，可供后续的设计分析和数控编程等方面使用。

(2) 缩短新产品的试制周期，例如在汽车工业中，可缩短模具设计制造周期。

(3) 提高产品质量的需要，如汽车车身表面等形状，需要利用计算机准备数据和完成随后的制造工作。

(4) 模具制造厂和用户对 CAD/CAM 的需要增加。例如，利用磁盘进行数据传送。

(5) 模具加工设备的效率不断提高，需要计算机辅助处理数据，以提高设备利用率。

(6) 在企业内建立联系各个部门的信息处理系统。

发达国家较大的模具生产厂家在 CAD/CAM 上进行了较大的投资，正大力开发这一技术。模具 CAM 已开始广泛应用，计算机控制的数控机床加工模具占 20%～30%。如法国 FOS 模具公司已购买了大型 CAD/CAM 系统，日本黑田精工株式会社已投资开发 CAD/CAM 系统，瑞士法因图尔公司采用大型 CAD/CAM 系统设计加工模具已占 30%。一般来说，CAM 比 CAD 应用更为广泛，在欧洲，模具加工的 CNC 率已达 50%，日本达 60%以上。

我国模具 CAD/CAM 开发始于 20 世纪 70 年代末，发展也很迅速。到目前为止，华中科技大学、浙江大学、北京机电研究所、清华大学和吉林大学等大学与科研院所先后在普通冲裁、精密冲裁、锤模锻等领域开发出专业 CAD/CAM 系统，有些已开始在工业上应用。

B 模具 CAD/CAM 优越性

模具 CAD/CAM 的优越性赋予了它无限的生命力，使其得以迅速发展和广泛应用。无论在提高生产效率、改善质量方面，还是在降低成本、减轻劳动强度方面，CAD/CAM 技术的优越性都是传统的模具设计制造方法所无法比拟的。

(1) CAD/CAM 技术密集，综合性强，可提高模具质量。在计算机系统内存储各有关专业的综合性技术知识，其技术高度密集，涉及学科领域多，知识面广，技术性强，为模具设计和工艺制定提供了科学依据。计算机与设计人员交互作用，充分发挥人机各自特长，使模具设计和制造工艺更加合理化。

(2) CAD/CAM 可以节省时间，显著提高生产效率和经济效益。设计计算和图样绘制的自动化大大缩短了设计时间。CAD/CAM 一体化显著缩短从设计到制造的周期。由于模具质量提高，可靠性增加，装配时间明显减少，模具交货时间大大缩短。用传统方法制造模具，从设计到制成产品交货，大约需要几个月时间。而采用模具 CAD/CAM 技术则可缩短为十几天甚至几天的时间，为企业在激烈的市场竞争中赢得了时间，从而创造良好的经济效益。

(3) CAD/CAM 可以较大幅度地降低成本。计算机的高速运算和自动绘图大大节省了劳动力。优化设计带来了原材料的节省，采用 CAM 可加工传统方法难以加工的复杂模具型面，减少模具的加工和调试工时，降低制造成本。由于采用 CAD/CAM 技术，生产准备时间缩短，产品更新换代加快，大大增强了产品的市场竞争能力。

(4) 有利于提高模具标准化程度，极大地发挥人的创造性。标准化工作可有效地促进模具 CAD/CAM 技术的发展，而模具 CAD/CAM 要求模具设计过程的标准化、模具结构的标准化、模具制造过程的标准化和工艺条件的标准化。CAD/CAM 技术将技术人员从繁冗的计算、绘图和 NC 编程工作中解放出来，使其可以从事更多富有创造性的工作。

(5) 更新速度快，初始投资大。模具 CAD/CAM 技术的更新速度快，能适应市场形势的变化，为企业带来很高的效益。但初始投资大，这也是制约模具 CAD/CAM 推广应用的一个重要因素。

(6) 适应性广，这是模具 CAD/CAM 技术的又一特点。它不仅能适用于大型企业，而且也适用于中、小型企业。

模具 CAD/CAM 技术仍然是在不断发展中的技术，其发展目标是模具制造的自动化，这就要求有较长时间的研究开发和巨额的资金投入。随着 CAD/CAM 技术的不断发展和完善，必将在机械制造业中发挥巨大的作用，为社会带来不可估量的经济效益。

C 模具 CAD/CAM 的特点

(1) 模具 CAD/CAM 系统必须具备描述物体几何形状的能力。有些设计过程最初要求是一些参数或性能指标。例如，设计锻压设备提出的要求是吨位、行程、封闭高度或其他使用性能，并不规定设备的形状如何。但模具设计则不同，模具的工作部分是根据产品零件的形状设计的，所以无论设计什么类型模具，开始阶段必须提供产品零件的几何形状。这就要求模具 CAD 系统具备描述物体几何形状的能力，即几何造型的功能，否则，就无法输入关于产品零件的几何信息，设计便无法运行。另外，为了编制 NC 加工程序，计算刀具轨迹，也需要建立模具零件的几何模型。因此，几何造型是模具 CAD/CAM 中的一个重要问题。

(2) 标准化是实现模具 CAD 的必要条件。模具设计一般不具有唯一性。对于同一产品零件，不同设计人员设计的模具不尽相同。为了便于实现模具 CAD，减少数据的存储量，在建立模具 CAD 系统时，首先要解决的就是标准化问题，包括设计准则标准化、模具零件和模具结构标准化。有了标准化的模具结构，在设计模具时可以选用典型的模具组合，调用标准模具零件，需要设计的只是少数工作零件。

模具 CAD 由于其自身的特点，要求采用系统的、定量的设计方法。而种类繁多的成形零件和成形工艺，以及缺乏系统的、定量的设计方法，是建立锻造模具 CAD 系统时遇到的一个突出矛盾，解决这一矛盾的有效途径便是成组技术。成组技术用于锻造生产，就是按照成形零件的形状、尺寸和材料的不同，将其加以分类，根据各类成形零件的不同特点，采用不同的生产工艺和模具设计方法。成组技术有助于以定量方式表述现有的设计经验，建立系统的设计方法，并在现有技术水平上建立模具 CAD 系统。

D 模具 CAD/CAM 系统的硬件配置与软件组成

a 模具 CAD/CAM 系统的硬件配置

模具 CAD/CAM 系统的硬件配置形式，按照所用计算机类型的不同，可分为大型主机系统、小型机系统、工作站系统和微机系统；按是否联网，可以分为集中式系统和分布式系统。集中式 CAD/CAM 系统的硬件配置系统中，如果计算机仅与一台图形终端相连，则为单用户系统。此时，用户拥有系统的全部资源，不会产生与其他用户争夺资源的问题。如果计算机与多台图形终端相连，则为分时系统。采用大型主机的分时系统具有很强的计算能力和比较完备的外部设备，为多用户提供了共享硬件和软件资源的环境。20 世纪 80 年代以来，随着计算机网络的发展，分布式 CAD/CAM 系统得到了发展。利用网络技术，将多个独立工作的模具 CAD/CAM 工作站组织在网络中。随着分布式计算系统的发展和完善，其应用愈来愈广。多个模具 CAD/CAM 工作站可连成局部网络，以共享软硬件资源。在更多的情况下，模具 CAD/CAM 工作站作为一个节点，连接在本企业或本部门的计算机网络中使用。

随着计算机性能的提高和价格的降低，过去以大、中型计算机的工作站为主的系统向网络化、小型化和微型计算机转化。核心部分是上机位，通过网络与下机位连接。用于 CAD 设计的微机把加工信息传送到数控机床和三坐标测量仪，形成一体化数据系统，实现 CAD/CAE/CAM/CAT 集成化。

b 模具 CAD/CAM 系统的软件组成

CAD/CAM 系统的软件按功能可分成三个层次，即系统软件、支撑软件和应用软件。系统软件主要是指操作系统等，它处在整个软件的内层，由里向外是系统软件、支撑软件和应用软件，但它们相互之间又有严格的界限，整个软件在操作系统的管理和支持下运行。建立模具 CAD/CAM 系统时，并非要自行开发上述所有三类软件，对于系统软件和支撑软件只要正确选择、有效利用即可，应用软件则是需要精心设计和编制。

(1) 系统软件主要是操作系统，它把计算机的硬件组织成为一个协调一致的整体，以便尽可能地发挥计算机的卓越功能和最大限度地利用计算机的各种资源。

(2) 支撑软件一部分是由计算机制造厂负责提供的，并为计算机用户共同使用的软件，如加工语言及其解释程序、编译程序和汇编程序等。另一部分是与系统应用的宽窄和功能的强弱密切相关，既可由计算机厂商提供，也可由软件公司作为商品提供的软件。这些软件包括：

1) 图形软件是 CAD/CAM 系统中最基础、最重要的软件，供用户进行图形生成、编辑以及图形变换等使用。可分为绘图子程序库、绘图语言和专用语言系统三种类型。

2) 几何造型软件是模具 CAD/CAM 系统中的关键性软件。模具的工作部分是根据产品的形状和尺寸设计的，几何模型的构造是计算、分析、绘图、加工的基础。

3) 计算分析、优化、仿真软件是进行辅助设计和工程分析的重要工具，供用户进行计算分析、方案优化、线性或非线性系统仿真等使用。如常用算法程序库、有限元分析程序、优化程序、各种数字仿真程序等。

4) 数据库管理系统在 CAD/CAM 系统中，几乎所有的应用软件都离不开数据库。提高模具 CAD/CAM 系统的集成化程度主要取决于数据库的水平。数据库主要是收集有关产品外形结构定义（如造型、绘图、加工、有限元分析等）和相应的有关信息。交互设计、绘图和数控加工编程信息的管理均由数据库管理系统完成，以实现数据的共享。

5) 网络软件提供网络型 CAD 系统联网使用。

6) NC 编程软件提供模具 CAD/CAM 系统自动转换和输出 NC 加工纸带或将 NC 加工信息录入软盘用。

CAD 系统在软件的支撑下，显示出较广的使用范围和强大的数据检索与查询、计算分析、图形处理、系统仿真等功能。

c 应用软件

应用软件是指针对某一特定应用领域而专门设计的一套资料化的标准程序。编写模具设计应用程序的过程就是将模具设计准则和设计模型解析化、程序化的过程。

6.2.5.2 锻模 CAD/CAM

A 锻模 CAD/CAM 技术的发展概况

随着计算机技术的发展，计算机在锻造中的应用也不断扩展。自 20 世纪 70 年代以来，国内外许多单位对锻模 CAD/CAM 进行了广泛研究。美国贝特尔哥伦布实验室首先开发了轴对称锻件锻模 CAD 系统，随后又研究了有限元、切块法、上限法等在塑性模拟中的应用。开发出挤压、轧制、制坯、终锻模 CAD/CAM 系统，用于叶片、弧齿锥齿轮、精锻、机翼轧制、铝型材挤压及预锻成形设计等。系统可模拟整个成形工序的金属流动，这样试验可以通过过程模拟在计算机上进行，其结果在图形终端上显示出来，以指导用户进行方案设计。

在计算机模拟锻造过程方面，日本研究发展了黏塑性有限元法，开发了 ALPID 有限元程序包，可以对模具进行描述，对边界条件自动进行处理和自动产生初始解，还可以模拟锻件的二维流动，计算应变、应变速率和应力，并将计算结果以等值线形式显示于图形终端或在绘图机上输出，将锻模设计向前推进了一步。1983 年，我国清华大学就采用弹塑性有限元法研究了挤压模具形状对挤压流场的影响规律。1987 年美国贝特尔哥伦布实验室、Shultz 钢铁公司、加利福尼亚大学等联合开发的锻模 CAD/CAM/CAE 系统，包括工程分析、几何图形数据库、锻造材料数据库、工艺过程模拟、终锻模和预锻模设计、经济分析等功能，反映了当时锻模 CAD/CAM 研究水平。

B 锻模 CAD/CAM 的特点

(1) 三维造型展现了锻件和模具的真实形状，而且数据可以方便地在企业局域网内传输，实现资源共享，便于企业各部门在早期协同开发产品，符合并行工程的思路。

(2) 通过特征造型参数化驱动技术，可以动态建立模具标准件库；通过添加配合关系，可以快捷地实现复杂的模具设计、装配，还可以实现装配件剖切、干涉检查和运动仿真等功能。

(3) 强大的辅助设计手段可方便地添加过渡圆角、拔模斜度和形成模腔，还可以准确计算质量、体积、截面面积等，进而设计拔长、滚挤和预锻等模膛。

(4) 方便的模拟加工工艺，进行有限元分析，甚至可以直接作模锻金属流动成形模拟演示，以尽早发现实际加工中存在的问题，优化工艺设计。还可以实现 CAD/CAM 集成，对模具型腔直接生成 NC 代码，进行数控加工。

(5) 锻模 CAD/CAM 与锻造工艺不可分割，锻模的型腔是由锻造工艺决定的，而模具被称为工艺设备，它保证锻造工艺的实施。因此，在构造锻模 CAD/CAM 系统时，应当考虑到锻造工艺的需要，给出工艺分析计算的工具。

C 锻模 CAD/CAM 设计注意事项

(1) 设计模具时应充分利用 CAD 系统功能对产品进行二维和三维设计，保证产品原始信息的统一性和精确性，避免人为因素造成的错误，提高模具的设计质量。产品三维立体的造型过程可以在锻造前全面反映出产品的外部形状，及时发现原始设计中可能存在的问题。同时根据产品信息，设计出加工模具型腔的电极，为后续模具加工做好准备。

(2) 采用 CAM 技术可以将设计的电极精确地按指定方式生产。采用数控铣床加工电极，可保证电极的加工精度，减少试模时间，减小模具的废品率和返修率，减少钳工劳动量。

(3) 对于外形复杂、精度要求高的锻件，可以靠模具钳工采用常规模具制造方法保证某些外形尺寸，而采用 CAD/CAM 技术可以对这些复杂的锻件进行精确的尺寸描述。确定合理的分模面，保证合模精度。

D 锻模 CAD/CAM 软件的开发

锻模软件的开发一般有三种方式：

(1) 在通用的商品化机械 CAD/CAM 软件上进行面向锻模的二次开发。此方式通用性强，易实现平台的统一和数据的兼容，较适合于除锻模外还有多种产品的综合性制造厂。

(2) 利用商用 CAD 平台开发专用于锻模的 CAD/CAM 系统。此方式可在充分考虑锻模特点的情况下，在技术成熟、开放性好的 CAD 平台上将先进的锻模设计制造技术融入软件中，形成以专用工程语言与用户对话的专业锻模 CAD/CAM 系统。这种系统可实现与不同 CAD 平台的连接，比较适合于专业锻模生产企业。

(3) 开发包括 CAD 平台在内的锻模 CAD/CAM 系统。此方式可制作出有自主版权的系统，但需要花大量精力开发目前已十分成熟的 CAD 平台。

E 锻模 CAD/CAM 的发展趋向

锻模 CAD/CAM 一体化虽逐渐成熟，但并没有达到完善的程度。新技术的产生和发展，将使锻模 CAD/CAM 技术的发展更加活跃。在今后一个时期内，锻模 CAD/CAM 技术将在以下几方面得到发展：

(1) 锻模 CAD/CAM 与 CAE 的一体化，锻造工艺过程的数值模拟是近年来金属塑性加工领域的研究热点之一。一些研究成果已开始得到应用，并逐渐成为锻造工艺设计的工具。锻模 CAD/CAM/CAE 的一体化系统将成为锻造工艺师、工程师更加有力的助手。

(2) 锻模 CAD/CAM 与 CAE 在统一数据库下的集成，独立的锻压数据库系统目前已经研制成功。将锻压 CAE 与锻模 CAD/CAM 在此锻压数据库下集成，使之成为有机的整体，预计在不远的将来就会实现。

(3) 逆向工程是通过构造特殊的模拟算法从终锻形状逆推出前一道或前若干道工序的形状，从而找到最佳的工艺路线，实现整个工艺过程的自动设计。

(4) 锻模的虚拟设计制造是在计算机上对锻模施行设计制造过程的新技术。应用这一技术可以在真实制造之前对设计制造过程进行全方位模拟，对设计和制造工艺可行性进行全面评价。在确认可行后，再投入现实制造过程。对锻模而言，有以下几方面研究内容：1)虚拟环境构造；2)锻件及锻模的可视化；3)锻造过程模拟；4)加工过程模拟与可视化；5)虚拟测量；6)加工误差建模及虚拟精度控制等。

6.2.5.3 几种锻模CAD/CAM系统

A 轴对称锻件锻模CAD/CAM系统

轴对称锻件占锻件总数的30%左右，建立轴对称锻件锻模CAD/CAM系统是一项很有意义的工作。同时轴对称锻件几何形状简单，易于描述和定义，所以早期锻模CAD/CAM系统多数从这类锻模入手。目前轴对称锻件锻模CAD/CAM系统已进入实用阶段。

轴对称锻件锻模 CAD/CAM 系统主要包括零件几何形状的描述、锻件设计和锻件图绘制、模锻工艺设计、锻模设计和锻模图绘制、NC加工程序的编制。

系统运行时，首先需输入零件的几何形状、材料和工艺条件等信息，为后续的锻件设计、工艺设计和锻模设计提供必要的信息。

锻件设计是指设计冷锻件图和热锻件图，包括选择分模面、补充机加工余量、添加圆角和拔模斜度等内容。工艺设计决定是否采用预成形工序，以及选择设备吨位等。

在建立系统时，对模具结构进行了标准化。设计模具时，只有少数零件需要根据不同锻件进行设计，从而大大提高了设计效率。

轴对称锻模的模芯和顶杆等零件可在数控车床上加工。系统可为数控车床编制加工零件的NC程序。

a 轴对称锻件几何形状的输入

锻模 CAD/CAM 系统要求使用者输入零件形状、材料和加工条件等信息。虽然有些信息可在系统运行过程中以交互方式输入，但是有关零件几何形状和尺寸的信息则必须在运行的最初阶段输入。

轴对称锻件可通过定义半个截面的几何形状就可以完成整个零件的定义，也就是说，这类零件的几何描述可用二维的方法实现。目前，在国内的轴对称锻件锻模 CAD/CAM 系统中，锻件几何信息描述大多数采用节点输入方法，其输入规则和步骤如下：

(1) 将锻件所用的材料和年产量填入表中。

(2) 确定分模面位置。

(3) 将零件的右半截面置于直角坐标系中，使纵轴与零件回转轴重合，横轴与分模线重合。

(4) 作出包容零件右半截面的凸凹多边形。轮廓上圆弧段以其相邻直线成其切线的延长线的交点作为多边形节点。对于倒角部分，以倒角相邻直线的延长线交点作为多边形节点。零件上的孔或槽如其尺寸较小，可作敷料处理，即在形状处理中将其填平。

(5) 对节点进行编号。以分模线与包容多边形的第一个交点为起始点，对包容多边形进行编号，最后节点和起始点重合，使图形封闭，分模线与多边形交点亦作节点处理。

(6) 确定每一节点的坐标。

(7) 图形中的圆弧半径 R 与每一节点相对应。

(8) 与每一节点相对应的数 Ra，代表表面粗糙度。在截面图上，表面是以该节点为起点的多边形的一边。非加工表面的粗糙度用零表示。

由于述规则可见，输入过程不单纯是描述零件的几何形状，也涉及锻件的设计。如分模面的选择和敷料设计，这样可充分利用设计人员的设计经验，减少系统的复杂程度。

b 锻件设计

锻件设计流程中，分模面和敷料的设计在零件图输入时已经完成。添加机加工余量时，应逐一判别零件各表面是否为机加工面。对于输入表中粗糙度非零的面，则要添加加工余量。对包容多边形进行放大，计算放大后轮廓的节点坐标值。锻件的公差和机械加工余量值是由设计者根据实际情况和设计习惯选定的，并可参考有关标准。

锻件上与分模面垂直的面要加一定的拔模斜度，以便锻件成形后能从锻模型槽中顺利取出。影响拔模斜度设计的因素较多，可采用自动设计和交互选择相结合的方法确定拔模斜度。

设计锻模时，要根据热锻件图设计终锻型槽。热锻件图设计主要包括锻件图的放大、飞边槽设计和钳口设计等内容。

c　锻模设计

因为采用标准的模具结构，所以只需要根据锻件形状和尺寸设计模芯。模芯的外轮廓形状已存入计算机内，加上型槽的形状就构成了模芯的完整图形。

B　长轴类锻件锻模 CAD/CAM 系统

长轴类锻件也是广泛应用的锻件种类，其成形工序设计和模具结构设计远比轴对称锻模复杂，此开发长轴类锻模的 CAD/CAM 系统的难度更大。目前许多通用商品化 CAD/CAM 软件上二次开发的长轴类锻模的 CAD/CAM 系统仅限于特定产品和特定场合的应用，锻模 CAD/CAM 系统的发展方向是成组技术和模具标准化技术的进一步贯彻执行，以及 CAE 技术和人工智能技术的深入应用。如锤上轴类锻模 CAD/CAM 系统由几何构型、工艺设计、制坯型槽设计、预锻型槽设计、终锻型槽设计、型槽布置和 NC 自动编程等部分组成。采用二维 CAD 软件设计时，其设计精度低，不能满足精密成形辊锻和精密模锻的设计要求，而且无法实现模具 CAD/CAM 一体化。此时可采用 UG、Pro/E 等造型软件进行三维实体造型，利用这些软件进行锻模设计，可方便地进行体积计算、生成截面形状。还可以利用其造型功能设计锻模的型腔。开发出适用于长轴类锻件的 CAD/CAM 系统，并应用 UG、Pro/E 软件的 CAM 模块生成数控加工代码，通过 Internet 网络传输代码，进行轨迹仿真，最后完成数控加工。

a　零件和锻件设计

根据零件的几何尺寸、材料和工艺条件等信息，生成零件的三维实体。由于采用了参数化设计的方法，可以通过修改零件尺寸方便地变更零件设计，并可以根据需要绘出其二维工程图。锻件设计主要包括设计冷锻件图和热锻件图，主要工作是补充加工余量、添加圆角和拔模斜度、考虑线胀系数等。参数化设计使冷、热锻件图的生成非常方便、快速。

b　工艺设计

工艺设计部分是锻模设计的重要内容，进行工艺设计时，首先由已建立的锻件几何模型计算出其体积、净重、投影面积、长度和形状复杂函数。再求得质量分布曲线，计算坯料图和方块图。确定锻造工序、计算飞边消耗，设计飞边槽几何形状和毛坯尺寸，估算锻造载荷和能量，并选择所用设备。工艺设计部分的主要任务是确定锻造工序、计算工艺参数，并为后续设计准备必要的数据。根据输入的锻件的几何形状尺寸信息，程序可以计算出毛坯尺寸、锻造载荷等参数，确定锻造工序、设计飞边槽尺寸等。该模块提供的交互设计功能，允许用户提供实际情况，确定自己认为合理的参数与方案。

毛坯计算是选择制坯工步、设计制坯型槽和确定坯料尺寸的主要依据。预成形工序的设计也是在工艺设计模块完成的。预成形工序包括拔长、滚挤和预锻。预成形工序的选择除了决定于锻件本身的形状复杂性外，还受到工厂设备、生产批量和经济性等因素的影响。CAD/CAM 程序按建立的数学模型选择预成形工序，用户可以接受程序设计结果，也可以对方案加以修改，或另行选择自己认为更好的方案。

(1) 拔长型槽的设计，拔长型槽由坎部和仓部组成。拔长型槽设计的流程首先输入工艺设计模块产生的数据，包括质量分布曲线、计算坯料图和方块图等，将这些图形显示在屏幕上，设计人员可重新划分头、杆，产生新的方块图，或重新选择毛坯的尺寸。拔长步骤和拔长模类型的选择可以通过人机对话完成，设计人员可根据显示的方块图和毛坯图指定拔长部分。程序可以按照使用者选择的拔长模类型，自动完成型槽设计，并显示有尺寸标注的设计结果。若使用者不满意，可以提出修改，程序可以根据使用者的意图重新设计，直至获得满意的结果为止。

(2) 滚挤型槽的设计，本体部分的设计是滚挤型槽设计的主要内容，计算坯料图为设计的主要依据。滚挤型槽设计流程为：首先程序将图形显示出来，此时设计人员可以重新分段或选择毛坯尺寸，再设计型槽本体部分的纵向轮廓，并将设计结果和计算坯料图同时显示。允许设计人员修改程序结果，或重新划分计算坯料图，产生形状完全不同的本体轮廓。设计横向轮廓是采用交互方式，使用者选择轮廓类型，程序设计型槽宽度，并显示横向轮廓。输入要求的宽度或轮廓类型，可以改变设计的横向轮廓。

当所有型槽设计完毕后，型槽布置程序设计模块的尺寸，确定各型槽的位置。首先从数据库中读取锻造工序的数目、棒料尺寸、锻锤吨位和飞边几何形状的数据，各工序型槽轮廓的数据也被作为型槽布置时的输入信息。该模块最后输出的是锻模型槽布置图，包括模块的总体尺寸、安装尺寸以及各型槽的相对位置尺寸。

6.2.6 锻造工艺 CAE

计算机辅助工程分析（CAE）技术在成形加工和模具行业中已被广泛应用。CAE 分析是采用虚拟分析方法对结构的性能进行模拟，预测结构的性能，优化结构设计，为产品研发提供指南，并为解决实际工程问题提供依据。

6.2.6.1 CAE（计算机辅助工程）应用概况

有限元分析是以计算机为工具的数值计算分析方法。它是 CAE 的重要组成部分，CAE 应用首先是从有限元分析开始的。1965 年，美国的大型通用有限元分析程序 MSC.NASTRAN 首先应用于航空航天业。1980 年，我国引进美国的有限元结构分析程序 SAP5，有限元分析开始在国内推广，逐渐成为产品研发的重要工具。有限元分析在优化结构设计、提高产品质量、减少试验样品、缩短产品研发周期、降低产品成本等方面发挥了巨大作用，已取得明显的经济效益。

有限元分析应用的发展与计算机软件和硬件的发展密切相关。在有限元分析应用的初期，有限元分析程序没有前、后处理的功能。后来有限元分析有了前、后处理，其功能也在不断完善。

从 1995 年开始，我国先后引进国际上先进的三维计算机辅助设计软件（如 UG，Pro/E 等）和具有前、后处理功能的大型通用有限元分析程序（如 MSC.NASTRAN，ANSYS 等）。有限元分析人员可以在结构件的三维实体几何图形上比较方便地用前处理划分网络，建立有限元模型，在计算机求解完成后用后处理显示计算结果，计算结果的可视化使计算结果一目了然。有限元分析和前、后处理功能不断发展和完善，越来越自动化和智能化，有限元分析计算结果的精度也在不断提高。

由于计算机的硬件和软件在不断更新换代，有限元分析已开始广泛使用新的高档微机、工作站、服务器或巨型机。有限元分析已经很少采用超单元和子结构的分析方法，而是经常采用一种模型多用的方法，对有几十万个节点规模的题目进行分析已经是轻而易举的事情。

在有限元分析广泛应用的同时，各厂矿企业、高等院校和科研单位等也开展了 CAD/CAE/CAPP/CAM/PDM 的工作，建立了计算机集成制造系统（CIMS）。现在 CAE 已广泛用于航空航天、电子电器、机械制造、材料工程、一般工业、教学和科研等各个领域。

6.2.6.2 CAE 在汽车产品研发中的应用

随着节能、减排、安全和舒适性等方面的要求不断提高，汽车工业越来越多地采用轻金属，如铝合金和镁合金在汽车车身、行走机构、换热系统、发动机零部件、转向器和制动器中的应用等。对这些轻金属材料在汽车工业中的开发与应用亟待科学的设计与优化，而这些设计与优化就需要大量的采用计算机辅助工程分析来降低开发成本，缩短开发周期，提高开发效率。

在汽车产品研发的整个过程中，CAE 分析可以对汽车结构的强度、刚度、车辆的振动噪声、舒适性、耐久性、多刚体动力学、碰撞、乘员的安全性，以及动力总成的性能等方面进行模拟分析，预测结构的性能，判断设计的合理性，优化结构设计。此外，用 CAE 还可以对冲压成形和锻造的工艺过程进行模拟分析，优化结构设计，解决产品质量问题。

6.2.6.3 CAE 分析能力

分析能力包括：

(1) 实现三维 CAD，根据要分析的问题选择合适的 CAE 分析软件；

(2) CAE 和 CAD 数据传递一体化，实现设计和分析同步；

(3) 形成设计标准和试验规范；

(4) 通过 CAE 分析的典型算例与试验结果的比较，形成 CAE 分析指南；

(5) 建立数据库。

6.2.6.4 CAE 的应用

在 CAE 分析中，找出分析对象的载荷和边界条件通常是非常困难的，需要对分析对象的使用情况进行仔细的观察和分析，最后还要对计算结果进行分析和确认。CAE 分析能力有 60%在于理论，40%在于经验。CAE 分析人员通过学习力学和有关专业的基本理论，在分析问题时积极动脑筋，对每个数据认真负责，同时发挥设计部门、分析部门和试验部门的团队精神，不断研究设计方法，才能提高 CAE 分析和试验分析的综合应用能力。

CAE 所涉及的内容非常丰富，具体包括以下方面：

(1) 对工件的可加工性能作出早期的判断，预先发现成形中可能产生的质量缺陷，并模拟各种工艺方案，以减少模具调试次数和时间，缩短模具开发时间。

(2) 对模具进行强度刚度校核，择优选取模具材料，预测模具的破坏方式和模具的寿命，提高模具的可靠性，降低模具成本。

(3) 通过仿真进行优化设计，以获得最佳的工艺方案和工艺参数，增强工艺稳定性，降低材料消耗，提高生产效率和产品的质量。

(4) 查找工件质量缺陷或废品产生原因，以寻求合理解决方案。

6.2.7 铝合金锻压过程的信息化技术应用实例

6.2.7.1 一种有实用价值的 CAD/CAM/CAE 软件——Cimatron

A 概述

Cimatron 公司提供先进的机械 CAD/CAM/CAE 系统。其代表产品是 Cimatron it，一个集成化的 CAD/CAM/CAE 系统，该系统用于 2D 和 3D 的设计和绘图，以及高级曲面建模，参数化实体建模，NC 加工和有限元分析前置处理。采用低成本的 PC 微机平台，实现 CAD/CAM 功能。Cimatron 在模具行业及数控加工领域等相关产业应用很广，它提供了完美的 CAD/CAM 界面，可与 UCT、Pro/E、Mircro Station 及 Auto CAD 等软件相结合。

B Cimatron it 软件的特点

(1) 将绘图、设计、加工、分析集成为同一系统，具有统一的数据库。

(2) 工作站和微机平台 100%兼容，运行在 UNIX、Windows NT/95，易学易用。

(3) 用户界面良好，以高效、简洁、灵活著称。

(4) 造型设计中，线框造型、高级曲面造型、参数化实体造型可分别或混合使用。

(5) 智能化的数控加工，全面控制 2~5 轴的加工过程。

(6) 多样化的加工方式可加工各种不同的工件，并得到最佳的加工效果。

(7) 强大的刀具路径管理功能具有 CAPP 功能。

(8) 功能强大的逆向工程，从扫描点云直接生成曲面。

(9) 支持内部和外部以及 NC 的二次开发。

(10) 与 SmartTeam 无缝集成为 CPDM。

C Cimatron it 软件产品简介

a Cimatron it 产品设计

一个专门为工程设计所开发的相对独立的软件包，具有实体造型、装配、工程图绘制等功能，适用于产品的设计，基于微机和工作站等多种平台，与 Cimatron it 具有统一的集成的数据环境。

(1) 高级曲面造型功能，具有严密的形状表现力和高精度的演算。

(2) 多种适合模具产品特点的复杂形状处理功能。

(3) 三维参数化实体造型，并可与高级曲面互相转换。

(4) 自上而下或自下而上的装配设计。

(5) 智能化的二维工程制图。

b MOLDesign 模具设计

它是一个专门进行模具设计的专业软件包。该软件提供用户智能化的设计系统，模架的自动构造，提供多种标准的模架库，完整的模具型面，装配图的自动生成，零件图的自动建立，用户化的图形布置，完整的图形联结等一系列模具设计的解决方案。应用于 PC Windows NT/95 平台，且与 Cimatron it 具有统一的集成的数据环境。

(1) 灵活的镶块定义，自动识别和建立分模线、分模面。

(2) 自动将镶块分成型芯和型腔，以及各方向的侧向抽芯。

(3) 符合国际及各地区标准的二维模架库；模具图纸的自动生成。

c 模具加工/NC 加工

(1) 特征加工+余量加工+自动加工=智能化加工。

(2) 准确安全的单元加工技术，提供数十种实用的走刀方式。

(3) 特征分析用于均化毛坯余量和自动识别入刀点，以及高速精加工。

(4) 全过程余量跟踪，用于优化刀路以及余量分析。

(5) 识别加工相同的铣削工艺方案，建立全面加工过程样板，用于新的产品加工。

(6) 电极自动生成与自动加工。

(7) 对 NC 加工过程真实性图像动态模拟。

d Cimatron it 特殊功能模块

(1) CimaRender 多光源真实质感图形显示模块

对 Cimatron it 的造型产品进行处理，生成并显示高质量的渲染效果。渲染效果具有真实设计图像，显示真实的色彩、材质、表现特征、光影及背景特征，适用于工业造型设计。CimaRender 能在 Cimatron 的零件文件（.pfm 文件）里存储纹理数据，在设计中，所作的任何修改都将立即反映到渲染图像里。应用于 PC Windows NT/95，且与 Cimatron it 具有统一的集成的数据环境。

(2) CPDM 产品数据管理模块

Cimatron 产品数据管理软件包，用于工程信息的管理。一个完全集成于 Cimatron it 的模块，支持目标数据管理，追寻设计的变动和图纸的审视。CPDM 提供了一个对企业全部工程数据进行管理的界面环境。基于 Windows95/NT 的 PC 平台，并与 Cimatron it 具有统一的集成的数据环境。

(3) Re-Enge 反向工程模块

它是一个优秀的反向工程软件包，可将原始数字化或扫描仪的数据转换成可定义的曲线、曲面及网面。用户利用其强大的工具迅速而方便地编辑无限大的点群。用户可以用所有的 Cimatron 工具编辑由 Re-Enge 所生成的光顺的 CAD 图素，独立的扫描曲线和曲面而产生零件造型或装配并进行设计。刀具路径可直接在 STL 网面或 Re-Enge 数据所生成的曲面上产生。Re-Enge 可应用于基于 UNIX 的工作站和基于

DOS、Windos NT/95 的 PC 等各种平台上，且与 Cimatron it 具有统一的集成的数据环境。

D Cimatron V9.0 系统模块及其配置

Cimatron V9.0 系统模块及其配置见表 6-23。

表 6-23 Cimatron V9.0 系统模块及配置

序号	模 块	简 单 说 明
		一、基本系统
1	CIM—D	二维绘图基本模块
2	CIM—MD	三维造型设计、绘图基本模块
3	CIM—SD	加强型三维造型设计、绘图基本模块
4	CIM—MN	三维造型设计、数控加工基本模块
5	CIM—MDN	三维造型设计、绘图、数控加工基本模块
6	Cmatron View Only	供检测用浏览模块
7	Cimatron Demo	无读写功能的 Cimatron 全系统（学习用）
		二、CAD（高级造型系统）
8	SERFM	三维曲面造型模块
9	SOLIDTRON	三维参数、变量几何实体造型模块
10	SOLIDTRON ASSEMBLY	实体造型装配模块
		三、CAD 选择模块
11	PAR—SHAPE	二维参数设计模块
12	BEND	钣金零件展开模块
13	WF2SRF	线框模型自动转换成曲面模型模块
14	FEM	有限元造型模块
15	MOLD EXPERT	型腔模自动分模模块（实体造型）
16	ELECTRODE	电极设计模块
17	DMS	图纸管理系统
		四、CAM 模块
18	2X—MILL	基本的二坐标加工模块
19	3X—MILL	基本的三坐标加工模块
20	4X—CONT	四坐标加工模块
21	5X—CONT	五坐标加工模块
22	CIMULATOR	对 NC 加工过程真实性图像动态模拟模块
23	LATHE	二坐标数控车库加工模块
24	PUNCH	数控冲裁模块

续表 6-23

序号	模　块	简 单 说 明
25	2X—WINRE	二坐标线切割加工模块
26	4X—WINRE	四坐标线切割加工模块
27	GPP	加工通用后置处理模块
28	VERIFIER	自动检测刀具轨迹模块
		五、二次开发模块
29	CIMADEK	用户二次开发工具箱
30	CIMADEK—NC	用户数控加工二次开发工具箱
31	CIMADEK—RUN	用户二次开发程序运行模块
32	X—CIMADEK	外部用户二次开发工具箱
33	X—CIMADEK—RUN	外部用户二次开发程序运行模块
34	MACRO	记忆操作过程，使之重复运行，并可更改运行参数
		六、产品数据管理及数据转换接口
35	EDMS—LINK	工程数据管理系统的接口
36	IGES	IGES 格式的读/写程序接口
37	VDA	VDA 格式的读/写程序接口
38	DXF	DXF 格式的读/写程序接口
39	RD—PTC	把 PRO/Ed 的图形文件转换成 Cimatron 的 PFM 文件
40	SLA	Stereo Lithography Aparatus 文件格式对外输出设计模型
41	SAT	读 ACIS 格式的接口
42	DWG	DWG 格式的读/写程序接口
43	STEP	读 STEP AP203 格式的接口
44	ALL—DI	全部数据通讯接口
		七、其他模块
45	CIMARENDER	多光源真实质感图形显示模块
46	RE—ENGE	反向工程模块
47	MOLD BASE	模架图形库模块（FUTABA、HASCO、DME）
48	CPDM	Cimatron 系统的产品数据管理模块

E　Cimatron it 的硬件配制

(1) 奔腾Ⅱ266MHz 以上（可不断升级）；

(2) Windows NT/95；

(3) 2.1G 以上硬盘（推荐 4.3G）；

(4) 至少 64 兆内存（推荐 128 兆内存）；

(5) 显示器：分辨率 1024×768×256，17″(432mm)推荐 MAGX1700（X1770T）;

(6) 图形卡：至少 4MB 显存，推荐 8MB，推荐 PDI（AG18M），支持;

(7) OPENGL，高速显卡三键鼠标，24 倍速 CD-ROM。

6.2.7.2 计算机模拟技术在航空模锻件成形上的应用研究

A 概述

锻件轻量化、高精度具体表现在产品尺寸精度的提高上，即锻件部分表面的尺寸和形状达到可直接用于装配或者仅需轻微加工即可装配的程度。这种工艺的废弃物较少，从整体上减少了材料和能源的消耗。但是，由于锻件形状越来越复杂，对成形质量的要求越来越高，仅凭经验是难以制造的。同时，影响锻件质量的因素很多，包括毛坯质量、工艺参数、模具精度等。在制定工艺的时候，对这些因素往往很难正确把握，在实际生产中就可能出现一些意想不到的质量问题。因此，定量的综合各种因素对锻件成形质量的影响，对于有效地减少生产调试时间，节约生产成本，大批量地稳定生产合格的锻件具有关键意义。数值模拟将成为制定生产工艺不可缺少的工具。

本研究采用基于有限元体积法的模拟成形分析软件模拟分析了 J7M16A 航空机轮模锻件的成形过程，得到了锻件变形全过程的温度、应力、应变等场信息。通过对工艺过程的模拟，分析了成形和尺寸变动的规律，不仅掌握了材料流动、模具填充的过程，也为工艺优化和模具设计提供了科学依据。

B 模拟成形分析软件的特点

分析材料的塑性变形，本质上是研究材料质点的运动状态。对于连续介质的运动，有两种描述方法：一种是跟踪材料质点来描述的，称 Lagrange 描述；另一种是着眼于空间固定位置来描述的，称 Euler 描述。

基于 Lagrange 描述的有限单元法求解时，网格中每个几何点都对应材料的一个质点，网格节点固定在被分析的物体上，当材料移动时，节点随之运动并与其重合。节点随材料运动导致单元变形，由此追踪物体的变形过程。因此，有限单元法可求解质量不变单元的运动。但是，塑性变形是一个大变形过程，大的节点位移可能带来有限元网格的畸变，造成求解精度下降或不能继续求解，必须进行网格重画。模拟一个大变形过程，可能需要多次网格重画。

Euler 描述法在有限元计算中采用了与材料运动无关的静态网格，节点对空间固定、连接空间节点形成单元、构成一套有限体积网格，是一个固定参考系。工件材料在有限体积网格内流动，材料的质量、动量和能量从一个单元传递到另一个单元。这是有限体积法，它通过体积不变单元求解材料运动。虽然其计算结果仍然是单元节点速率，但由于占据网格节点的材料质点在随时变换，为了反映材料变形的历史，必须辅以特殊的边界追踪算法。有限体积法不存在单元畸变的问题，不需网格重画，可以节省 CPU 运算时间，也方便了用户。

目前，大部分模拟软件除了采用以上两种之一的计算方法外，有些还有以下一些特点：

(1) 动力显示积分算法。不需迭代求解大型非线性方程组，求解效率较高。

(2) 自动表面追踪算法。由三角形面片构成的表面是几何实体，它与其包裹的材料一起运动，且能对变形体准确施加边界条件。

(3) 工件表面网格细化技术。在模拟过程中，自动细化表面面片以精确反映模具填充。

(4) 接触算法。模具与变形体的接触用接触面表示，接触算法不用迭代的方式即可获得满意的接触条件，从而保证了模拟不会因接触问题而失败。

(5) 对称边界条件。提供对称面定义功能，减少计算规模。

(6) 多工步模拟功能。定义了新工步的模具造型和工艺参数后，调入上一步成形结束时的有限体积网格，即可进行新工步的模拟。

C J7M16A 成形过程模拟

J7M16A 是 J7 型飞机上起落架的重要部件，对产品性能的稳定性、工作可靠性都提出了很高的要求。

该锻件采用 2A14（2014）合金，铸锭要求一级氧化膜，一级疏松，均火处理；生产过程主要分为三个阶段：先用 ϕ630 mm 铸锭挤压成 ϕ200 mm 的挤压毛坯，然后经锻造镦粗，最后放入模具内进行模锻

（二火）。锻造温度为 440～470℃，模具温度为 280～420℃。锻件质量约 36.8kg，在 100MN 水压机上模锻。图 6-36 为 J7M16A 的零件图，以 CAD 软件 MDT 造型。

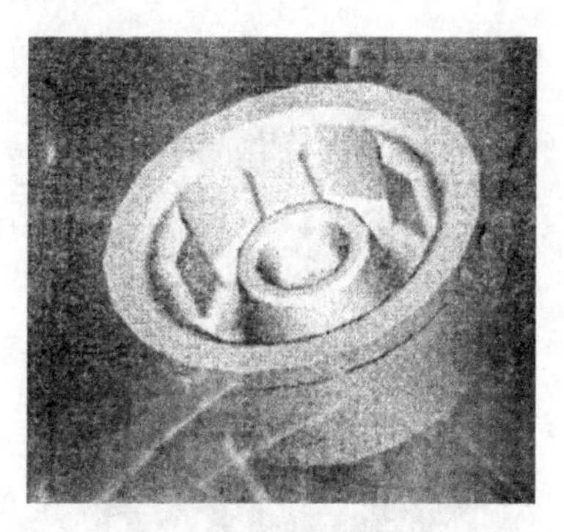

图 6-36 J7M16A 零件几何造型图

a 分析模型的建立

由 J7M16A 零件几何造型图可看出，该锻件属于多台阶、内轮廓形状复杂的锻件。成形方式基本上是正挤压和反挤压。

由于锻件具有很强的对称性，所以选取锻件轮廓的 1/4 建模，将对称面选取在锻件的纵截面上。相应地，模具也和锻件同样选取 1/4 轮廓建模，图 6-37 所示为整个分析模型的初始状态。

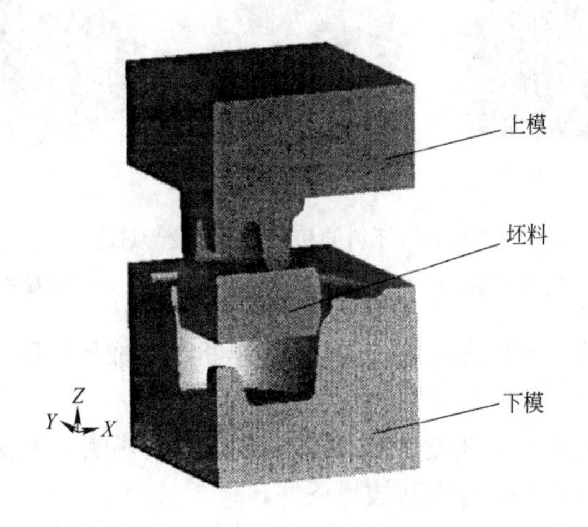

图 6-37 整体分析模型的初始状态

b 成形过程模拟

图 6-38 显示的是锻件在第一次模锻（有 2mm 欠压量）时模拟成形的最终结果。

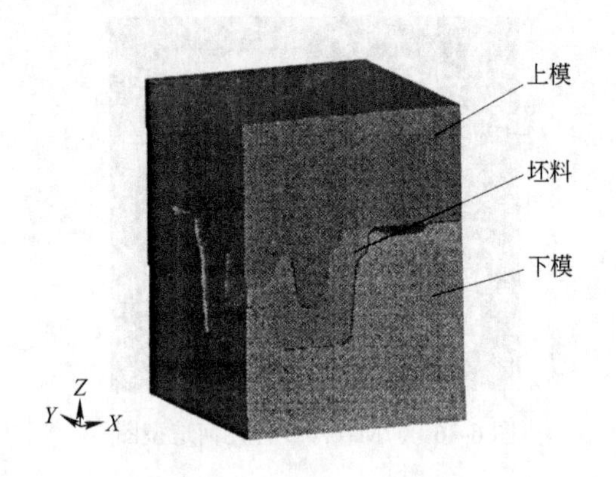

图 6-38 第一次模锻后的成形结果

为了直观地了解坯料的成形过程，隐藏模具的行动过程，只观察坯料的成形过程，其初始状态如图 6-39 所示。

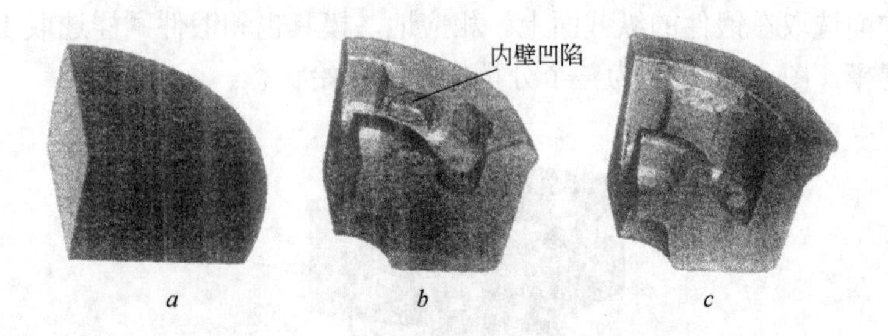

图 6-39 坯料的初始状态及变形过程

a—锻件坯料的初始状态；*b*—锻件变形达 80%时的变形状态；*c*—锻件最终成形状态

模拟计算了在下压速度 10mm/s 水压机上的成形过程。根据实际生产情况，模拟了第一次模锻时锻件的成形过程。

在模拟过程中，考虑到周围环境对模锻的影响，为使模拟尽可能接近实际情况，必须考虑其边界条件。

锻造时锻件自由表面与周围环境存在对流和辐射换热；锻件与模

具接触时，存在接触传热；同时锻件本身由于塑性变形和接触面的摩擦会产生温度上升。计算中，热辐射率为 0.6，接触热传导参数为 18.34W/(m^2 · K)，热功率转换系数为 0.9。

凸模的运动速度为 10mm/s，开始锻造温度为 440℃。模具温度为 300℃。外部环境温度为 20℃。润滑剂为水剂石墨。

图 6-39*b* 所示为该锻件在成形中变形达到 80%时的变形情况。

由图 6-39 中可以看出，当变形程度达到 80%时，锻件内壁出现凹陷现象。此凹陷现象的产生随着变形的继续，逐渐消失，并不影响最终成形过程。

图 6-39*c* 所示为锻件的最终成形结果。

从图可看出，锻件的表面没有完全成形，这是因为有欠压量而没有压合模的缘故；当进行第二次模锻时，就会得到很好的形状。

由模拟过程可知，当时间 T=25s 时，成形模拟完成；此时压力值约达到 6800t。

在变形中出现了凹陷现象，此现象产生的原因主要是压机压下速度和润滑程度的影响。在现有压机压下速度的情况下，保持很好的润滑是防止凹陷现象成为凹陷缺陷的主要手段。进一步的模拟表明，采用更好的润滑剂（如植物油），增大润滑系数，就可以防止凹陷缺陷的产生。

对此锻件的模拟结果还包括工件应力场、应变场、流线和温度场等信息。

图 6-40 所示为在液压机上成形结束时的有效塑性应变，图 6-41 所示为同一时刻的温度场。分析这些信息，可以对这个产品作进一步的分析。

比如，通过研究工件在变形过程中的温度和有效塑性应变及流线等变化过程，可以了解该工件变形最剧烈的部位。变形最剧烈的部位是相对容易产生金相缺陷的地方。了解相对容易产生缺陷的部位，对于制定工艺和工艺优化都是有重要作用的。

D 小结

上面以 J7M16A 模锻件为例，利用三维计算机成形分析软件模拟分析了锻件变形的全过程，取得了温度场、应力场和应变场等信息，对于锻件的成形过程有了定量的分析。分析表明，在速度恒定的基础上，良好的润滑是消除锻件内壁的不平整现象的主要手段。

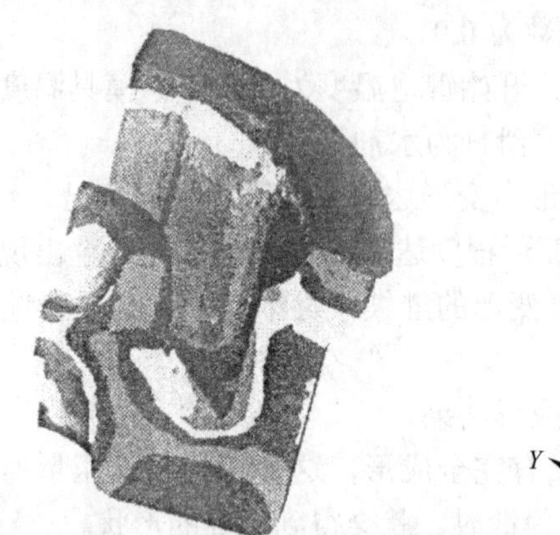

图 6-40 锻件成形结束时的有效塑性应变场

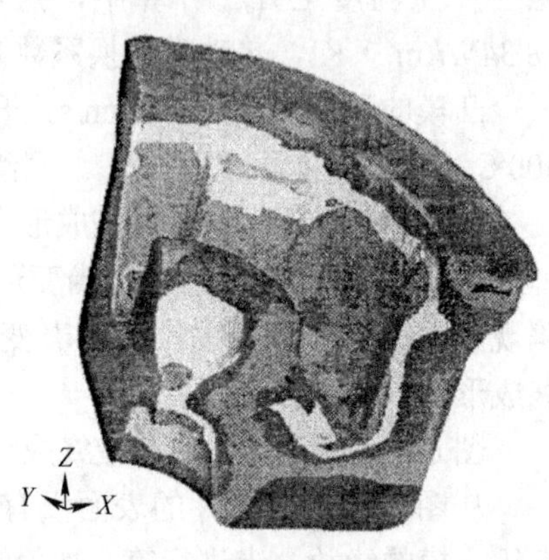

图 6-41 锻件成形结束时的温度场

通过该例，三维计算机模拟成形技术可以给实际生产提供有用的信息，还可以通过改变工艺参数、修正模具形状或更换成形设备来建立不同的分析模型，从而得到不同的分析结果。将模拟分析结果进行对比后，可以确定最优化的工艺方案；这种技术除可应用于常规形状产品的生产外，还对形状复杂和精密模锻件生产具有特别重要的 意义。

6.2.7.3 热锻模集成设计与生产系统的发展

A 概述

在产品种类多的公司，由于采用了成组加工工艺原则，使生产流程合理化。因为成组加工生产流程是基于把产品系列划成具有相似设计与制造要求的零件组别，而各个零件组别可以引进合理化加工。这种锻件成组加工方法的主要好处是：

（1）工具合理化，可以采用标准的可更换的镶块，从而使模具降低费用；

（2）改进工厂布置，使工作流程更趋合理，并易于控制生产；

（3）锻件和锻压模具的设计程序可系统化；

（4）可以使用系统的数据存储和检索，并改进预算与成本计算的程序；

(5) 工作安排和生产加工过程的设计可以标准化。

这一组成加工方法可应用于热锻模的集成设计系统。依照现行做法和经验，总结出适当的数据库及设计规则，从而可以把设计、预算与制造综合起来。

B　热模锻及冲压的集成设计与生产系统

一项锻压工艺在投产前主要应当完成三件事：

(1) 按照所需加工的零件设计出适当的锻件；

(2) 决定生产锻件的操作方法与顺序，包括对所需材料的估算；

(3) 应设计出合适的模具，包括各种预成形模具。

热模锻合适的生产方法及操作顺序与锻件的基本设计特性（即几何形状、尺寸及材料等）和所需生产批量大小密切相关。以旋转销钉的锻件为例，如图 6-42 所示。如果批量较小，比如 500 件，只需用落锤单个生产就可以了。用最少的预成形的操作，即仅用延伸和倒棱工序。如果批量较大，就可能需要增加预成形备坯工序，以减少材料的浪费，并提高终锻模的寿命。如果批量更大，就可用大块的毛坯成双进行锻造，并可在减径辊上预成形，使用更大的锻压液压机以提高生产效率。所以对销钉的锻造来说，根据不同的批量，可以制订出若干标准加工方案或操作顺序（见图 6-43）。

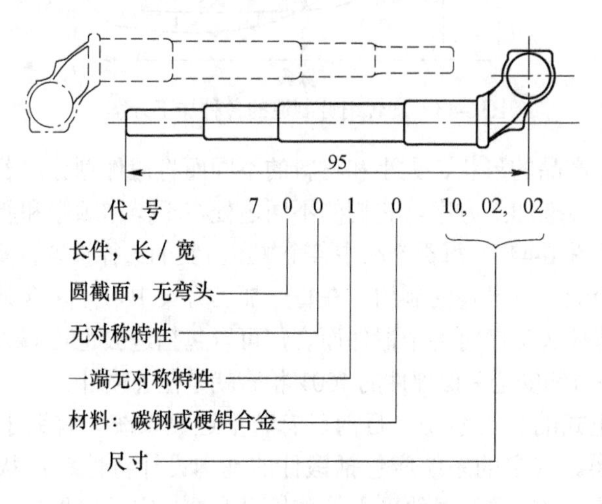

图 6-42　旋转销钉锻造

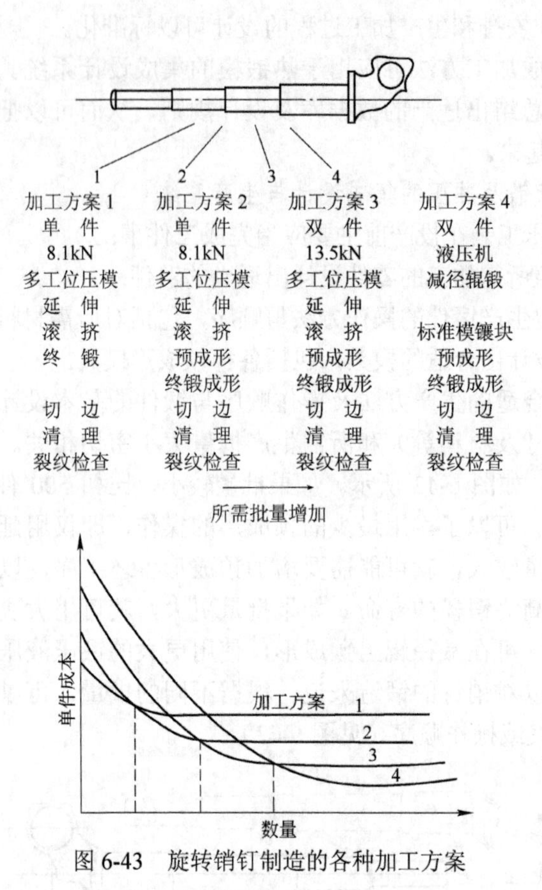

图 6-43 旋转销钉制造的各种加工方案

可根据产品的形状、大小和材料的不同而将锻件划分成若干种类，制订出一些标准加工方案。它们的不同之处在于操作顺序和所用机器有所差别（见图 6-44）。每类产品中各个加工方案的选择按现行实践确定，方案的多少受已有设备的制约。在每一加工方案中可能包含某些任选的工序。这些任选工序对各个锻件而言，可以包括进去也可省去不用，比如，裂纹检查和安全关键部件的100%检查就是任选项目。

使用正式的分类系统（目前已有若干这类系统）有助于把锻件划分成若干类。选定的系统应包括锻件的基本设计特性、形状、大小材料以及如图 6-42 中的锻件采用一种代码编号，它是根据先前介绍的系统编号而略有修改。

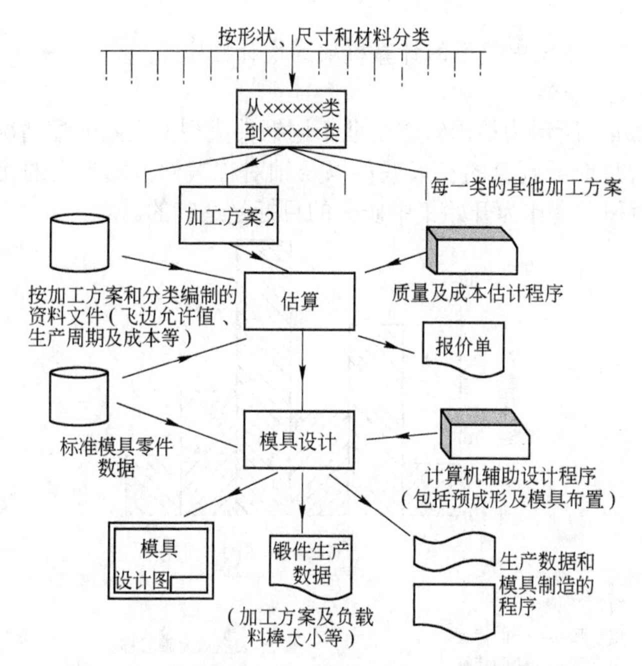

图 6-44 锻件集成设计与生产系统的信息流程总图

每一加工方案的数据不同，因为材料要求和模具寿命是随生产的锻件所用的操作顺序而变化的，如图 6-42 所示，以旋转销钉锻件为例，小批量时几乎不用预成形，故飞边浪费比大批量用预成形时要大得多。此外，小批量时终锻模的寿命会短些，这是因为在终锻模中材料的变形量较大的缘故。

这种方案采用适当的计算机系统，便可用来作为估算工作自动化的基础。也许不可能把每一类锻件均列入这样标准化的集成系统，但对大多数而言这是适宜的，而且将使大多数的设计、预算和成本核算的过程自动化。

某一锻件的加工顺序一经决定，便要设计出每个工序的不同模具，每一类模具的设计程序和计算机辅助方法（这些方法综合了目前应用的设计规则）会有助于这一进程。将每一锻造设备用的模具镶块的规格标准化，对于研究计算机辅助设计的程序是有益的。因为只需要在模具镶块上，按所提供的数据，通过数控式电火花加工机床加工出所需要的型腔，就可以制造模具了。

C　集成系统中使用的计算机辅助设计程序

a　锻件分类

图 6-45 所示为德国锻造工业不同锻件类型的大致分配情况。从图中可以清楚地看到直的长形锻件以及轴对称锻件占相当大的比例，因此将这两种类型作为开始集中研究的目标是适宜的。

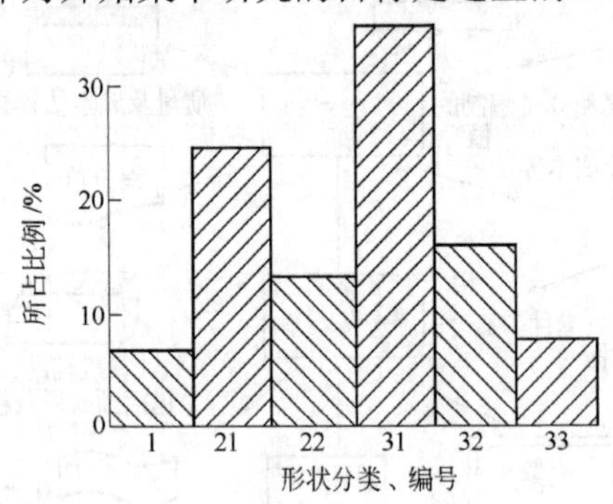

分类编号　类型

1　短粗形

21　扁平形——一面特征

22　扁平形——两面特征

}大多数为轴对称

31　长形——直的

32　长形——在一个平面内弯曲

33　长形——在两个平面内弯曲

图 6-45　德国锻造工业中锻件类型的分布

目前正在开发若干通用零件的计算机程序。这些程序构成了锻模的集成设计与生产系统的一部分，其内容如下：

(1) 轴对称锻件的计算机辅助设计系统。该系统包括从所需加工的零件开始到合适的锻件设计以及合适的标准模具用模具镶块设计，锻件数据如棒料大小及模具负荷的计算等。

(2) 某些锻件横截面的计算机辅助设计，这一程序可与程序(1)联用，或作为轴对称锻件的单独横截面用。

(3) 长形锻件各种预成形阶段的计算机辅助设计，例如延伸模和滚挤模等。

(4) 多工位锻模的计算机辅助模膛布置设计。

(5) 小批量轴对称锻件生产的组合模系统,包括计算机辅助镶块的选择。

(2)、(3)、(4)三项程序可联系起来，构成长形直锻件系统。下面列出各种程序的某些细节。

b 轴对称锻模的计算机辅助设计

轴对称的锻件，通常是由剪断的棒料加工制成的。预成形一般为简单镦粗等。比较复杂和型腔较深的还需要一次预成形压制。轴对称锻件成形模的设计可用下述非对称零件的单个横截面用的计算机程序来进行。假设平面应变成功地描述了轴对称形状在直径方向的材料流动状态，它处于某环形应变，那么预成形形状的下述设计程序，对非对称锻件的横截面和轴对称零件的直径截面同样是有效的。用模拟材料做的试验表明，这样预成形的设计程序能带来材料的节约，还可能会增加最后压制模的寿命。

已制定出设计轴对称锻模的计算机程序。该程序可为锻件确定一些生产数据。这项程序是根据标准模架系统，在锻件特定尺寸范围配用合适的标准模具镶块。目前这些模具适合某种机器，但是按照一定选择标准，对不同的机器也可以很容易地对各种模具进行设计。

设计程序(图 6-46)从所需加工零件的几何尺寸说明开始(图 6-47)，

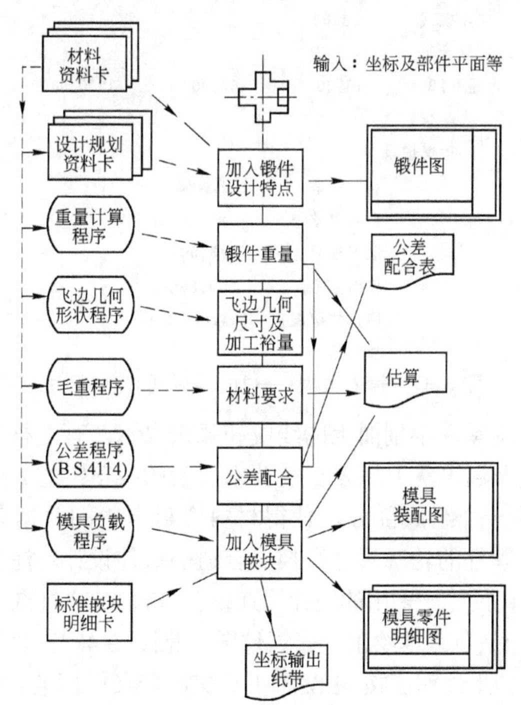

图 6-46 轴对称锻件计算机辅助设计

卡片式输入记录

A×14/12/453× 12/05/75

锻件设计试验

开 始			
点	0.00	55.00	
一号机			
点	5.00	55.00	
点	5.00	45.00	
号	25.00	45.00	
号	25.00	55.00	
点	30.00	55.00	
点	30.00	20.00	
点	18.00	20.00	
点	18.00	30.00	
点	6.00	30.00	
点	6.00	20.00	
点	0.00	20.00	
分模线	40.00		
关 闭			
EN23	13.00	50.00	1200.00
结 束			

数据记录

材 料	EN23
分界线在	40.00mm
锻压速度	13.00m/s
棒料直径	50.00mm
棒料加热温度	1200.00°C
紧公差	

图 6-47 输入数据——加工零件的几何尺寸

这些说明可以用零件半剖面上的线段和弧来表示。有关材料的种类、锻造条件（速度及温度等）以及公差要求（紧的或正常的）等项的详细情况也是输入的一个组成部分，使得材料资料卡中的数据有可能进行存取。从被加工零件的轮廓尺寸变换成合适的锻件设计，注明加工公差、倾斜角、各部直径等，采用的设计规则载于 DIN 7523 标准（1972 年联邦德国标准）。于是自动地绘出一张锻件图（见图 6-48），以及相应的加工零件的图纸，图上注明了按 B.S.4114（1976 年英国标准）规定的公差数据。对于仅从事制造用户设计的锻件的公司来说，设计程序的这一阶段可能不必要。但程序的有关部分如果需要可以删去不用。如果需要预成形，可把程序转用到下述的子程序。

从锻件的设计中可确定出锻件质量、飞边几何尺寸、棒料大小及最大锻造负载。飞边尺寸（桥部宽度和全部）采用半经验公式的方法进行计算，该方法考虑了锻件的横截面形状。最大负载的计算采用有关文献介绍的方法，该方法假定最大负载是由模具关闭时通过飞边间隙最终材料量的挤出所决定的。多余的量（飞边等）按 NADFS（落锻及冲压全国协会，1953 年）的推荐值来确定，加上锻件质量就得出了生产锻件所需要的棒料的大小。

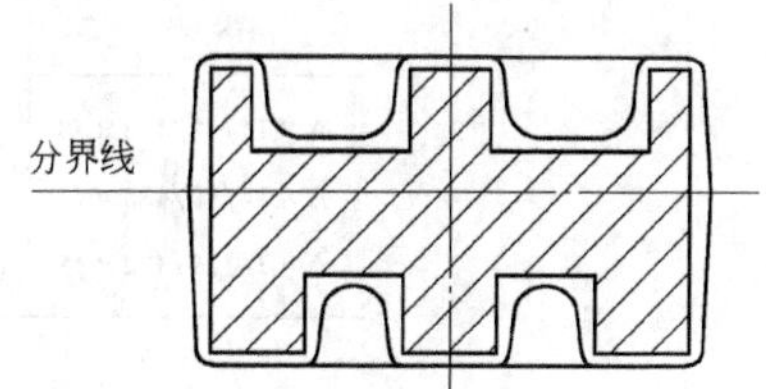

图 6-48　锻件设计的绘图仪输出
（除去一切尖角）

某一特定大小系列锻件的标准模架均由一个具有标准尺寸的模具框架、夹持环，上、下模镶块及顶出销组成。按压制锻件的大小选择适当的模架及模具镶块的型线存储在数据库中。

模架可动部分（镶块及顶出器）的装配图，只需把飞边桥部、仓部及锻造型线加到镶块上（图 6-49），就可设计出来，而后画出每一镶块和顶出销钉的大样图。

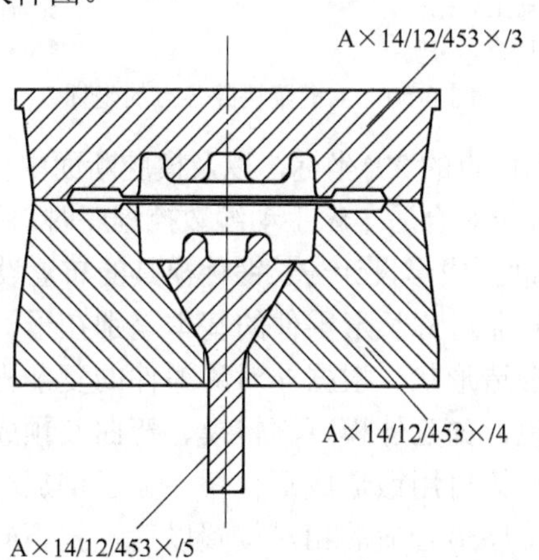

图 6-49　模具镶块及顶出器销钉的装配图

对每一锻件凹陷处各点列一坐标清单，作为模具零件图的补充，在制作模具零件时，供数控编程序用，或用于检验（图 6-50）。

零 件 表

图 号	零 件	材 料
A×14/12/453×/3	上 模	CVM_3
A×14/12/453×/4	下 模	CVM_3
A×14/12/453×/5	顶出器销钉	CVM_3

零件半轮廓坐标

从中心线和分模线相交处算起

X坐标平行于分线，向右为正

Y坐标平行于中心线，向上为正

斜度系指逼近线(起点由弧形算起)

上模腔

起点		终点		中央		半径/m	斜度/(°)
X	Y	X	Y	X	Y		
0.00	16.49						
4.60	16.49	6.59	14.60	4.60	14.49	1.99	89.99
6.82	10.29	10.81	6.49	19.81	10.49	3.99	3.00
18.84	6.49	22.82	10.08	18.84	10.49	3.99	89.99
23.31	14.70	25.30	16.49	25.30	14.49	1.99	-6.00
29.63	16.49	31.62	14.63	29.63	14.50	1.99	89.99
32.62	0.95						4.17
38.11	0.95						90.00
39.95	4.13						-29.99
56.19	4.13						90.00
58.02	0.00						23.92

图 6-50 上模镶块腔各点的坐标

这些数值表示成点的 *XY* 坐标，以及模腔断面中任一圆弧的半径和圆心。其格式类似于对合适车床手动编数控程序时那样。

c 计算机辅助预成形设计与长锻件模具的布置设计

锻造轴对称与非对称长形零件的基本差别在于，用预成形工序把原始毛坯变成可锻造形状。根据非对称锻件的复杂程度，实用中采用了一系列预成形模，如延伸模、滚挤模、弯曲及预成形模等。有些情况下，初始预成形模可用锻造成形代替。为了增加产量，通常在确定了模具中各压制工序最合适的相对位置以后，把不同锻造工序对应的压制模镶入模架，组成一个多工位的压制模。

实际上设计每一锻模，模具布置以及计算生产数据和绘图，都需要耗费大量的工时。下述程序旨在能自动地执行这些任务，只要输入被锻零件的系统性说明就可以了。

计算机辅助设计的程序中所作出的某些与成本有关的判断可能是：适合锻件的某一类，适合一类中某个零件。前一项可用上述标准加工方案的规格说明加以完满解决，而后一项则要求根据经济性、可用率及其他因素利用中断停止执行程序的个别段落。计算机程序设计是用来连接每个独立子程序的组合，某些特定锻造工序的设计程序便包含在其中。这些子程序组件互连的顺序，是由对应于某一特定锻件类型的加工方案所决定的。

图 6-51 是直轴类的长形锻件设计预成形时，计算机程序的一般流程图。

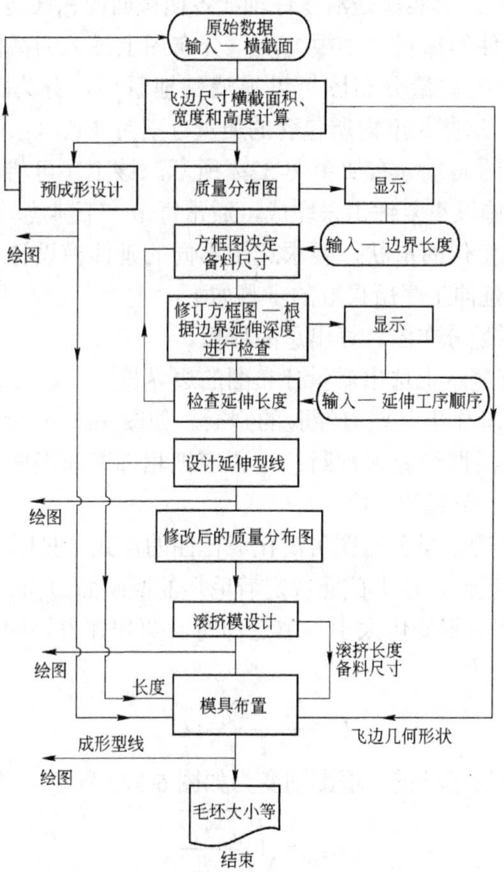

图 6-51 长形锻件计算机辅助预成形设计及模具布置设计总流程图

(1) 原始输入数据。从零件（包括预期飞边在内）的生产图纸（图 6-52*a*）中，设计者选出最少的零件横断面，为模具设计提供足够的数据资料。这些数据应包括每一横断面上有特征性点的坐标值（图 6-52*b* 中的 X、Y 及 R 等）及特定截面轴的位置（图 6-52*a* 中的 Z_i）。这些数据可以经穿孔卡片或图形数字化处理机输入计算机。此时，设计者选定那些需要预成形横断面设计的部分，用适应的输入码来指明。

由于每一截面均已输入，面积、高度及宽度也就确定了，适合该截面的飞边桥部宽度也就确定了，并假定所有的飞边间隙保持不变。

(2) 延伸模设计。初始预成形模的设计按照零件的质量分布图（如图 6-52*c* 所示），其实就是沿零件轴线各横截面面积（包括飞边）的曲线图。生产锻件的棒料大小根据质量分布图上最大的截面来选定。由图 6-52*c* 所示的质量分布图可以很清楚地看出，分为三个长度段：L_A、L_B 和 L_C。这些长度内所包含的质量分别为 V_A、V_B 和 V_C。延伸锻造的最终备料的质量分布如图 6-52*d* 所示。该工序可将毛坯置于延伸模两面之间，施以重复锤击来完成，通常每击一下料旋转 90°。根据锻件横截面明显变化的形状，要求选用不同的延伸模设计，使毛坯能连续变细。设计延伸工序所采取的步骤如下：

1) 绘出质量分布图，算出总的体积。

2) 从屏幕显示上选出质量分布图的边界长度 L_A、L_B 和 L_C。这一阶段需要设计者作出某些有经验的判断。如图 6-53*a* 所示的质量分布图，设计者应根据经验来判断：是否应把相邻断面当成一个断面来处理，从而减少一个延伸工序。

3) 被区分的质量分布图可简化成框图的形式（见图 6-52*d*）。据此制定延伸模的设计，最大截面决定着毛坯的横断面面积。

4) 若截面面积变化太小不需延伸时，两相邻方块应予以合并。以图 6-52*d* 为例，如

$$C=\frac{D_C-D_B}{2}<C_1 \tag{6-1}$$

C_1 为规定的最小值，框图则变为如图 6-52*c* 所示的形状。

$$D_{BC}=\sqrt{\frac{V_B+V_C}{L_B+L_C}} \tag{6-2}$$

这样，只需一道延伸工序就可以了。

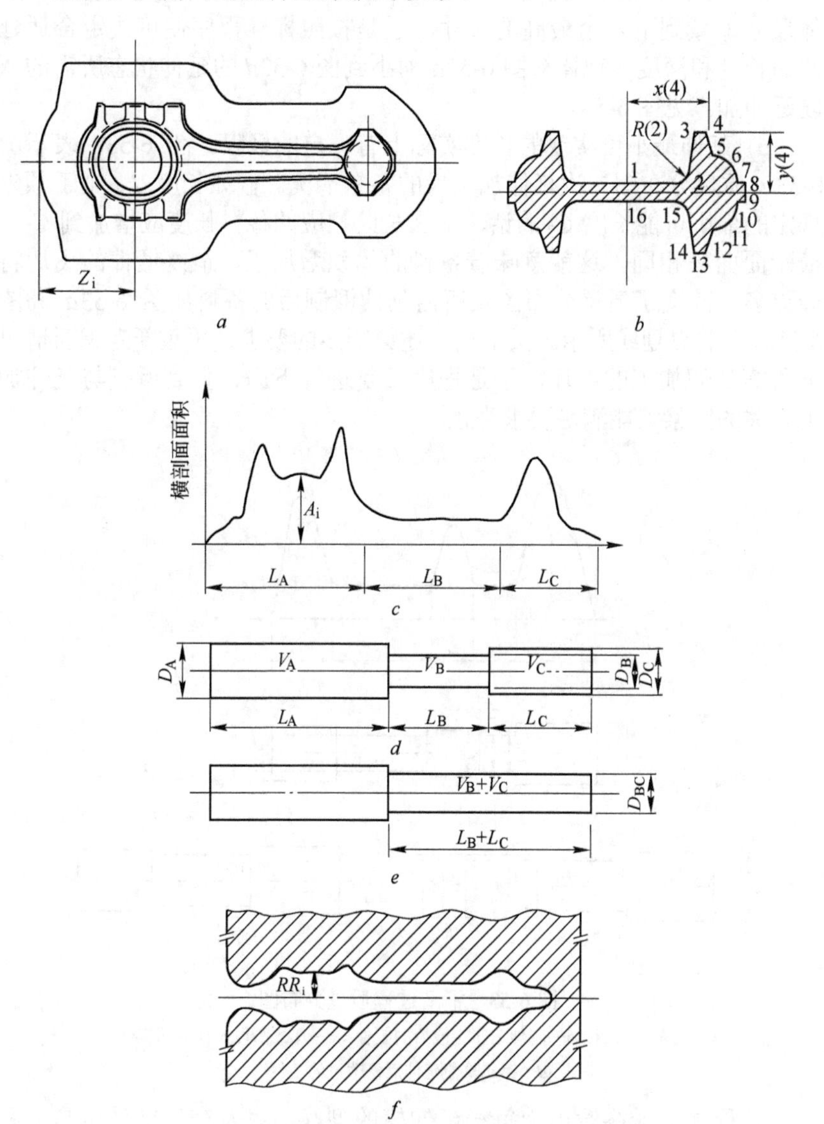

图 6-52 延伸及滚挤模膛的设计

a—带过量材料（飞边）的锻件；*b*—i—i 横剖面；*c*—质量分布图；*d*—延伸后的加工件；*e*—由于延伸深度不足而修改后的延伸毛坯；*f*—滚挤模型线

5) 设计者输入各道延伸工序的顺序，每一工序表示毛坯以一种整体尺寸缩减到下一个最高的尺寸，于是按照标准程序便可决定合适延伸的长度和深度。把棒料图 6-52*a* 缩小到图 6-52*d* 的延伸状态所需的两段延伸加工见图 6-54。

6) 延伸最小可实现的长度实际上有一定的极限。图 6-53*c* 表示图 6-53*a* 质量分布图二次延伸加工后的备料情况。假如长度 L_B 小于预先规定的最小可能长度 C_2 的话，那么与此相应的备料长度应增加到 C_2，横断面面积相同。这就意味着备料的体积增加了，最终锻件的飞边将会更多，改变了质量分布图及所需延伸锻制后的备料如图 6-53*a* 和图 6-53*b* 中的点划线所示。又根据上述第四步的要求，再重新考虑新情况下所需延伸加工的毛坯，于是程序反复进行下去，直到所有与延伸加工有关的因素均能满足要求为止。

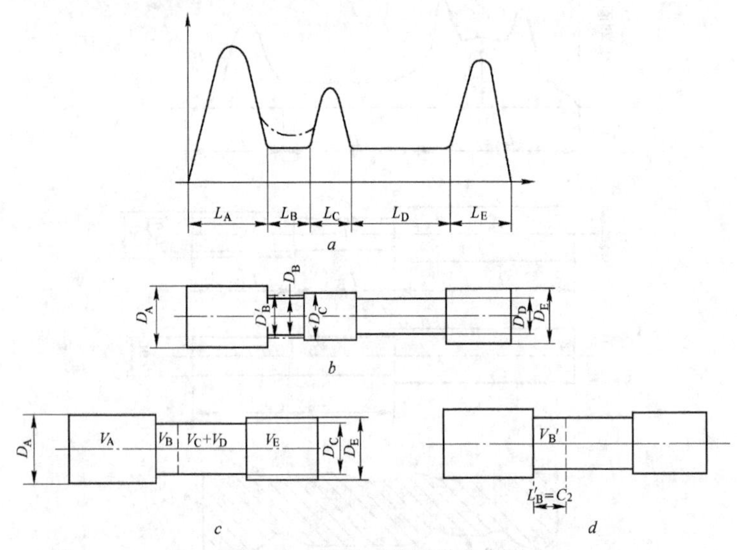

图 6-53　锻造过程质量分布图

a—质量分布图；*b*—延伸工序完成后的工件；*c*—第二阶段延伸后的工件；*d*—第二阶段延伸后修改过的工件

该程序的最终输出为每一延伸模的型线，以及产生锻件所需的备料尺寸。

(3) 滚挤模设计。下一道预成形工序一般是指滚挤工序，它有以下三个方面的用途：

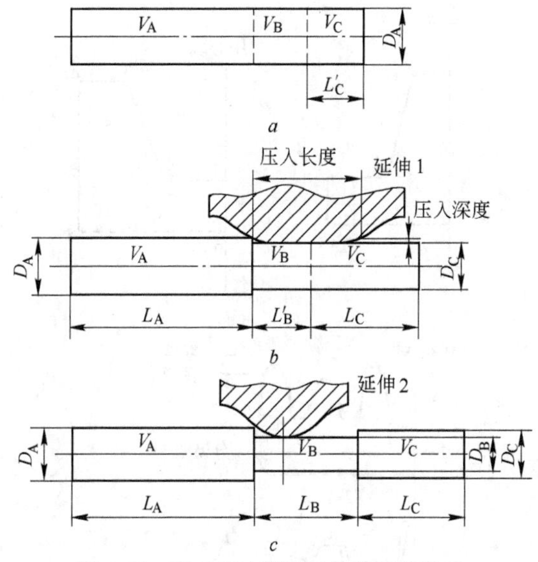

图 6-54 图 6-52*d* 所示工件的延伸阶段

1）在正确的位置上制出必要的突出部分；

2）把延伸工序造成的缺陷弄平；

3）在规定的若干点增加横断面面积。

因此，滚挤模设计要根据锻件的横断面面积而定。滚挤模的型线可通过以下方法获得：将质量分配图上所表示的各个面积（延伸设计阶段可能已修改过）变换成一组等价半径，即图 6-52*f* 中 $RR_i=A_i/\pi$。该程序的输出即为滚压模型线，确定带有某些适应的颈部毛坯尺寸。

(4) 预锻设计。对非对称长形锻件而言，延伸和滚挤工序保证了沿毛坯轴线质量分布，这样在以后的工序中很少发生纵向流动。通过选择锻件的临界截面，决定截面的预成形，便可得出预成形设计。

目前所开发的程序，主要用于解决肋和翼片型的锻件截面问题。每一截面预成形型线设计按下列步骤进行：

1) 任一段内由以下三种类型的流动组合构成总的流变格式，即① 镦锻或垂直流；② 平行于锻造方向（挤压）使流入中心肋；③ 挤入支肋。这三类流动可用图 6-55*a* 中所示两种 L 形截面来代表。预成形设计程序的第一部分首先把锻件截面划分成若干 L 形分量。

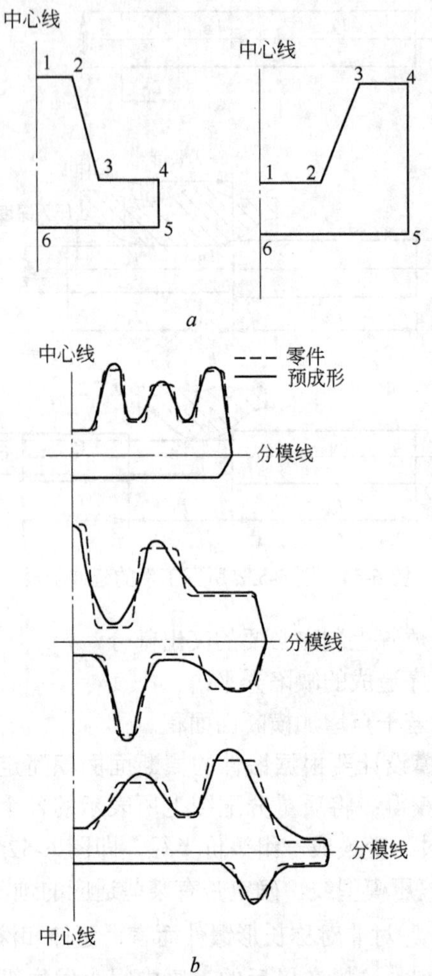

图 6-55 计算机辅助预成形横断面设计

a—基本的 L 形段；*b*—使用计算机程序进行预成形设计的例子

2) 程序的第二部分采用上述方法使指数曲线适合 L 形，同时在预成形和锻件截面保持相同的横截面面积。

使用这一程序对不同截面进行预成形型线设计的例子如图 6-55*b* 所示。

(5) 模具布置设计。在落锤锻造中，经常采用多工位锻模。最常见的布置定位如图 6-56 所示。为确定对基准线的相对位置，已应用了各

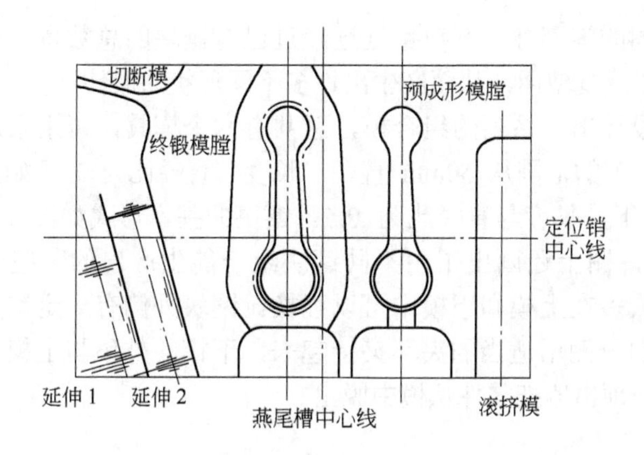

图 6-56 多工位锻模模具型腔的布置

种设计规格。

已经制订出一项能把多模膛布置于一个合适的模块上，并能绘出模具布置图的计算机程序。其主要设计考虑如下：

1) 成品终锻工序应尽可能靠近燕尾槽中心线，还应适当考虑到其他模膛。一般终锻模膛和预锻模中心线距燕尾槽中心线比率为 1∶4，这是一个折中的位置。

2) 预锻模膛应尽可能靠近终锻模膛，但该距离受到两个型腔之间的模壁的强度所限。例中这一距离采用了各模膛的最大深度的 1.5 倍。

3) 定位销应置于锻造作用力的中心。这样模块不大可能前后挪动。这一位置通常选在锻件的重心处。

d 轴对称锻件的合成模架系统

若能减少每件模具的成本，那么即使批量不大也可以采用锻件，从而可节省材料。

增加锻件有效批量的方法之一，就是用同样的锻件加工一批相似的零件。对某些零件来说，这显然意味着比专为某零件设计的特定锻件而使金属切削量要大些，但是比起用棒料或切削的板材直接加工成零件来说，还是要节省得多。所以，锻件适用的批量大小范围大大增加了。这一方法可与使用合成模具结合起来，进一步降低单个模具的成本。组合模具由一组已加工出型腔的镶块装在一起组成。只要不同尺寸的每种镶块加工出几套，一组模具就可以变换花样，生产出若干个形状不同的零部件，其数量远远超过已有镶块的总数量。镶块可在不同组合中反复使用，从而产生出许多不同形状的锻件。

已经设计出一系列的组合模，总共有六个模具，可用来加工圆形锻件。其加工的范围从 50mm 直径，长度与直径比为 1 开始，到直径 250mm 以下，长度与直径比为 0.5。镶块的基本形式如图 6-57 和图 6-58 所示，图上还画出了由不同镶块组合能生产出的某些代表性形状。镶块大多在上模和下模中可以互换。镶块外侧有一定锥度，能在整个模具的一侧用适当的夹环夹持起来，下模的外环与上模的不同，以便用套筒顶出器把零件从模中脱出。

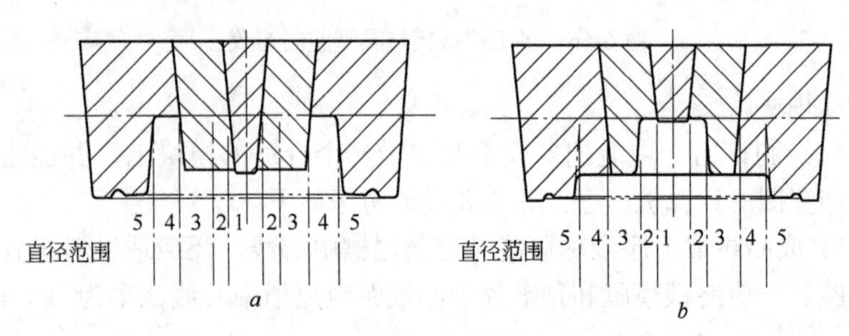

图 6-57 组合模具的典型镶块结构

a—形式一；*b*—形式二

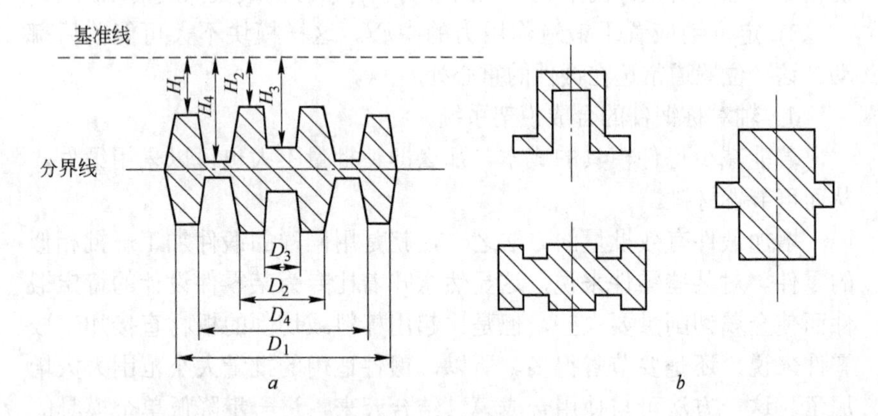

图 6-58 组合模的镶块形式

a—基本锻造外形；*b*—组合模具组生产的典型锻件形状

每一类镶块又可分成若干不同的尺寸，从而允许在一个实用的模架中生产出多种多样的锻件。每一模架所具有的外形尺寸范围列于表6-24中，表中还列出了镶块经组合后能生产出的不同形状锻件的数目。零件形状数与镶块数之比，最小的模架时为25/1，最大的模架时为2600/1。

表 6-24 合成模架外形尺寸及生产零件范围

模架尺寸/mm	法兰		轮毂		冲压		连板		镶块数(上模与下模)	零件数
	D_1	H_1	D_2	H_2	D_3	H_3	D_4	H_4		
50	55	0			15	2，25	30	0，19，38	20	500
80	85	0，24，48	30	0，24，48	15	2，25，33	60	0，24，48	36	2600
120	125	0，17，34，55	50	0，17，34，55	25	2，19，36，42，58	95	0，17，36，55	54	50000
160	165	0，14，29，43，75	70	0，14，29，43，75	35	2，16，31，45，50，75	120	0，14，29，43，75	76	200000
200	210	0，17，35，52，95	100	0，17，35，52，95	45	2，19，37，55，60，75	160	0，17，35，52，95	76	200000
250	260	0，17，35，52，95	110	0，17，35，52，95	50	2，19，37，55，60，75	200	0，17，35，52，95	76	200000

有许多的镶块组合可供使用，也就是说在考虑用组合模具组生产锻件，加工成所需的零件时，有必要采用某种系统化程序来选择镶块组合。已经有了两种方法：一是手工完成的，用一组互相重叠的图表来选择；二是计算机程序，从计算机外存中选取那些适合的镶块程序。最好的模具镶块组合，就是那些材料浪费得最少、模具分模线能保证零件在锻压后停留在下模中，并便于而后由顶出器顶出的组合方案。

手动的和计算机系统的选择程序大致相同，如图6-59所示。每一模架又细分为对应于镶块基本形状的直径范围（图6-57*b*中的范围1~5）。

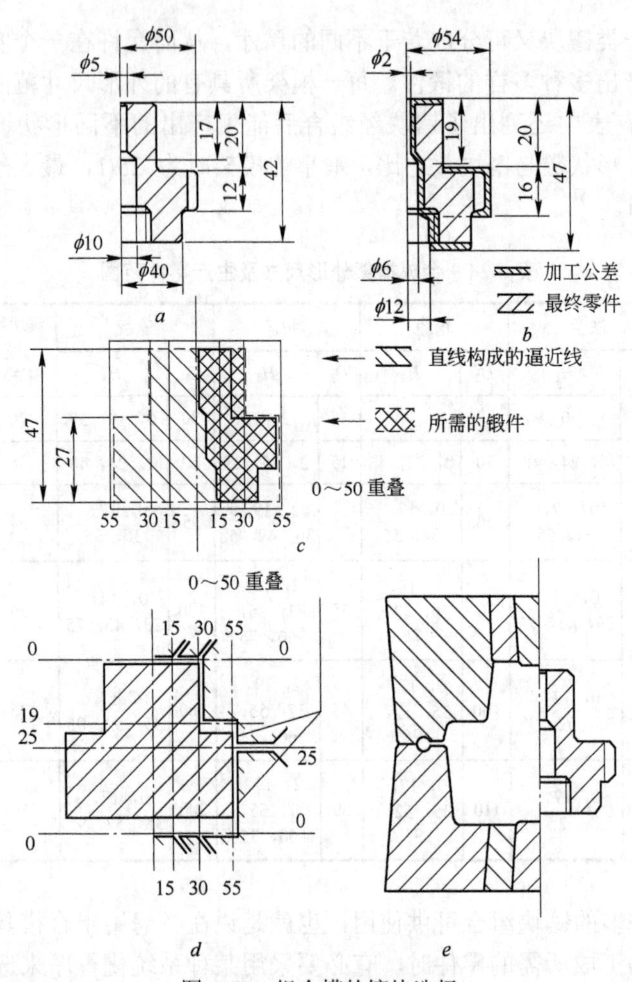

图 6-59 组合模的镶块选择

a—被加工件（齿轮毛坯）；*b*—近似锻件；*c*—直线构成的锻件逼近线及 50mm 重叠的部分；*d*—二次特征的重叠部分；*e*—选定的镶块组合及原产品

选择的次序如下：

（1）选择最小的模架，它适应带有必要的加工裕量的零件（图 6-59*b*）。

（2）从每一直径范围内找出最高和最低的特征值，并形成由直线构成的零件逼近线（图 6-59*c*）。

（3）选取一对外环镶块，闭合后使零件在其中成形。

（4）选取内环镶块及冲头，尽可能严密地构成零件型腔，通过把零件相对于两个外环上下移动的位置，可能会有几种组合。

（5）根据其他可能的外环组合，重复进行第（3）、（5）项。

（6）选择材料浪费最少的镶块组合，并保证零件置于下模中（图6-59*d*）。

每一种镶块使用一套重叠图表和一张材料浪费计算表，有助于手工选择工序的进行。图6-59*e*所示为一个典型加工零件和选出的适合生产锻造工件镶套的组合。

计算机选择程序与人工选择程序相似，仅仅把各种可能的镶块的数据存储在外存中，程序列出了 6 种模具镶块的最好组合，并指出哪块应作为底模，还给出了各种组合所需要的棒料大致尺寸。表 6-25 所示为一简单的圆筒形零件的计算机输出的一部分。

表 6-25　合成模镶块选择时的计算机程序输出

名称		组合编号	1	2	3
顶模	外环	镶块类型编号 分模线高度/mm 内特征高度/mm	1 5.000 0.000	1 25.000 0.000	1 5.000 0.000
	内环	镶块类型编号 外特征高度/mm 内特征高度/mm	3.000 0.000 0.000	3.000 0.000 0.000	3.000 0.000 0.000
	冲孔	镶块类型编号 特征高度/mm	5 0.000	5 0.000	5 22.000
底模	外环	镶块类型编号 分模线高度/mm 内特征高度/mm	1 45.000 0.000	1 25.000 0.000	1 45.000 0.000
	内环	镶块类型编号 外特征高度/mm 内特征高度/mm	3 0.000 0.000	3 0.000 0.000	3 0.000 0.000
	冲孔	镶块类型编号 特征高度/mm	5 22.000	5 22.000	5 0.000
所需备料的体积/cm^3			1943	1943	1943

综合以上分析，可以得出如下结论：

(1) 把锻件系列划分成设计和制造要求相似的若干类，运用有关估价和成本计算的数据外存，通过规定的标准加工顺序，从而构成了估价及模具设计与制造的综合基础。这样做有助于估价顺利进行，同时也保证了估数的结果能前后一致。此外，还有助于更有效地利用以往的经验和人力。

(2) 模具设计的各个工序（如预成形、模具布置等），也可用适当的计算机辅助设计程序结合在一起；这样的程序可用同样的输入数据执行若干设计阶段，省去了人工绘图，并提供了锻件和模具两者的生产数据。目前正在研制轴对称圆形锻件与长形直锻件的计算机程序，包括计算预成形外形。这些程序目前正试图扩大到包括辊锻的设计和其他种类的锻件。

参 考 文 献

[1] 肖亚庆，谢水生，刘静安，等.铝加工技术实用手册[M]. 北京：冶金工业出版社，2005.

[2] 王祝堂，田荣璋.铝合金及其加工手册(第 3 版)[M].长沙：中南大学出版社，2005.

[3] 《中国航空材料手册》编委会.中国航空材料手册(第 2 版)第 3 卷：铝合金、镁合金[M].北京：中国标准出版社，2002.

[4] 《锻压技术手册》编委会.锻压技术手册[M].北京：国防工业出版社，1989.

[5] 《锻件质量分析》编写组.锻件质量分析[M].北京：机械工业出版社，1983.

[6] 《工程材料实用手册》编辑委员会.工程材料实用手册 (第 2 版):3 卷[M].北京：中国标准出版社，2002.

[7] 郭鸿镇.合金钢与有色金属锻造[M].西安：西北工业大学出版社，1999.

[8] 中国锻压协会.锻压生产技术丛书：锻造模具与润滑[M].北京：国防工业出版社,2010.

[9] 中国锻压协会.锻压生产技术丛书：特种合金及其锻造[M].北京：国防工业出版社，2009.

[10] 刘静安，谢水生.铝合金材料的应用与技术开发[M].北京：冶金工业出版社，2004.

[11] 刘静安.轻合金挤压工模具手册[M].北京：冶金工业出版社，2012.

[12] 谢水生，等.锻压工艺及应用[M].北京：国防工业出版社，2011.

[13] 赴俄罗斯考察铝加工技术报告.西南铝加工厂，1997.

[14] 赴美国考察锻压生产技术报告.西南铝加工厂，1993.

[15] Sheridan S A.锻件设计手册[M].陆索译.北京：国防工业出版社，1997.

[16] 中国锻压协会.锻造工艺模拟[M].北京：国防工业出版社，2009.

[17] Атрощенко П А,елоров В И.Горячая штамповка трудбнодформируемых матрпалов, Машгиз, 1979.

[18] Корнеев Н Идр. 有色金属锻造与模锻手册[M].蓝书第译.北京：国防工业出版社.1959.

[19] 陈诗荪.热加工工艺[J].1981(1).

[20] 王祝堂.铝加工[J].1995，Vol.18,No.2,50~55.

[21] 黄声宏，谢水生，郭钧.中国有色金属学第三届学术会议论文集[C].长沙：中南工业大学出版社,1997.

[22] S B Brown,M C Fleming.Advanced Materials & Processes 1/93，36~40.

[23] 王祝堂.铝加工技术[J].1994，No.1，7~13.

[24] 刘静安.研究超高强铝合金材料的新技术及其发展趋势[J].铝加工，2004，No.1.

[25] 何振波.7055 铝合金三级时效处理[J].轻合金加工技术，2006，Vol.34，No.5.

[26] 《轻金属材料加工手册》编委会.轻金属材料加工手册[M].北京：冶金工业出版社,1980.

[27] 黄伯云，李成功，石力开，等.中国材料工程大典·色金属材料工程[M].北京：化学工业出版社,2006.

[28] 姚泽坤.锻造工艺学[M].西安：西北工业大学出版社，1998.

[29] 谢水生，刘静安，黄国杰.铝加工生产技术500问[M].北京：化学工业出版社，材料科学与工程出版中心，2006.

[30] 吕炎.锻件缺陷分析与对策[M].北京：机械工业出版社，1999.

[31] 张世林，任颂赞.简明铝合金手册[M].上海：上海科学技术文献出版社，2000.

[32] 中国机械工程学会塑性工程学会.锻压手册（第三版）第一卷：锻造[M].北京：机械工业出版社，2007.

[33] 樊东黎，潘健生，徐跃明，佟晓辉.中国材料工程大典·料热处理工程[M].北京：化学工业出版社，2006.

[34] 王允禧.锻造与冲压工艺学[M].北京：冶金工业出版社，1994.

[35] 龙玉华，葛正大.热加工操作禁忌实例[M].北京：中国劳动社会保障出版社，2003.

[36] 许宏斌，谭险峰.金属体积成形工艺及模具[M].北京：化学工业出版社，2007.

[37] 胡亚民，华林.锻造工艺过程及模具制造[M].北京：中国林业出版社，北京大学出版社，2006.

[38] 《有色金属及热处理》编写组.有色金属及其热处理[M].北京：国防工业出版社，1981.

[39] 别诺夫 A Φ，科瓦索夫 Φ H.铝合金半成品生产[M].刘静安译.北京：冶金工业出版社，1965.

[40] 林钢，林慧国，赵玉涛.铝合金应用手册[M].北京：机械工业出版社，2006.

[41] 谢懿，等.实用锻压技术手册[M].北京：机械工业出版社，2003.

[42] 赵志远.铝和铝合金牌号与金相图谱速用速查及金相检验技术创新应用指导手册[M].北京：中国知识出版社，2005.

[43] 中国机械工程学会热处理学会《热处理手册》编委会.热处理手册[M].北京：机械工业出版社,2005.

[44] 许发樾.实用模具设计与制造手册[M].北京：机械工业出版社，2000.

[45] 刘静安.铝合金锻压生产现状及锻件应用前景[J].轻合金加工技术，2005，No.6.

[46] 张宏，付沛福，等.轴对称类锻件热锻工艺的计算机辅助设计.吉林工业大学辊锻研究所，1984.

[47] 马鸣图，游江海.半固态成形铝合金车轮工艺探讨[J].中国铝业，2009（2）：29~40.

[48] 马鸣图，马露露.铝合金在汽车轻量化中的应用及前瞻技术[J].新材料产业，2008（9）：43~50.

[49] 刘静安.铝合金材料及其加工技术的发展趋势[A].广州：Lw2004 铝型材技术（国际）论坛文集[C].

[50] 郑廷顺，杨国清.铝轮毂多向等温模锻技术的开发[J].铝加工，1995（3）.

[51] 陈能秀.起落架接头模锻件的尺寸和形位公差控制[J].铝加工，1995（5）.

[52] 曾庆华.负重轮模锻件坯料改进研究[J].铝加工，2004（3）.

[53] 曾苏民.超厚铝合金锻件热处理新工艺研究[J].铝加工，1995（2）.

[54] 曾苏民.世界锻造工业的现状与发展前景[J].铝加工，1996（4）.

[55] 刘静安.铝合金锻件生产现状及市场开拓前景[J].铝加工，2009（4）.

[56] 李瑞瑾，孔猛，张忠民.载重汽车车轮有限元分析[J].商用汽车，2009（7）.

[57] S K Biswas, W A Kinight.International Journal of Production Research Vol.14,No 1,Jan.1976.